金属晶须

Metal Whisker

王泽坤 编著

上海交通大学出版社
SHANGHAI JIAO TONG UNIVERSITY PRESS

内容提要

本书较系统地总结了以锡晶须为代表的金属晶须生长现象、生长因素及控制和抑制策略研究历程、标准体系建立等的理论和工程界关注的重点和难点问题。对几种重要机制,特别对航空航天和海洋工程等特殊服役环境中金属晶须进行了详尽研究和分析,也展示了作者所在的课题组开展的锡晶须综合试验成果,并对晶须未来研究领域和方法等进行了展望。本书可供对晶须相关的材料和微电子产品研究者、设计者、生产商和使用者起到一定的参考作用。同时,本书也可以作为材料类和微电子专业本科生和研究生的参考教材。

图书在版编目(CIP)数据

金属晶须/王泽坤编著. —上海:上海交通大学
出版社,2022.8
ISBN 978 - 7 - 313 - 26332 - 2

Ⅰ.①金… Ⅱ.①王… Ⅲ.①晶须增强-研究 Ⅳ.
①TG147

中国版本图书馆 CIP 数据核字(2022)第 017458 号

金属晶须
JINSHU JINGXU

编   著:王泽坤
出版发行:上海交通大学出版社　　　　　　地　　址:上海市番禺路 951 号
邮政编码:200030　　　　　　　　　　　　电　　话:021 - 64071208
印　　制:苏州市古得堡数码印刷有限公司　经　　销:全国新华书店
开　　本:787mm×1092mm　1/16　　　　印　　张:18.25
字　　数:430 千字
版　　次:2022 年 8 月第 1 版　　　　　　印　　次:2022 年 8 月第 1 次印刷
书　　号:ISBN 978 - 7 - 313 - 26332 - 2
定　　价:78.00 元

前　言

以锡晶须为代表的金属晶须自发生长是一个长期悬而未决的科学与技术问题。晶须是导电的单晶,可以从镀层和焊端表面、镀层与基板的交接处、有镀层的电子元器件引脚、贴片、电气连接件金属表面、不同电位的相邻导体之间、电子封装和集成电路互联引线根部及端部等部位自发生长出来,因晶须问题造成的电路短路失效事故时有发生。随着电子器件无铅化的发展,以及传感器、电子元器件、集成电路电子封装向着超高频、超高速、小型化、高密度集成化、多功能化方向发展,由晶须自发生长引起的短路和电子故障问题更加突出,对电气系统的可靠性问题构成了巨大的威胁。

研究晶须现象,分析其根本原因,阐明生长规律,揭示其科学机理,寻找相应的抑制和控制策略,是当前研究的热点和难点。本书总结了近年来学者们在晶须理论和工程技术方面的研究成果,主要包括晶须现象、发现历程、生长行为、晶须的危害,金属晶须机理,晶须机理建模和动态仿真,晶须的观察,试验方法,试验理论和标准体系研究,晶须生长与外部条件及环境的关系,抑制和控制策略等。本书可以对与晶须相关的材料和微电子产品研究、设计以及生产商和使用者起到一定的参考作用,也可以作为材料类和微电子专业本科生和研究生的参考教材。

本书分为 8 章:第 1 章为金属晶须现象和研究历程,第 2 章为晶须失效及可靠性,第 3 章为影响晶须生长的因素,第 4 章为金属晶须的理论研究,第 5 章介绍了晶须的观察、检测和综合分析,第 6 章为晶须的综合性能测试和试验,第 7 章为晶须试验和标准体系建立,第 8 章介绍了晶须抑制和控制策略,并对晶须未来研究领域和方法等进行了展望。

本工作受到美国 CAVE3 (NSF Center for Advanced Vehicle and Extreme Environment Electronics at Auburn University)、中国国家自然科学基金(41976194)、上海市科委国内科技合作领域项目(19595801100)和海盐县 2019 年人才专项资金的资助。

对本书中存在的不足或谬误之处,请各位专家和读者指正。

目 录

金属晶须研究现状

1.1　金属晶须的现象

金属晶须是从电镀产品表面或其他部位自发产生的、有很少分支的柱形或圆柱形细丝状单晶形式的金属细丝。晶须生长不仅仅局限于电镀金属镀层和焊端表面,在其他沉积方法形成的镀层与基板的交接处、有镀层的电子元器件引脚、贴片、不同电位的相邻导体之间、电子封装和集成电路引线根部及端部等部位也会出现晶须。一般来说,晶须容易出现在延展性好的材料上,特别是低熔点金属,如锡、镉、锌、锑、铟、铁等,其他金属如铋、银、金和铝等,以及半导体、陶瓷、硅、碳氧化物、碳化物、金属卤化物、石墨、聚合物等非金属材料也会产生晶须。晶须生长现象如图 1.1 所示。

图 1.1　晶须生长现象

晶须一般直径为 $1\sim10\,\mu m$、长度为 $1\sim500\,\mu m$,最长可达 9 mm(见图 1.2)。

晶须外表面为不规则的条纹形状,其形状多种多样,一般呈现为柱状、针状、线状、毛发状、分岔状、小丘状等,如图 1.3 所示。

1.2　金属晶须的产生

在二次世界大战期间,镉(Cd)被普遍用作为收音机中可变电阻器和电容等电子元件的表面镀层材料,在发生了多次由于生长晶须而发生短路的现象之后,电子连接件和电子封装业广泛改用锡-铅合金作为电镀层,来抑制锡晶须的生长。众所周知,将铅加入锡中可减少锡晶须的生长,因为铅改变了机械特性,提供了更高的固有潜变速率,降低了屈服应力并且

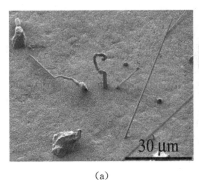
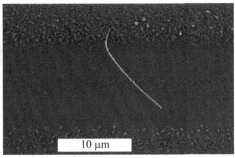

(a)   (b)

图 1.2　晶须尺寸

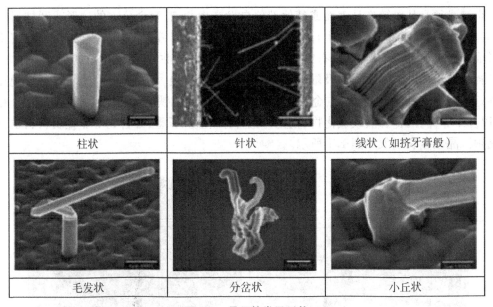

图 1.3　晶须的常见形状
（资料来源：德锡科技，2020）

减轻了杂质对机械特性的影响；此外，铅通过在电沉积期间增加晶粒成核速率来改变电沉积行为，并提供电解质以产生具有较小有机和无机杂质水平的沉积物，因此铅增加了晶粒边界的流动性，提高了晶粒边界和表面源作为潜变空位的效率，改善了表面氧化物的连续性，并改变了金属间化合物（IMC）的形态。而铅作为一种有毒的重金属，长期使用会给人类的生活环境和安全带来较大的危害，主要危害如下：

（1）对环境的污染。许多化学品在环境中滞留一段时间后可能降解为无害的最终化合物，但是铅无法再降解，每年都有数百万含铅废弃电子设备被倒入垃圾填埋场，埋入式电子设备中的铅可能会迁移到市政供水中，很长时间仍然保持其毒性。由于铅在环境中的长期持久性，又对许多生命组织有较强的潜在毒性，所以铅一直被列入强污染物范围。

（2）对人体的毒害。会造成胃疼、头痛、颤抖、神经性烦躁等。在最严重的情况下，可能导致昏迷,直至死亡。即使是在很低的铅浓度下,铅会长期慢性影响大脑和神经系统的健康,还会影响酶和细胞的代谢。科学家发现:城市儿童血样即使铅的浓度保持可接受水平,仍然明显影响到儿童智力发育和引发行为异常。现在采取降低饮用水中铅水平和使用无铅汽油,降低了人们对铅的摄取总量,特别是降低了大气颗粒物中的铅。因此,在工业界,从2000年开始,欧盟(EU)开始推行从电子设备中去除铅,欧盟要求在成品上贴上CE标志。在欧盟市场,"CE"属强制性认证指令,被视为制造商进入欧洲市场的护照。不论是欧盟内部企业生产的产品,还是其他国家生产的产品,要想在欧盟市场上自由流通,就必须加贴"CE"标志,以表明产品符合欧盟《技术协调与标准化新方法》指令的基本要求,这是欧盟法律对产品提出的一种强制性要求。凡是贴有"CE"标志的产品就可在欧盟各成员国内销售,无须符合每个成员国的要求。2003年1月27日,欧盟发布了2002/95/EC《在电气和电子设备中限制使用某些有害物质的指令》(简称RoHS指令),从2006年7月1日起,投放市场的电气和电子设备不包含铅等物质;随后欧盟正式宣布WEEE/RoHS法令,并明确要求其所有成员国必须在2004年8月13日以前将此指导法令纳入其法律条文中,WEEE(关于报废电子电器设备指令)和RoHS(关于在电子电器设备中限制使用某些有害物质的指令)被欧洲议会和欧盟部长理事会批准通过,后又更新为2011/65/EU(又称为RoHS2.0指令),新指令于2011年7月21日生效,并与新立法框架保持一致,它规定了限制在电气和电子设备(EEE)中使用有害物质汞、铅、镉、多溴联苯、邻苯二甲酸二丁酯、六价铬和多溴联苯醚等。与RoHS2002/95/EC相比,RoHS2.0不仅扩大了产品范围,RoHS指令不仅对EEE制造商施加了新的法律义务,需要欧盟合格声明并在成品上贴上CE标志才可进入市场,这使许多制造商设计了自己的RoHS符号并发布了其"合格声明"版本,而且对授权代表、进口商和分销商(包括零售商)也施加了需承担的法律义务。尽管RoHS起源于欧洲,但这个条例在欧盟、日本等工业发达国家被严格执行,而且很快就席卷全球。Crandall在《锡晶须生长的因素》论文中提出:现在,RoHS指令几乎影响到现在制造或计划在不久的将来生产的每件电子设备、连接器、无源和有源组件、开关、继电器等。中国七部委也根据欧盟RoHS指令制定了适合中国国情的《电子信息产品污染控制管理办法》。

在车辆领域,欧盟委员会和欧洲议会于2010年2月23日颁布了对ELV(End-of-Life Vehicle,欧盟报废车辆指令)附件二的更新,特别对铅在焊锡中的使用,进行了细化并延长了豁免时间。因此,等待多时的汽车厂及上游供应商终于得到了更多的缓冲时间。ELV豁免清单更新,锡铅禁用延期,现在新版的豁免清单将含铅焊锡的应用进行了细分:

(1)用于将电子、电气元器件焊接到电路板上所使用的含铅焊锡,以及除电解电容/铝电容之外,元器件引脚上、电路板上为提高可焊性而附着的焊锡,可在2016年1月1日之前投放的整车和备件中使用。

(2)电路板上或者玻璃上相关产品中的焊锡,可在2011年1月1日之前投放的整车和备件中使用。

(3)电解电容/铝电容引脚上的焊锡,可在2013年1月1日之前投放的整车和备件中使用。

(4)大气流传感器中玻璃上的含铅焊锡,可在2015年1月1日之前投放的整车和备件中使用。

（5）高温焊锡［如含铅量（质量比）在85％及以上的铅合金］，可在2015年1月1日之前投放的整车和备件中使用。顺压针连接器系统中的铅，不做限定。

（6）集成电路封装内部电气连接的含铅焊锡，不做限定。

其中，（1）（3）（5）项，基本上包含了业内现在常用含铅焊锡的范围。这样，原本在2010年即将要"不合格"的许多汽车类零部件产品，又都符合标准了。于是，各汽车厂的供应商紧急更改了承诺书，把符合旧版的豁免清单变更为符合新版的豁免清单。零部件供应商又获得了几年的宝贵时间，得以继续研发更安全、更可靠、更廉价的无铅产品。

向无铅产品的转变意味着电子行业必须开发无铅焊料和与这些焊料兼容的终端涂层，现实的解决方案可能是通过与其他合金元素相结合来进行适当的应用，或者通过研究焊料合金的物理冶金和加工条件，来代替Sn-Pb焊料，改善焊料的微观结构和可靠性，以及寻找具有良好重复性的工业规模合成路线等。已被人们研究的可替代Sn-Pb体系中铅的金属有Ag、Bi、Cd、Cu、In、Sb、Zn、Al等，无铅合金体系有Sn-Zn、Sn-Cu、Sn-Ag、Bi-In、Sn-In、Sn-Bi，业界也曾尝试了多种非常复杂的三元和四元合金，如Sn-Ag-Cu、Sn-Bi-In、Sn-Zn-Bi、Ni-Pd-Au、Sn-Ag-Cu-Bi等各种系列组合。常用的无铅化的处理方法有以下几种：

（1）采用锡铜（Sn-Cu）合金，在管理有序的企业中，如果对基本工艺、金属离子比例控制得好的话，对抑制晶须生长有明显的效果，但不理想，尤其是对精细线距电路隐患巨大。

（2）采用Ni-Au电镀，该种方法虽然可以杜绝晶须生长，但成本是Sn-Cu的5倍，经济上不合适，产品缺乏竞争力。

（3）镍钯金（Ni-Pd-Au）也是一种流行的无铅饰面材料，用途越来越广泛。Maxim Integrated公司目前提供5000多种不同型号的器件，但它也比较昂贵且难以使用，并需要高温无铅焊料。

（4）采用纯锡（Sn）电镀，纯锡镀层与光亮锡或小晶粒锡相比，当今大多数无铅终端涂层是退火的雾锡（也称为大晶粒锡）。

（5）在无铅合金焊料体系中，Sn-Zn系合金以其熔点低、成本低、对环境友好等优点，在电子工业中得到了广泛的应用，成为传统Sn-Pb焊料最有潜力的替代品之一。

自1951年以来，许多研究都集中在各种基板上的电镀锡和锡合金，因为其具有耐蚀性好、可焊性好、低成本和低电阻率等多种优良性能，而且易于使用，因而成为电子元件的首选镀层，在各种基材上被大量使用。Sn-Zn系合金焊料主要有如下特点：

（1）降低纯锡表面张力，提高润湿性。

（2）Sn焊料和许多金属元素基体之间容易形成金属间化合物，可在几秒钟内完成扩散、溶解、冶金结合，形成焊点。

（3）提高锡的延展性。

（4）防止β-Sn转变为α-Sn，导致不必要的体积变化，降低焊料的结构完整性和可靠性。

（5）在液相可以转变为两种或两种以上固相的情况下，用共晶或近共晶成分保持熔点在183℃左右。

　　(6) 改善机械性能(如蠕变、热-机械疲劳、振动和机械冲击、剪切和热老化)。

　　(7) 防止锡晶须过度生长。

　　目前无铅焊料普遍存在如下问题：

　　(1) 为提高浸润性而对操作温度要求更高,无铅焊料普遍比 Sn-Pb 焊料的熔点高 30℃ 以上,对耐热性较差的元器件容易造成热损伤,容易导致平面基板弯曲变形。

　　(2) 浸润性和流动性差,焊接的浸润性不良主要表现为焊锡不扩展,焊锡的流动性差主要表现为焊锡没有布满整个焊盘而缺焊,容易产生接合不良。

　　(3) 金属溶解速度快,造成焊池中焊料由于溶铜、溶铅容易受到污染,被焊的基体易溶入焊料(如铜细丝的溶解断裂)。

　　(4) 焊接时金属间化合物生长过剩；熔焊、回流焊的焊池材料因为金属溶解而被腐蚀,导致过早报废。

　　纯锡电镀的缺点突出,最大问题是焊料润湿性随时间推移发生劣化,故不易推广。为了克服这些缺点,进一步提高 Sn-Zn 无铅焊料的性能,许多研究者选择了 Re、Bi、Ag、Al、Ga、Cu 等合金元素作为焊料中的合金添加剂。如 Wu 于 2002 年采用以 Ce 和 La 为主的微量稀土元素作为合金元素加入 Sn-9Zn 合金中,结果表明,稀土的加入细化了合金组织中原本粗大的 β-Sn 晶粒；拉伸强度显著提高,塑性略有下降；松香基活性助熔剂降低了表面张力,大大改善了润湿性能。新的元素添加可以改变焊料的微观结构、熔化温度、润湿性和机械性能；与其他焊料相比,Sn-Ag-Cu 三元无铅焊料合金被认为是铅锡合金的潜在替代品。

　　经 Yu 于 2004 年对 Sn-2.5Ag-0.7Cu、Sn-3.5Ag-0.7Cu、Sn-3.5Ag-0.7Cu-0.1Re 和 Sn-3.5Ag-0.7Cu-0.25Re 合金的显微组织和力学性能研究,发现在 Sn-2.5Ag-0.7Cu 和 Sn-3.5Ag-0.7Cu 合金中形成了粗大的 β-Sn 晶粒,Sn-3.5Ag-0.7Cu 合金中也发现了大量的 Ag_3Sn 金属间化合物,微量稀土元素的加入抑制了粗 β-Sn 晶粒,同时根据活性稀土元素的吸附作用,Cu_6Sn_5 和 Ag_3Sn 金属间化合物变得更细,显微组织细小均匀,提高了拉伸强度和延伸率,润湿性也得到了提高。

　　在 Sn-Ag-Cu 合金中添加少量稀土元素 La 可以显著提高合金的延展性,而不会显著降低合金的整体强度；然而,由于 La 与氧的高反应性,含 La 相的氧化会影响焊料的机械性能。

　　Dudek 研究了添加 2‰(质量分数)Ce、La 和 Y 对 Sn-3.9Ag-0.7Cu 氧化行为的影响,通过将样品在环境空气中加热至 60℃、95℃ 或 130℃ 250 h 来建立氧化动力学。

　　这些结果表明,添加微量稀土元素是开发新型焊料的有效途径,但无法解决所有问题。因此,无论在学术界还是工业界,都遇到焊料由于高或低的熔点、高界面生长、低润湿性、低耐蚀性和成本等问题,很难用任何一种焊料合金来代替所有的 Sn-Pb 焊料。Shi 于 2005 年综述了国内外电子组装制造无铅化技术的现状和发展趋势,指出了采用无铅技术的主要推动力是绿色产品的立法和营销优势,概述了在使用无铅焊接时电子组装制造业的变化,指出企业应制订向无铅焊接过渡的时间表,以应对无铅制造的挑战。

　　锡晶须的概念很早的时候就已提出。自从元件电镀由 Sn-Pd 转换成 Sn、Sn-Bi 或 Sn-Cu 用于电子电路以来,从锡镀层表面和不同电位的相邻导体之间自发生长出来的一种细长形状的锡结晶,被称为锡晶须。锡晶须在室温下就会生长,过长的锡晶须会造成电路短路,导致产品功能失效。据报道,晶须具有出色的机械性能,如高屈服强度。几十年前,Herrin 等于 1952 年通过试验发现这些金属晶须的强度高得令人吃惊(为一般金属的几千倍到几万倍)。由于金属晶须是超级导电体,耐高温性能非常好,会导致电路瞬态短路或永久短路,有时甚至导致一些灾难性事故;其次,锡晶须可能会从其基材上脱落,碎屑导致滑环,使光学设备、微机电设备(MEMS)和类似组件出现机械问题。因此,锡晶须给相关设备带来了可靠性降低的问题。

在电气电子行业发展过程中,小型化是一个永恒不变的趋势。作为世界用量最大、发展最快的片式元件之一的 MLCC 也不例外。据了解,日系元件厂高可靠领域使用的 MLCC 最小尺寸为 0201;在手机市场,主流的 MLCC 尺寸已为 0201(0.6 mm×0.3 mm)或 01005(0.4 mm×0.2 mm),甚至更小尺寸的 008004(0.2 mm×0.1 mm)也在少数厂商内部做评估,0402、0603、0805、1206 等中大尺寸封装高容值高耐压的 MLCC 应用场景比较广泛,属于比较常用的料号。0201 及 01005 封装属于小尺寸,通常用于智能手机、手表、耳机等小型化电子产品中,一些领先的日本厂商还可以生产更小的 008004、1808、2220 及以上的超大尺寸封装电容一般用在超高容、超高压的场景。在整体尺寸不断减小的同时,一些 MLCC 厂商也在努力降低产品厚度。以 06031 μ16 V 为例,宇阳[①]已经可以做到 0.55 mm,与典型的 008004(0.25 mm×0.125 mm)相比降低了 31%。日本京瓷也针对放置于芯片下的位置和存储卡应用推出了超薄型 MLCC-LT 系列,其中 0402 规格的最大厚度只有 0.356 mm。随着线路数据传输速度逐渐提高、内存容量和功能种类的不断增加,对于低压高容量、超小超薄的 MLCC 需求急剧扩大,对于高可靠单颗电容的静电容量需求已到 100 μF,在民用领域可到 150~200 μF,特殊需求时甚至希望可达 1 000 μF。随着电子连接件、电气设备、集成电路及封装向着超高频、超高速、小型化、高度集成化和多功能化方向发展,对电气连接件和微电子封装中焊点的可靠性提出了更高的要求,在贴片、电镀涂层区域、焊端表面、基板、镀层与基板的交接处、插头、引线接合处和集成电路互联根部及端部等部位,锡晶须自发生长的问题更加突出。电子设备中约有 70% 的故障是在封装过程中产生的,带有各种高度紧凑的传感器和执行器的集成电子设备始终面临着由锡晶须的自发生长引起的可靠性降低问题。

晶须的定义为从电镀产品表面或其他部位自发产生的、有很少分支的柱形或圆柱形细丝状单晶体,其具有如下特征:①长径比大于 2;②能够弯曲旋绕;③具有一致的横截面形状;④在晶须周围有条纹状或者环状物。图 1.4 为标准的晶须;图 1.5 为纯锡的电沉积表面上"小丘"的显微照片;图 1.6 为在玻璃镀锡系统中孵育 3 个月后的近编织锡晶须 SEM 显微照片;图 1.7 为片状电阻器上的锡晶须"森林"。

晶须在正常环境下的生长速度相当缓慢,一般为 0.03~9 毫米/年,这意味着它们的生长高度可变且不可预测。但在高海拔、真空、高温和冷热循环等特殊环境中,晶须生长速度会猛增。晶须短路已多次造成人造卫星等太空设备、心脏起搏器、军用战斗机的继电器、雷达、火箭发动机、导弹、核武器、原子反应堆事故;在高密度封装的电子产品(如手机、PDA、

---

① 深圳市宇阳科技发展有限公司。

MP3、汽车电子等)内部,晶须也引发过一系列事故。锡晶须生长已成为航空航天、海洋工程、国防和民用高性能电子行业面临的具有挑战性的问题。

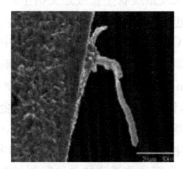

图1.4 标准的晶须

图1.5 纯锡的电沉积表面上"小丘"的显微照片

注:右下角为顶部图像放大10倍后的图像。

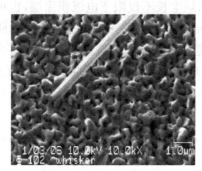

图1.6 在玻璃镀锡系统中孵育3个月后的近编织锡晶须SEM显微照片

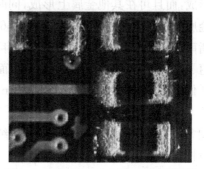

图1.7 片状电阻器上的锡晶须"森林"

晶须的机理非常复杂,涉及多学科的知识,理论和工程界70多年来对晶须生长现象、形成机理、可靠性影响因素及控制策略开展了探索性研究,取得了重要进展。

1.3 金属晶须现象的发现和研究历程

晶须不是新问题,可回溯到16世纪Err对银晶须的记载。对金属晶须作为组件可靠性问题观察和研究,始于20世纪40—50年代。自40年代发现镉晶须会引起电容器板短路以来,金属晶须一直是电子领域的关注焦点。1945年,美国贝尔电话研究所的专家们在检查电话系统出现的障碍时,发现蓄电池极板表面长出一些针状的晶体。在高电流情况下,锂金属阳极顶端也会形成和极板属于同种金属树状结构的晶体。这种晶体也可以在锂电池内部生长,而且强度大、弹性好,可以刺穿电池内部称为隔离器的结构。它们还会增加电解质和锂之间的有害反应,从而加速电池发生故障,有时会引起短路故障甚至起火。金属表面发现的丝状生长的晶体,在显微镜下观察,犹如动物的胡须,故取名为晶须,也称"须品"。经过现代X光衍射技术显示,晶须内部的原子完全按照同样的方向和部位排列,构成了一种没有任何缺陷的理想晶体。根据 JESD22A121《锡和锡合金表面晶须生长的试验方法》对于晶须的定义：长宽比（长/宽）大于 2，呈现扭结状、弯曲状、小丘状或柱状等不同形态，具有均匀的横截面形状（或由很少的分叉单根柱状细丝组成），具有环状及条纹状生长或是交错生长方式，长度为 $10 \mu m$ 或更长的单晶体。1946 年，收音机可变电容器开始采用镉电镀后，进入市场的产品连续发生短路故障，镉晶须自此开始受到关注。Cobb 在 1946 年的　篇文章中总结了镉晶须和第二次世界大战期间无线电设备的相关故障，论述了自发生长是如何影响电子系统的正常功能的。他发现典型的晶须直径在 $1\sim 5 \mu m$ 之间，而最长的晶须则在 $5000 \mu m$ 以上，其长度足以使电子元件中的相邻电容器极板短路，许多人认为这是第一份论述金属晶须的公开出版物。此后，研究者们一直致力于研究在低熔点自然生长环境条件下 Sn、Cd 和 Zn 等金属的点状晶须；1947 年，Hunsicker 和 Kenspf 首次真正观察到了镉晶须；1948 年，通道过滤器出现晶须故障，因此转为使用纯锡电镀，但很快发现纯锡遇到的晶须问题与镉所表现出的问题非常相似；1951 年，美国贝尔实验室的 Compton、Mendizza 和 Amold 推断，该晶须不是化合物，而是单晶形式的金属丝，虽没有得出结论，但证明了晶须不仅能在电镀镉上自发形成，而且可在其他金属上形成，同时证明了晶须生长不仅限于电沉积涂层，也可能在固体金属上和有镀层的零件上出现；1956 年，Compton 等发表的一份论文为晶须的研究提供了指南；Britton 等 1963 年报告了 20 年来在锡涂层上晶须生长的观察结果；也有许多学者还报道了在铝铸造合金和瓷介电容器断面银层上发现晶须生长。有更多的科学家和工程师研究了低熔点金属晶须（如 Cd、Sn、Bi、Zn 和少量 Pb、Ag、Au 及 Al）在室温环境下自发生长的现象。

图 1.8 为晶格的缺陷处生长出来的纯锡单晶体。图 1.9 为三种电沉积锡所显示的晶须生长特性。

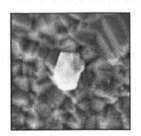 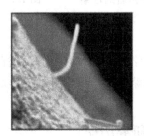 

图 1.8　晶格的缺陷处生长出来的纯锡单晶体

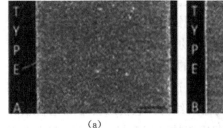 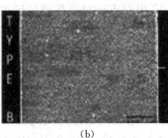 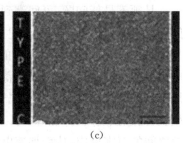

(a)　　　　　　　　　(b)　　　　　　　　　(c)

图 1.9　三种电沉积锡所显示的晶须生长特性
(a) 长晶须　(b) 较短的晶须　(c) 无晶须生长

基于这些基本观察,越来越多的研究人员开始研究金属晶须生长的机制,对电子元件的相关影响以及减轻晶须生长的方法。Arnold 于 1959 年发表的论文详细介绍了锡与铅合金化时观察到的有利的晶须缓解效果,他指出,尽管 Sn‑Pb 合金在承受高压缩应力时会产生晶须,但除此条件之外很少见。在他发表文章之后接下来的 50 年中,美国 3 个电子行业中最主要的减少晶须的策略是将 Pb 共沉积到锡电镀中,Pitt 等于 1964 年对这一结果进行深入研究,他观察到晶须的生长是由于热浸锡和沉积在铜和钢基底上的 50% Sn~50% Pb 在受压环境下产生的。

由于晶须生长的速度较慢,因此需要长期的观察。在对锡镀层上晶须的自发生长现象进行了 20 年的观测后,Britton 于 1972 年在 *British Corrosion Journal* 发表了《锡在无氧柠檬酸盐中的溶解速率解决方案二:涂层孔隙率的影响》论文;并与贝尔实验室合作,指出锡‑铅沉积物至少 8 μm 厚(磨砂或亮光)可能是安全的,可适用于大多数可能晶须生长的领域,他声称 1% 的 Pb 含量足以有效防止晶须生长,但更好的方案是选择更大 Pb 含量比例的 Sn‑Pb 工艺,这就再次支持了 Sn‑Pb 合金作为推荐的合金焊料。Chaudhar 对镀层薄膜中的晶须小丘生长进行了连续的观察,于 1974 年发表《薄膜中的小丘生长》论文。在美国空军的设备中发生了几起重大可靠性故障,都可归因于锡晶须。1975—1976 年,欧洲航天局 Dunn 的一系列出版物强烈建议将容易产生应力诱导的晶须生长的表面(如 Sn、Cd 和 Zn)排除在航天器设计之外,建议使用的替代涂层是 60Sn/40Pb 的 Sn‑Pb 合金。图 1.10(a)(b)分别是在 IC 引线和连接电容器上的晶须,瑞士的一家无线电和电话制造商 Autophon(1981)在涂锡的插座适配器上检测到严重的短路现象[见图 1.10(c)],相邻引脚之间的电阻值达到 7~125 Ω。在 30 个插座适配器中,有 8 个出现故障,共发生 13 次短路,这表明每个适配器可能发生多次短路。Nordwall 等于 1986 年讨论了美军发现的从镀锡混合电路中生长出晶须的现象。

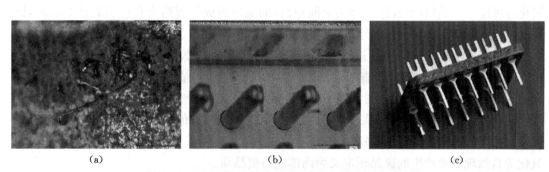

(a)   (b)   (c)

图 1.10　IC 引线、连接电容器和插座适配器上的晶须
(a) IC 引线上的晶须　(b) 连接电容器上的晶须　(c) 插座适配器上的晶须
(资料来源:Autophon,深圳阔智科技,1981)

提高连接器与锡晶须有关的可靠性问题的第一篇论文是 Burndy 连接器公司的 Diehl 在 1993 年发表的论文。美国空军在检查 12 年失效的雷达系统时发现了问题,分析表明,许多桥接晶须(在电子电路中观察到的最长的一些晶须长达 2.5 mm)使电路短路。Diehl 于 1993 年得出结论,为了确保电镀锡不会产生晶须,必须添加 Pb,此建议随后被连接器公司的所有镀锡连接器产品采用。Tolkien Calendar 于 1994 年发表了名为《锌晶须生长现象和旋转开关》的论文，Ishii 等于 1999 年报道了超细间距电路中出现的晶须问题，相邻引线之间的引线框架间距为 20 μm 或更小。纯锡引线框架由于晶须而发生短路的可能性更高，后来的试验证明，通过在 150℃ 退火 2 h 可以缓解该问题。

21 世纪初，通用电气发布了一项服务公告，指出在现场服务的某些 GD 继电器中发现晶须问题已有 10 多年了，建议的纠正措施是刷掉并用真空吸尘器清除掉晶须。2001 年，在另一个案例研究中，Foxboro 公司的 Stevens 报告了用于核设施中的继电器在使用了八年之后，由于晶须引起了故障。该继电器原本使用 Sn - Pb，但为了节省成本，1983 年开始改用纯锡。由于故障继电器用于核设施，因此立即开始了现场更换行动。

2002 年，政府-工业数据交换计划（GIDEP）发布了由海军部的 Khuri 撰写的关于锡晶须的行动通告，以提醒电子行业与使用纯锡相关的潜在风险，该通告建议不惜一切代价避免使用纯锡表面处理，并建议使用锡铅焊料。但由于涉及当前在电子组件中限制使用铅的强制性法规，试图通过使用含铅合金解决晶须问题变得非常困难。

Galyon 于 2004 年全面总结回顾了锡晶须理论从 1946 年到 2004 年的发展历史，介绍了他主持的纳米晶须研究项目，并出版了《锡晶须形成与生长的动力学》，与此前 Galyon 和 Palmer 合著，MarcelDekker、Inc(New York) 出版的《锡晶须的结构和动力学以及在高锡含量表面上的生长》《微电子组件无铅焊料技术手册》等专著形成了研究高锡含量精加工和可靠性的系列手册。

Karl 等于 2004 年也发现，纯锡或高锡含量镀层的半导体元件引线上的晶须生长仍然是引起电子系统可靠性问题的根源；Brusse 观察了 45 年时长的 AF114 晶体管内部的锡晶须生长，于 2005 年 11 月发表了《在 AF114 中生长了 45 年的锡晶须》论文；在 2005 年召开的第 19 届电子封装学术演讲大会上，连接器厂商日本第一电子工业就晶须问题的现状及今后面临的问题发表了演讲，指出：为了应对 RoHS 法令，连接器的镀金处理必须弃用铅（Pb），但无铅化有可能产生晶须，导致连接器端子间短路，而晶须造成的短路会直接引起产品故障，因此众多设备厂商正在绞尽脑汁地解决这种短路问题。

Dunn 使用 SEM 对锡晶须进行了长期的观察，于 2006 年发表《锡晶须生长 15.5 年——电镀锡 C 型环样品的 SEM 检查结果》论文，Dunn 还推荐了锡晶须的测试方法，阐述了锡晶须的形成机理，并简要介绍了对锡晶须的研究现状及今后的研究课题。

梁鸿卿于 2007 年针对锡晶须的形成原因，以电子连接器的触点为切入点，把从外部到镀层表面形成的应力所产生的锡晶须定义为外部应力型晶须，把从基底材料的扩散和表面氧化等自然现象所产生的锡晶须定义为内部应力型晶须。

Leidecker 等于 2007 年对各种金属、导体及半导体的晶须现象进行了深入的研究，进一步证明了晶须不仅是纯锡的问题，除了锡（Sn）、锌（Zn）、镉（Cd）和铟（In）产生晶须之外，其他许多替代铅锡焊料的候选金（锡银、锡铜、锡铋），在一定条件下也可以生长晶须（或与晶须类似尺寸/形状的结构）。

Osenbach 于 2007 年发表了著名的《锡晶须的真理和神话》（"Sn-Whiskers Truths and Myths"）评论性文章，对晶须的概念、观察方法、生长模式、驱动力、建模和控制策略进行了较为全面的概述，主要内容如下：①检查现有的试验数据和收集此类数据的局限性，在每个领域中，通过将模型和缓解策略与现有试验数据进行比较，来检验模型和缓解策略的有效性,确定试验数据不足以充分检验理论或预测风险的区域。②分析建议的晶须生长驱动力、机理和模型。③提出仔细评估建议的缓解策略,以及如何在后续组装过程和设备应用中使用这些策略。此外,还对发现可能对数据收集和分析产生负面影响的困难试验领域进行了评价。④在最佳情况下,缓解和风险管理可以为试验工作的发展以及对锡晶须生长和缓解的理论研究提供指导。作者希望,该文至少可以为最终产品的生产商、用户以及在最终产品中使用的电子元件上关于锡晶须生长及其讨论提供启发。

经过多年的研究,Ogden 等于 2009 年发表了《锡晶须的观察》论文,Hwang、Ashworth、MarkAndrew、Dunn 和 Barrie 对从锡电沉积开始的锡晶须生长现象及现象背后的理论进行全面分析,在进行了 32 年的实验室观察后,在发表于 2016 年 11 月 7 日 *Circuit World* 上的论文中,介绍了晶须的生长过程,用 SEM 分析研究晶须的长度,使用抛光的横截面来研究金属间化合物形成的形态、厚度和类型,并使用在室温下始终保存在干燥器中的电镀 C 形环(有应力的和无应力的)对晶须进行评估,发现在黄铜和钢上的普通镀锡沉积物,在 5 个月内形成具有晶须的铜阻挡层,并且在每种情况下,这些沉积物的长度都在 1~4.5 mm 之间。对于电镀到黄铜上的普通锡,在晶须形成之前需要一个或两个月的成核时间;在六个月后,它们的最大长度达到了 1.5 mm,之后几乎没有进一步的增长。

John 于 2018 年对锡、锌、镉、铟和其他导电性金属在导体和半导体上产生的晶须现象和行为进行了深入研究。

Pei Gen Zhang 于 2019 年对 Cr_2GaC 自发的 Ga 晶须生长的机理和缓解策略进行了试验研究,于 2020 年又研究了锌和锡晶须的生长机理,发表的论文提供了总结性陈述,可作为进一步研究晶须的指导。

图 1.11 显示了从不同合金分别生长的晶须。

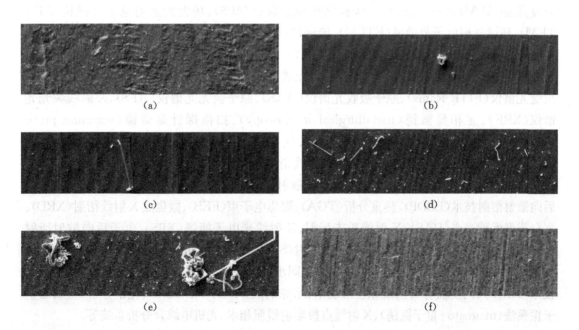

(a)　　　　　　　　　　　(b)

(c)　　　　　　　　　　　(d)

(e)　　　　　　　　　　　(f)

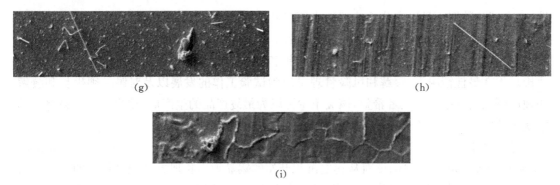

图 1.11　从不同合金分别生长的晶须

（a）Ag　（b）Al　（c）Bass　（d）GaAs　（e）InP　（f）Ni　（g）Si　（h）Ta　（i）锌晶须密度随不同合金而变化

　　Dunn 于 2020 年发表了一些高质量的 SEM 晶须照片。他还研究了晶须能够承受的电流以及其危害，并首次建议在关键性应用，如航天器中完全禁止使用 Sn 镀层。尽管 Dunn 的建议，没有强制性或法规性的作用，但此后几年的事实证明，Dunn 的建议是正确的，因为此前和此后都多次发生过航天器和军事装备由于锡晶须生长而造成的短路事故。

　　随着新的观察仪器、设备和分析技术及软件的发展，通过新的分析工具和技术，对晶须现象进行原位和直接长期观察，实现定性和定量分析。常用的观察仪器和设备主要包括扫描电子显微镜（SEM）、透射电子显微镜（TEM）、高分辨率透射电子显微镜（HR‐TEM）、扫描劳厄微衍射（SLM）、俄歇扫描显微镜（SAM）、扫描隧道显微镜（STM）、微俄歇电子能谱仪（MAES）、拉曼光谱仪（Raman spectrometer）、诺马斯基显微镜（Nomarski microscope）、扫描电子声显微镜（SEAM）、原子发射光谱仪（AES）、直流等离子体发射光谱仪（DCP）、原子力显微镜（AFM）、扫描电迁移率颗粒物粒径谱仪（SMPS）、场发射透射电子显微镜（FE‐TEM）、环境透射电子显微镜（ETEM）、能谱仪（EDS）、差分孔径 X 射线显微镜（DAXM）、光学显微镜技术（OMT）、高温光学显微镜（HTM）、聚焦离子束（FIB）、分子束外延（MBE）、拉曼光谱仪（Raman spectrometer）、激光拉曼光谱仪（laser Raman spectrometer）、傅立叶变换拉曼光谱仪（FITR-Rama）、原子吸收光谱仪（AAS）、原子荧光光谱仪（AFS）、X 射线荧光光谱仪（XRF）、金相显微镜（metallurgical microscopy）、扫描探针显微镜（scanning probe microscopy）、热分析仪（thermal analyzer）、气相色谱仪（GC）、粒度分析仪（particle size analyzer）、三维显微镜（μCT）、Lang 型 X 射线衍射相机等。

　　常用的分析工具和技术主要包括电子背散射衍射法（ESD）、散射电子衍射（EBSD）、电子后向散射衍射技术（EBDP）、热重分析（TGA）、聚焦电子束（FEB）、微焦点 X 射线衍射（XRD）、高分辨率俄歇光谱（RAS）、X 射线粉末衍射、X 射线光电子能谱（XPS）、电子后向散射衍射（ESD）、卢瑟福后向散射（RBS）、扫描激光辐射（SLR）、扫描劳厄微衍射（SLM）、同步辐射 X 射线微衍射、扫描 3DXRD、小角度 X 射线散射、同步辐射扫描 X 射线微衍射、高分辨率干涉对比技术（HRIC）、同步辐射 X 射线原位形貌术、示踪剂法（tracer diffusion）、化学分析、金属磁量子振荡法（magneto-量子振荡）、X 射线点投影射线照相术、光机电综合分析系统等。

图 1.12 为两个 Mg－Sn－Mg 接头在 250℃下经 UAS[①] 处理后，在 25℃下处理 7 天后的显微组织，于不同应力下在锡膜上产生的晶须和电沉积锡锰合金涂层上锡晶须生长的扫描电子显微镜(SEM)照片。图 1.13～图 1.15 分别为不同应力下在锡膜上产生的晶须、各类晶须的电镜图片和电沉积锡锰合金涂层上锡晶须生长的扫描电子显微镜照片。图 1.16 为金属间化合物 NdSn₃ 在空气中 FEI 扫描电子显微镜照片。图 1.17 为典型的亮锡晶粒结构 FIB 横截面。

图 1.12　两个 Mg－Sn－Mg 接头在 250℃下经 UAS 处理后，在 25℃下处理 7 天后的显微组织
(a) UAS 处理 3 s 后　(b) UAS 处理 6 s 后(锡填充物中生成的锡晶须用红色突出显示)

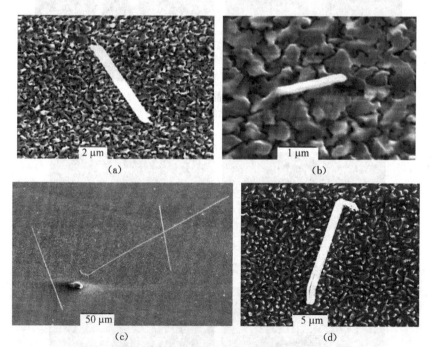

图 1.13　不同应力下在锡膜上产生的晶须
(a) 压缩应力　(b) "零"应力　(c, d) 拉伸应力下

---

① 基因表达调控系统，upstream activating sequence。

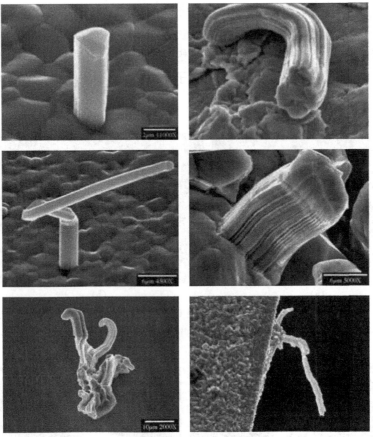

图 1.14　各类晶须的电镜图片
（资料来源：众焱电子，2018）

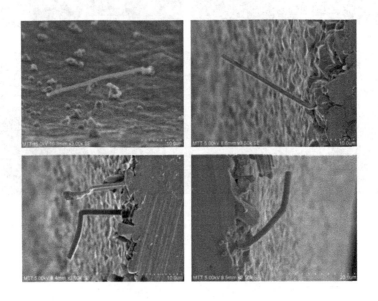

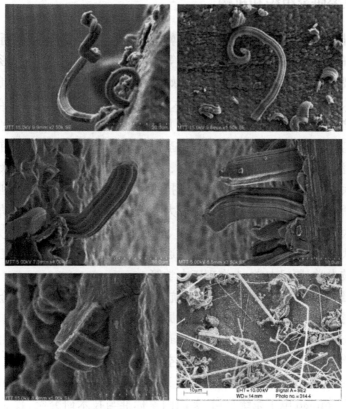

图 1.15 电沉积锡锰合金涂层上锡晶须生长的扫描电子显微镜照片

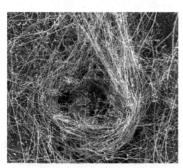

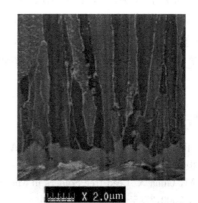

图 1.16 金属间化合物 NdSn₃ 在空气中 FEI 扫描电子显微镜照片

图 1.17 典型的亮锡晶粒结构 FIB 横截面

1.4 国内外主要研究组织和机构

研究晶须的国家主要有美国、日本、欧盟、韩国、中国、英国、德国、俄罗斯等。

从公开发表的论文、发明专利及软件著作等成果来分析，国内外研究晶须的大学主要包括马里兰大学、奥本大学、罗切斯特大学、克莱姆森大学、威斯康星大学、亚利桑那大学、不列颠哥伦比亚大学、卡内基·梅隆大学、迈阿密大学、布达佩斯大学、多伦多大学、布朗大学、康奈尔大学、马萨诸塞大学、南方卫理公会大学、加利福尼亚大学、爱荷华州立大学、美国国家大学、普渡大学、美国新墨西哥矿业技术学院、圣何塞州立大学、汉城大学、首尔大学、公园学院、东京大学、康涅狄格州大学、朴次茅斯大学、牛津大学、恩斯兰西瓦州立大学、纽约州立大学、南卡罗来纳大学、弗拉基米尔州立大学、布拉格大学、延世大学、西澳大利亚大学、斯图加特大学、釜山大学、新加坡国立大学、东京工业大学、香港城市大学、台湾成功大学、台湾中央大学、上海交通大学、北京大学、西安交通大学、北京理工大学、哈尔滨工业大学、东南大学、浙江大学、吉林大学、哈尔滨理工大学、西南交通大学、南方科技大学、北京工业大学、大连理工大学、北京科技大学、厦门大学、上海理工大学等。

研究晶须的组织和机构主要有美国国家航空航天局（NASA）、日本轻金属、空间电子材料和组装过程研究所（EMPS）、美国核监管委员会、国际电子制造倡议组织、JEDEC 固态技术协会和 Bannockburn、轨道实验室（Trace Laboratories）、iNEMI 锡晶须用户组、欧洲航天局（ESA）、美国能源部（USDOE）、美国国家航空航天局戈达德太空飞行中心、日本产业技术综合研究所（National Institute of Advanced Industrial Science and Technology, AIST）、The Northrop Grumman 电子系统公司、美国国家标准与技术研究院、食品和药物管理局、AIME 冶金学会、日本振兴协会、西屋核技术通报、中国金属基复合材料国家实验室、泰科电子。其中，美国奥本大学工程学院先进车辆和极限环境电子中心（CAVE3），以及 96 家公司、11 个实验室和非营利组织、43 大学和 15 个州和地区组织，与 NextFlex 联盟合作，成立柔性混合电子制造创新研究所（FHEMII），成为国家恶劣环境电子制造工作 FHEMII 的一部分，也是美国国防部领导的柔性混合电子研究所的重要组成部分。

参考文献

[1] 朱宏喜,田保红,张毅,等.热浸镀工艺对 SnAgCu 镀层组织和 Cu6Sn5 化合物生长的影响[J].材料热处理学报,2020(8):135-140.

[2] Abtew M, Guna S. Lead-free Solders in Microelectronics [J]. Materials Science and Engineering：R：Reports, 2000,27(5-6):95-141.

[3] Britton S S. Growth of Whiskers on Tin Coatings：20 Years of Observation [J]. Trans. Inst. Of Metal Finishing, 1974(52):95-102.

[4] Compton K G, Mendizza A, Arnold S M. Filamentary Growths on Metal Surfaces—"Whiskers," [J]. Corrosion, 1951,7(10):327-334.

[5] Diamond M E, von Heimendahl M, Knutsen P M, et al. 'Where' and 'what' in the whisker sensorimotor system [J]. Nature Reviews Neuroscience, 2008,(9):601-612.

[6] Diehl R. Significant Characteristics of Tin and Tin-Lead Contact Electrodeposits for Electronic

Connectors [J]. Metal Finishing, 1993(4):37 – 42.

[7] Diyatmika W, Chu J P, Yen Y W, et al. Sn whisker mitigation by a thin metallic-glass underlayer in Cu-Sn [J]. Applied Physics Letters, 2013(103),241912.

[8] Franks J. Metal Whiskers [J]. Nature, 1956,177(4517):984.

[9] Frederickson A R. Electric Discharge Pulses in Irradiated Solid Dielectrics in Space [J]. IEEE Transaction, 1983(EI – 18):337 – 349.

[10] Fujiwara K, Kawanaka R. Observation of the Tin Whisker by Micro-Auger Electron Spectroscopy [J]. Applied Physics Letters, 1980,51(12):6231 – 6232.

[11] Hampshire L. Hymes Shaving Tin Whiskers [J]. Circuits Assembly, 2000,11(9):50 – 55.

[12] Hwang, Jennie S. Tin Whiskers: Phenomena and Observations [J]. Surface Mount Technology (SMT), 2013,28(9):12 – 13.

[13] Jadhav N, Buchovecky E, Chason E, et al. Real-time SEM/FIB studies of whisker growth and surface modification [J]. JOM, 2010(62):30 – 37.

[14] Jiang B, Xian A P. Discontinuous growth of tin whiskers [J]. Philosophical Magazine Letters, 2006, 86(8):521 – 527.

[15] Koonce S, Eloise, Arnold S M. Growth of Metal Whiskers [J]. Journal of Applied Physics, 1953,24 (3):365 – 366.

[16] Lee B, Lee D. Spontaneous Growth Mechanism of Tin Whiskers [J]. Acta Metallurgica, 1998,46 (10):3701 – 3714.

[17] Levine B. Will 'Tin Whiskers' Grow When You Get the Lead Out? [J]. Electronic News, 2002(5): 2.

[18] Lindborg U. A Model for the Spontaneous Growth of Zinc, Cadmium, and Tin Whiskers [J]. Acta Metallurgica, 1976,24(2):181 – 186.

[19] Lutes O S, Maxwell E. Superconducting Transitions in Tin Whiskers [J]. Physical Review, 1955,97 (6):1718 – 1720.

[20] Niu C. High-energy lithium metal pouch cells with limited anode swelling and long stable cycles [J]. Nature Energy, 2019,4(4):551 – 559.

[21] Osenbach J W, Delucca J M, Potteiger B D, et al. Sn-whiskers: truths and myths [J]. Journal of Materials Science: Materials in Electronics, 2007,18(1 – 3):283 – 305.

[22] Pei F, Briant C L, Kesari H, et al. Kinetics of Sn whisker nucleation using thermally induced stress [J]. Scripta Mater, 2014(93):16 – 19.

[23] Treuting R, Arnold S. Orientation Habits of Metal Whiskers [J]. Acta. Metallurgica 1957(5):598.

[24] Tu K. Cu – Sn Interfacial Reactions: Thin Film Case Versus Bulk Case [J]. Materials Chemistry and Physics, 1996(46):217 – 223.

[25] Van Westerhuyzen D, Backes P, Linder J, et al. Tin Whisker Induced Failure in Vacuum [J]. ISTFA, 1992(18):407.

晶须失效与可靠性

2.1　晶须失效的形式及危害

无铅锡镀层虽然提供了与锡铅镀层相同的良好可焊性,但是无铅锡镀层上的自发晶须生长给电子系统带来了严重的可靠性问题,几乎影响到所有电子产品(某些高可靠性军事用途设备被特许除外)。2000 年以来,随着无铅化的发展,晶须也成为日本擅长的细节距和挠性电缆连接器中的大问题。

锡晶须发生在采用镀锡表面的部件上,与大多数焊接过程相比,它更像一个难解的谜。由于晶须生长一般需要数月甚至数年,具有重叠的潜伏期,然后才出现明显的增长,因此很难准确预测它何时会发生、何时增长、何时停止以及造成的危害程度有多大。锡晶须通常在制造完成之前不会发生,因此难以断定它们是否会出现,在如军事、汽车和航空航天等高可靠性设备中尤其让人担忧。但晶须引起电子产品的可靠性问题,它的危害则是有目共睹的。自 20 世纪 50 年代以来,在各种系统中都观察到晶须(包括锡在铜上,铝在硅上和锌在钢铁上),并引发窄间距 QFP 发生短路故障。同时,金属晶须被认为是大量电气系统故障的根本原因,金属晶须造成的电路短路可能会中断服务、损坏基本设备,晶须被暗示或至少被怀疑与数据中心服务中断和消费电子召回有关。其中电气系统故障包括不希望的电弧和(或)短路故障,意外的电弧放电会对电气系统造成灾难性的影响,因为它在极端情况下可能对人造成安全隐患。

2000 年后,无铅化焊接的浪潮席卷全球,让锡电镀成了时代的新宠。然而,小到手表,大到核反应堆,甚至连 NASA 人造卫星、航天飞机等航空航天领域,都开始接二连三地出现因晶须引起的故障,这项问题的重要性激增,再次成为全球关注的焦点。

特别是由于工业上对超高频、超高速以及更高的封装密度和更小的临界尺寸的持续需求,使晶须对可靠性构成了更大的威胁。在电气连接件中,间距不到 1 mm 的小间距连接器因晶须导致电路短路的问题,从 2003 年起就已在电子业界引发了一定的震动。由于元件引线如此接近,锡晶须在五年内从一根引线生长到另一根引线,可能会发生 30% 的故障。Thomas 于 2015 年发表了《在 SOIC 组件上桥接相邻引线的锡晶须的长期监测和故障检测》论文,他认为:由于缺乏在合理的时间范围内生长实验室控制的锡晶须的可复制方法,因此妨碍了对晶须的研究。技术突破是通过使用在各种受控的固有膜应力条件下获得的溅射薄膜,其具有在相当短的时间内连续生长晶须的能力。通过在溅射过程中使用受控量的背景 Ar 气体,我们已经能够获得具有不同程度的压应力的膜,以帮助复制生产晶须。此外,溅射膜避免了电沉积膜的复杂性，并且使我们能够获得非常薄的膜（约 $0.1\mu m$），虽然这使复制晶须生长取得了一些关键进展，但目前尚无关于锡晶须生长机制的普遍共识。

用于观察锡晶须桥接故障的 CAVE 测试结构如图 2.1 所示。

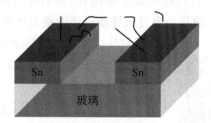

图 2.1　用于观察锡晶须桥接故障的 CAVE 测试结构
（资料来源：美国奥本大学先进车辆和极端环境电子中心，2008）

锡晶须生长初期的选择性氧化过程和原位动态生长过程如图 2.2 所示。

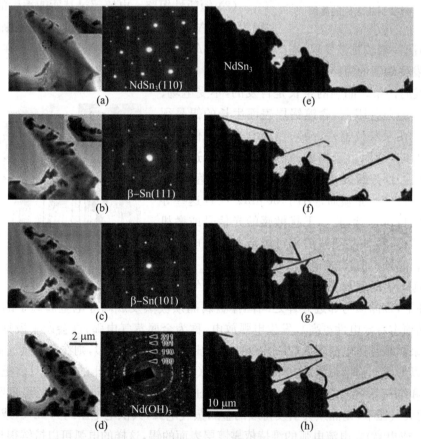

图 2.2　锡晶须生长初期的选择性氧化过程和原位动态生长过程
（a）～（d）锡晶须生长初期的选择性氧化过程，显示 $NdSn_3$ 基体逐渐转变为纯 Sn 颗粒（黑色）及 $Nd(OH)_3$ 纳米晶（浅色衬度）　（e）～（g）薄膜样品上锡晶须的原位动态生长过程，显示晶须从根部开始生长，通过弯折（kink）来改变生长方向，且整体为单晶形态，弯折处无界面等晶体缺陷

金属晶须有很多特有的性能,如超级导电体、耐高温性能好等。晶须具有惊人的高电流负载能力,通常为 10 mA,最大可达 50 mA。当晶须在两条导体之间生长时,在低电压下,由于电流比较小,晶须可以在邻近不同电势表面产生稳定持久的短路;在高电压下,当电流超过锡晶须的熔断电流时,晶须有可能形成导电路径,从而导致瞬时短路。从而在某些情况下,在不正确的位置产生虚假信号会反过来导致所涉设备发生不当操作的后果。

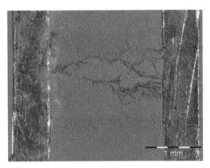

图 2.3　封装引线之间的晶须

封装引线之间的晶须如图 2.3 所示。

综合起来,晶须所引起的失效和危害问题主要表现在如下几个方面:

(1) 永久性短路。当晶须生长到一定长度后,会使两个不同的导体短路。低电压、高阻抗电路的电流不足以熔断锡晶须,造成永久性的短路。当晶须直径较大时,可以传输较高的电流,导致低压、高阻抗电路短路。

(2) 短暂性短路。电流超过其所能承受的电流(一般为 30 mA)时,晶须将被暂时熔断,造成间断的短路脉冲,这种情况一般较难被发现;当产生超过 50 mA 的熔断电流时,则电路可能会在电路保险丝断开时发生短暂的短路。

(3) 残屑污染。晶须的生长是自发的,不受电场、湿度和气压等条件限制,含镀锡层表面生长的锡晶须最为典型。在某些仪器中,晶须在静电或气流作用下可能变形弯曲,继而由于机械冲击或震动等会造成晶须或晶须的一部分断裂并松开,从镀层表面脱落,形成残屑,据报道,这种晶须通常小于 50 μm。一旦这些导电残屑颗粒自由运动,将会干扰敏感的光信号或微机电系统的运行;另外晶须残屑也可能造成其他电路的搭接短路。晶须残屑污染如图 2.4 所示。

图 2.4　晶须残屑污染

(4) 真空中的金属蒸气电弧。在真空(或气压较低)的条件下,锡晶须与邻近导体之间固体金属晶须被蒸发成高导电金属离子的等离子体(比固体晶须本身导电性更高),发生电弧放电,称为金属蒸气电弧,这会产生极具破坏性的后果。如果晶须传送电流较大(几个安培)或电压较大(大约 18 V),则在金属蒸气弧中,该等离子体可以形成能够携带数百安培的电弧电流(ARC)。随着气压的降低,只需更少的功率就能引发和维持晶须感应的金属蒸气电弧。Richardson 于 2010 年的试验已经证明,在大约 150 托①的大气压下,锡晶须会引发持续的金属蒸气电弧,其供电电压约为 13 V(或更高),电流为 15 A(或更高)。电流电弧的维持依靠镀层表面的锡,这样的电弧可以持续很长时间(几秒钟),直到镀层表面的锡耗完或电流终止,被电路保护装置(如保险丝、断路器)中断,或直到发生其他的电弧熄灭过程为止。据报道,真空中的金属蒸气电弧至少发生在三颗商业卫

① 托为压力单位,1 Torr=1.333 22×10² Pa。

星上,导致保险丝烧断,使航天器无法工作。锂电池中的晶须如图 2.5 所示。

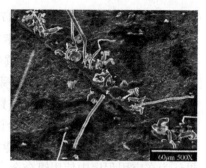

图 2.5　锂电池中的晶须

　　晶须给电子组件带来严重的可靠性风险,锡晶须引起的短路导致医疗设备、心脏起搏器、USB 连接器和主板、丰田汽车油门电子系统、发电厂和消费类产品如手机等出现故障,也有多起由锡晶须导致地面特种电气设备如核电厂、军事装备(F15 战斗机雷达、火箭发动机、爱国者导弹、核武器)、航空航天设备和在轨商业卫星完全失效,甚至导致严重的事故。黄文梅于 2010 年通过对用于焊料和电镀铜制电子元件的锡中萌芽的晶须可能造成短路开展研究,已经确定这些锡晶须是造成卫星失效、计算机中心频繁瘫痪以及数千心脏起搏器被召回的根源。Leidecker 回顾了纯锡镀层引起电气系统故障的历史,Hokka J 于 2013 年开展了 Sn-Ag-Cu 焊料互联在热循环稳定性方面的研究,并列举了因锡晶须而引发的一些事故,如表 2.1 所示。

表 2.1　因锡晶须而发生的太空设备和在轨商业卫星事故

发生事故的产品名称	事故原因分析
心脏起搏器	从锡镀层上长出的锡晶须导致短路(1986 年 3 月)
F15 雷达	锡晶须导致短路(1986 年)
美国导弹事故	镀 Sn 继电器上长出锡晶须(1988 年);镀 Sn 晶体管上的锡晶须导致短路(1992 年)
Phoenix 空空导弹	锡晶须导致短路(1989 年)
爱国者Ⅱ导弹	镀锡引脚长出锡晶须(2000 年)
Galaxy Ⅳ 卫星	镀 Sn 继电器上锡晶须导致短路,导致卫星失控。Galaxy Ⅳ 卫星 1998 年失效;SOLIDARIDAD Ⅰ 卫星 2000 年失效
Galaxy Ⅶ 卫星	
SOLIDARIDAD Ⅰ 卫星	
其他卫星	锡晶须导致冗余控制处理器失灵
核装置	继电器 Sn 镀层上长出锡晶须(1999 年)
火箭发动机点火装置	装配测试阶段锡晶须导致电线与壳体发生短路

2.2　典型领域发生的晶须失效

2.2.1　民用产品由晶须引起的失效

　　自 20 世纪 70 年代以来,汽车制造商就开始使用电子设备来实现安全性,即关键的汽车控制系统,如加速、制动和转向系统。这些电子系统在汽车中引入了纯机械结构不可行的功能,如防抱死制动系统和电子稳定控制。2010 年 1 月,全球汽车制造商丰田(Toyota)面临一项任务,即通知客户召回涉及 170 万辆油门踏板故障的汽车,涉及 8 种不同车型。在某些情况下,发现有故障的加速踏板卡在踩下位置,并缓慢返回怠速位置,从而导致车辆意外加速。当油门卡在打开位置时,当驾驶员试图制动并减速时,车辆将继续加速。丰田公司一直坚持自己的电子产品系统不是一系列致命事故的罪魁祸首,Sood 于 2011 年对丰田电子发动机控制系统(包括油门踏板位置传感器)进行物理分析,首先对丰田发动机控制模块和 APPSs 的不同部分进行了结构分析,并着重对在油门踏板总成中发现的锡晶须,利用 X 射线荧光光谱、扫描电子显微镜和能量色散光谱等分析技术对应用程序进行结构分析,研究结果认为在应用程序中使用锡合金表面处理是一个值得关注的问题,该方法可用于评估锡晶须的生长和镍作为底层材料的使用检测。通过对 2008 丰田 Tundra 卡车发动机控制单元(ECU)进行测试,分析结果表明,连接器表面有锡晶须,会产生意外的电气故障,如短路(George 等,2014)。丰田和国家公路交通委员会于 2011 年 2 月发布调查结果显示,证明丰田的电子产品系统无可非议,但是同一份报告中隐藏着安全专家认为令人不安的细节可能是影响控制电子系统的问题的证据。调查人员发现了所谓的锡晶须,当锡晶须通电并被氧化时,可以将电传导到意想不到的地方——丰田的电子系统内部,从而造成踏板控制系统紊乱,锡晶须引起了丰田油门踏板位置传感器电气误报故障。其后,根据丰田汽车公司的新闻稿"没有数据表明丰田汽车中锡晶须比市场上的其他任何汽车更容易出现",丰田还声明"其系统的设计旨在降低锡晶须首先形成的风险"。

其他对民用产品的晶须失效的研究成果如下:《纯镀锡陶瓷片式电容器锡晶须》,《电磁继电器零件上锡晶须》(Hada),《锡晶须失效所需的试验程序》,《三瓦老化测功机中的铝酸盐晶须和纳米管采样观察和研究》(JonHangas),电源的失效案例。LITESURF 电镀技术-高级研发产品开发工程师 Erika Crandall 于 2017 年认为金属晶须对如今的汽车制造商构成了威胁。沈阳材料科学国家实验室的 Bin ZHANG 等研究了电流引起的 200 nm 厚度金属互联的故障,通过对材料施加直流电、交流电和具有较小直流分量的交流电,经扫描电子显微镜在双光束显微镜内对石英基板上 200 nm 厚的 Au 互联结构进行了原位测试,发现在三种电流下,所有 Au 互联的空洞形成和随后垂直于互联方向的晶须生长都是导致失效模式的致命原因。更多的研究人员发现,甚至在连接器、绕线端子、显示器 PCB 和 PC 母板的 USB 外壳中也发生了由于晶须引起的事故,主要包括陶瓷芯片、镀锡端子、可变空间隔、镀锡框架、断路器、镀锡触点、镀锡外壳、绕线端子、ZIFF 插座、视频监控 USB 连接器和主板 USB 连接器等。电气连接件上的晶须如图 2.6 所示。锡合金连接器引脚上锡晶须的生长如图 2.7 所示。电镀电连接器上形成的金属晶须如图 2.8 所示。

民用设施如地下轨道交通、超导悬浮装置(列车)、井下煤矿、桥梁、风电机组塔架、野外电力等中的设备在极端工况和服役环境下,生长晶须的可能性大大增加。极端服役环境主要包括极端温度(包括极端高温、极端低温和高低温循环)、极端电压、极端湿度、强风、

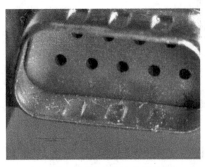

图 2.6 电气连接件上的晶须

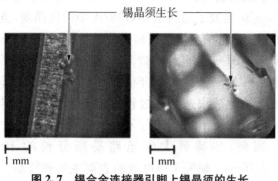

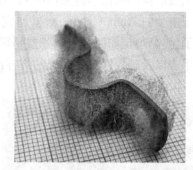

图 2.7 锡合金连接器引脚上锡晶须的生长
（资料来源：Elviz 等，2014）

图 2.8 电镀电连接器上形成的金属晶须

高噪声、高温干旱、高温蒸汽、盐雾、碱性和酸性气体腐蚀、高低温湿热交变冲击、暴晒、暴雨等。极端试验工况主要包括超高速、超(超)临界、高载荷、交变载荷、急速启动或停机。极端工况测试设备包括大型低速风洞、强流重离子加速器、超导直线加速器、大接受度放射性束流线、冷却储存环同步加速器和物理试验终端、极低温系统、高于 300 GPa 的超高压系统、亚飞秒时间分辨的超快激光系统。特殊环境集成试验系统工况包括高亮度、无光、超高低温、超高低压、超高低速、强磁场、超快光场、重载、微重力、失重、强辐射、空气稀薄区、真空、超临界、高腐蚀介质、高速气流、复合交变载荷、高湿度、冷热循环冲击、正负加速度、剧毒等。

　　针对试验设备及传感器在极端环境下的晶须发生短路危险、故障现象和引发的灾难性后果，众多学者进行了长期观察和研究。Hille 等于 2001 年研究了飞磁记录滑块上和气体传感晶须的形成机理，Mikulics 于 2012 年研究了飞秒光电探测器和 THz 发射器用 GaAs 纳米晶须。

　　也有学者研究了波峰焊点上镀层表面生长出来的细丝状锡单晶锡晶须(见图 2.9)，认为波峰焊接后焊点上锡晶须的成因是：表面镀层的某些晶粒受到周围的正向应力梯度场的作用(该晶粒承受压应力)而导致晶须从该晶粒形成与生长；而应力梯度主要有两个来源：①金属间化合物形成时产生；②镀层材料与基体材料的热膨胀系数不匹配，在承受载荷时导致的热应力。锡晶须的形成与生长和再结晶密不可分。在内部位错微应力场和环境温度的作用下，某些晶粒发生再结晶，而再结晶晶粒与周围晶粒在自由能方面的不匹配导致整个系统朝自由能小方向演化，晶须的形成与生长就是这个自由能变小的过程的自然产物。

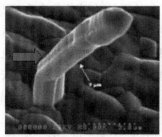

图 2.9 波峰焊接后锡晶须

在金属锂电池的晶须生长和引起的失效研究方面，Kuniaki Tatsumi 等研究了新型石墨晶须阳极电极的电化学行为，Wickramasinghe 研究了超新星 SN1987A 中的铁晶须，圣母预科女子中学的 Anna Cyganowski 研究了镍镉电池的金属晶须和枝晶现象，World 于 2012 年论述了《锡晶须是如何把从服务器到智能手机的一切都搞砸的？》，认为金属晶须干扰了从卫星到手表以及到数据中心系统的方方面面，Aberg 等于 2015 年研究了 GaAs 纳米线阵列太阳电池液快速结晶过程中的微观结构演变规律，Arrowsmith 等研究了不同的晶须引发的电源失效案例，华盛顿大学圣路易斯分校的 Brandie Jefferson 研究了锂电池的表面生长和枝晶。三星因电池起火而被迫召回了 Galaxy Note 7 智能手机，在 Galaxy Note 7 和其他手机电池事故中，金属晶须刺透隔离电池阴极和阳极的电解质屏障是造成短路、温度升高、起火和爆炸的原因。极端工况和极端服役环境装备中大多使用锂金属电池作为能源，但由于电池中晶须的生长，也阻碍了锂金属电池的进一步广泛使用。图 2.10 为由于晶须短路而造成锂电池爆炸的三星 Galaxy Note 7 手机。

图 2.10　由于晶须短路而造成锂电池爆炸的三星 Galaxy Note 7 手机
（资料来源：Heather Hall，2019）

2.2.2　军事和核设施的晶须失效

与民用装备相比，复杂武器装备/平台表现出一系列特殊性，其电子元器件的工作环境比民用装备更加复杂，集中体现在极限功能的发挥和服役环境的多变与严酷。陆上军事装备如坦克、装甲车辆、大炮等在大风沙漠、腐蚀严重的盐雾海洋、高原缺氧低气压、腐蚀、磨损、高寒、高温、高湿环境服役；潜艇、雷达、舰艇、沿海空军飞机、导弹发射井架、两栖作战装甲车辆、沿海部队的通用装备长期在大气腐蚀、海水腐蚀、高温、潮湿等环境中服役。极端温度范围包括军事规格（55～125℃）、极端寒冷的火星（−120～115℃）和小行星 Nereus（−180～−25℃）环境。

中国的何小健等（2011）针对长期储存的火箭破甲弹机电触发引信弹道炸问题，研究了触发引信撞击开关内外罩问题，指出开关内外的锡晶须是引起火箭破甲弹机电触发引信弹道炸的主要原因；Nordwall（1986）将空军雷达问题与锡晶须生长联系起来。

海上武器是指用于海上作战的武器系统，包括潜艇、弹药舰、战舰和鱼雷，为应对海军面临的各种威胁，对海上武器以及地面部队和空军武器的需求日益增加。随着信息和通信技术以及远程武器装备的最新进展，以评估来确保海洋武器的可持续性和可靠性尤为重要。1986 年，美国空军 F15 喷气式战斗机的雷达设备出现故障，罪魁祸首就是锡晶须侵入电路，引起雷达间歇性的失效。如果由于机舱的振动使锡晶须移动了位置，则故障会突然消失，雷达又能正常工作。1989 年凤凰城美国海军的空空导弹的目标监测系统中也发现了锡晶须引发的此类故障现象。

2005 年 4 月 17 日，康涅狄格州的米尔斯通核电站（the Millstone Nuclear Power Plant）因"错误警报"而被关闭，该错误警报指示当蒸汽压力实际为标称值时反应堆蒸汽系统中的压力降不安全。错误警报是由锡晶须引起的,该锡晶须使逻辑板短路,该逻辑板负责监视电厂中的蒸汽压力管线。1987 年至 2000 年,至少有 7 次核电厂关闭的原因就是由于报警系统的电路中长出了锡晶须,锡晶须使报警系统误判有一些重要的系统不能正常工作,而实际上反应堆本身并没有任何问题。针对核反应堆由于晶须引起的失效问题,Daddona 研究了反应堆由于晶须而停堆的案例《从一个小小的锡晶须中学到了很大的教训》。2013 年,美国国家核安全局(National Nuclear Security Administration)的 Weinberger 对锡晶须的生长机理进行了建模;Huang 研究了核工业中锡晶须的风险,指出了在核电工业中已报道的锡晶须相关故障和失效,并讨论了核电站面临的独特可靠性和安全挑战,指出应关注的领域包括供应链和零件选择、故障报告、法规和测量技术以及无铅立法,讨论了零件可用性和报废问题,提出了可用于减轻和管理核工业中锡晶须风险的策略和建议。

极地特殊服役环境,其主要特点表现为气温酷寒、降水稀少、风多而大。南极洲和北冰洋以及环绕它们的洋面和陆地的寒冷气候,在北半球大部极地气候区为大陆环绕的永冻水域,冬半年在极夜期间无太阳辐射,夏半年在极昼期间终日太阳不落,但由于冰雪反射率强,从太阳辐射获得的热量,尚不足以融化冰雪,因此夏天的温度仍然较低,极地科考和探测设备的电子元器件及电源长期在极地海冰结合和极端低温环境下工作,因晶须而产生的事故也层出不穷。

2.2.3 海洋领域设施由晶须引起的失效

由于海洋(包括海洋上空、海面、深海和海底等)工作环境的特殊性和复杂性,加之海洋大气环境极其复杂,随着地球经纬度和海岸地理条件的差异,温度、湿度、辐照度、氯离子浓度、盐度、污染物等主要环境因子及其耦合作用对材料腐蚀行为的影响差异很大。海洋大气中腐蚀颗粒主要为 SO_2、HNO_3、N_2O_5 与 $NaCl$ 反应生成的 Na^+、Cl^-、SO_4^{2-}、NO_3^-、HN_4^+ 等离子颗粒。我国典型海洋大气表现为高温、高湿和高盐雾的特点。我国近海受大陆污染影响,各类离子、SO_2 含量都远高于国外;远海如西沙各类离子含量高;西太平沿岸 NO_3^- 浓度大于 SO_4^{2-} 浓度,而我国 PM2.5、PM10 离子颗粒浓度远高于其他西太平洋国家。欧美国家近、远海主要是 Cl^-,SO_2 含量很少,近乎为零;东南亚的 Cl^-、SO_2 与我国西沙相当。

海洋环境使得电子元器件的工作条件异常复杂。海面、深海和海底工作的海洋装备电气连接件和元器件不仅承受风、波浪、潮汐和海流等冷热循环冲击、高低压复合交变载荷,而且要承受高盐雾、高低温、高低压、缺氧、霉菌、高氯离子和海洋生物侵蚀,各种载荷相互耦合作用,情况非常复杂,是典型的热循环、热冲击、腐蚀、电迁移和退火极端环境,特别是深海具有物理上的极端(高压、低温)和化学上的极端(高盐度、高 pH 值、低氧含量、剧毒、高压、高温、霉菌和海洋生物侵蚀等),在某些特定海域的海底有冷泉和热液并存的极端环境。随着海洋观测、监控和海洋资源开发向着深远海发展,海洋立体监测和海底观测组网,载人深潜已达 7 km 的深度,更是高压、低温、剧毒等工作条件。特别是,在某些特定海域,深海热液喷出温度为 60~350℃,有的热液温度高达 400℃;而冷泉区的温度仅为 2~4℃,并释放大量 CO_2 和 CH_4 等烃类气体。在海底冷泉和热液并存的极端环境下,海洋电子元器件长时间承受各种循环温度。海洋环境的复杂性,使电子元器件经常发生连接件及封装失效的事故,其考察、作业装备因晶须引发的失效现象近年来受到诸多学者的关注。同时,在海洋电子元器件中,材料表面和内部的金属离子迁移是晶须生长的主要原因之一。

诸多学者研究了此类极端环境下晶须增长及电子元器件的失效事故,如 Sharma 于2015年对高温、高湿度和热冲击等综合环境下的金属化合物界面的影响进行了试验研究。

2.2.4 航空航天领域设施由晶须引起的失效

在航空领域,相关电子设备为机、电、液、气、热、控等多领域耦合,其处于极端苛刻的服役环境,如超高温、超低温、高真空、高应力、微重力、失重、强腐蚀、臭氧空洞等,航空发动机叶片及相关电气元器件在高速巡航下要承受超过 1 000 ℃ 的高温,航空设备在从起飞到降落过程中,其电子元器件要承受 0.5 Gal① 以上的加速度,飞行环境温度高达 526 ℃,甚至有时短时间高达 635 ℃,裸露的航空航天电子元器件在高空要承受 −60 ℃ 以下的低温和相当于地面压力的 1/20 低压。

卫星、空间和外星探测器、载人飞船和航天飞机等,在发射和回收过程中,其电子系统和高电压太阳电池阵供电系统要承受达 7～8 个 Gal 的正负加速度以及高热流,同步高度区和低高度极区的等离子体通量和能量会突然增加;同时,由于火箭发射器产生了极大的噪声和振动。在低地球轨道飞行、高度椭圆轨道、地球同步轨道、星际飞行任务的环境大不相同。在地球同步轨道中,温度在 −30 ℃ 和 125 ℃ 之间循环,地球同步轨道卫星释放出高达20 000 V 的电压;在近太空运行中,相关电子器件需要承受极端热应力和典型的冷热温度循环环境,个别区域温度超过 2 000 ℃。外太空和外星球是真空、失重、磁暴、高能粒子辐照、冷热循环冲击等极端环境,更是多场(热场、压力场、电场、磁场等)耦合环境,经对火箭发动机起爆器失效分析,发现其中有大量的晶须。

1976 年,欧洲航天局的 Dunn 发布了一系列出版物,强烈建议将容易产生晶须生长的表面(如锡)排除在航天器设计之外,但并非所有卫星制造商都遵循这个建议,并且在 10 多年后,即 1990 年,由于锡晶须问题,几架商用航天器接连发生故障。当时美国空军正在检查具有 12 年历史的雷达系统中的故障电路,首先检查了锡晶须的孵化及其潜在的问题,并发现混合电路的锡镀层上生长的长达 2.5 mm 的晶须。2000 年 3 月,在具有 10 年历史的通用电气继电器中发现了另一起经过长时间的装饰后出现晶须的现象。1989 年凤凰城美国海军的空对空导弹的目标监测系统中也发现了锡晶须。自 1998 年以来,在研制和在轨运行的卫星由于金属晶须导致卫星电子设备工作异常和计算机中心中断、崩溃的事故时有发生,最著名的归因于锡晶须的故障之一是 1998 年 Galaxy Ⅳ 卫星进入轨道后,电信卫星由于短路而意外丢失,连续几天关闭了全美近 90% 的寻呼机,后来查明的原因是:由于保形涂层在制造时被误涂到电路板上,使锡晶须出现在纯锡镀层中并传播通过未镀膜的区域,从而导致主控计算机无法使用。另外几颗 HS‐601 卫星也由于继电器内部生长了锡晶须从而在轨道上损毁,使其所有者和其保险公司蒙受了数亿美元的损失。

为了最大限度地减少晶须的生长,Galaxy Ⅳ 的制造商 Hughes 随后采用了镀镍而不是

---

① Gal 为加速度单位,1 Gal＝1 cm/s²。

镀锡，尽管这种做法会使每个有效载荷的质量增加110~220 lb[①]。Pressman 于1998年从微小的空间晶体角度对银河四号卫星的损失进行了解释。同一年，Macavinta 研究了 Galaxy Ⅳ 卫星的灾难，Silverstein 分析了 Galaxy Ⅳ 失效的原因；Felps 研究了由 Whiskers 引起的银河四号的星际中断现象；NASA 的 Thibodeau 于1998年提出了"卫星故障给用户敲响了警钟"的论断；NASA 的 Barthelmy 等研究者2000年在"休斯试图打捞卫星的纯锡涂层的问题"时，指出"休斯卫星故障继续困扰着新主人"；Barthelmy 等于2001年对休斯卫星纯锡涂层的晶须问题进行了综合分析；NASA Goddard 太空飞行中心的 Jay 于2002年研究了"转换为不同电位的相邻导体之间可以生长晶须"的反射和晶须爆发时的瞬时短路或永久短路情况，以及晶须可能会从其基材上脱落，造成碎屑而引起滑环的问题，光学器件、微机电器件(MEMS)和类似组件也有类似由于晶须引起的机械问题。

美国国家航空航天局(NASA)的 Jay Brusse 于2004年总结了锡晶须的故障模式如下：小电流应用中的永久短路，电流高到足以引起晶须熔断的瞬态短路，真空中的金属蒸气电弧以及由振动产生的碎屑/污染，释放出散落的晶须，这些晶须会干扰光学表面或桥接裸露的导体。

Richardson 研究了航天器电子中锡晶须引发的真空电弧；NASA 的 Andrew 等于2004年和加州大学研究了无铅微电子组件在航空航天中的应用；Mason 于2007年指出"欧洲航天局担心纯锡的问题"；美国国家航空航天局戈达德太空飞行中心研究了来自亚光镀锡射频外壳盖引起的锡晶须断裂故障；Spiegel 于2005年研究了航空航天和国防医疗设备因锡晶须问题而导致的故障中后指出"锡晶须问题笼罩着航空航天和国防"。

航空航天和国防领域的工程师担心与电子行业相关的锡晶须问题的后果，尽管航空航天和国防领域大部分没有 RoHS 法规约束，但通过零件供应商淘汰了其含铅零件，无铅商业零件将逐步进入航空航天和国防系统。Buetow 于2006年提出了"幸免于难？美国航天局解除了对锡晶须的遵守"；NASA 的研究者分析了极端环境下直流电动机驱动的金星原位探险家(VISE)电子封装技术；航空航天公司(Aerospace Corporation)的 Kostic 也研究了无铅电子可靠性。

NASA 的 Hada 和 Victoria Gulimova 针对其卫星等设备和电磁继电器零件由于热循环晶须和电迁移失效开展了深入研究。波音公司的波音787梦幻客机采用了更先进的电子技术、数百万行的软件程序码以及锂离子电池技术，实现了比波音767更高20%的燃油效率。2013年1月7日，日本航空一架未载客的波音787梦幻客机在美国波士顿机场起火后，疑似造成这起意外的飞机辅助动力装置(APU)锂离子电池，被安全人员们锁定为梦幻客机事件的关键点，因为这起事件和先前发生在雪佛兰电压碰撞测试中的锂离子电池意外起火有类似之处。随后，Andre M 研究了由美国跨国航空航天和国防公司波音公司的工程师领导的有关波音787梦幻客机(Dreamliner787)电池问题的调查，以及晶须短路事故，研究发现，电场或电压偏置的存在会以多种方式影响晶须的生长，目前尚不完全了解电势的程度和影响。曾在波音787梦幻客机厂房任职的技工克莱顿表示，他经常在驾驶舱底部的电线附近找到金属碎片。同时，NASA 的工作人员证明，由于静电吸引的作用，晶须会弯曲，从而增加了锡

---

① lb 为质量单位，1 lb=4.536×10⁻¹ kg。

晶须短路的可能性。一些研究表明,电流会加速锡晶须的生长,但这仍然是一个有争议的议题。

在 2013 年的第七届锡晶须国际会议上,航天工业业内专家、学者对锡晶须问题开展了广泛讨论,展示了该领域的最新成果,主要有如下演讲:洛克希德·马丁公司负责任务达成的副总裁的主题演讲"航天:难以忍受的边界",雷神公司的 David Pinsky 博士的演讲"大型国防 OEM 的锡晶须风险缓解——过去、现在与未来",罗克韦尔柯林斯公司的 Dave Hillman 的演讲"敷形涂覆材料及其应用:行业评估状态",博世公司的 Pierre Eckold 的演讲"腐蚀诱发的锡晶须对镀锡的影响"等。

银河Ⅳ是一枚电信卫星,由于 1998 年锡晶须引起的短路而失灵并丢失。最初被认为太空天气是导致该故障的原因,但后来发现保形涂层被误涂,从而使晶须形成出现在纯锡电镀并传播通过未镀膜的区域,从而导致主控计算机出现故障。在轨商业(非 NASA)卫星由于锡晶须引起的短路而使卫星控制处理器(SCP)发生故障,其中晶须在纯锡镀层的电磁继电器上生长。每颗卫星都设计有一个主要 SCP 和一个冗余 SCP,主要和冗余 SCP 均失效,将导致卫星的主要任务完全丧失。有关商业(非 NASA)卫星故障的报道主要有:休斯 HS601 卫星发射器已恢复正常状态(休斯/波音公司新闻,1998 年 8 月),波音 BSS 601DirecTV3 体验 SCP 毛刺(Space and Tech. Com,2002 年 5 月),DirecTV 3 异常(Microcom 的 Space NewsFeed,2002 年 5 月),DirecTV 3 卫星出现异常(DirecTV 新闻稿,2002 年 5 月 14 日),DirecTV3:处理器问题继续困扰波音卫星(e-inSITE. Com,2002 年 5 月),DIRECTV3 卫星出现异常(休斯新闻发布,2002 年 5 月),PANAMSAT 的 Galaxy Ⅶ卫星停止运营:全日制服务不受影响(PanamSat,2000 年 11 月),失落的银河七号(Microcom's Space Newsfeed,2000 年 11 月),Satmex 的 Solidaridad HS 601 失败(Space and Tech. Com,2000 年 9 月 4 日),墨西哥卫星故障可能与过去的问题有关(SpaceViews,2000 年 8 月),2.5 亿美元的墨西哥卫星无声(《佛罗里达今日太空》在线,2000 年 8 月 29 日),关键卫星导致广泛的麻烦(CNN. Com,1998 年 5 月 20 日),国家公共广播电台的故事-卫星(NPR. org,1998 年 5 月),Silverstein"使用 Galaxy 4 失败的原因"(Space News,1998 年 8 月 17 日至 23 日:19—20),Galaxy Ⅳ失效(Nordwall,航空周刊和太空技术,1998 年 8 月 17 日:47),在 PanAmSat 的 Galaxy 3R 表面设计上存在缺陷(Spaceflight Now. Com,2001 年 4 月 24 日),Galaxy Ⅲ R 失败后转向备份控制(Space 和 Tech. Com,2001 年 4 月 23 日)。晶须引起的卫星故障(20 世纪 90 年代和 21 世纪初)如表 2.2 所示。

表 2.2　晶须引起的卫星故障(20 世纪 90 年代和 21 世纪初)

卫星名称	发射日期	首次卫星控制处理器故障	冗余卫星控制处理器故障
完全丢失——主要和冗余 SCP 均失效			
GALAXY Ⅶ (PanAmSat)	1992 年 10 月 27 日	1998 年 6 月 13 日	2000 年 11 月 22 日
GALAXY Ⅳ (PanAmSat)	1993 年 6 月 24 日	不是由锡晶须引起的	1998 年 5 月 19 日
SOLIDARIDAD 1 (SatMex)	1993 年 11 月 19 日	1999 年 4 月 28 日	2000 年 8 月 27 日
GALAXY Ⅲ R (PanAmSat)	1995 年 12 月 15 日	2001 年 4 月 21 日	2006 年 1 月 15 日

（续表）

卫星名称	发射日期	首次卫星控制处理器故障	冗余卫星控制处理器故障
部分丢失——2 个冗余 SCP 中只有 1 个出现故障			
OPTUS B1	1992 年 8 月 13 日	2005 年 5 月 21 日	仍在运行
DBS－1(DirecTV)	1993 年 12 月 17 日	1998 年 7 月 4 日	仍在运行
PAS－4(PanAmSat)	1995 年 8 月 3 日	1998 年第三季度	仍在运行
DirecTV3(DirecTV)	1995 年 6 月 9 日	2002 年 5 月 4 日	仍在运行

资料来源:卫星新闻文摘。

晶须引起的军事领域装备失效的主要报道有 Davy 于 2002 年在 Northrop Grumman 电子系统技术文章中,分析了军用飞机中"锡晶须引起的继电器故障";爱国者导弹(Anoplate WWW 网站:《锡的麻烦:取得领先》,2000 年秋季);凤凰空空导弹《在微型电子电路中使用镀锡板的限制》;F－15 雷达《空军将雷达问题与锡晶须的生长联系起来》(Nordwall,《航空周刊和太空技术》,1986 年 6 月 20 日:65－70),美国导弹计划(Richardson 和 Lasley,《航天器电子中锡晶须引发的真空金属电弧》《1992 年政府微电路应用会议论文集》,第 XVIII:119－122,1992 年 11 月 10 日至 12 日);《问题报告:电子装配中锡晶须的增长》(Heutel 和 Vetter,1988 年 2 月 19 日,备忘录)等。周晖于 2019 年认为,空间极端环境,如真空、微重力、原子氧、辐照、高低温交变、微振动等,是影响航天器和军事装备运行特性的关键因素。

晶须引起的医疗领域设备失效的主要报道有:心脏起搏器召回(食品药品监督管理局,1986 年 3 月),Downs《呼吸暂停监测器故障》《锌晶须生长和旋转开关的现象》(金属加工,1994 年 8 月:23－25),注意:此问题是锌晶须故障!

在工业/电力领域,晶须引起的失效主要报道有:《印刷电路板组件上的潜在锡晶须》(Westinghouse 核技术公告 TB－05－4,2005 年 6 月 8 日),《Basler 电源的电位计上的锡晶须》(Westinghouse 核技术公告 TB－02－5,2002 年 7 月 12 日),《反应堆关闭:Dominion 从微小的锡晶须中汲取了很多教训》《锡晶须的生长引起的继电器故障:案例研究》(Stevens,2001),《技术服务公告:MOD10 继电器中的锡晶须》,《工业环境中电源触点的退化:银腐蚀和晶须》,《金属晶须引起的 7.2 方向无线电接收器灵敏度问题》(HAM 无线电论坛,Kevin Custer)。影响电力行业的金属晶须相关"事件"摘要如表 2.3 所示。

表 2.3　影响电力行业的金属晶须相关"事件"摘要

年份	位置	事件
1987	Dresden 核电站	RPS "B" 通道跳闸
1990	Duane Arnold 核电站	反应堆紧急停堆
1995	Duane Arnold 核电站	反应堆紧急停堆/受控停机
1997	Dresden 核电站	反应堆紧急停堆
1999	South Texas Project 核电站	反应堆停堆预先警报
2005	Dominion Millstone 核电站	反应堆停堆-二极管端子上的锡晶须

资料来源:"通用安全问题的优先顺序(NUREG－0933):问题 200——锡晶须",美国核管理委员会,2007 年 9 月。

各种设备中生长的晶须如图 2.11～图 2.15 所示。

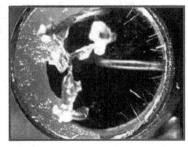

图 2.11　由于锡晶须引起的卫星和飞机中电气元件短路

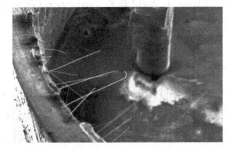

图 2.12　锡晶须从镀锡晶体管的内壁生长　　**图 2.13　Universal Serial Bus(USB)晶须生长**
（资料来源：NASA,1998）　　　　　　　　　（资料来源：马里兰大学,1998）

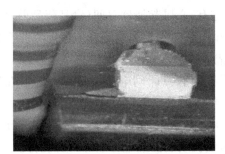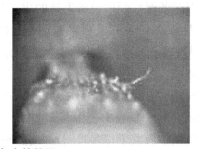

图 2.14　电力设备中的晶须
（资料来源：NASA,1998）

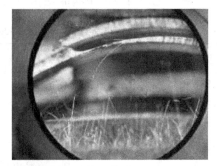

图 2.15　示波器电位计中的晶须

2.3 金属晶须引起的失效形式

2.3.1 锡晶须引起的失效

锡晶须是最普遍的形式,由于大规模应用电子封装无铅化和免洗焊锡丝使得锡晶须生长的机会和造成危害的可能性远远高于有铅产品。500 Å[①] Sn 涂层上生长的晶须如图 2.16 所示。晶须引起的失效形式如图 2.17 所示。

图 2.16 500 Å Sn 涂层上生长的晶须

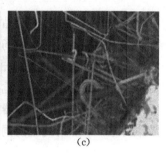

(a)   (b)   (c)

图 2.17 晶须引起的失效形式

(a)(b) 在已有 19 年历史的航天飞机硬件中,镀锡铍铜卡导轨上发现了锡晶须 (c) 热浸镀锌管上的锌晶须,其厚度各不相同

重要的是不要轻视潜伏期,镀锡的电子系统在许多年后似乎仍能正常工作,但仍受到晶须生长的威胁。1954 年,Fisher 等报道,在 $7\,500\ \mathrm{lbf/in^2}$[②] 的夹紧压力下,镀锡钢的锡晶须生长速率为 $10\,000\ \mathrm{Å/s}$,增长率基本上是线性的,在某个时间点变为零,他还报告了(私人通信)自发锡晶须生长的速率(无夹紧压力)为 $0.1\sim1.0\ \mathrm{Å/s}$。事实上,在 1964 年,Pitt 和 Henning 也采用夹紧金属,增大压力的方式对沉积在 Cu 和 Al 上的热浸锡进行了测试,钢在 $80\,00\ \mathrm{lbf/in^2}$ 的压力下,晶须生长速率最高为 $593\ \mathrm{Å/s}$,其随时间的增加而减小。晶须生长速率的广泛变化使晶须研究变得困难,因为人们永远不知道要等多久才能看到晶须,也无法检测晶须何时停止生长。并非所有影响晶须生长的变量都是已知的,当前的测试方法无法将测试条件下的晶须生长与实际的现场条件相关联,在发布数据时,并非总是能准确地报告已知变量。因此,测试结果不能用于预测其他环境中或更长时间内的晶须生长。为了将电子设备的晶须可靠性预测量化,需要将受控的短期环境测试中得到的晶须生长数据与长期的现场暴露进行比较。Crandall 于 2010 年研究了半导体和绝缘体表面上锡晶须的生长。Sn 镀层引脚上长出的锡晶须造成引脚间的短路如图 2.18 所示。

---

① $1\ \text{Å}=0.1\ \text{nm}$。

② $1\ \mathrm{lbf/in^2}=6.895\times10^3\ \mathrm{Pa}$。

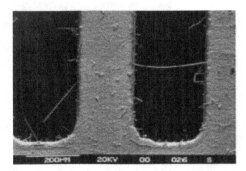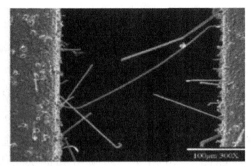

图 2.18 Sn镀层引脚上长出的锡晶须造成引脚间的短路
(资料来源:嘉峪检测网,2020)

图 2.19 的锡晶须样品是从电子设备的镀锡零件表面上收集的,并经过实验室测试。发现这些晶须具有低强度(杨氏模量为 8.0~85 GPa),直径为 3 μm 的晶须能够承载 32 mA 的电流,振动谱较宽,机械冲击达到 200 g,而且显示在真空中从锡晶须的侧面和尖端发出火花放电,晶须的增长会严重危害电子系统的可靠性;图 2.20 为 PC 主板电路卡组件上使用的两种不同类型的 USB 连接器上发现的锡晶须。图 2.21 为锡晶须在相邻的针之间造成永久性短路。图 2.22 为纯镀锡铜表面锡晶须生长形态的 FE - SEM 图像。

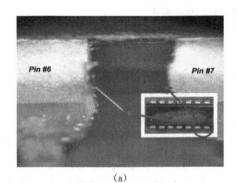

(a)

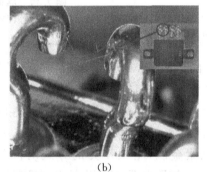

(b)

(c)

(d)

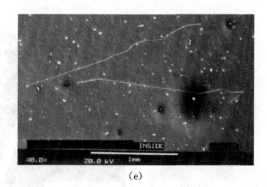

(e)

图 2.19　电子装配中晶须生长的示例
(a) 镀锡微电路引线　(b) 镀锡电磁继电器的外表面　(c) 电磁继电器内部的镀锡钢电枢　(d) 陶瓷片状电容器上的 Ni 端子上方的锡镀层　(e) 镀锡混合微电路封装的内盖
(资料来源：NASA,2008)

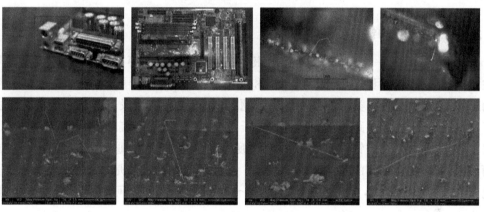

图 2.20　PC 主板电路卡组件上使用的两种不同类型的 USB 连接器上发现的锡晶须
(资料来源：CALCE,马里兰大学)

图 2.21　锡晶须在相邻的针之间造成永久性短路
(资料来源：NASA,1980)

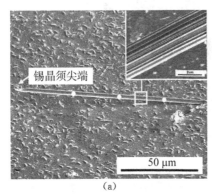 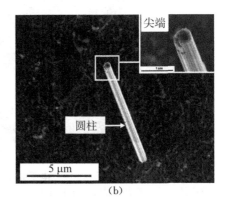

(a) (b)

图 2.22　纯镀锡铜表面锡晶须生长形态的 FE‑SEM 图像
(a) 在室温下储存 20 年后　(b) 在 55℃下储存 16 个月后

2.3.2　锌晶须和镉晶须引起的失效

由于锡长期以来一直用于非常小和关键的元件,如电路板等,晶须生长的现象很早就被注意到和研究过。但其他金属,包括镉和锌,因为镉和锌用于更大的电路板,敏感度较低的部件,虽然也出现了类似的晶须生长问题,但在很大程度上没有被注意到。在过去几十年中,锌晶须引起的短路被认为是各种电子系统(如呼吸暂停监测仪、电信交换机)故障的根本原因,这些微小的锌丝可能是由一些镀锌件(特别是那些通过电镀工艺涂覆的)生长而成的,有可能在暴露的电路中诱发短路。锌晶须可以被认为是一个低电容保险丝,直流电阻大约为 $10\sim40\,\Omega$,直流熔断电流为 $10\sim30\,mA$,不同的几何形状影响它的电阻、电流大小。

锌是一种用于防止钢铁生锈或氧化的元素,锌晶须是从防腐蚀镀锌处理材料表面"长出"的一种微小细丝须状结晶,直径仅 $2\,\mu m$ 左右,无须任何外部刺激,被称为"自发性"生长。在自然状态下,经过数年甚至数十年后其长度可达数毫米。贝尔实验室(1948)首次在镀锌墙支架上发现了锌晶须,这些支架支撑电话传输系统中使用的石英滤波器,锌晶须造成这些滤波器的损耗和电话传输的问题。

Cobb 于 1946 年就研究了镉晶须,Charsley(1960)观察了变形滑移线上的铜晶须,Verma 于 1968 年用劳厄技术结合微焦点 X 射线源对镉晶须生长的 X 射线研究,研究了在 $10\sim6\,mmHg$ 真空和惰性气体气氛中生长的"纯"和"光谱纯"镉晶须,检测到三个新的高折射率方向,结果发现,沿晶须的长度和侧面,缺陷有很大的不同,缺陷的研究是用劳厄技术结合微焦点进行的;1951 年,美国贝尔实验室的 Compton、Mendizza 和 Amold 证明晶须的形成是在电镀镉(Cd)、锌(Zn)和锡(Sn)上自发生长的;圣母大学的 Peach 于 1952 年研究了镉晶须生长机理,Coleman(1957)研究了锌和镉晶须;Lindborg 于 1975 年研究了锌、镉和锡晶须的生长行为,提出了晶须生长的两阶段模型。

关于锌晶须的第一个有实用价值的参考文献是 Sugiarto 等的"光亮锌电沉积中锌晶须形成和生长的研究"。

1991 年 3 月发行的《产品精加工》杂志,劳伦斯·德尼在 PF 精加工诊所专栏中讨论了晶须,他指出镉和锌易受锡等晶须的影响;Conwell 于 2001 年对真空中的锌晶须短路进行了长期研究。

Greenbelt 于 2000 年的论文中提道:作为哈勃太空望远镜的材料保证工程师,我必须确定一个 Cd 铬酸盐部件是否有资格在明年飞行,然后在 LEO 中工作 10 年。他研究了在零件为合金钢(1.0Mn)Cd,镀铬酸盐转化膜。在地面测试期间,在 70℃ 下烘烤一周,然后在室温下保持一年。在轨道上,工作温度(10 年)将在 5～10 Torr 的真空中达到 0℃。在 5～10 Torr 的 0℃ 真空中,镉晶须以每平方厘米几皮克的速率生长。Cyganowski 等研究了电池中镍镉合金的金属晶须和枝晶的介质。Cooper B-Line(2011)提出了"锌晶须:它们是什么?我们如何处理它们?"的问题。

Wen Cui 于 2012 年就表面光洁度对锌晶须生长的影响开展研究,利用场发射电子枪扫描电子显微镜(FEG-SEM)研究了两种不同表面光洁度的低碳钢基体上晶须的生长。结果表明,在相同的试验条件下,采用镜面抛光的基底上沉积的锌晶须和结节比采用粗糙表面抛光的基底少。

Wu 于 2015 年从 1946 年至 2013 年按时间顺序对电镀表面锌晶须的生长进行了综述,早期研究也包括在锡和镉以及锌中晶须的生长;Volodin 于 2020 年研究了铌-镉薄膜表面的镉晶须微晶结构,在铌-镉系统的薄膜涂层形成后,通过扫描电子显微镜检测晶须微晶,该薄膜涂层是由在低压等离子体中雾化的超细铌和镉颗粒连续沉积在移动基底上,样品的浓度为 55.3%～84.2% Cd,晶体的形状、长度和直径各不相同,这种晶体在元素镉的薄膜涂层上是不存在的,X 射线光谱分析表明,晶须的元素组成与 Cd 相对应,作者证实了以镉为代表的气相参与概率的假设,因为晶须形成过程中纳米颗粒上的蒸气压相对较高。Etienne 于 2013 年研究结果表明:虽然锌晶须的体积很小,但对于今天的微电路而言,它们已大到足以引发问题。这些问题包括短路、电压变化和其他信号干扰。当灵敏的电子设备受到锌晶须的污染时,可能会发生设备故障和系统重置。在大多数情况下,由锌晶须引起的相同短路会使受污染的晶须被电流蒸发,或者在板或卡被移走时锌晶须会移位,从而无法进行明确的故障分析。数据表明,大部分 NTF(未发现故障)统计数据可能是由于锌晶须污染导致的间歇性故障。

在数据中心,有一个非常小,小到微米级的安全隐患,却会酿成损失千万的大祸。这个小东西称为锌晶须。进入机身中的锌晶须会导致计算机故障,这是目前计算机业界的热门话题,已经有多起不明原因的数据中心事故,最后调查原因都指向了空气污染物中的金属晶须引发的设备短路。近年来,许多计算机设备故障(服务器、路由器、交换机等),从恼人的小故障到灾难性的系统故障,都被归咎于锌晶须。当受到某种因素的影响晶须折断并随着空调进入计算机内部时,会使印刷电路板的端子之间发生短路现象。Gabe 2010 年的研究结果:美国科罗拉多州数据中心计算机故障的一个具体事件已被强调为一个严重的问题,电子部件附近(如钢外壳上)出现镀锌涂层也必须引起关注,最近在热浸镀锌表面发现的锌晶须进一步表明了问题的潜在规模。近些年来,阿里云也出现过几次宕机事故。当然不止阿里云,其他云供应服务商也都出现过宕机事件。2019 年 3 月 3 日凌晨,有不少网友微博上反馈称阿里云疑似出现了宕机故障,华北很多互联网公司都受到波及,APP 和网站都瘫痪了。凌晨 2 点 37 分,阿里云官网发公告称经紧急排查处理故障后 APP 和网站已全部恢复正常,并将尽快处理相关赔偿事宜。

地板是计算机房的一部分，其中锌晶须碎片从地砖上脱落，尤其是在数据中心内的维护活动期间，导电晶须碎片通过空气冷却系统分布在房间中。锌晶须也可能出现在活动地板系统的裸露金属表面上，通过加热和空调管道迁移到电子设备中，也可能会从高架地板的金属轨道上脱落，最终，在数据中心运行的电子系统(如服务器、路由器、磁盘阵列)内部产生了一些须状缺陷，导致灾难性和(或)间歇性短路故障。Sullivan 于 2001 年对活动地板砖上生长的锌晶须引发的导电故障进行了研究，在计算机房的地板、支撑地板的支柱以及大梁一般都使用大量的镀锌材料或做过镀锌处理，这些都是锌晶须产生的温床，在高架地板砖上生长的锌晶须导致导电性污染故障和设备关闭。

针对锌晶须引起的航空航天数据中心的安全问题，Loman 于 2001 年分析了"锌晶须如何影响当今的数据中心"的问题；Crawford 指出了"锌晶须"困扰澳大利亚数据中心；Tucker (2002)指出"你的数据中心里隐藏着多么讨厌的小东西"；Sampson 2003 年的论文提出"锌晶须会影响你的电子系统，提高你的警觉吗?"；Brusse 于 2003 年提出了"锌晶须意识：锌晶须会影响你的电子产品吗?"的问题，并于 2004 年针对锌晶须对管理数据中心的影响，研究了"锌晶须：设备故障的隐患"，提出了"测试您的耐力：数据中心中的锌晶须"；Nikkei 研究了"银行、数据中心机房中看不见的锌晶须故障原因"；Hill 于 2004 年提出了"锌晶须是否正在您的计算机室中生长?"；Bajkowski 于 2004 年也对锌晶须缠结数据中心运营问题进行深入研究；Aldo Svaldi 于 2008 年更是提出了"晶须在国务卿办公室里扫荡个人电脑"的惊人论断。

先进生命周期工程中心(2008 年)对 PCB 显示器上的晶须和 PC 主板 USB 外壳上的晶须进行研究；Hill 于 2009 年提供了有关锌晶须分布的资料，他指出，只要计算机系统中出现异常高的故障率(灾难性的或较少的突发性软故障)，就会发生锌晶须污染，而且电源不是计算机系统中唯一暴露的电子设备，这种现象还可能影响许多不受阻焊剂保护的集成电路和其他组件。

值得注意的是：同样是镀锌，有的易产生锌晶须，有的则不易产生锌晶须。容易产生锌晶须的是做了电镀锌处理的材料，而熔化镀锌处理的材料则不易产生锌晶须；Brown 于2012 年指出：金属晶须经常会干扰电子设备，网络世界多年来一直在追踪金属晶须问题，主要是基于对服务器、交换机和路由器等数据中心设备影响的担忧，IT 主管一直在试图找出导致服务器和其他设备中断的原因，结果发现金属晶须是可能的罪魁祸首，有时会潜伏在地

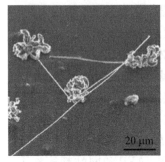

砖上，断裂并进入计算机设备；Auriane Etienne 于 2012 年研究了锌晶须及其涂层的微纳米结构，从根部、结节处或远离晶须的地方提取样本，利用电子背散射衍射(EBSD)对样品进行了表征，数据表明，晶须根部及其结节处存在再结晶区，这些观察结果支持基于再结晶的晶须生长模型，晶须中锌原子分布均匀，无杂质存在。锌镀层在结节处形成的直晶须如图 2.23 所示，利用电子背散射衍射对样品进行表征分析结果如图 2.24 所示。亮丝锌晶须图胶带升降机上收集的锌晶须的 SEM 图像如图 2.25 所示。地砖表面锌晶须的 SEM 图像如图 2.26 所

20 μm

图 2.23　锌镀层在结节处形成的直晶须

示。捐赠给美国国家航空航天局的管道样品晶须如图 2.27 所示。

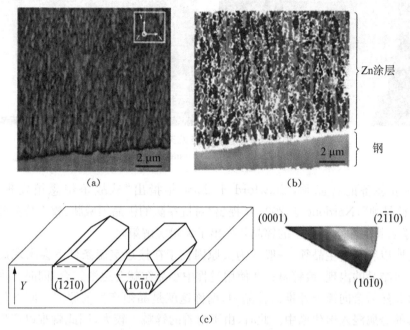

(a)　(b)　(c)

图 2.24　利用电子背散射衍射(EBSD)对样品进行表征分析结果
(a) EBSD 在无晶须样品上获得的能带对比度图像,显示了涂层的晶粒结构,钢基体在样品底部可见　(b) 关于 Y 轴方向的锌涂层反极图　(c) 锌镀层择优晶面取向的示意图

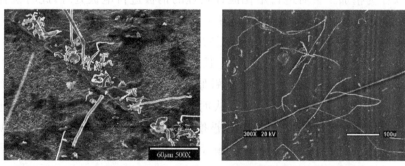

图 2.25　亮丝锌晶须图胶带升降机上收集的锌晶须的 SEM 图像

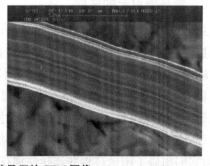

图 2.26　地砖表面锌晶须的 SEM 图像
(资料来源:Courtesy of NASA‐GSFC,2006)

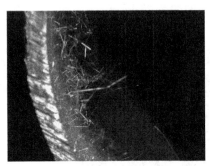

图 2.27　捐赠给美国国家航空航天局的管道样品晶须
（资料来源：NASA‐GSFC，Lyudmyla Panashchenko）

针对军事装备的锌晶须，Crawford 于 2004 年指出"从战争纪念馆发现克劳福德（crawford）锌晶须"；Nardone 于 2008 年提出"对抗军队的锡晶须威胁：权力公关的无领导战略"。更有学者针对军事装备中的锌晶须提出了无铅缓解策略。

镀锌之所以容易产生晶须，一般认为其原因在于在接近室温条件下会出现镀膜再结晶现象。由于再结晶的出现，镀锌材料在使用过程中小晶粒就会逐渐结合，同时其内部应力也会逐渐增大。然后会向镀膜外推出锌晶须，据称这就是晶须产生的原因。而熔化镀锌则是将需要镀锌的金属浸入熔化槽中。此时，由于附着的锌粒子较大，因此就难以产生再结晶现象，从而可以抑制内部应力。不过，同样是电镀锌，有时也会阻止锌晶须的产生。如通过对镀锌过程进行处理，可以防止内部应力过大。反过来，熔化镀锌是否让人放心，也不尽其然，因为有的时候作为精加工会对进行熔化镀锌处理的钢板进行电镀处理，此时就容易产生锌晶须。某电镀业者提供了"从美国进口的熔化镀锌钢板就产生过锌晶须"的消息。除此之外，如果对熔化镀锌的钢板进行加工，在加工后就会产生残余应力。

在压缩应力下形成的"压缩性"的晶须生长，在电子显微镜下观察时，电镀锌类似于篮式编织物或格子图案中的纤维，这种图案是由锌原子的排列形成的，它们在膜的表面上排成行或列。原子结构开始与钢分离并将锌涂层从钢表面推开，锌晶须的生长是从底部开始的而不是尖端，这种分离的结果就是微小的锌柱被推离表面或从表面生长出来，锌晶须的生长并不会使锌膜凹陷或变薄，这表明原子的运输经过了很长的距离，这种分解过程称为"原子迁移"。

2.3.3　锂晶须引起的失效

锂（Li）具有较高的理论比容量和最低的电化学势能，已被认为是下一代锂基高能量密度电池的最终负极材料。在特殊环境中服役的装备，多数以金属锂电池作为能源，但是，在电池中实际应用时由于存在锂晶须生长，会不断消耗电解质，耗尽活性锂并最终可能导致电池短路。目前尚未克服的关键挑战是 Li 镀层和剥离层的可逆性较差，通常被认为与循环过程中锂阳极的形态学发展不可控有关。我们发现，锂的可逆性受现象学的影响，形态从根本上由织构（晶体学取向）驱动。电解质中的添加剂和来自阴极的穿越分子对晶体结构起关键作用，因为它们阻碍了阴极过程并选择性地在不同的晶面上吸附反应。图 2.28 所示为锂薄膜的极图分析。

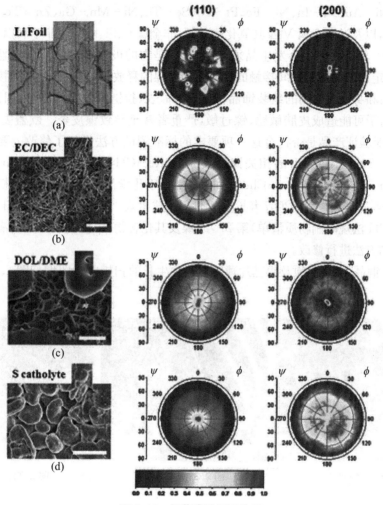

图 2.28　锂薄膜的极图分析

（a）铝箔　（b）EC/DEC 中的 Li 矿床　（c）DOL/DME 中的 Li 沉积物　（d）溶解在 DOL/DME 1 M LiTFSI，1% LiNO$_3$ 中的 5MS$_8$ 硫阴极电解液中的 Li 沉积物

注：所有吸光度均归一化为其最大值（比例尺：20 μm）。

金属锂具有最低的标准电化学氧化还原电势和极高的理论比容量，这使其成为可充电电池的最终负极材料。但是，当其在电池中实际应用时存在锂枝晶生长的安全问题，锂晶须会不断消耗电解质，耗尽活性锂并最终可能导致电池短路，甚至引起火灾。成功解决这些问题的关键取决于在隔膜的机械约束下，充分了解锂晶须的形成和生长机理。

　　来自中国燕山大学、佐治亚理工学院和宾夕法尼亚州立大学的合作团队（2019）利用二氧化碳大气在环境透射电子显微镜（ETEM）中成功地培育出了锂晶须，二氧化碳与锂反应形成一层氧化物，有助于稳定锂晶须。锂薄膜的极图分析如图 2.28 所示。

2.3.4　其他金属及合金晶须引起的失效

Al、Fe、Co、Cr、Cu、Ag、Ga、Mg、Ge、Se、Hg、Mo、Ni、Au，以及合金 Cu - Zn、Zn - Cu、In -

Sn、Ni－Co、Ni－Au、Ni－In、Ni－Fe、Pt－Ni、Se－Te、Ni－Mn－Ga、Zn－Te－GaAs、Ni－Mn－Ga－Fe,以及过渡金属 V 及其氧化物晶须,非金属 C、Si、陶瓷等非金属以及非金属-金属 Si－Ge,Al－Si 合金等也会发生晶须,纳米管就是它的极端事例。其中欧盟 REACH 法规附件 ⅩⅦ 规定了与皮肤长时间接触的金属物品中镍的释放量,与皮肤长时间接触的金属物品包括在耳朵和身体上穿刺的组装饰品,其他首饰、表、拉链和服装配件、太阳镜等,这些产品释放的镍离子可能造成皮肤敏感、镍过敏,严重者甚至导致镍皮炎。欧盟委员会 5 月 22 日发布公报,对验证产品是否符合这一项要求的标准测试方法进行了修改。要求按照欧洲标准化委员会 2011 年更新后的相关镍释放标准,REACH 法规(Registration,Evaluation,Authorization and Restriction of Chemicals,一部关于化学品注册,评估和授权的欧盟法规(EC) No 1907/2006)在欧盟 2007 年 6 月 1 日起正式生效,于 2008 年 6 月 1 日开始实施)附件 ⅩⅦ(REACH 法规限制物质清单)第 27 项"镍及其化合物"中检验制品是否满足该项要求所依据的检测方法进行修改。

镍晶须、铜晶须、金晶须及银基片薄膜上晶须生长的扫描电镜图像如图 2.29～图 2.32 所示。

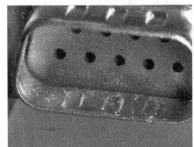

图 2.29　镍晶须

图 2.30　铜晶须

图 2.31　金晶须

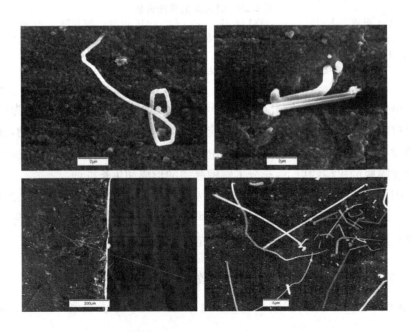

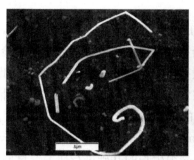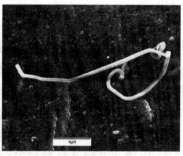

图 2.32 银基片薄膜上晶须生长的扫描电镜图像
（资料来源：嘉峪检测网，2020）

Muniesa 研究了银表面上晶须的生长；Kenneth 报道了在铝（Al）铸件上和暴露于硫化氢（H$_2$S）环境中的电镀银（Ag）发现晶须生长；邵曼君对镍晶须进行动态环境扫描电镜研究；Walker 的《晶尖触点上的银晶须生长，关于 1979 年炼焦厂电气事故的调查报告》被英国卫生部和英国标准协会（BSI）的安全与安全执行官（HSE）于 1999 年重新提出；Wickramasinghe（1995）研究了超新星 SN1987A 中的铁晶须；NASA 的 Teverovsky 于 2003 年在"*Whiskers：Introducing a New Member to the Family*"论文中，正式提出金晶须的概念，把金列入易生长晶须的金属；Turner 等于 2003 年在《一种新的失效机制：寿命试验中 Al - Si 键片晶须生长》论文中，认为晶须的生长是由于金属丝键合过程中产生的压应力所致，发现这些晶须从 N 型硅栅金属氧化物半导体（NMOS）上的铝硅薄膜生长到 200 μm 长，强调要重视铝晶须；Cyganowski 等于 2006 年研究了电池中镍镉合金的金属晶须和枝晶的介质。

锡基连接合金（焊料）是电子工业中连接和互联的首选材料。传统上，共晶锡铅合金（Sn$_{67}$ - Pb$_{33}$）已经被使用，但是去除铅的立法驱动力也影响了该行业，该行业现在已经有效地转向使用无铅焊料。影响电子连接器性能特征的主要因素：①不同金属之间的局部电偶腐蚀，无论是接触的还是作为涂层的，并受外加直流电的影响；②焊接合金的腐蚀，这在很大程度上受各种制造和装配操作残留物的存在所控制；③由反复制造和断开电触点引起的腐蚀损伤的微动形式；④锡合金晶须的形成，这些晶须往往是由于施加的应力和电压而产生的。所有这些现象都可能通过多种机制导致性能下降或彻底失效，其中最重要的是因为存在腐蚀产物、焊接残留物（即焊剂）和锡晶须，使得接触电阻随时间的增加以及触点间短路电流路径增加（见图 2.33）。Kazuhito Kamei 于 1993 年用扫描电镜、透射电镜和 X 射线衍射仪研究了锌镍合金晶须在硫酸盐溶液中的电沉积行为，在低电流密度[（1~5）×10^2 A/m^2]和低镍含量（约 10%）下晶须生长较好，晶须的结构为 γ-黄铜型，晶格参数约为 0.9 nm。由于晶须不含位错，其生长机制应类似于气-液-固（VLS）机制，可以解释气相晶须的形成。在电沉积 Zn - Ni 合金晶须过程中，电沉积过程形成的氧化锌层可能在 VLS 机理中起到液相层的作用，支撑电解质 Na$_2$SO$_4$ 抑制了电泳，提高了镀液的浓度，浓度的增加极大地促进了晶须的生长。

马莒生于 1991 年研究了玻封合金氧化膜表面晶须形成机理及其影响；安白（1995）用

TEM、X‐Ray、SEM 等技术研究了 $Ni_{42}Cr_6Fe$ 玻封合金在高温高湿 H_2 中形成的氧化膜及氧化物晶须的结构。

李惠君于 1996 年对铁和铁氧化物晶须形成及生长过程进行了研究,在管式炉内进行了一系列纯 FeO 细粉和纯 FeO 细粉及铁精矿粉在常压及减压下的还原反应试验,通过对样品微观形貌的观察及岩相分析,寻找晶须形成及生长的条件。这些试验说明在此种管式炉的条件下,FeO 手压样(900℃下氧化焙烧 1 h)在常压 800℃、50% CO+50% N 情况下容易生长晶须,而经氧化焙烧后的铁精矿比未经焙烧的铁和铁氧化物不易生长晶须。

赵萌珂于 2011 年对锡基钎料合金包括 Sn‐Ag、Sn‐Cu、Sn‐Bi、Sn‐Zn 等二元或 Sn‐Ag‐Cu、Sn‐Ag‐Bi 等三元锡基钎料合金的晶须生长的基础进行研究。试验结果表明,在高温试验条件下,电迁移引发的焦耳热使焊点熔化并且钎料原子在电子风的作用下,冷却后覆盖 Cu 基板界面处的金属间化合物,形成钎料溢出(overflow),随着金属间化合物在等温时效的条件下挤压钎料,造成锡晶须加速生长。在钎料溢出处,相较焊点的钎料,更容易生长晶须,并且晶须密度更大。

何洪文于 2010 年对金属间化合物的形成引发 Sn‐Bi 晶须的生长进行试验研究。结果表明:在电流密度为 $3×10^3$ A/cm^2 和环境温度 100℃ 的试验条件下,在 Cu‐共晶 SnBi 焊点‐Cu 焊点的阴极和阳极 Cu 基板上都发现了晶须的生长,经 EDX 检测可知,其成分为 Sn‐Bi 的混合物,抛光后发现,大量的 Cu_6Sn_5 金属间化合物附着在 Cu 基板上。结果表明:随着通电时间的延长,SnBi 钎料在电迁移的作用下发生了扩散迁移,在 Cu 基板上形成了薄薄的钎料层。在焦耳热和环境温度的作用下,钎料层中的 Sn 与 Cu 基板中的 Cu 反应生成了大量的 Cu_6Sn_5 金属间化合物。这些金属间化合物的形成导致在钎料层的内部形成了压应力。

李冀星于 2010 年利用扫描电子显微镜(SEM)、金相显微镜(OM)、X 射线衍射分析(XRD)、透射电子显微镜(TEM)对四种 $MgAl_6Re_8$ 合金中棒状相进行了表征,研究了镁合金内部晶须的生长规律及性能(见图 2.34);黄鑫(2015)对锡铋合金电镀工艺条件进行了研究;王超于 2019 年研究了磁控溅射 Sn‐Cu 合金薄膜表面锡晶须生长(见图 2.35)。

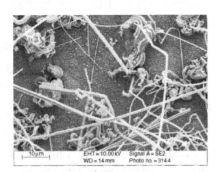

图 2.33 电沉积锡锰合金镀层上锡晶须生长的扫描电镜观察

(资料来源:Gabe,)

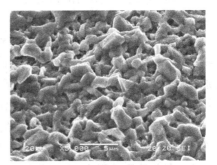

图 2.34 C100 上纯 Sn 镀层无热处理的化合物层晶须的情况

(资料来源:李冀星,2010)

图 2.35　磁控溅射 Sn‑Cu 合金薄膜表面锡晶须生长
（a）界面 TEM 形貌和相应的选区电子衍射花样　　（b）图（a）中白色矩形区域的放大图
（c）（d）界面 HRTEM 形貌

这些金属和合金晶须的生长都对设备和系统造成了极大的潜在威胁。

参考文献

[1] 何小健,王劲,程剑,等.撞击开关锡晶须与引信弹道炸[J].探测与控制学报,2011,33(2):1‑4.

[2] Alerts. Experimental and Modeling Study on Delamination Risks for Refinished Electronic Packages Under Hot Solder Dip Loads [J]. IEEE Transactions on Components, Packaging and Manufacturing Technology, 2020,10(3):502‑515.

[3] Arutyunov K Y, Danilova N P, Nikolaeva A A. Galvanomagnetic properties of quasi-one-dimensional superconductors [J]. Journal of Applied Physics, 1994,76(10):7139‑7141.

[4] Ashworth M A, Wilcox G D, Higginson R L, et al. An Investigation into Zinc Diffusion and Tin Whisker Growth for Electroplated Tin Deposits on Brass [J]. Journal of Electronic Materials 2014,43 (4):1005‑1016.

[5] Ashworth M A, Wilcox G D, Higginson R L, et al. The effect of Electroplating Parameters and Substrate Material on Tin Whisker Formation [J]. Microelectronics Reliability, 2015, 55 (1): 180‑191.

[6] Balmain K G. Arc Propagation, Emission and Damage on Spacecraft Dielectrics [J]. Journal of

Electrostatics, 1987,20(1):95 - 108.

[7] Baylakoglu, Ilknur. Reliability Concerns of Lead-free Solder Use in Aerospace Applications, 3rd International Conference on Recent Advances in Space Technologies [J]. Istanbul, Turkey, 2007(14 - 16):158 - 164.

[8] Blech I A, Petroff P M, Tai K L, et al. Whisker Growth in AL Thin Films [J]. Journal of Crystal Growth, 1975,32(2):161 - 169.

[9] Brusse J, Sampson M. Whiskers Z: Hidden Cause of Equipment Failure [J]. IEEE IT Professional, 2004,6(6):43 - 47.

[10] Buetow M. Tin Whiskers Email Forum Open [J]. Circuits Assembly 2008,19(4):14.

[11] Buetow M. Tin Whiskers Found in Toyota ETC [J]. Printed Circuit Design and Fab/Circuits Assembly, 2011,28(3)10 - 12.

[12] Charsley P. Some Observations of Slip Lines on Deformed Copper Whiskers [J]. Acta Metallurgica, 1960,8(6):353 - 355.

[13] Chuang T H, Lin H J, Chi C C. Oxidation-induced Whisker Growth on the Surface of Sn - 6. 6 (La, Ce) Alloy [J]. Journal of Electronic Materials, 2007,36(12):1697 - 1702.

[14] Coleman R V, Price B, Cabrera N. Slip of Zinc and Cadmium Whiskers [J]. Journal of Applied Physics, 1957,28(11):1360 - 1361.

[15] Courey K J, Asfour S S, Bayliss J A, et al. Tin Whisker Electrical Short Circuit Characteristics-Part I [J]. IEEE Transactions on Electronics Packaging Manufacturing, 2008,31(1),32 - 40.

[16] Courey K, Asfour S S, Onar A, et al. Tin Whisker Electrical Short Circuit Characteristics-Part Ⅱ, Electronics Packaging Manufacturing [J]. IEEE Transactions on Cybernetics, 2009,32(1):41 - 48.

[17] Covault C. Lightning, Workmanship Eyed In New Hughes 601 Problems [J]. Aviation Week & Space Technology, 1998(17):31 - 47.

[18] Ding Y, Tian R Y, Wang X L, et al. Coupling Effects of Mechanical Vibrations and Thermal Cycling on Reliability of CCGA Solder Joints [J]. Microelectron Reliab, 2015,55(11):2396 - 2402.

[19] Dunn B D, Mechanical and Electrical Characteristics of Tin Whiskers with Special Reference to Spacecraft Systems [J]. European Space Agency (ESA) Journal 1988(12):1 - 17.

[20] Dunn D, Barrie, Grazyna M. Tin Oxide Coverage on Tin Whisker Surfaces, Measurements and Implications for Electronic Circuits [J]. Soldering & Surface Mount Technology, 2014,26(3): 139 - 146.

[21] Elviz G, Michael P. Tin Whisker Analysis of an Automotive Engine Control Unit [J]. Microelectronics Reliability, 2014,54(1):214 - 219.

[22] Endo M, Higuchi S, Tokuda Y, et al. Elimination of Whisker Growth on Tin Plated Electrodes [J]. Proceedings of the 23rd International symposium for Testing and Failure Analysis, 1997(10): 305 - 311.

[23] Fang T. Failure study of Sn37Pb PBGA Solder Joints Using Temperature Cycling, Random Vibration and Combined Temperature Cycling and Random Vibration Tests [J]. Microelectronics Reliability, 2018,(91):213 - 226.

[24] Garshasb M. Analysis of Tin- and Nickel-Plated Copper Wire Failures for Quality Improvement [J]. Wire Journal International, 2002,35(9):86 - 90.

[25] George E, Pecht M. Tin Whisker Analysis of an Automotive Engine Control Unit [J]. Microelectronics Reliability, 2014,54(1):214 - 219.

[26] Gupta A. Don't Let Tin Whiskers Destroy Your Design [J]. Electronic Design, 2013,61(13): 63 - 66.

[27] Han S, Osterman M, Pecht M G. Electrical Shorting Propensity of Tin Whiskers [J]. IEEE

Transactions on Electronics Packaging Manufacturing，2010，33(3):205 - 211.

[28] Herkommer D，Punch J，Reid M. A Reliability Model for SAC Solder Covering Isothermal Mechanical Cycling and Thermal Cycling Conditions [J]. Microelectronics Reliability，2010，50(1): 116 - 126.

[29] Heshmat A A，Kaushal R P，David V B，et al. Effect of Environmental Conditions on Tin (Sn) Whisker Growth [J]. Engineering，2015，7(12):816 - 826.

[30] Hillman D，Wilcoxon R. Tin Whisker Risk Assessment of a Tin Surface Finished Connector [J]. Surface Mount Technology (SMT)，2015，30(2):68 - 79.

[31] Huang P C，Lin Y C，Chian B T，et al. Demonstration of an Equivalent Material Approach for the Strain-Induced Reliability Estimation of Stacked-Chip Packaging [J]. IEEE Transactions on Device and Materials Reliability，2020，20(2):475 - 482.

[32] Huang W. Failure Probability Evaluation Due to Tin Whiskers Caused Leads Bridging on Compressive Contact Connectors [J]. IEEE Transactions on Reliability，2008，57(3):426 - 430.

[33] John O，John M，Delucca B D. et al. Sn-whiskers: Truths and myths [J]. Journal of Materials Science: Materials in Electronics，2007，18(1):283 - 305.

[34] Jostan J L. Whisker Formation in Tin，Tin-Lead Alloys，Silver，and Gold [J]. Galvanotechnik，1980，71(9):946 - 955.

[35] Ma A L，Jiang S L，Zheng Y G，et al. Corrosion product Film Formed on the 90/10 Copper-Nickel Tube in Natural Seawater: Composition/Structure and Formation Mechanism [J]. Corrosion Science，2015(91):245 - 261.

[36] Mason M S，Eng G. Understanding Tin Plasmas in Vacuum: A New Approach to Tin Whisker Risk Assessment [J]. Journal of Vacuum Science & Technology A: Vacuum，Surfaces，and Film s，2007，25(6):1562 - 1566.

[37] Nordwall B. Air Force Links Radar Problems to Growth of Tin Whiskers [J]. Aviation Week and Space Technology，1986(20):65 - 70.

[38] Seunghyun C，Youngbae K. Finite Element Analysis for Reiability of Solder Joints Materials in the Embedded Package [J]. Electron Mater Lett，2019，19(1):1 - 10.

[39] Sharma A，Das S，Das K. Effect of Different Electrolytes on the Microstructure，Corrosion and Whisker Growth of Pulse Plated Tin Coatings [J]. Microelectronic Engineering，2017(170):59 - 68.

[40] Sood B，Osterman M，Pecht M. Tin Whisker Analysis of Toyota's Electronic Throttle Controls [J]. Circuit World，2011，37(3):4 - 9.

[41] Suganuma K. Sn Whisker Growth During Thermal Cycling [J]. Acta Mater，2011 (59): 7255 - 7267.

[42] Takemura T，Kobayashi M，Okutani M，et al. Relation Between the Direction of Whisker Growth and the Crystallographic Texture of Zinc Electroplate [J]. Japanese Journal of Applied Physics Part 1 - Regular Papers Short Notes & Review Papers，1986，25(12):1948 - 1949.

[43] Whytock Paul. Stubble Trouble-Beating Back Those Tin Whiskers [J]. Electronic Design，2009，57 (20):38.

[44] Wilson J R. Lead-free RoHS on Military Electronics Procurement [J]. Military & Aerospace Electronics，2009，20(4):24 - 29.

[45] Zuo Y，Bieler T R，Zhou Q，et al. Electromigration and Thermomechanical Fatigue Behavior of Sn0. 3Ag0. 7Cu Solder Joints [J]. Electron Mater，2018，47(3):1881 - 1895.

晶须生长因素分析

3.1 晶须生长影响因素研究历程

晶须的生长是一个自发的过程，其生长条件和速度与内部及外部环境条件密切相关。研究影响晶须的生长因素，是探索有效抑制晶须生长，提高电子产品的可靠性前亟须解决的问题。

Fisher(1954)发现了锡晶须加速增长的影响因素；Malcolm 于 1959 年探究了天然锡晶须的来源；Pitt(1964)对金属晶须在压力感应下的增长情况开展了试验研究。Dittes 于 2003 年对温度循环条件下锡晶须生长情况进行研究，同一年，Liu 研究了电流对锡晶须增长的影响；Zhang 于 2004 年研究了单晶铜纳米晶须的形变效应；King-Ning Tu 等于同一年对无铅锡锌合金球状矩阵排列(Ball Grid Array)、焊料界面组织与强度进行了研究；Shibutani (2006)针对接触载荷下应力诱发的锡晶须开展研究，Osenbach 于 2007 年论述了锡的腐蚀及其对晶须生长的影响，Katsuaki 也于 2007 年研究了机械变形诱导锡晶须生长在高级柔性电子包装中的电镀膜上。

Kim 于 2008 年研究了在常温下存放 2 年(6.3×10^7 s)的各种无铅表面处理材料的晶须生长与金属间化合物的关系，结果是：晶须均生长在扇形金属间化合物(IMC)层中；亚光镀锡引线框架(LF)具有针状晶须；在半光亮的 LF 上观察到球状晶须；在 Sn - Bi 表面和光亮镀锡 LF 上，分别观察到了丘状和稀疏生长的树枝状晶须。他利用场发射透射电子显微镜(FE - TEM)观察到两层 η - Cu_6Sn_5 晶粒，半光亮镀锡、无光镀锡和光亮镀锡 LF 表面 IMC 粗糙度的均方根值分别为 $1.82\,\mu m$、$1.46\,\mu m$ 和 $0.63\,\mu m$。

Lin 于 2007 年对机械变形诱导锡晶须的显微组织发展进行了研究；Shibutani 于 2008 年研究了蠕变特性对压力诱导锡晶须形成的影响；Fu 于 2009 年研究了电迁移和等温时效对共晶 Sn - Bi 焊点和反应膜的金属晶须和小丘形成的影响；Lyudmyla Panashchenko 于 2009 年的研究结果表明了锡晶须是导电的晶体结构，可以自发地从锡表面喷发出来；Shibutani(2010)对晶粒尺寸对压力诱导锡晶须形成的影响研究；横滨国立大学的 Shibutani 和马里兰大学帕克分校的 Osterman 于 2010 年对晶粒度对压力诱导锡晶须形成的影响进行研究；Herkommer (2010)研究了 SAC 焊料覆盖等温机械循环和热循环条件的可靠性模型；Kato(2010)对铜引线框架上电沉积锡铜涂层中晶须萌生与压应力之间的相关性进行深入研究；Matthias Sobiech 于 2011 年对室温时效过程中 Sn - Cu 界面相的晶须显微组织进行研究。

Alongheng Baated 于 2011 年研究了在室温下 Sn、Sn-Cu、Sn-Ag、Sn-Bi 和 Sn-Pb,镀层为 2 μm 和 5 μm,在室温下长达 10 080 h 的晶须生长行为。结果表明:与纯锡涂层相比,锡-银和锡-铋涂层对锡晶须有显著的抑制作用,而锡-铜涂层可增强晶须的生长;与 2 μm 厚的涂层相比,除了 Sn-Cu 涂层以外,厚度为 5 μm 的涂层具有较高的抗晶须性,退火的 Sn 和 Sn-Pb 涂层可抑制锡晶须的形成,晶须的生长与涂层材料的性质及其在储存过程中的稳定性有关,而晶粒的微观结构与锡晶粒边界和基底-涂层界面处的金属间化合物的形成有关。

Jain 于 2011 年研究了对 $Sn_8Zn_3Bi_{0.5}Ce$ 焊料表面锡晶须的抑制;Barbara 于 2012 年观察了再结晶镀锡层上的晶须生长,以及退火对晶须增长的影响,结果发现,未退火的样品在室温下存放 2 个月,生长了大量晶须,这主要是因为改变了热处理后的微观结构,此研究还释放了内部应力,因此可以有效地缓解锡晶须的生长;美国奥本大学 Crandall 于 2012 年的博士论文对影响锡晶须的各种因素进行了全面深入研究;Li(2013)研究了温度和湿度对晶须增长的影响,同一年,Sarobol(2013)分析了内应力在电气连接件中锡晶须现象中的作用;Hokka(2013)针对热循环环境下锡银铜合金的晶须生长规律进行研究;Meschter(2014)对 sac305 焊接组件晶须的形成过程进行分析,分别在低压、50～85℃,-55～85℃循环热冲击和 85℃高温/85%湿度等三种条件下,对晶须的长度、直径和密度等参数进行了测量,得出了规律和分析标准;台湾中央大学 Chen 于 2015 年对晶须残余应力的影响进行研究并做了定性分析;Lei 于 2015 年研究了 Ce 含量以及大小与晶须生长的关系;Lim 于 2016 年和 Wang 于 2018 年分别研究了湿度对浸镀锡层锡晶须生长的影响;以色列理工学院的 Anna 等(2018)研究了晶状钝化金膜中的晶须生长,证明了膜的厚度和形态在晶须形成中起着重要作用;Sun 等(2018)对锡晶须在压力下的增长行为进行了研究;韩国电子产品研究院的 Chulmin Oh 于 2019 年等学者对空冷条件对锡晶须生长的影响进行了研究。

隆德大学固体力学系的 Hektor(2019)对锡表现出不连续、迷宫状形态的 10 nm 厚 Au 薄膜的退火导致 Au 晶须的形成进行了研究,在 800℃以上的温度下退火后,获得了长度最长为 25 mm 且直径恒定的直须晶须,生长的晶须表现出无位错的微观结构。由此得出的结论是:该晶须生长受金原子沿 Au/玻璃和 Au/氧化铝界面的扩散控制,晶须生长的主要驱动力是氧化铝/玻璃界面代替 Au/氧化铝和 Au/玻璃界面能量,并建立了晶须生长的动力学模型,估计出扩散率接近 Au 表面的自扩散系数。

图 3.1 为孙正明于 2019 年对 MAX 相表面晶须的自发生长现象的研究结果。

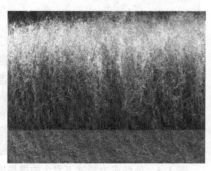

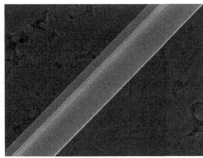

图 3.1　MAX 相表面晶须的自发生长现象

　　温度循环试验中发生的晶须如图 3.2 所示。

　　中国东南大学的 Liu 于 2019 年研究了氧化膜对锡晶须生长的局限性,以 Ti$_2$SnC - Sn 为新平台,实现了快速锡晶须生长,发现晶须形态受到氧化膜的调节。在该项研究工作中,研究人员首先通过 Ti$_2$SnC 基体成分调控,明确了自由锡是 Ti$_2$SnC 中锡晶须自发生长的必要条件。随后通过对锡晶须根部微观结构的 FIB - SEM 表征,发现锡晶须根部与 Ti$_2$SnC 基体中的自由锡并不连通,表明供应锡晶须生长的锡原子很可能是通过 Ti$_2$SnC 中的锡原子层进行扩散的。采用 FIB - TEM 对锡晶须/Ti$_2$SnC 界面的微观结构进行了进一步表征,在界面上发现了锡原子从 Ti$_2$SnC 中扩散出来并与锡晶须根部结合的痕迹,明确了锡晶须生长所需的锡原子通过 Ti$_2$SnC 中的锡原子层进行扩散。Ti$_2$SnC 中空位形成能和迁移能的第一性原理模拟结果进一步证实了这种扩散行为在能量上的可行性。同时,结合 β - Sn 表面能的第一性原理计算和不同生长环境中晶须形貌分析,该研究还发现 Sn 原子扩散出基体后,锡晶须会呈现出由低表面能晶面包围的棱柱状形貌以降低体系总能量;但当晶须处于氧化性气氛时,由于锡晶须表面氧化膜的存在限制了原子的横向扩散,锡晶须会保持继承自锡晶须根部的条纹状形貌。这一工作从原子尺度明确了锡晶须生长过程中的原子扩散机理和锡晶须的形貌形成机理,也为理解其他材料中的金属晶须自发生长问题提供了理论基础。外部应力测试下发生的锡晶须如图 3.3 所示。

　　Southworth 于 2020 年研究了应变对哑光锡晶须生长的影响。

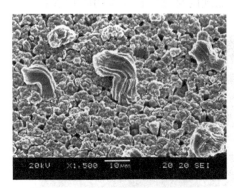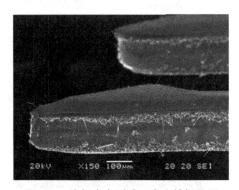

图 3.2　温度循环试验中发生的晶须　　　**图 3.3　外部应力测试下发生的锡晶须**

上海交通大学的李元成研究了一个覆盖数百 μm 直径的 Cu - SnAg 微型凸块表面的数百纳米厚的不均匀氧化铜层，发现在该氧化铜层的薄弱点上形成锡晶须，这些薄弱点是局部应力释放中心，HRTEM 结果表明锡晶须与相邻晶粒之间存在双晶界，双边界处的许多位错为锡原子滑入锡晶须提供了路径。随着小型微凸点的日益普及，表面扩散变得越来越重要。本研究首次在微米级凸点上揭示了氧化铜层的存在以及氧化铜层与锡晶须生长之间的关系，对于 3D 电子封装具有重要意义，相关成果于 2020 年发表于《材料快报》上（见图 3.4）。

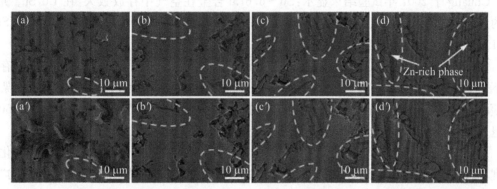

图 3.4　UAS 在 250 UC 下进行 6s 然后在 25℃ 下热老化后，四种 Mg - SnCu$_{0.7}$Zn$_x$ - Mg 夹心接头的表面演变的原位观察

(a) 和 (a′) Mg - SnCu$_{0.7}$Zn$_1$ - Mg 分别老化 0 和 7 天　　(b) 和 (b′) 分别老化 0 和 7 天的 Mg - SnCu$_{0.7}$Zn$_3$ - Mg

(c) 和 (c′) 分别老化 0 和 7 天的 Mg - SnCu$_{0.7}$Zn$_5$ - Mg　　(d) 和 (d′) 分别老化 0 和 7 天的 Mg - SnCu$_{0.7}$Zn$_7$ - Mg

注：富锌相的簇由黄色虚线标记。

从首次观察到晶须直到现在的 70 多年来，对于晶须的根本原因或普遍适用于所有电子组件的缓解协议，仍未达成共识。对于晶须孵化和生长的潜在机制仍在研究中，但认为环境条件对晶须有着重大影响，一般认为晶须生长的机理如下：①晶界移动和晶粒生长；②自由表面能动力学；③再结晶的作用；④外部温度对溶解度和晶粒生长的影响；⑤晶格与晶界扩散；⑥金属间化合物的反应与动力学；⑦晶体结构与缺陷等；⑧已经发现从流水线工艺到存储条件的所有过程的因素，特别是电镀工艺都会影响晶须的生长。

3.2　晶须生长的环境因素

经过诸多研究者对晶须产生的原因和环境的关系的多年研究，认为影响晶须生长的因素可以分为内部因素和外部因素。内部因素包括：镀层和基底的材料本性（热膨胀系数、原子扩散能力、镀层和基底材料不同的组合、CTE 不匹配和 IMC 形成等）、镀层面积和厚度、长宽比，不同的工艺、基底不同的网格结构、表面质量等。外部因素则包括外部机械应力、温度、热循环、相对湿度、氧化、电流、电偏压、振动、冲击、噪声、真空、高氧、辐射、电迁移、盐溶液浓度等均会对晶须生长产生极大影响。通过控制这些因素的变化，就可以达到抑制晶须生长的目的。

首先，时间是非常重要的因素。由于晶须生长的速度极慢，具有较长的潜伏期，从几天到几个月甚至几年,有试验证明 SAC 和 SnPb,经过一年的孵化,终于看到 1200 Å Sn-37Pb 膜对应的晶须生长(524 个晶须/cm²);一年后,较薄的 750 Å Sn-37Pb 薄膜的晶须数量适中,而 SAC 则产生了 147 000 个晶须/cm²;Masumi Saka 于 2007 年在多晶薄膜上实现铜纳米晶须的快速大批量生长的试验过程中发现,纳米晶须的直径和长度受温度、薄膜厚度、晶粒尺寸,特别是时间的影响,铜原子的扩散源于材料中的局部应力梯度和各向异性引起的几何奇异性,薄膜氧化层中的弱点是纳米晶须的起始点。

Chuang 于 2007 年试验结果显示:Sn-6.6Lu 合金在空气中存放数天,在 Lu_4Sn_5 析出物的氧化表面出现了大量的线状锡晶须,在 150℃下储存 30 min 会形成丘状晶须,这种 Sn-6.6Lu 合金中晶须生长的驱动力是氧扩散到 Lu_4Sn_5 沉淀晶格中产生的压应力。

Lee 于 2011 年根据美国电子器件工程委员会联合标准,研究了温度循环和等温储存条件下退火对锡晶须形成的影响。结果表明,温度循环和等温储存有利于锡镀铜引线框架上晶须的形成,晶须的平均最大长度随温度循环次数和等温储存时间的增加而增加,在 150℃下退火 1 h 可以有效地减少晶须的平均最大长度。

Hwang 于 2016 年试验表明,锡晶须的形成和存放时间有关。但是,存放期中的变化与温度、湿度及其他环条件没有直接关系。研究表明,适度温暖的温度是滋养锡晶须的"温室",而高温(如高于 150℃)则抑制锡晶须的形成。

此外,有报告说锡晶须生长速度相差很大,从 0.03 mm/年到 9 mm/年,值得注意的是,锡晶须甚至能够在真空环境中生长。

在不同位置暴露于腐蚀环境(5% NaCl 水溶液)7 000 h 后,刮伤的平板试样上晶须的 SEM 显微照片如图 3.5 所示。

 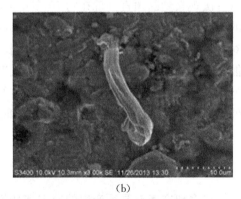

(a)   (b)

图 3.5　在不同位置暴露于腐蚀性环境(5% NaCl 水溶液)7 000 h 后,刮伤的平板试样上出现长而弯曲的晶须 SEM 显微照片

(a) 放大倍数为 5 k　(b) 放大倍数为 3 k

纯镀锡铜表面晶须生长形态的 FE-SEM 图像如图 3.6 所示。

关于镀层和基底的材料性质对晶须的影响,根据 Heshmat 于 2015 年对 IMC 与应力关系的研究成果认为:由于不同材料与锡或锡合金的反应不同,在锡膜下,IMC 的形成速率随衬底的不同而变化。IMC 的产生导致锡和基体材料的摩尔体积差,例如,黄铜基板在室温下与锡形成共同的 $IMC-Cu_6Sn_5$。当温度升高时,IMC 的生长变得更快,在 100℃ 以上从

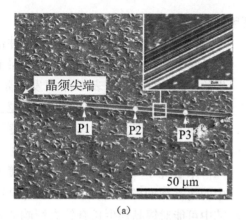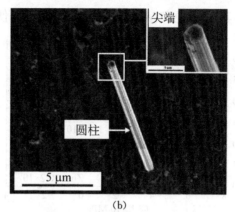

(a) (b)

图3.6 纯镀锡铜表面晶须生长形态的 FE-SEM 图像
(a) 室温保存 20 年后 (b) 在 55℃下储存 16 个月后

Cu_6Sn_5 形成另一个 IMC-Cu_3Sn，金属间化合物的形成是由于锡和黄铜原子间的相互扩散，黄铜在锡中的扩散比锡在黄铜中扩散得多，这可以从黄铜-锡相图中得到证实。黄铜、锡和 Cu_6Sn_5 的密度分别为 $8.96\,g/cm^3$、$7.28\,g/cm^3$ 和 $8.27\,g/cm^3$，表明 IMC 的密度介于黄铜和锡之间，这些摩尔体积差异在锡晶粒内产生了压应力，而锡晶粒与表面相切。内模控制在锡涂层与基体界面产生压应力方面起着至关重要的作用，但 IMC 应力贡献理论也存在一些不足，此外，许多关于晶须的研究并未发现某些材料基底（如镀锡铝）有任何内模电流形成。

此前，Galyon 等于 2016 年提出的一个理论被称为"晶须形成和生长的综合理论"。该理论认为，由于 CTE 不匹配和 IMC 形成，黄铜主要扩散到锡中，黄铜基底内会产生一个空位区，称为 Kirkendall 区，靠近锡膜和黄铜基底界面，这个 Kirkendall 区域由于空位而形成收缩，并且收缩对该区域的拉应力状态产生影响。拉伸应力作为压应力通过 IMC 作用在锡薄膜上，当锡被输送到低应力区时，IMC 几乎在表面形成。在膜的穿透过程中，IMC 与自由空间之间任何残留的大块锡或表面氧化锡被穿透晶须推开。

Haseeb 于 2016 年根据超小规模互联的 3D IC 封装的小互联线在回流焊后可以完全转变为 Cu-Sn 基金属间化合物，除了在 Cu-Sn 界面形成 Cu_6Sn_5 外，铜还沿着锡晶界扩散，从而在晶界形成细长的 Cu_6Sn_5 形态。Sobiech 等于 2011 年报告了铜沿 Sn 晶界扩散的类似观察结果，在锡晶界和 Cu-Sn 界面完全覆盖 Cu_6Sn_5 后，它通过铜向锡的体积扩散在垂直于 Sn 晶界的方向生长，这正是 Cu_6Sn_5 IMC 在室温老化 24 天后如何变宽变厚的原因。

Tamás Hurtony 于 2019 年以锡薄膜为例，研究了铜衬底粗糙度和锡层厚度对晶须生长的影响。采用机械抛光和真空蒸镀两种方法对锡层和铜层进行抛光，平均厚度分别为 $1\,\mu m$ 和 $2\,\mu m$，样品在室温下保存 60 天，快速形成金属间化合物层所产生的相当大的应力导致强烈的晶须形成，甚至在层沉积后的几天内。用扫描电子显微镜和离子显微镜研究了所制备的晶须及其下的层状结构，在未抛光的铜衬底上沉积的锡薄膜比在抛光的铜衬底上沉积的锡薄膜产生的晶须少而长，这一现象可以解释为 IML 的形成依赖于衬底的表面粗糙度，在粗糙的铜衬底上形成 IML 楔的可能性比在抛光的衬底上大。此外，发现随着晶须层厚度的减小,其他原子更容易扩散到晶须体中,从而使球状晶须的形成增加。

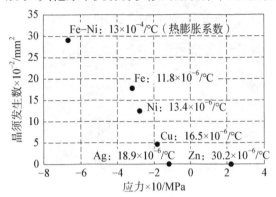

图3.7 各种基材上镀锡企热冲击时的晶须发生的密度
(资料来源:OFweek新材料网,2019.4.1)

图3.7为各种基材上镀锡在热冲击时的晶须发生的密度,横轴表示在镀层上发生的压缩应力,纵轴表示晶须发生频度。由图可知,热膨胀系数的偏移越大,越会增大晶须发生密度。铜引线元件的热膨胀系数接近于锡,几乎不会发生晶须。

朱宇纯于2007年针对纯锡电镀工艺中的锡晶须问题进行了研究,认为电镀工艺中可能对锡晶须生长有较大影响的有五个因素(引线框架基材、去氧化皮、电镀、中和、退火),分别设计了五组对比试验和5因素2水平的正交试验,按照工业实际生产状况制作了纯锡电镀样品,并根据JESD22A121.01锡晶须测试标准,对样品进行了加速生长测试。加速测试期间的锡晶须观测均通过扫描电子显微镜进行观测和测量,并对结果进行记录分析。对比试验结果发现,在电镀工程中对锡晶须生长可能有较大影响的五个因素中,只有电镀和退火对镀层锡晶须生长有较大影响,而其他三个因素对锡晶须生长影响不显著。另外,对于电镀,甲基磺酸电镀液的镀层抑制锡晶须生长的能力更强,而退火对于抑制锡晶须生长则是必要条件。正交试验结果与对比试验结果基本一致。

Martin Placek于2014年试验选用了铜、黄铜和磷青铜,焊料被镀在三种不同表面光洁度的金属基底上的厚层中,所制备的样品在50℃的永久恒温作用下,研究了所用材料及其表面处理对锡晶须生长的影响;刘婷于2018年系统地研究了电沉积纯锡镀层工艺参数和镀层结构设计对锡晶须生长的影响。

图3.8显示了不同工艺对晶须生长的影响。

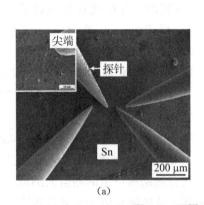

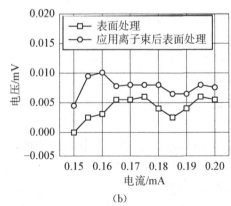

图3.8 不同工艺对晶须生长的影响
(a) Sn抛光和四点纳米探针机械手的直接接触图像 (b) 直接接触测量获得的曲线

图 3.9 显示了 IMC 合金层晶须。

图 3.9 IMC 合金层晶须
（资料来源：深圳华显，2020）

图 3.10 显示了电沉积锡锰合金镀层上锡晶须生长的扫描电子晶微照片。

图 3.10 电沉积锡锰合金镀层上锡晶须生长的扫描电子显微照片

在性能最好的无铅合金上观察到的最长晶须的 SEM 图像如图 3.11 所示。

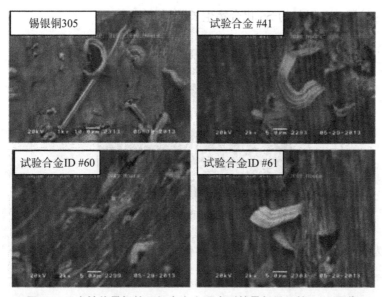

图 3.11 在性能最好的无铅合金上观察到的最长晶须的 SEM 图像

图 3.12 为 FeNi$_{42}$ 引线框上晶须的 TEM 图和放大图像。

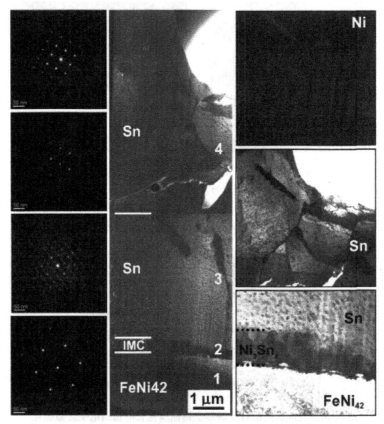

图 3.12　FeNi$_{42}$ 引线框上晶须的 TEM 图和放大图像
（资料来源：Kim 等，2012）

图 3.13 为镀层差异引起的 Sn 化合物生长差异。

图 3.13　镀层差异引起的 Sn 化合物生长差异

图 3.14 为 Ni$_3$Sn$_4$ 化合物晶须和 Cu$_6$Sn$_5$ 化合物晶须的分布状态。

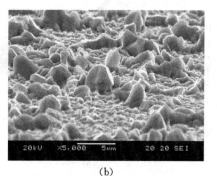

(a)　　　　　　　　　　　　(b)

图 3.14　Ni₃Sn₄ 化合物晶须和 Cu₆Sn₅ 化合物晶须的分布状态

(a) Ni₃Sn₄ 化合物晶须　(b) Cu₆Sn₅ 化合物晶须

(资料来源:厦门乐将科技有限公司,2020.4.1)

图 3.15 为 Sn 层柱状晶粒结构的 FIB 横截面、Cu-Sn 界面和 Sn 晶粒之间晶界处 Cu₆Sn₅ 的形成。

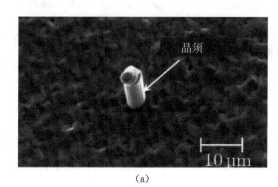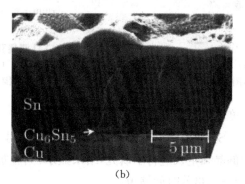

(a)　　　　　　　　　　　　(b)

图 3.15　Sn 层柱状晶粒结构的 FIB 横截面、Cu-Sn 界面和 Sn 晶粒之间晶界处 Cu₆Sn₅ 的形成

(a) 选择用于显微衍射测量的锡晶须的 SEM 图像　(b) 显示锡层柱状晶粒结构的 FIB 横截面,以及在 Cu-Sn 界面和锡晶粒之间晶界处 Cu₆Sn₅ 的形成

图 3.16(a) 显示从 DAXM 测量获得的锡镀层晶粒取向的 3D 图。颗粒根据其欧拉角着色。双线箭头指示入射 X 射线束的方向。坐标系参考图 2 中的坐标系,原点位于晶须根部。样品表面在 z=0 处;图 3.16(b) 通过常规劳厄显微衍射获得的晶须周围锡晶粒取向的二维图。黑色像素对应于索引不可能的点。填充的白色圆圈表示用 DAXM 扫描的位置。黑色线条表示的黄色颗粒是胡须。图 3.16(c) 锡涂层中有效应变的 3D 图。图 3.16(d) 晶须周围区域有效应变的二维图。

关于温度和热循环对晶须生长的影响,对于大多数场合,室温附近就可以产生晶须,锡晶须在室温条件下自生长过程是应力产生和松弛同时进行的动力学过程。Jonathan Winterstein 于 2004 年在室温下,对溅射沉积在 Muntz 金属基片上的锡晶须进行了长期老化研究。研究发现,虽然初始退火条件决定了晶须的成核和生长速率,但晶须的成核和生长是一个连续的过程,并且似乎在整个研究过程中都会发生。在老化过程中,所有样品的晶须

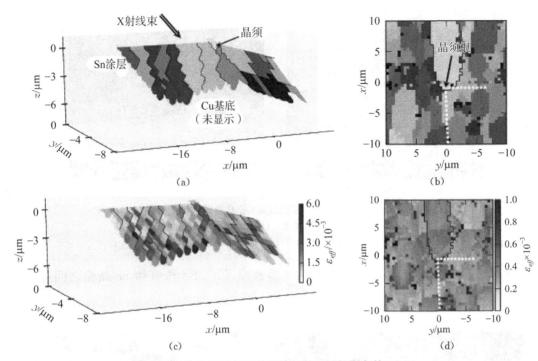

图 3.16 从 DAXM 测量获得的锡镀层晶粒取向的 3D 图

(a) 从 DAXM 测量获得的锡镀层晶粒取向的 3D 图　(b) 通过常规劳厄显微衍射获得的晶须周围锡晶粒取向的二维图　(c) 锡涂层中有效应变的 3D 图　(d) 晶须周围区域有效应变的二维图

密度都增加了。

　　Southworth 等(2008)对在三种不同温度下,不同外部纤维应变,亚光镀锡铜带和铜线中的晶须生长进行了研究,结果显示:当施加临界应变和特定的环境温度时,晶须的生长速度加快,培养时间缩短。

　　图 3.17 为室温附近的晶须生长机理。

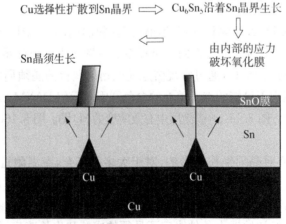

图 3.17 室温附近的晶须生长机理

(资料来源:OFweek 新材料网)

图 3.18 为在室温时效期间 Cu－Sn 系统中 Cu_6Sn_5 IMC 形成的示意图。

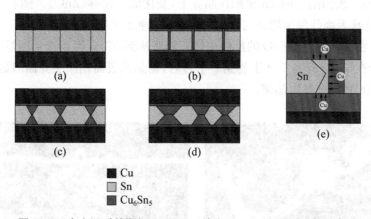

■ Cu
■ Sn
■ Cu_6Sn_5

图 3.18　在室温时效期间 Cu－Sn 系统中 Cu_6Sn_5 IMC 形成的示意图
(a) 室温时效 1　　(b) 室温时效 2　　(c) 室温时效 3　　(d) 室温时效 4
(e) 铜原子扩散到锡中形成 Cu_6Sn_5 IMC
(资料来源：Haseeb，2016)

大量研究证明，相对湿度在晶须生长过程中起着复杂的作用。一些报告指出，在高湿度（≥85% RH）下晶须更容易形成，相对湿度对锡晶须影响的受控试验结果认为湿度会由于氧气的扩散而产生应力并从表面进入薄膜，较高的相对湿度会增加晶界或表面扩散的速率，从而在膜内引入额外的应力，并且还可能影响锡上局部表面腐蚀会导致不均匀的氧化物生长，增加氧化膜的厚度。已观察到在高温湿度测试过程中水凝结或水滴暴露引起的腐蚀辅助晶须生长，并发现晶须在腐蚀区域成核，甚至在除去冷凝的水分后仍继续生长。另外一些报告声称水分不是促成晶须的因素。因此，湿度可能在晶须生产中起着重要作用。因相对湿度造成的腐蚀仍然是晶须中非常令人困惑的因素，需要大量谨慎的研究工作。

Barbara Horváth 于 2011 年用 $10\ \mu m$ 纯锡或锡铜合金（铜含量高达 5%）镀覆铜基体样品。将样品在高湿度（105℃/100% RH）下存放超过 2 000 h，考察了湿度对不同锡铜合金晶须生长的影响。结果表明，镀液的湿度和熔化温度对晶须的形成具有重要意义，晶须生长的差异取决于铜的含量。

Xian 于 2012 年对 Sn_3Nd 金属间化合物（IMC）在不同环境中的自发晶须生长现象的研究证明，锡晶须生长迅速，形成晶须的培养时间仅为 0.75 h，而 Sn_3Nd-IMC 暴露于干氩中 33 天或干氧（DO）中 7 天时，没有形成晶须。在室温下的潮湿环境中暴露期间对晶须生长的原位观察得到 Sn_3Nd IMC 的平均晶须生长速率约为 $11\ Å/s$，比先前报道的镀锡晶须生长速率快 2～3 个数量级。而且晶须生长后，发现在 Sn_3Nd 上形成了一种新的氢氧化物 $Nd(OH)_3$。

Barbara Horváth 于 2013 年报道了高温高湿腐蚀对纯锡及锡铜合金镀层的影响，观察到一个新现象：在镀铜的锡-铜合金上形成氧化铜晶须（在 105℃/100% 相对湿度下储存 1%～5% 的铜含量），氧化铜晶须的生长性能与锡晶须相似，他建立了一个模型来理解氧化铜晶须的发展，锡涂层的局部腐蚀达到 Cu_6Sn_5 金属间化合物层，Cu_6Sn_5 腐蚀后氧化铜积聚，膨胀的 $SnOx$ 以晶须形式压缩并挤出氧化铜。

图 3.19 表示了 Sn-Zn 类钎料在 85℃/85％ RH 的条件下进行高温高湿试验以后的表面附近组织状态。表面附近的 Zn 集积在晶界上，变化成氧化锌(ZnO)。随着试验时间的推移，形成的 ZnO 从表面往深度增加时，还会受到第三种元素存在的影响(如存在 Bi 或 Pb，则会加速氧化)。在 Zn 氧化为 ZnO 的反应中体积膨胀达到 57％，因而产生压缩应力而发生晶须。图 3.20 为在 55℃/85％ RH 下暴露 2 个月后，锡晶须表面铂涂层界面的显示。此外，含有容易氧化的 In 时也会发生晶须。

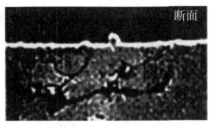

图 3.19　SnZn 合金在高湿环境下生成的晶须
(资料来源：嘉峪检测网，2020)

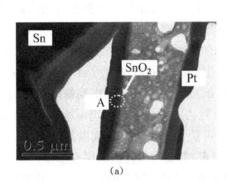
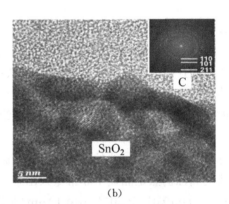

图 3.20　在 55℃/85％ RH 下暴露 2 个月后，锡晶须表面铂涂层界面的显示
(a) 显示在锡晶须上形成的锡氧化物层的低倍 TEM 图像　(b) HR-TEM 图像　(c) 从图 3.20(a)中圆圈区域"a"获得的 EDP

徐建建于 2018 年的试验证明：暴露于纯 O_2 的样品比在类似室温下在室温/湿度(RT/RH)条件下孵育的黄铜上相似厚度的 Sn 产生的晶须多出约 9 倍。然而，与大气暴露相比，暴露于 O_2 下的平均晶须长度小于一半。在此发现，纯 O_2 暴露的锡膜比暴露于大气的样品具有更大的 SnO-SnO_2 分数(1.5)。XPS 和 AES 深度剖析发现，暴露于 O_2 的氧化物厚度类似于暴露于 RT/RH 的天然 Sn 氧化物(孵育约 150 天后薄于 50Å)。在高分辨率 XPS 光谱中观察到元素状态的 Sn 的事实表明，对于两次氧气暴露，形成的 Sn 氧化物都比 50Å 薄，从 XPS 探测到的信息量(从表面以下 0～50Å)推断出这一点，黄铜和硅上的锡也暴露于 8％～33％ RH 的各种湿度环境中，最高的晶须生长速率为 85％ RH，这与先前关于湿度对晶须影响的研究一致：85％～93％ RH 产生更高的晶须密度。孵育约 140 天后，在所有裸露的标本上均观察到腐蚀特征/产物，并且在许多情况下，发现晶须从腐蚀表面突出。为了进一步了解 SnO_x 产物及其生长，将 Si 和块状 Sn 上的 Sn 在各种升高的温度下暴露于干燥的

O_2 和水蒸气中,得出的结论是,晶粒大小和湿/干环境对 Sn 的氧化有很大的影响。在潮湿条件下,无论锡是散装还是薄膜形式,都可以通过较大量的锡进行氧化。在干燥条件下,直到温度接近 Sn 熔点时,氧化才会发生。无论哪种情况,人们都开始怀疑氧化在晶须中的真正作用,因为从这项研究中可以清楚地看出,在大多数电子电路的标准工作温度附近,纯氧不会进入锡块中。通过研究 Si 上约1000Å的压应力溅射金膜,在真空和空气条件下孵育一个月后,观察到金晶须的生长,并通过晶须结构上的高分辨率 AES 进行了验证。由明显不含天然和(或)表面氧化物的薄膜产生金晶须生长表明,表面氧化层不是晶须生成的必要条件。也有的试验显示热循环未引起晶须生长,甚至经过 500 和 1000 次热循环后,也没有发现晶须,这是令人惊讶的,因为预期晶须是由于锡基涂层和下层铜的反复热膨胀和收缩而产生的。高湿度存储是晶须生长的最大因素,所有样品均显示出在3000h时晶须生长的迹象。有些在1000h后就显示出来了,即使在环境湿度下,所有样品也显示出 3000h 晶须生长的一些证据。测试的结果与晶须形成因子的一些传统观点不一致,但这不代表目前对这种现象的理解无效,而是只能说明尽管对这种现象所带来的谜团进行了数十年的详尽研究,但仍未发现单一根本原因。可以确定的是:在氧气/湿气环境中,氧气和湿气对晶须的生产起着重要作用,但是表面氧化层并不是晶须生长的必要条件。

Sweatman 2010 年对焊剂残渣存在下焊接方法、温度和湿度对晶须生长的影响铁晶须的生长进行研究,通过记录晶须的位置、密度和长度随时间的变化,用横截面法测量了1000、2000 和 3000h 后焊料的腐蚀程度。是否出现晶须的最终决定因素是试样暴露的环境。暴露于 85℃/85% RH 下的试样的晶须发生率最高(单位面积的晶须)、生长速度最快和长度最大。在 60℃/95% RH 下生长较慢,晶须出现较晚,发生率较低,但即使在 3000h 后,暴露于 40℃/95% RH 的试样上也未检测到晶须。发现晶须的发生率和生长速率随焊接方法和助焊剂的类型而变化。研究还发现,几何结构对刻蚀过程在痕迹边缘产生的凹度有影响,这种凹度显然起到了集中压应力和加速该区域晶须生长的作用。将这些晶须生长趋势与观察到的焊料并发腐蚀联系起来,发现焊料并发腐蚀又与所用助焊剂的类型有关。初步结论是,使用不清洁技术焊接的无铅组件上出现晶须生长的可能性可以通过使用助焊剂显著降低,助焊剂不会促进可在焊料中产生压缩应力的腐蚀。

众多学者根据 JESD2A121.01 标准测量所有晶须长度,取晶须的有效短路距离(晶须根部和最远点之间),提出了一种简单的晶须长度测量方法,以替代 JEDEC 提出的改变晶须观察角以观察其最大长度的方法。在前 500 次温度循环后,发现所有样品都有晶须,进一步暴露于温度循环和升高的温度/湿度不会显著增加晶须密度。与 Sn 直接镀在 Cu 上的样品(约1800 个晶须/mm^2)相比,具有 Ni 底层的样品具有更大的平均晶须密度(约 2900 个晶须/mm^2)。在温度循环期间,两组样品的晶须长度相似,平均长度约为 12mm。高温-湿度暴露导致晶须长度超过 $200\,\mu m$,仅在镍底层样品上。试验完成后,收集了 877 个晶须的晶须长度和直径数据,发现晶须直径与晶须长度无相关性。另外,计算了 588 个晶须的晶须生长角,并以 10 度为间隔对晶须进行分格,以确定是否存在择优生长取向。结果表明,没有有利的生长角,很少有晶须生长在接近表面的角。利用 X 射线荧光(XRF)测量镀层厚度发现,两个试样的 Sn 镀层厚度为 4.5mm,而其余试样的 Sn 镀层厚度为 6.7~9.5mm。在具有 Ni 底层的试样上测量 Ni 的厚度为 1.2mm。在 4.5μm 的锡表面上发现明显较少的晶须(小于

200 个晶须/mm²，而在较厚的电镀锡上看到的小于 2 000～4 000 个晶须/mm²。然而，在较薄的镀层上发现了较长的晶须。暴露于环境试验条件下 1 年后的观察发现，晶须长度或密度没有进一步变化。因此，大量晶须生长似乎完全是由于暴露在环境试验条件下产生的。

电场或电压偏置的存在会以多种方式影响晶须的生长，电流会加速锡晶须的生长，但这仍然是一个有争议的主题，目前，电位的影响程度尚不完全清楚。为了估计施加电流所产生的能量贡献，需比较文献报道的在电流应力和机械压缩下的锡晶须相应生长速率，尽管由电迁移效应引起的唯一机械应力是由外部结构约束引起的背应力，但基于有效应力可以得到电流应力下某一相电迁移引起的过量吉布斯自由能，减少了焊接接头的尺寸，并使其具有足够的先进功能性，以保持高电流通过，通过每个焊点的电流密度在过去几十年中显著增加。因此，电流对焊点的影响更大，最近观察到电流诱发了一种新的物理现象，在电流应力作用下，焊料的第二相逐渐溶解到基体相，当电流关闭时，焊料的第二相逐渐沉淀回大致相同的位置。在高电流密度的电流应力作用下，焊料的过饱和清楚地表明了相平衡的变化；然而，过饱和的来源尚不清楚。高铅焊料是常用的高温焊料，它是铅含量超过 85% 的铅锡合金。

Overcash 于 1971 年研究了锡和铟晶须临界电流的温度依赖性，结果与 Ginzburg-Landau 理论定量一致，ξ_0 值等于 $(0.22\pm0.01)\mu m$，在此不确定度范围内，ξ_0 在锡中是各向同性的；在截面小于 $1\mu m^2$ 的晶须中，在低电流下，与金兹堡-朗道平均场理论的偏差很明显，这些偏差符合 Langer 和 Ambegaokar 的理论。

Meyer 于 1977 年研究了载流超导锡晶须 V-I 特性中电压阶跃的相互影响，利用一个样品上的多个电位探针，研究了在超导/正常转变温度附近，电压阶跃对锡晶须伏安特性的相互影响。结果表明，在晶须的一个部分产生的台阶可以增强与晶须的其他部分出现台阶有关的临界电流，尤其是台阶之间的宽度可能由于其他电压台阶的存在而变大。

Yuki Fukuda 于 2007 年介绍了在 50℃/50% RH 的连续环境中，在恒定电流密度为 $0.48\times10^2\ A/cm^2$ 和不恒定电流密度为 $0.48\times10^2\ A/cm^2$ 的条件下，对光亮和无光泽镀锡铜、机械变形和未成形试片上晶须生长进行为期八个月的试验评估的结果，观察到晶须在阳极端和阴极端生长，基于分布的数据显示，由于退火和(或)对光亮锡和亚光锡施加电流，晶须密度降低；然而，观察到施加电流会增加长度分布的标准偏差，并产生更长的晶须。美国国家航空航天局的工作人员证明，由于静电吸引的作用，晶须会弯曲，这增加了锡晶须短路的可能性，但电流密度对晶须影响需要更多的工作来确认。

曾续武于 2009 年用电镀方法制备锡锰合金镀层，用扫描电镜观察其表面自然生长的晶须，分析基体表面粗糙度、搅拌、电流密度参数等对晶须生长的影响。结果表明，增大电流密度可提高晶须密度，这与镀层结晶组织密切相关。

Cheng-Fu Yu 于 2010 年观察到，随着电流的增加，晶须长度分布的标准差和长度也都增加，研究还开发了一种具有不同锡晶粒结构的纯锡沉积工艺，使用聚焦离子束(FIB)对样品进行了 4 000 h 的测试，以检查晶须的形成、晶粒结构和金属间化合物的形成。6 天后，纤维切口腔外侧可见晶锡突出，说明了各种锡晶粒结构可消除残余应力，在全柱状结构中，晶须垂直于沉积表面形成并释放了大部分应力；相反，在半柱状结构和随机结构中很可能发生应力松弛，并且仅在几天后沿着平行于沉积表面的方向快速进行。在比较混合晶粒结构时，很明显地发现,在晶粒较少的结构中,边界应力更容易迅速释放。

Liu 于 2011 年研究了共晶锡基焊点反向电流应力下的相偏析,Ashworth 于 2013 年试验分析了电流密度、镀层厚度等工艺参数对晶须生长速率的影响,以及脉冲电镀对后续晶须生长速率的影响,特别是通过改变占空比和脉冲频率,研究了在高温和高湿度加速两种环境条件下晶须的生长。研究表明,脉冲电镀工艺参数对晶须的形成有很大的影响,增加电流密度和镀层厚度都会降低晶须的生长速率,与铜相比,黄铜基体上的晶须形成速度大大加快。

Illés 于 2015 年研究了电流负载对 SnAgCu(SAC)钎料合金中锡晶须生长的影响,研究了三种合金:两种低银微合金 SAC 和广泛应用的 SAC305,在 $0\sim1.5$ A 的 6 种不同直流电流下对焊点进行加载,并在 85℃/85%RH 的腐蚀环境中老化 3 000 h,用扫描电镜观察了晶须的形貌和焊点的微观结构变化。结果表明,电流负载可以减少焊点的腐蚀,从而减少晶须。

Meyer 于 2015 年利用一个样品上的多个电位探针,研究了在超导/正常转变温度附近,电压阶跃对锡晶须伏安特性的相互影响。结果表明,在晶须的一个部分产生的台阶可以增强与晶须的其他部分出现台阶有关的临界电流,尤其是台阶之间的宽度可能由于其他电压台阶的存在而变大。

Yao 于 2015 年在纯锡镀层表面施加不同的电流密度和外载荷,研究了不同的使用条件对锡晶须生长的影响,感应电流密度范围为 $0.1\times10^4\sim0.5\times10^4$ A/cm^2,室温时效 720 h 后发现晶须,最大长度为 2.0 μm;而相同条件下,电流应力时效后锡晶须更长,随着电流密度的增加,金属间化合物(IMCs)在 Sn 镀层与 Cu 基体的界面生长,在所有电流应力条件下观察到不同长度的柱状晶须和弯曲晶须。在相同条件下,电流密度越高,晶须越长,阳极电流密度对锡晶须生长的影响大于阴极。在电流密度为 0.5×10^4 A/cm^2 的样品表面,晶须长度为 8.0 μm,比室温下无电流应力时效 720 h 的晶须长约 4 倍。另外,这些试样在经过电流应力后再施加交变外力加载,可以显著促进锡晶须的生长。

Fu 于 2019 年研究了低温电流应力下 SnPb - SnAgCu 互联线的微观结构和晶粒取向演化速率、过饱和和结晶模式,利用扫描电子显微镜(SEM)和背散射电子衍射(EBSD)对阴极 Cu/钎料界面的电迁移进行了表征。由于电流拥挤效应,在阴极端的反常区域观察到 $(Cu_x, Ni_{1-x})_6Sn_5$ 金属间化合物(IMC)的快速生长,对铅的异常各向同性扩散和平行分布在 -196℃应力下的单晶结构的超低温环境中进行了表征,有趣的结果归因于低温和电应力同时作用下的晶体构型转变,铅原子在面心立方晶格中的扩散行为表现为同构。研究结果显示,Pb 原子通过长晶界周围的面心立方晶格扩散到高能晶界聚集,最终形成 Pb 元素的长程分布和积累,研究可以提供对 Cu/钎料界面低温电迁移演化的理解,并为当前应力下的异常晶格转变提供直观的数据。

Shih-kang Lin 于 2013 年开展了电流应力下 Sn - Pb 二元系的从头算辅助 CALPHAD 热力学模拟研究。在这项研究中,通过从头算计算和从头算辅助的 CALPHAD 热力学模型,确定了有和没有电流应力的 Pb - Sn 二元合金的相稳定性,从头算辅助 CALPHAD 计算了电流密度为 5.0×10^3、1.0×10^4、2.5×10^4、5.0×10^4 和 7.5×104 A/cm^2 的 Pb - Sn 二元相图如图 3.21 所示。

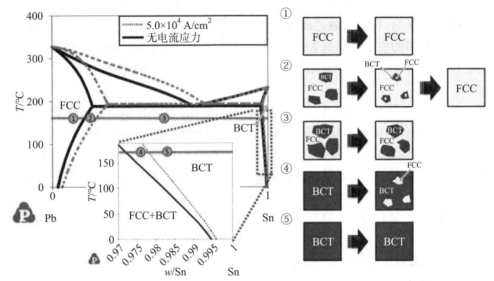

图3.21 从头算辅助 CALPHAD 计算了电流密度为 5.0×10^3、1.0×10^4、2.5×10^4、5.0×10^4 和 7.5×10^4 A/cm² 的 Pb-Sn 二元相图

Noor Zaimah Mohd Mokhtar 于 2019 年对电流应力对锡晶须形成的影响也进行了深入研究，通过锡在铜衬底上的电迁移效应，研究了锡晶须的生长机理，在进行电流测试之前，用浸渍法制备测试样品，并用扫描电子显微镜（SEM）对阳极和阴极附近沉积物上的晶须生长特征进行评估。结果表明，在不同暴露时间的电流应力作用下，晶须在阳极侧堆积，阴极侧耗尽，形成空洞（见图3.22~图3.23）。

图3.22 铅锡合金在电流应力作用下的显微组织演变示意图

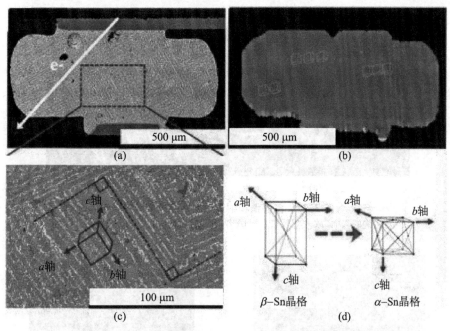

图 3.23　具有单晶结构的微凸块在 CT 上的显微结构图像

(a) SnPb(Pb 含量为 22.46%)微凸块在 CT(−196℃)下以 $2.5×10^3$ A/cm^2 的电流密度施加应力 100 h 后的 SEM 图像　(b) 为(a)中微凸块的相应反极图　(c) SnPb(Pb 含量为 22.46%)微凸块在 CT(−196℃)下以 $2.5×10^3$ A/cm^2 的电流密度施加压力 100 h 后的 SEM 图像　(d) 从 β-Sn(RT)到 α-Sn(CT)的晶格结构转变示意图

总之,在任何给定系统上的晶须生长中都有多种因素起作用,不幸的是,这些变量与晶须生长之间的定量关系尚不清楚。在各种综合因素下,晶须的生长机理更加复杂,Zawawi Mahim 于 2018 年研究了氧化层、温度和应力对锡晶须生长的影响。

金鉴实验室于 2014 年研究了在纳米尺度下,热循环、电流密度、峰值电流、添加剂、表面粗糙度、不同的工艺(湿法化学腐蚀、脉冲镀膜、暗锡和亮锡、抛光等)、不同环境条件和工艺情况下的晶须生长情况。使用 1 mm×1 mm×0.010 mm 的铜基板作为测试基板,纳米晶体铜的电镀沉积是在铜电镀槽中用 PED 镀膜形成,铜电镀槽中的电镀液由硫酸铜、硫酸铵和柠檬酸组成,柠檬酸作为晶粒细化添加剂,多晶铜薄膜在电流密度 0.165 A/ft^2[①]、峰值电流为 10 A 的标准电流下由硫酸铜工艺制得,电镀铜膜的厚度为 5 μm。研究发现:纳米多晶锡和多晶铜上面的多晶锡在 1000 次热循环后形成混合晶须的情况得到减轻,如金鉴实验室图 3.24(a)和图 3.24(b)分别是多晶铜和纳米晶体铜薄膜形态的扫描电子显微镜(SEM)显微照片。多晶铜的平均晶粒尺寸为 2 μm,纳米晶体铜的平均晶粒尺寸为 100 nm。

观察到各种形态的晶须,包括典型的条纹形针状细丝、形状古怪的细丝、凸起以及光滑的长方形晶须。图 3.25 为多晶铜对照样品暗锡表面的长方形晶须,图 3.26 为在暗镀锡对照样品的表面上形成的有晶须的化合物。

---

① 1 ft^2=9.290 304×10^{-2} m^2。

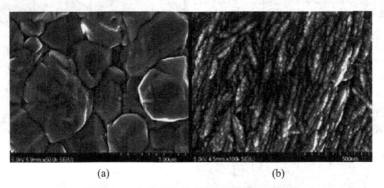

(a)   (b)

图 3.24   多晶铜和纳米铜的表面显微照片
(a) 多晶铜的表面(放大 5 万倍)   (b) 纳米铜的表面(放大 10 万倍)

图 3.25   多晶铜对照样品暗锡表面的长方   图 3.26   在暗镀锡对照样品的表面上形
　　　　　形晶须　　　　　　　　　　　　　　　　　成的有晶须的化合物

　　金鉴实验室在收集了 SEM 检查的平面扫描照片之后,把 4 个样品进行罐封,并做切面处理,对锡和铜界面上的金属互化物(IMC)部位作了两次成像:一次是在机械抛光后,另一次是使用商用锡剥离剂进行 2 min 的湿法化学腐蚀之后。与多晶锡相比,对于细晶粒锡,在暗锡和亮锡两种情况下,金属互化物在体积和厚度方面都比较大。该试验成功地证明,通过脉冲镀膜和加入晶粒细化剂,能够改变锡的晶粒尺寸、形状和晶体结构。样品在腐蚀前和腐蚀后的切面可能说明,对于纳米晶铜上面的细晶粒锡,样品中的金属互化物体积增大。锡与铜之间界面的金属互化物(IMC)部位的初步成像表明,纳米铜衬层能防止多晶锡形成晶须,多晶铜衬层则不能够,这和我们先前的发现相反。

　　Akiko Kobayashi 于 2010 年通过对无铅焊接中无铅半导体封装的晶须进行试验研究,评估了半导体安装基板在不同环境条件下晶须的产生和影响因素,证明了空气 HAST(HAST-with-Air)在 110℃/85% 和 120℃/85% 条件下产生锡晶须的速度比其他高温高湿试验更快,高温、高水分和氧气是形成晶须的主要因素。

　　Agata Skwarek 于 2011 年介绍了电子用各种富锡材料:Sn_{100}、$Sn_{99}Cu_1$、$Sn_{97}Cu_3$、$Sn_{99.3}Cu_{0.7}Ni$、$Sn_{99.3}Cu_{0.7}AgNiGe$ 和 $Sn_{99}Ag_{0.3}Cu_{0.7}NiGe$ 在热冲击后晶须形成的结果,将在 Ni-Au 亚层上镀的合金与直接在 Cu 层上镀的合金进行了比较,采用扫描电子显微镜(SEM)观察晶须的密度、长度和类型,将在 $-45\sim+85$℃的循环温度范围内,所有受 1500 次

冲击的研究合金都发现了不同程度的晶须形成,尽管在 Ni-Au 子层上电镀的合金的晶须生长速率低于直接在 Cu 层上电镀的合金。

Chason(2013)将 FEA(有限元分析)计算用于模拟可能导致"弱"晶粒的几种不同机制的演变应力和晶须生长,利用实时扫描电子显微镜(SEM)和聚焦离子束(FIB)研究了晶须/小丘生长过程,晶须生长在表面的单个晶粒中,几乎没有横向生长;而丘状生长伴随着广泛的晶粒生长和晶粒旋转。电子背散射检测(EBSD)显示了晶须/小丘形成的周围晶粒结构,表明晶须可以从预先存在的晶粒中生长出来,而不需要新晶粒的形核。这就产生了这样一种情况:由于 IMC 的生长,应力逐渐增大,并在"弱晶粒"处形成晶须/丘状物,即具有应力松弛机制的晶粒,在低于其相邻晶粒的应力下变得活跃。

Zhou 于 2015 年无铅焊点长时间暴露于高温等温环境中,会发生微观结构和力学演化,从而降低接头的电气性能,报道了等温时效对 Sn-Ag-Cu(SAC)组件在三种不同表面处理[浸没 Ag(ImAg)、化学镀 Ni-浸没 Au(ENIG)和化学镀 Ni-化学镀 Pd-浸没 Au(ENEPIG)]上可靠性的影响。ImAg 上 10 mm 和 15 mm 球栅阵列封装中 SAC 合金的特征寿命在 85℃/12 个月时效后下降了 40% 以上,在 125℃/12 个月时效期间下降了 50% 以上,ENIG 和 ENEPIG 在所有老化处理中都优于 ImAg。对于 ImAg 上的无源元件(2 512 个电阻器),在 85℃/125℃下老化 1 年后,可靠性性能下降了 16.7%/28.1%。失效分析表明,ImAg 和 ENIG/ENEPIG 的焊点界面底部的金属间二元 Cu-Sn 和三元 Ni-Cu-Sn 薄膜生长剧烈。对于 125℃时效的试样,裂纹出现在焊球的封装侧和板侧的角部,并沿着(靠近)金属间化合物位置扩展。对于老化的细间距封装,失效倾向于从元件侧的焊球角开始,然后沿着一个有角度的路径向下传播到大块焊料中。

3.3 晶须生长的主要影响因素

在任何给定的系统上,晶须生长中都有多种因素起作用。综合分析,影响锡晶须生长主要因素如下:温度(Frank,1953)、压力(Sun 等,2018)、湿度,热循环(包括焊接过程中的热循环,使用环境的热循环)、电场、磁场(Altin 等,2011)、合金元素、金属间化合物(Lin 等,2013)、基体材料、镀层厚度(Ning 等,1995),镀层晶粒大小与取向、电镀工艺等有关,以及以上各种因素综合作用下的晶须,其中应力、热循环、热冲击对晶须的生长影响最大。

晶须主要形式如下:①应力晶须,外应力和内应力引起的晶须,也称为接触须(Pitt 等,1964;Kato 等,2010);②室温晶须(Kato 等,2010;Sun 等,2007);③冷热温度循环(热冲击)晶须;④振动晶须(低周热、高周振动疲劳和强噪声引起的晶须)(Shin,2009);⑤化学晶须,包括氧化、还原(Shibutani 等,2006)、退火和腐蚀(Britton,1974;Moon 等,2005)中生长的晶须;⑥电迁移晶须(Pitt 等,1964);⑦相关的综合因素引起的晶须(Herkommer 等,2010)。

关于影响晶须形成的关键因素的争议和矛盾信息仍然很多,但业界普遍认为,锡晶须生长的基本动力是在室温附近的锡或者合金元素的异常迅速扩散。绿志岛焊锡(2016 年 10 月 17 日)认为由于材料内应力梯度的存在,免洗焊锡丝锡晶须的生长是一个自发的过程,其生长速度与外部环境条件密切相关。即使在室温下,锡镀层中的原子也会自由运动,再加上

"环境"或"驱动力"条件,更会促进元素的扩散,从镀层表面的一个"出口"成长为晶须。

大多数研究者认为,在各种因素中,应力被认为是诱发锡晶须生长的主要原因,应力包括外应力和内应力。外应力主要包括外部施加的压力、弯曲和拉伸引起的形变应力,由锡膜与基底合金之间的化学反应(金属间化合物形成)引起的外在应力;内应力主要包括粒度和晶体学取向而形成的具有相关纹理的、分布在镀锡膜中的固有压缩应力,热循环、热冲击、热低周热疲劳、高低频振动疲劳失效造成的镀层与基层之间失配和塑性变形等产生的应力,由于划痕、压痕、基材材料和锡膜之间的扩散、弯曲、成型甚至存储或操作环境条件(如腐蚀可能性)产生的应力,镀层化学(亮锡)和(或)在膜沉积过程中引入的杂质,氧扩散和(或)表面反应中体积膨胀产生的应力。林东贤(2007)研究了在室温和50℃条件下,不同应力下光亮镀锡铜表面锡晶须的生长行为,采用扫描电子显微镜(SEM)观察了在给定试验条件下锡晶须的生长行为,尽管在施加拉伸应力的表面上观察到锡晶须,但它们比没有施加应力或施加压缩应力的表面上的锡晶须短。在室温下,观察到的晶须长度也没有随着所施加的压应力的增加而持续增加。施加的压应力大于锡的屈服强度,导致观察到的晶须长度减小,但晶须密度增加,这可能是由于施加较大的压缩应力导致更多的表面裂纹或缺陷,这种表面缺陷可以作为晶须的起始路径。在50℃压缩应力作用下的锡表面,与在相同压缩应力作用下RT形成的晶须相比,普遍观察到底部较宽、长度较大的晶须。在50℃下,试样的晶须生长周期也较长,这可能是由于此温度下回流和再结晶对锡晶须的生长有较大的影响。在50℃无外加应力的锡表面,观察到针状晶须和结节状晶须;当不施加机械应力时,残余压应力引起的塑性变形较小,导致再结晶程度较低,与在50℃下施加压应力的锡表面相比,一些晶须生长成针状。显然,施加拉伸应力可以在一定程度上抵消锡层中的残余压应力,降低锡晶须生长的驱动力,然而,施加的拉伸应力并不能完全阻止锡晶须的形成。锡及其化合物元素氧化特别是在循环温度退火环境下,晶须增长被称为"最异乎寻常的结果",有学者得出在150℃循环退火时晶须增长迅猛。Jagtap于2020年通过对可控驱动压力诱导晶须形核与生长进行研究,研究了机械压力作用下Sn涂层中晶须的形核和生长动力学,使用夹具将压力施加到样品上,夹具能够在较长时间内保持恒定压力。该夹具足够小,可以在扫描电子显微镜(SEM)室中实时观察应力驱动的晶须形核和生长,同时在Sn膜上保持外加压力。

镀锡元件引线压痕残余应力场中晶须形核如图3.27所示。

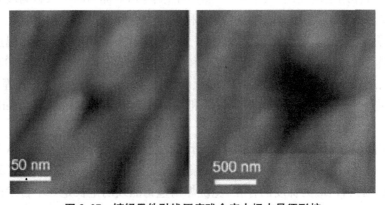

图3.27 镀锡元件引线压痕残余应力场中晶须形核

Suganuma 于 2011 年以在 Sn 镀层和铜界面上形成 Cu_6Sn_5 化合物（IMC）为例，证明了其应力的产生是由于 Cu 原子向 Sn 内进行填隙式扩散并生成 Cu_6Sn_5 金属间化合物，IMC 长大造成的体积变化对晶界两边的晶粒产生了压应力。一般来说，在 Sn 镀层中某一固定体积内包含 IMC 沉淀相，吸收扩散来的 Cu 原子后，并和 Sn 反应不断生成 IMC，就势必在固定体积内增加了原子体积。例如，在某一固定体积内增加一个原子，如果体积不能扩展则会产生压应力。当越来越多的 Cu 原子（n 个 Cu 原子）扩散到该体积中生成 Cu_6Sn_5 时，固定体积内应力就将成倍地增加，大部分晶界处的 Cu_6Sn_5 沉淀相是在共晶 SnCu 合金电镀过程中产生的。SnCu 镀层经过再流处理后，多数晶界处的 Cu_6Sn_5 沉淀相在凝固过程中析出。在熔融状态中，Cu 在 Sn 中的溶解度为 0.7%（质量分数），凝固过程中 Cu 溶解度处于过饱和态而一定会析出（大部分在冷却至室温过程中以沉淀方式析出）。越来越多的 Cu 原子从 Cu 引线框架扩散至钎料层，使晶界处的沉淀相长大，造成 Cu_6Sn_5 体积增加（一种说法是 20%，另一种认为可达到 58%）和在钎料镀层内形成压应力。根据这种机理，可以发现晶须发生和生长的参数。首先是受不均匀化合物形成的容易度的影响较大，在 Cu 的情况下，Cu 基板本身成为 Cu 往 Sn 镀层中扩散的扩散源；如果基板表面是 Ni，同样形成与 Sn 的化合物（Ni_3Sn_4），但它的成长非常缓慢，难以发生晶须，所以如果以 Ni 层作为 Sn 镀层的基底镀层，则可有效抑制室温晶须，"42"合金比 Ni 更加稳定。黄铜对于室温晶须化合物形成比较缓慢，基本上具有抑制晶须的效果。但是黄铜中的 Zn 在易于活动的高温环境下，Zn 扩散到 Sn 镀层中而氧化，由于体积膨胀作用而发生压缩应力，助长了晶须的发生和生长。

Reima Lahtinen 于 2005 年探讨了热镀锌过程中晶须的生长机理，认为镀锡过程中晶须的生长与铜锡金属间化合物的形成有关，在致密的小晶体环境中，温度波动引起的热应力没有松弛的空间，晶须生长的可能性更大，晶须生长的驱动力与锌晶体的各向异性热膨胀系数有关；蔡积庆于 2009 年概述了外应力型晶须的特征以及晶须抑制方法，郑元栋于 2009 年叙述了以连接器为主的外部应力型晶须。

Mahim 于 2018 年研究了温度对机械应力下锡晶须生长的影响，采用机械压痕法研究了在应力和温度控制下纯锡晶须的形成过程，并将锡晶须分为不同的形状，据此设定了应力和环境温度的规定范围，以促进纯锡晶须的晶须机理形成。通过电子显微镜观察了纯锡晶须的生长形貌，并通过光学显微镜分析了温度对晶须生长的影响室温锡晶须的发生和生长研究发现，SnCu 室温、压应力和 Sn 表面稳定的氧化层，是锡晶须生长的充分必要条件。在室温下晶须的发生，首先是在 Sn 镀层和铜界面上形成 Cu_6Sn_5 化合物，该化合物在镀层内部产生压缩应力是发生晶须的主要原因。由镀覆 SnCu 合金层的触点侧/Au－FPC 发生的晶须图中可知，触点尖端的 Sn 镀层上产生相当大的塑性变形，这种塑性变形是由于 Sn 的柔软性造成的，但是它可以赋予良好的电气接触。在接触的周围扩展了的被称为结晶物质，锡晶须就是在这种结晶物中发生的。Hilti 于 2000 年提出了《锡薄膜应力梯度的衍射分析：晶须形成的解释？》；Kim 于 2017 年讨论了压应力的形成途径以及消除和减小压应力的各种方法，特别讨论了一种处理热膨胀系数失配引起的热机械应力的新方法；Kim 年 2004 于介绍了两种无铅电镀材料在电镀温度和可靠性试验条件下晶须的评定结果。随着镀液温度的升高，镀层晶粒尺寸增大，晶须生长变短。晶须是在温度循环下生长的，在无光镀锡中为弯曲型，在麦芽锡铋中为条纹型。锡铋镀层的晶须生长比锡镀层的要短，在 $FeNi_{42}$ 引线框架中，在

300 次循环下生长了直径和长晶须。在 300 个周期的铜引线框架中,只有结节(核态)在表面生长,在 600 个周期中,有一个短的晶须生长。经过 600 次循环后,在镀锡 FeNi$_{42}$ 上形成薄膜,观察到的 Sn 和 Cu 界面之间观察到了厚金属间化合物和薄金属间化合物的数量,因此认为:晶须的主要生长因子是铜引线框架中的金属间化合物和 FeNi$_{42}$ 中的热膨胀失配系数。

Shin 于 2009 年对晶须镀层晶粒尺寸效应分析,认为内外应力引起的镀层晶粒和母材晶粒的再结晶都会影响晶须的生长,通过对电子产品用集成电路晶须加速试验,分析了镀层晶粒尺寸和镀层结构对晶须生长的影响,试验中采用了不同封装类型、基底金属和镀层厚度的样品,并用扫描电镜(SEM)观察了镀层的结构、尺寸和晶须,发现晶粒尺寸与晶须生长呈显著负相关,镀层的晶粒尺寸越小,产生的应力越大;镀层晶粒尺寸越小,晶须在镀层晶界出现的可能性越大。

强薇于 2013 年研究了铜互联应力迁移测试技术与应力释放机理,并运用 Thouless 形变机制图模型模拟了铜互联应力释放过程中应力与温度之间的变化关系,分析了扩散阻挡层、钝化层以及铜薄膜厚度对铜互联应力释放的影响。Yamamoto 于 2020 年针对应力控制条件下 Bi 基超导晶须晶粒尺寸的改善进行研究,用应力控制的非晶前驱体,成功地生长了大尺寸的 Bi 基高温超导晶须,在 1 GPa 造粒获得的高压缩应力下,生长周期为 96 h 下晶须的晶粒尺寸显著增大,达 9.5 mm 长,是传统非晶态前驱体法的 2.4 倍。

也有学者认为,压痕引起的残余应力导致锡晶须的形成,一个基本问题是如果残余应力不是由电镀工艺或者电镀后冶金反应引起的话,它是否会导致晶须的形成。Kunjomana 于 2005 年采用物理气相沉积(PVD)方法生长了碲化镓(GaTe)单晶晶须,在针的棱镜表面进行显微压痕研究,以了解其力学行为,用维氏显微硬度计测定了室温下浇口晶体显微硬度随外加载荷的变化,计算了不同载荷区。

陈宁于 2010 年研究了压痕导致镀锡元件引线上的锡晶须形成,于无铅元件引线涂层用纯锡,试验时,在镀纯锡元件引线上面制作微压痕来引起应力,目的是研究压痕应力引起的锡晶须形成。微痕用于测量锡涂层的硬度和弹性模量,在此处锡晶须开始生长。使用扫描电镜来研究压痕的变形机理,观察在初始位置的晶核的形成以及晶须生长。运用有限元法从理论上计算应变在压痕的分布,试验和理论计算结果表示晶须是在某一压痕残余应力水平形成的。这个结论表示,可能存在某一临界应力决定晶须的形成,应力水平和晶须生长形成之间存在着定量的联系,将导致纯锡在电子行业应用突破风险和可靠性评估并使无铅平稳过渡。

通常认为,拉伸应力会抑制晶须的形成,而压缩应力会加速晶须的形成,但也有试验证明拉伸应力也会造成晶须生长;Chen 于 2005 年观察了锡锰合金镀层上锡晶须的自发生长,这种生长不同于任何先前报道的纯锡或其他锡基合金电镀层上的晶须生长,它的潜伏期非常短,只有几个小时,随后是惊人的快速和丰富地增长,在晶须生长的整个过程中,锡锰镀层处于拉伸残余应力状态,这排除了普遍接受的压缩应力作为锡晶须生长驱动力的解释。Galyon、颜怡文通过试验将铜试片弯曲特定角度以模拟引脚真实状况,使引脚的镀层一面为拉伸应力,另一面为压缩应力,以观察电镀期间所产生的不同应力状态对锡晶须生长的影响,同时观察不同的热处理时间时,拉伸应力和压缩应力对锡晶须的影响。图 3.28 为晶须预期增长的区域,图 3.29 为生长在弯曲的外侧或张紧侧的晶须。

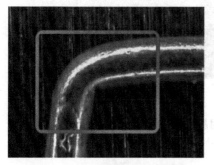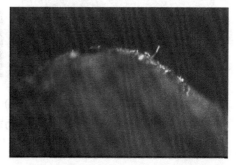

图 3.28　晶须预期增长的区域　　　　图 3.29　生长在弯曲的外侧或张紧侧的晶须

　　Hwang 认为"内应力"是不够严谨的名词,虽然它是金属晶须形成和生长的主要原因。就此而论,在电镀时和电镀后,各种促使产生电镀层内应力的因素和条件使镀层中产生额外的残留应力,这些额外的残留应力就是要仔细考虑的问题。实际上,应力产生的过程包括晶粒边界的移动和晶粒生长、自由表面的表面能动力学、外部温度对溶解度和晶粒生长的影响、再结晶的作用、晶格与晶粒边界的扩散、晶体结构和晶体结构的缺陷、金属间化合物的反应和动力学。在外部因素的影响下,晶体中的应力产生过程按先后顺序出现,或并行出现,促使晶体的内在结构发生变化,导致形成滋生晶须的环境条件。

　　关于应变梯度对晶须的影响,人们普遍认为薄锡层的形态和它们下面的基板(包括但不限于锡和铜之间的界面上形成的 Cu_6Sn_5 金属互化物),还有应力条件和(或)应力梯度以及可能的环境条件,也许这些因素都可能在晶须的生长中起着有意义的作用。Brown 2012 年的论文中提道南卡罗来纳大学的新材料科学研究为这种现象提供了新的认识。工程与计算学院的孙勇博士利用数字图像相关技术发现,导致短路的金属丝从用于焊接和涂覆电子电路的锡中生长出来,是器件中应力(或"高应变梯度")的结果,而且,随着设备的小型化,它们可能会变得更加普遍。

　　Hektor 于 2013 年研究了与锡晶须生长相关的三维应变梯度证据,采用差分孔径 X 射线显微镜(DAXM)测量了锡晶须周围的晶粒取向和三维偏弹性应变,结果表明,应变梯度穿过锡涂层的深度,从而揭示了 Sn 层更深的应变,这些高应变可以解释为在铜基体与锡镀层之间的界面和锡晶粒之间的晶界处金属间相 Cu_6Sn_5 生长过程中发生的体积变化。压应力对晶须的影响如图 3.30 所示。压应力对晶须生长的影响如图 3.31 所示。

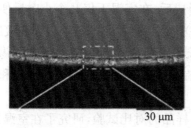

30 μm　　　　　　　　　20 μm

(a)

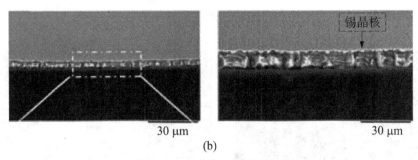

图 3.30　压应力对晶须的影响

（a）压应力为 15 A/dm² 　（b）压应力为 20 A/dm²

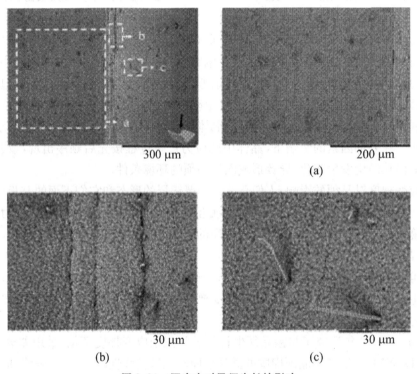

图 3.31　压应力对晶须生长的影响

锡晶须的生长主要发生在室温附近（1.5 个月晶须长度可达 1.5 μm，见图 3.32），锡晶须在室温下较易生长，从而造成电气系统的短路，特别是对精细间距与长使用寿命器件影响较大。研究表明，电沉积锡-锰合金能够在涂层形成后，在室温下仅几个小时后便产生晶须生长，随后的晶须生长迅速而丰富。Sun 等（2018）提出室内晶须的镀层表面或镀层/基层的结合面环境对室温下商品黄铜中锡晶须自发生长的影响；Huang（2018）研究了锡室温老化后 Cu(Sn)-Sn(B) 双层系统中晶须的生长；Shin 提出热循环和热冲击环境镀层和基层之间失配产生的晶须。

黄琳于 2014 年通过对 Cu-Sn 和 Sn-Cu 样品的对比试验，研究了在室温条件下，Cu-Sn 薄膜样品中锡晶须的生长，以及退火对体系微观结构的影响，运用界面热力学理论分析和解释了试验观察到的微观结构的变化,得到了如下结果:①在室温条件下,经过一段时间老化,Cu 在上层的 Cu - Sn 薄膜体系表面能自发长出锡晶须,且在锡晶须周围没有表面破裂的痕迹。②同 Sn 镀层厚度条件下,Cu - Sn 薄膜体系的锡晶须的生长速率比 Sn - Cu 薄膜体系的锡晶须生长速率更快。③当在 Sn 镀层厚度薄至不利于 Sn - Cu 体系长锡晶须时($<0.5\,\mu m$),Cu - Sn 体系仍然能较容易地长出锡晶须。④退火对 Sn - Cu 体系和 Cu - Sn 体系都有抑制锡晶须生长的效果,且都会有 Cu_3Sn 和 Cu_6Sn_5 化合物相形成。⑤对 Sn - Cu 体系而言,退火导致 Cu 扩散到 Sn 层中(在室温下,亦有此扩散),而没有 Sn 扩散到 Cu 层中。而对 Cu - Sn 体系而言,退火导致原本不含 Sn 的 Cu 层中扩散有大量的 Sn。其原因是 Sn 的表面能比 Cu 的表面能更低,加热加快了 Sn 向表面偏析。⑥通过界面热力学计算得到,在室温下,Cu - Sn 薄膜体系中,相对于 Cu_3Sn,更倾向于形成 Cu_6Sn_5。Cu_6Sn_5 化合物更倾向于在 Sn 晶界和 Cu - Sn 界面处形成。而在 Cu 晶界内,还没有达到 Cu_6Sn_5 化合物形成的临界厚度,Sn 原子就已经通过 Cu 晶界偏析到表面,并在 Cu 表面与 Cu 晶界交界处堆积形成 Sn 晶核,最后生长出锡晶须。在室温下 Sn 镀层和铜界面上形成的 Cu_6Sn_5 化合物如图 3.33 所示。

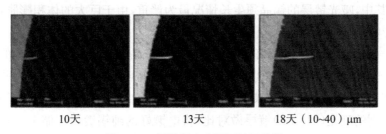

10天　　　　　　13天　　　　　18天(10~40)μm

图 3.32　锡晶须在室温下较易生长
(资料来源:OFweek 新材料网,2019)

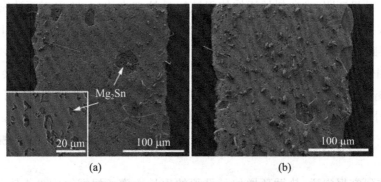

(a)　　　　　　　　　　　(b)

图 3.33　在室温下 Sn 镀层和铜界面上形成的 Cu_6Sn_5 化合物

升高温度可以加快锡原子的扩散速度,有利于锡晶须生长,升高的温度和温度循环会影响晶须的形成;但是温度较高的时候(超过 100℃),应力(锡晶须生长的驱动力)被松弛,它又不利于锡晶须生长(中科光折化工技术研究所检测中心,2020)。日和科技于 2020 年对铜织线软连接进行试验的结果表明,样品在 100℃ 温度下,时效 5 h 有小丘和晶须形成,而在 200℃ 时效 8 天和在室温时效 30 天没有晶须形成。因此,晶须生长是由镀层内部存在的压应力梯度引起的,并有一个孕育期,随时效和温度的变化,原子扩散速度和镀层的应力松弛不同控制了小丘和晶须的形成。

邹嘉佳于 2016 年通过扫描电镜(SEM)观察并研究了不同高温试验环境条件中 QFP 引脚纯锡镀层上锡晶须的形成与长大,结果显示,四种高温环境试验中,只有温度循环试验后 QFP 引脚纯锡镀层上的锡晶须数量显著增加,其他测试只是使锡晶须的平均长度增加,这是因为锡晶须形成的主要成因是温度循环中不同材料之间的热失配引起的界面破裂和内应力,锡晶须长大的主要成因是由于界面氧化程度的提高。

通常认为高温会加速晶须生长,但在低温下,也会由于镀层发生相变而产生晶须。乔梁于 2016 年采用甲基磺酸锡镀液,通过添加苄叉丙酮(BA)和肉桂醛(CA)光亮剂制备了两种光亮纯锡镀层,并与未加光亮剂的哑光镀层做对比,将有电镀层的样品低温冷冻,采用预置 α-Sn 晶粒的方法诱导镀层发生相变,跟踪观察了三种镀层的低温相变,研究了不同镀层结构对相变的影响,观察了镀层表面锡晶须的生长。研究发现,锡在低温下的 β/α 转变和锡晶须两者之间存在某种关系,β/α 低温相变可促进锡晶须生长,Sn 在 13.2℃以下会发生 β/α 同素异构转变,锡晶须的生长位置均在镀层的相变区或相变边缘区域,并且三种镀层的相变特点均不相同,其中,哑光镀层的锡晶须生长情况最为严重,由于巨大的体积膨胀,它对焊点具有毁坏性的影响。

许少村于 2017 年基于在低温环境下服役的电子产品,如在月球表面工作的月球车上的电子器件,会同时发生低温相变和锡晶须生长,而影响其可靠性的问题。试验采用 99.9% 的纯铜片作为镀层基体材料,在甲基磺酸盐镀锡液中分别加入 CA 和 BA 制备了光亮镀层,并与不添加光亮剂的哑光(M-Sn)镀层做对比,将电镀好的纯锡镀层存储于 −40℃的低温环境中,并预置 α-Sn 种子诱导发生相变,跟踪观察了三种不同的镀层表面的相变行为,并对镀层表面相变区与非相变区的晶须生长情况进行比较,来探究 $\beta\rightarrow\alpha$ 低温相变与锡晶须生长的关系。试验结果证明,光亮剂的添加使得镀层晶粒细小均匀,镀层表面致密光滑,α-Sn 种子的预置大大促进 β/α 相变过程,三种镀层的表面都可发生相变,三种镀层的相变区(α-Sn 区)均观察到锡晶须生长现象,其中光亮镀层比哑光镀层更易于生长锡晶须。通过对已相变区与非相变区的晶须生长情况的对比,锡在低温环境(低于 14.2℃)时,会发生 $\beta\rightarrow\alpha$ 的同素异构转变,此过程伴随 27% 的体积膨胀,会对焊点产生破坏性的影响,可以确定,锡的 $\beta\rightarrow\alpha$ 的相变对锡晶须的生长有明显的促进作用,不过出现这种现象的物理原因目前尚不清楚。在流动空气(80 cm³/min)中加热至 β=10 K/min 的不同温度样品的显微视图如图 3.34 所示。

还有一些研究报告说,热循环增加了晶须的生长速率。根据绿志岛焊锡(2016 年 7 月 27 日)的观点:温度循环将在软钎料合金内部导致热应力-应变循环,同时引发金属学组织的演化,主要如下:①热膨胀系数不匹,焊料和基板不同的热膨胀系数所导致,由不同的热膨胀系数和温度产生,全局热不匹配的范围一般为 $(2\sim14)\times10^{-6}$/℃,全局热不匹配通常较大,CTE 差大和对角线距离等都较大,全局不匹配将会导致周期性的应力应变,并导致焊点疲劳失效;②样品工作导致温度差异,外界温度变化导致温度差;③周期性工作。

热循环过程中晶须在加热过程中生长和焊点热循环失效如图 3.35 和图 3.36 所示。

图 3.34　在流动空气(80 cm³/min)中加热至 β=10 K/min 的不同温度样品的显微视图
(a) 加热到不同温度的样品的光学显微镜图像　(b) 483 K　(c) 573 K　(d) 673 K 和(e) 753 K　(f) 753 K
注:(b)~(f) 加热到不同温度的样品的 SEM 图像

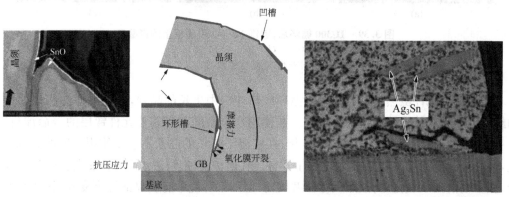

图 3.35　热循环过程中晶须在加热过程中生长的示意图　　**图 3.36　SAC305 焊点热循环失效**

图 3.37 所示为 TC 600 循环后 FeNi42 引线框架和 Cu 引线框架的晶须形截面图。

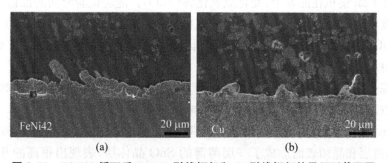

图 3.37　TC 600 循环后 FeNi42 引线框架和 Cu 引线框架的晶须形截面图
(a) FeNi₄₂ 引线框架　(b) Cu 引线框架
(资料来源:Kim 等,2012)

在 50～125℃、30 min、100 次循环后芯片 Sn 镀层上发生的晶须如图 3.38 所示。TC300 循环后,镀锡 FeNi42 引线框上的锡晶须如图 3.39 所示。

图 3.38 在 50～125℃、30 min、100 次循环后芯片 Sn 镀层上发生的晶须

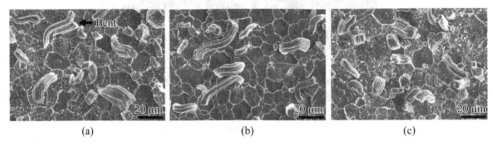

(a)   (b)   (c)

图 3.39 TC300 循环后,镀锡 FeNi42 引线框上的锡晶须
(a) 30℃   (b) 40℃   (c) 50℃
(资料来源:嘉峪检测网,2020)

通过选择元件虽然可以抑制温度循环或热冲击中生长的晶须,但是即使热膨胀差别大的组合也不会比其他的晶须显著生长。在使用合金型的陶瓷芯片元件镀层的寿命评价中,生长 50 μm 长度的晶须估计需要 100 年;在室温下生长的晶须不会受使用温度的影响而加速,少许湿度变化对晶须生长几乎没有影响。氧化和腐蚀环境中晶须的发生和生长也非常慢,在多数情况下氧化/腐蚀晶须存在潜伏期,但如果环境中有明显的湿度变化,锡的氧化就会异常进行,形成不均质性的氧化膜,导致镀层发生应力,这种氧化和腐蚀产生的晶须,在晶须加速评价中往往与室温晶须评价混同。有专家经过大量试验研究后认为:晶须最易生长的条件是 60℃/93% RH,SnZn 类钎料在 85℃/85% RH 的条件下,进行高温高湿试验以后,表面附近的 Zn 集积在晶界上,变化成氧化锌(ZnO)。随着试验时间的推移,形成的 ZnO 从表面往深度增加时,还会受到第 3 元素存在的影响(如存在 Bi 或 Pb,则会加速氧化),在 Zn 氧化为 ZnO 的反应中体积膨胀达到 57%,因而产生压缩应力而发生晶须。此外,含有容易氧化的铟时也会发生晶须。

在各种综合因素下,晶须的生长变得更加复杂。Sweatman 等于 2010 年对焊剂残留物存在下焊接方法、温度和湿度对晶须生长的影响进行研究。

Suganuma 于 2011 年对陶瓷片式电容器进行了 3 000 次的热循环试验,阐明了晶须的生长机理,在锡镀层和晶须表面形成了一层薄薄的 SnO 晶体层,表现出很高的开裂程度。研究表明:热循环晶须具有两个明显的特征,晶须侧面与晶须生长轴垂直的细条纹环和晶须根部的深槽,每个热循环对应一个细条纹环,沟槽的形成可归因于沿 Sn 晶界的热循环开裂,随后从根晶粒氧化和生长晶须,热循环晶须的特征卷曲特征可归因于严重氧化的根槽的形成,晶须在真空中生长比在空气中生长快。在真空中生长的晶须比在空气中生长的晶须薄且长,而晶须密度不受大气的影响,真空生长晶须的条纹环间距比空气生长晶须宽。

Mahim 于 2018 年着重研究了应力、氧化层和温度三个因素对钎料晶须生长的影响,这一发现使研究人员得以开发各种方法来减少锡晶须的生长。根据 Tian 于 2021 年在不同温度、溶液和表面粗糙度等因素下,对 $100\,\mu m$ 厚 Sn‐Al 合金涂层中晶须生长行为比较研究的最新成果,在 30℃的油中成核后,晶须没有长大;随着时效温度的升高,晶须在形核后开始长大;晶须的形貌在 50℃时为长丝型,在 100℃时为小丘型,随着晶须和小丘的生长,涂层中的残余压应力逐渐减小;涂层在水溶液中未发现晶须形核。涂层中的残余应力不是通过晶须生长而是通过涂层/基体界面的微裂纹迅速释放。表面粗糙的涂层由于较高的热应力,氧化层更容易开裂。氧化层上的热应力与压痕深度成正比,与晶粒尺寸成反比,晶须优先生长在 (001) 取向的 Sn 晶粒上。有限元模拟结果表明,c 轴垂直于涂层表面的晶粒具有较高的热应变,并有生长晶须的趋势。在蠕变过程中,随着温度的升高,应力指数从 7.0 增加到 11.5,晶须的生长机制为位错滑移。

对以上研究成果进行综合分析和归纳,可知应力、温度、热循环对晶须的生长影响最大。

3.4 极端服役环境中的晶须

3.4.1 海洋特殊服役和工作环境

由于海洋环境和条件的复杂性和特殊性,极端服役环境中的高盐雾、高压、高温、缺氧和霉菌等因素会加速电子元器件的晶须生长。在极端环境下,真空、超导、热循环、焦耳热效应、浸析、化学和生物侵蚀、压力和热冲击、电迁移和退火造成的晶须危害最为严重。真空、元器件退火、电迁移效应等,加速了电子元器件的晶须生长,在一定条件下,生长速率可能增加 100 倍以上。

在海洋资源探测和开发、海上交通运输、海洋维权、海洋牧场、海洋物流、海水淡化以及港口和海防建设等所用的装备中,均使用大量的电子元器件。修复过程非常昂贵且费时,甚至在特殊海况下,根本无法完成维修任务。从存档的资料来看,大量的海洋电子故障是由晶须引起的,此处的"隐含保证"有关海洋应用晶须的可靠性。这些产品正逐步转向超高频率和超高速,小型化,多功能和高度集成,电子元件越紧凑越容易受到晶须的影响,因为导线和金属层之间的空间变得紧密,一小块晶须就会导致短路、电感或电容。由于晶须的直径极小且电流负载很高,因此高电压下的电击可能会使集成器件和电路融合,从而加速退化并带来严重后果。

特别是随着海洋立体监测网的建设,从遥感卫星、基站、无人机、无人船、浮标、潜标、AUV、ROV、水下机器人、海底观测网、光电复合缆、接驳盒、仪器插座模块、测量仪器等设备中大量使用各种传感器、电子元件、集成电路和执行器,这些产品朝着超高频、超高速、小型化、高集成度化和多功能化,电子产品元器件引脚间距也越来越小,元器件引脚、贴片和焊端表面电镀层上晶须自发生长的问题变得十分突出。由于晶须具有惊人的高电流负载能力，在高电压下，当电流足够高而超过锡晶须的熔断电流时，可以熔断晶须从而导致瞬时短路和开路失效、引脚短路、桥连尖端放电等电路失效，一个微小的电子组件发生故障，就会影响数据的准确性，甚至会导致整个系统崩溃，造成遭难性的后果。

海洋大气环境极其复杂，随着地球经纬度和海岸地理条件的差异，温度、湿度、辐照度、氯离子浓度、盐度、污染物等主要环境因子及其耦合作用对材料腐蚀行为的影响差异很大。海洋大气中腐蚀颗粒主要为 SO_2、HNO_3、N_2O_5 与 $NaCl$ 反应生成的 Na^+、Cl^-、SO_4^{2-}、NO_3^-、NH_4^+ 等离子颗粒。我国典型海洋大气表现为高温、高湿和高盐雾的特点。我国近海受大陆污染影响，离子、SO_2 含量都远高于国外；远海如西沙群岛则离子含量高。西太平洋沿岸 NO_3^- 浓度大于 SO_4^{2-} 浓度，而我国 PM2.5、PM10 离子颗粒浓度远高于其他西太平洋国家。欧美国家近、远海主要是 Cl^-，SO_2 含量很少，近乎为零；东南亚则 Cl^-、SO_2 相当。

海洋装备中的电气连接件和电子元器件不仅要承受台风、波浪、潮汐和海流等冷热循环冲击，而且要承受高盐雾、超低温、超低压、缺氧、霉菌、高氯离子、化学和海洋生物侵蚀，高低压冷热循环冲击，复合交变载荷，海洋生物腐蚀，属典型的极端环境。水深大于 1 000 m 的深海占全球海洋体积的 75%，是地球上最为重要的极端环境之一。它具有物理上的极端（高压、低温）和化学上的极端（高盐度、高 pH 值、低氧含量、剧毒等）。随着海洋观测、监控和海洋资源开发向着深远海发展，海洋立体监测和海底观测网组建，载人深潜已达 7 km 以上的深度。

Hino(2011)分析了环境试验箱腐蚀气氛对镀锡晶须生长的影响。特别是，在某些特定海域，深海热液喷出温度为 60～350℃，有的热液温度达 400℃；而冷泉区的温度仅为 2～4℃，释放大量 CO_2 和 CH_4 等烃类气体。在海底有冷泉和热液并存的极端环境(2018 年 3 月 21 日，中国首次在南极发现海底热液与冷泉并存——"向阳红 01"船首次南极科考综述)下，极端海洋环境使得电子元器件的工作条件异常复杂，经常发生连接件及封装的失效事故。

3.4.2　海洋中的电迁移现象

迁移是金属铁在基材内部或在两个接触表面之间传输的现象。广义上讲，迁移可分为三种类型：离子迁移、电子迁移和应力迁移。这方面的研究主要有：关于通过金属间化合物的电子迁移，电子迁移诱导晶须的机理，迁移和相应的分析模型，以增进对晶须与迁移现象之间关系的理解，针对电子迁移诱导的晶须的解决方案等。大量研究可以得出结论：离子迁移是诱导晶须的一个重要原因，在离子迁移过程中，金属离子更容易在彼此非常靠近的导体之间（如在大型集成电路内部）积累。新培育的晶粒和晶须缩小了原始空间，加剧了短路或断路的风险。在海洋中，一个重要的环境因素是腐蚀，针对腐蚀与离子迁移，Minzari 认为钝化层可以被穿透，腐蚀的源头将发生。

海洋电子设备的应力问题通过遭受高温或热循环而发生，在氧气/湿气环境中，无论锡是散装还是薄膜形式，都可以通过较大量的锡进行氧化，从而产生晶须。随着具有高频、高温应用特性的第三代宽禁带半导体器件的迅速发展，欧洲电力电子行业正大力推广这种新型无铅互联材料。由于其大大简化了传统的连接工艺及装置，且性能优异，正逐渐取代传统焊料合金,成为未来第三代半导体器件高密度、高温封装的关键互联材料之一。针对微电子封装中焊点的电迁移现象,闫超一于2013年采用薄液膜法对不同氯浓度下烧结纳米银电化学迁移的影响、电化学迁移失效行为、机理及抑制措施,通过原位观测电化学迁移过程,发现薄液膜法可以使得较水滴试验法中的反射光圈小,同时有利于获得 pH 值分布,沉淀形成,树枝生长过程等高质量的微观图像信息。研究发现,随着氯浓度的增加,电极反应加快,同一时间阳极生成沉淀数量增多,阴极产生的气体增多。在较低氯浓度下,由于阴阳极反应速率的加快,银离子迁移与沉积形成树枝的过程加快,于是短路时间相比在水薄膜条件下较短;而在较高浓度下,由于阳极表面形成氯化银和氧化银沉淀,对阳极溶解起阻碍作用,短路时间因此而增加;而在高浓度下,阳极表面形成大量沉淀,阳极的溶解被抑制,于是未形成银树枝,电化学迁移行为没有出现。迁移产物的形貌主要有两种,在低氯浓度下,出现两种迁移产物,一种为银树枝,另一种为云层状结构;较高氯浓度下,只有银树枝出现;而高氯浓度下,没有迁移产物出现。此外,还开展了抑制银迁移的措施探索研究,包括高温干燥环境因素和惰性气体环境因素的影响。研究发现,在纯 N_2 条件下,高温银迁移现象未出现,进一步说明 O_2 是参与银迁移的重要成分。在功率电子封装中,这为说明排除环境 O_2 对提高烧结纳米银的可靠性提供重要依据。研究成果可为在临海和海洋环境中应用的电力电子器件的封装可靠性设计提供关键的理论依据。图 3.40 为 Ag 离子沿表面及厚度方向的迁移现象,图 3.41 显示了晶体和热焊料对降低锡晶须生长的优点和局限性。图 3.42 为 ARABIC 氧化和非氧化性气氛中形成的锡晶须。

图 3.40　Ag 离子沿表面及厚度方向的迁移现象

图 3.41　晶体和热焊料对降低锡晶须生长的优点和局限性

3.4.3 晶须与海洋环境关系

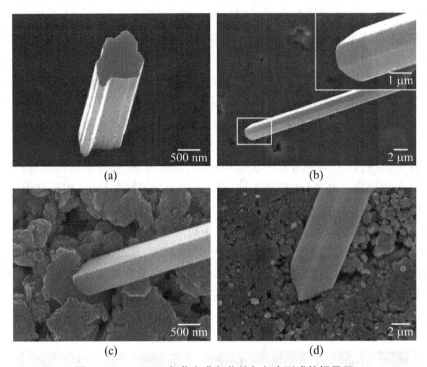

图 3.42 ARABIC 氧化和非氧化性气氛中形成的锡晶须
(a) 空气气氛中形成的条纹状晶须　(b) 氩气气氛中形成的六棱柱状晶须　(c)和(d)氩气气氛中形成的四棱柱状晶须

　　针对海洋等环境高盐度和高压极端环境中金属氧化、腐蚀、迁移及其对晶须生长的影响,主要研究成果有:Lutes 等研究了锡晶须的超导转变,Brenner 等对变形铜晶须的高温回复进行了研究;Laukonis 研究了铁晶须的高温氧化现象,锌铝共析体应变的超塑性晶须生长,锗晶须的高温塑性,Suzuki 等研究了 Zn‑Al 共析体"超塑性"应变过程中晶须的生长;Tideck 等研究了载流铟晶须超导电性的击穿效应,Paul 等研究了 SiC 晶须氧化铝矾土空气中晶须增强强化的温度依赖性空气中 SiC 晶须增强对温度的依赖性问题(PAUL 等,1988);Fontana 等研究了对晶须的影响(Fontana 等,2008);Heshmat 等研究了湿热和盐溶液锡(锡)晶须生长循环;Wang 等对湿氢气/氮气还原过程中,镍、铁镍和钴镍掺杂氧化钨单晶晶须的生长进行研究;Yi 等研究了印制电路板腐蚀行为和海洋环境下的热风焊料校平效果。由于高湿度和造成的腐蚀区域的晶须生长如图 3.43 所示。

　　针对各种极端综合因素,Nebol'sin 等于 2006 年研究了气-液-固多相流作用下,晶须生长的情况(Nebol'sin 等,2006);Margulis(2002)研究表面散射对热噪声特性和交流导体的影响,Suzuki 于 2006 年研究了高温下掠角沉积诱导 Al 晶须的气相生长,Nakadaira 等研究了无铅电镀引线框架封装用锡晶须的高湿生长(Nakadaira 等,2007),Jiang 等于 2008 年研究高温、高湿度对晶须的影响,Nebol'sin 于 2008 年对气-液-固多相流作用下硅晶须的生长

图 3.43 由于高湿度和造成的腐蚀区域的晶须生长
(a) 黄铜在 33% 相对湿度下　(b) 黄铜在 70% 相对湿度下　(c) 黄铜 98% 相对湿度下　(d) 硅在 98% 相对湿度下

研究,并发现在 99.999% 纯氧和高湿度环境中锡晶须生长显著增加(9 倍,16×10^3 个晶须/cm^2);Crandall 和 Lee 研究了在温度循环和等温储存条件下锡晶须形成的退火情况;Verdingovas 于 2015 年研究了特殊环境下脉冲电压对电迁移的影响,Heshmat 等于 2015 年研究了湿热和 5% 盐溶液环境条件对锡晶须生长的影响,研究发现,在 5% 的盐溶液中浸没镀锡黄铜基片可显著增加晶须的密度(单位面积晶须数目)和晶须长度。此外,还发现不同环境下锡晶须的几何形状和长径比也不同。

毛书勤于 2015 年对温度冲击条件下 PCB 无铅焊点可靠性研究,开展了如下创新性研究工作:

(1) 针对传统的退化试验理论与试验方法在评估诸如 PCB 焊点等产品可靠性过程中遇到的困难,提出了基于比较的加速退化试验数据建模及分析方法。该方法不以估计产品在正常使用条件下的工作寿命为目的,而是通过比较两种产品的伪失效寿命,进而评估产品的可靠性。该方法特别适用于那些有长时间成熟的使用经验,性能退化量难以重复测量,同时难以模拟其实际工作状态的产品。经试验证明该方法可用于评价无铅焊点的可靠性,为无铅焊点可靠性评价开辟了一条新的路径。

(2) 针对无铅焊点焊接条件可选范围大,焊接条件对于焊点性能影响不甚明晰的现状,开展了焊接条件对焊点性能影响评价研究工作。

Fung 等于 2017 年研究了高压力对锡晶须生长的影响;Dow 化学公司针对高压下锡晶须生长进行了研究;Tian 等于 2019 年针对 77K - 423K 之间极端高温和热冲击等环境下,

Ni-Cu-Sn金属间化合物相变引起的脆性断裂性能进行了研究,结果表明,热冲击后焊点的可靠性降低。

晶须的生长速率取决于涂层的化学工艺,涂层的厚度,基材的材料,晶粒的结构,储存条件以及其他复杂条件。随着涂层内温度,湿度和应力的增加,金属元素的扩散也加快了。Sharma在热循环环境下,通过试验测试了金属基材上的9种不同涂层,并得出以下结论:热膨胀系数(ΔCTE)的变化在很大程度上影响了晶须的生长;涂层的厚度也随晶须的生长而变化,如果涂层的厚度可以从1500 Å降低到500 Å,那么这种薄层可以大大减少晶须的变化。在海洋中,海水会引发腐蚀和退火,高盐度,高湿度,高低压及循环,温度,缺氧,微生物腐蚀和其他条件会引起应力焦耳热效应和电子迁移,从而使晶须生长超过100倍。

郭福于2010年研究了焦耳热对Sn基钎料电迁移显微组织演变及晶须形成的影响;何洪文于2015年对焦耳热效应引发的晶须生长机理进行了研究。

图3.44为海洋环境下电子元器件晶须。

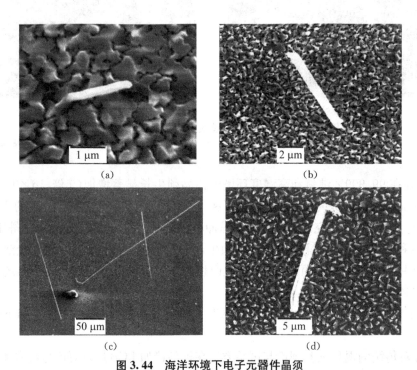

图3.44 海洋环境下电子元器件晶须
(a) 压力下的晶须 (b) 零压下的晶须 (c) 交变压力下的晶须 (d) 交变压力下的晶须(放大)

3.5 航空航天设备中的晶须

针对航空航天设备处于极端苛刻的服役环境中存在机、电、液、气、热、控等多领域耦合以及超高温、超低温、高真空、高应力、微重力、失重、强腐蚀、臭氧空洞等情况,对其电子系统晶须的研究,学者们做了大量工作。

为了了解太空及外星球的气象、地质及生命活动情况,研制和发射了各种卫星、空间和外星探测器、载人飞船和航天飞机等。卫星结构虽然多种多样,但从功能上看大都由承力部件、外壳、安装部件、天线、太阳电池阵结构、防热结构、分离连接装置组成;空间探测器具有与卫星相同的部分,也有一些特殊型式的结构,如探测臂和着陆装置;外星探测器由轨道器和着陆器组成,轨道器确保把着陆器从地球轨道送上外星轨道,并向地球传送着陆器所探测到的信息,着陆器负责在星球表面的具体探测任务,它们各自都带有推进装置;载人飞船由救生塔、指挥舱、密封舱、服务舱、登月舱等几大部分组成;航天飞机一般由轨道器、助推器、外贮箱三部分组成,这些子系统都包含大量的电子元器件和集成电路。卫星、空间和外星探测器、载人飞船等从发射过程到变轨、定轨、着陆、工作、回收等过程中,环境数据变化极大;在高温暴露下,碳酸盐晶须迅速增长;临界温度(冰点以上)铁晶须的磁记忆功能。以卫星为例,在发射和回收过程中,其电子系统和高电压太阳电池阵供电系统要承受达 $7 \sim 8$ 个 g 的正负加速度以及高热流,同步高度区和低高度极区的等离子体通量和能量会突然增加;同时,由于火箭发射器产生极大的噪音和振动,电子元器件要克服运载火箭所产生的振动;当卫星在太空中与火箭分离时,在卫星的整体结构中会发生很大的震动,烟火冲击造成的动力结构冲击,使得整体结构承受高频、高量级的应力波,并在整个结构中传播,就像卫星弹射或两级、多级分离,热休克会损坏电路板、短路电气元件,必须对发射环境的冲击和振动以及对用于太空的电子元件的设计有更多的理解。

在低地球轨道飞行、高度椭圆轨道、地球同步轨道、星际飞行任务的环境大不相同(Oltrogge, 2014),在地球同步轨道中,温度在 $-30℃$ 至 $125℃$ 之间循环,地球同步轨道卫星释放出高达 $20\,000\,V$ 的电压,在地球的高层大气中会有臭氧发生,和一个原子氧的出现,原子氧能与航天器外部的有机物质发生反应。低地球轨道(LEO)中挥发性硅酮的放气会导致在航天器周围形成污染物云,排气、泄气、泄漏和推进器燃烧造成的混合污染,推力器点火可以降低和改变航天器外表面,以前被称为休斯空间,在其他区域,还要承受空间热辐射,而且辐射源受太阳活动的影响,环境的变化极大,晶须增长迅猛(NASA Advisory NA‑044, 1998)。

卫星绕地球转动一周的时间约为 $90\,min$,每年可绕地球转动 $6\,000$ 圈。特别是在 $2\,000 \sim 3\,000$ 圈时,与最严酷的情况下的温度范围几乎相同,原子氧可以与航天器外部的有机材料发生反应,并逐渐造成大量的电子元器件损坏,由锡晶须熔接引起的真空等离子弧造成在轨卫星的事故时有发生。

在近太空运行中,相关电子器件需要承受典型的冷热温度循环环境,个别区域温度超过 $2\,000℃$,还有极端热应力。在空间真空中,辐射传热是传热的主要方法,太阳系中充满辐射。在运行过程中,会周期性进出日照区和阴影区,在日照区,卫星被太阳加热,当绕着地球的背面或阴暗面运动时,与日照区相比,温度变化达 $300℃$;在月球的白天和夜晚,温度在 $-200℃$ 到 $200℃$ 之间变化,使其经历冷热交变以及冲击热载荷作用。特别是当航天器从阴影区进入日照区时,受到的太阳辐射热流会骤然增加,很容易引起航天器的振动,即热致振动,而给航天器的姿态响应和数据信号获取等带来不稳定因素,甚至导致航天器失效。Johnson 于 2007 年研究了美国国家航空航天局的锡晶须,发现它们可以通过桥接保持在不同电位下的紧密间隔的电路元件从而导致电子系统故障,最令人沮丧的是,锡晶须形成的确切原因、条件和时间框架仍然未知。Verdingovas 等于 2015 年研究了特殊环境下脉动电压对锡在电子学中的电化学迁移的影响；Yao 等于 2015 年对电流应力和外载荷对锡晶须生长的影响进行了研究；Jedynak 等于 1965 年研究了高电压高真空对晶须生长的影响。

外太空和外星球是真空、失重、磁暴、高能粒子辐照、冷热循环冲击等极端环境，更是多场（热场、压力场、电场、磁场等）耦合环境。不同星球的温度分布相差悬殊，如：火星大气稀薄干燥，保温性能差，昼夜温差大，温差在 100℃ 左右，在赤道附近，白天温度可以达到 20℃，夜间会骤然降低到 −100℃ 左右。两极的温度更低，最低可以达到 −139℃。火星的大气中，二氧化碳的比例高达 95％。月球上一步之隔就有 300℃ 温差，月球车工作环境温度低至 −150℃，极限温度高达 600℃。也有的星球简直就是恒温箱。金星空气中主要是硫，不论昼夜还是赤道与极地，由于温室效应，平均温度高达 480℃。针对温度循环、热冲击和热应力，Lee 等研究了在温度循环和等温储存条件下，对锡晶须形成的退火情况；Skwarek 等分析了在热冲击下，含镍无铅合金在钍下锡晶须生长；Hokka 等研究了在 −55～125℃、−55～100℃、−40～125℃、−25～100℃ 和 0～100℃ 热循环下，Sn-Ag-Cu 连接件的可靠性，分析了热循环下的晶须生长规律，发现较低的停留温度和较低的停留时间、升温速率、温差、停留时间、平均温度对焊料的热循环可靠性有显著影响（Hokka 等，2013）；Zhang 等研究了热循环下 CSP 装置中无铅焊点的可靠性；Smooha 等对热循环和背景气体环境对锡晶须的影响进行研究。

针对热应力，Pei 等于 2014 年对热应力作用下锡晶须成核动力学研究；Yao 等，对热老化和外拉紧促进锡晶须生长现象进行研究；Telang 等于针对弹性应变能驱动的增量再结晶/晶粒长大进行研究，结果表明，在热循环试验中，由于热应力的作用，大块合金焊料的热应力不稳定，锡晶粒再结晶对焊料的热循环可靠性有重要影响；Nduwimana 等研究了在应变和偏压下硅的可调电子特性。

Parker 等研究了各种气相下锌和镉晶须的生长速率；Kitterman 等对不同气氛下镉晶须的生长进行了研究；Nebol'sin 等于 2008 年研究了晶须的准一维气相生长机理；Baated 等于 2010 年研究了大气回流和流量对 Sn-Ag-Cu 溶胶中锡晶须生长的影响；Crandall 等（2010）发现在 99.999％ 纯氧和高湿度环境中锡晶须生长显著增加；针对循环电流脉冲对晶须的影响，Smooha 等于 1977 年对高电流密度下金膜中晶须的生长进行了研究；Gluck 于 1978 年开展了载流超导锡晶须的研究；Jiang 等于 2006 年开展了循环电流脉冲下锡晶须的生长；Ouyang 等和 He 等分别研究了电流拥挤对倒装焊阳极晶须生长的影响和无铅焊点电流应力过程中阴极界面裂纹区的晶须生长（Ouyang 等，2017；He 等，2014）；Tsutsumi 等于 2006 年研究了强磁场对镀锡薄膜晶须形成行为的影响；Dutta 等于 1977 年开展了高噪声对 Whiskers 的影响和铜晶须的 $1/f$ 噪声方面的研究；Leemann 等于 1980 年就过量噪声对铋晶须的影响进行了研究；Margulis 等于 2002 年研究了表面散射对热噪声特性和交流导体的影响。

猎户座飞船被设计用来将人类带到火星和深空，那里的温度可以接近 2 000℃，此外，辐射也是致命的。

在低地球轨道、高度椭圆轨道、地球静止轨道和行星际飞行任务的环境有很大不同；此外，辐射源受到太阳活动的影响；这些环境正在发生变化。地球附近的辐射环境分为两类：被困在范艾伦带中的粒子和瞬态辐射。范艾伦带中的粒子是由高能质子、电子和重离子组成的。瞬态辐射由银河系宇宙射线粒子和来自太阳事件（日冕物质抛射和太阳耀斑）的粒子组成。辐射影响卫星电子设备的主要方式有两种：总电离剂量（TID）和单粒子效应（SEE）。TID 是一种长期失效机制，而 SEE 是一种瞬时失效机制。SEE 是用随机失效率表示的，而 TID 是一种可以用平均失效时间来描述的失效率。TID 是一个时间依赖性的，在一个任务的生命周期内积累的电荷。通过晶体管的粒子在热氧化物中产生电子-空穴对。累积的电荷会产生漏电流，降低器件的增益，影响时序特性，在某些情况下，会导致功能完全失效。总累积剂量取决于轨道和时间。在地球静止轨道上，主要的辐射源来自电子（外带）和太阳质子；狮子座飞船，主要的辐射源来自电子和质子（内带）；而猎户座飞船被设计用来将人类带到火星和深空，那里的温度可以接近 2 000 ℃，辐射是致命的。值得注意的是，器件屏蔽可以有效减少 TID 辐射的积累。可见光是由单个高能粒子通过一个装置并在电路中注入电荷而引起的，分为软失效和硬失效。针对高频辐射、激光等对晶须的影响，Demidova 等和 Tidecks 等研究了高频辐射对晶须的影响，高频辐射对超导锡晶须 u-I 特性的影响；Kuznetsov 等研究了在高频震动和微波辐射下，滑动相中心锡晶须同步性的影响；Vaisburd 等估计了纳秒高密度电子束辐照晶须晶体的弹塑性弯曲的影响；Evans 等进行了锡晶须高频效应分析；Vasko 等研究了电子辐照下锡晶须快速生长的证据；Mitooka 等于 2009 年研究了激光辐照对锡中晶须生成和生长的影响。

Killefer 等于 2017 年针对 γ 射线辐照下金属晶须的随机生长现象，报道了在非破坏性伽马射线辐照下锡金属晶须的生长显著加速，通过在玻璃片上蒸镀 Sn 薄膜，辐照 60 h 后的样品显示，在密度和长度上，晶须的生长得到增强，加速因子为 50。晶须的生长增强归因于伽马射线诱导的静电场而影响了晶须动力学，这些电场是由于衬底在伽马射线作用下充电而产生的，提出了伽马射线辐照可以成为加速测试晶须倾向性的一种急需的工具。Shvydka 等于 2017 年也研究了 γ 射线诱导电加速锡薄膜晶须生长机制；美国托莱多大学的 Vasko 等于 2015 年研究了电子辐照下锡晶须快速生长的证据；Oberndorf 等于 2005 年研究了 High Humidity 对冰铜锡晶须形成的影响；Oudat 于 2020 年通过断开试验装置的某些部分来改变辐射诱导的晶须生长，观察了在非破坏性 γ 射线和 x 射线辐照下锡晶须的加速生长，并确定了 20～30 kGy 的辐射剂量的特征范围，从而证明加速晶须形成的静电性质。

3.6 NASA 对晶须的研究

在航天器真空环境中，由锡晶须短路导致金属蒸发放电，可形成一个稳定的等离子电弧，并导致电子设备迅速毁坏；在震动环境中，晶须脱落会引发电路短路，同时还可造成航天器精密部件的故障或破坏。历史上由于晶须导致航天器的失效故障很多，其中有一些甚至是灾难性的故障。

针对极端环境下卫星、航天航空设备中断和故障电子元器件晶须现象及与环境的关系，诸多学者进行了长期观测和研究。Jabnński 等于 1982 年对 X 射线和紫外辐射对航天航空设备晶须形成的影响进行了研究，指出空间辐射环境可能会对航天器电子设备造成破坏性影响电子器件的辐射效应是空间研究的首要问题。太空辐射的能级和类型有很多种，太阳活动周期分为两个活动阶段，太阳极小值与太阳最大值，航天器失效主要发生在太阳极小值、太阳最大值还是两者皆有？每个航天计划都必须在可靠性,辐射耐受性,环境压力,发射日期和任务的预期寿命方面进行评估。此外,太空设备电子系统的能源主要来源于太阳能,环境和辐射对能源供应系统的影响也极大。

NASA 的 Teverovsky 于 2003 年正式提出"金晶须:晶须家庭引入的新成员",NASA 的 Brusse 于 2004 年总结了过去 50 多年的研究成果,以至于无法在这一资源中涵盖锡晶须的各个方面。失效的方式包括低电流应用中的永久短路,电流中的瞬态短路足以使晶须熔断,真空中的金属蒸气电弧以及振动产生的碎屑/污染物,从而释放出松散的晶须,从而可能干扰光学元件和表面或桥接裸露的导体。

针对真空和 mK 温度下极易锡晶须生长情况,学者们进行了深入研究。Thummes 等于 1985 年对低于 4.2 K 下样品尺寸对铜电阻率随温度变化的影响进行了研究;Movshovitz 于 1991 年对低温下应变晶须引起的细导线电阻率变化进行了研究;Dominique 于 2004 年对低温下纯铁的氧化现象进行了研究;Človečko 于 2019 年对基于锡晶须的微谐振器非线性动力学展开了研究;Richardson 于 1992 年对航天器电子中锡晶须引发的真空电弧进行了研究;针对真空等环境下极易锡晶须生长情况,Jedyna 等于 1965 年研究了高压高真空间隙中晶须的生长;Westerhuyzen 和 Jo 等研究了锡晶须在真空中的失效;Wang 等于 2015 年研究了高真空物理气相沉积定向生长镁纳米线;Jo 等于 2011 年研究了高真空物理气相沉积镁纳米线在真空和空气中热循环生长锡晶须的机理。

在真空条件下,航天器电子系统在特殊参数比下锡晶须的力学和电学特性,锡晶须在低强度(杨氏模量 8.0～85 GPa,抗张强度极限大约 8 MPa)时,直径为 3 μm 的晶须可通过 32 mA 的电流,真空火花放电是从锡钨的侧面和尖端产生,它不宽的振动谱或机械振动可达到 200 g(重力加速度)的影响;NASA 研究了极端环境下直流电动机驱动的 VISE 电子封装技术,理论承受温度的能力温度超过 600℃,在极端热应力下,引线键合(丝焊)在 300℃ 和 600℃ 的热循环和高温(500℃)下,电路具有很高的可靠性,具备长期生存于金星表面的能力;航空航天公司的学者研究了无铅电子可靠性(Kostic,2011);对金星高温大气与极端环境地震现象进行分析,Gultepe 和安大略理工大学的学者研究了极端天气条件及对航班的影响;针对 NASA 领域的锡晶须和其他金属晶须,有学者研究了卫星等设备和电磁继电器零件由于热循环晶须和电迁移失效;GE Power Management 于 2000 年发布了技术服务公告;韩国电子技术研究院的 Chulmin 等研究了空冷条件对锡晶须生长的影响。Hoffman 等针对制备航空航天零部件的常用耐热材料 Al_2O_3 和 SAC305,对 SAC305 无铅电镀引线框架和 SAC305 焊接组件晶须形成原理进行了研究(Meschter,2014),并分别在低应力模拟功率循环(50～85℃ 热循环),热冲击(-55～85℃)和高温/高湿度(85℃/85% RH)条件下,进行了晶须测量长度、直径和密度的研究;Li 研究了铝基金属中氧化铝晶须的形貌及生长机理(Li,1999),铝(Al)与氧化钼(MoO_3)在 850℃ 的内氧化反应,晶须在烧成阶段形成,分布均匀,晶须体积约为 30%,平均尺寸为 1 mm;Sweatman 于 2010 年研究了 SAC305 中腐蚀驱动的晶须生长;Ye 于 2013 年对航空航天设备中常用的稀土(Pr)材料的热循环效应进行了研究。

太空风化是暴露在严苛的太空环境中的天体表层所经历的一系列变化过程的总称,主要包括陨石和微陨石的轰击,以及太阳风粒子和银河宇宙射线的辐射等。在太阳系之中,太空风化作用主要发生在水星、月球、火星卫星以及小行星等无大气行星体表面。太空风化使这些天体的表壤发生非晶质化,形成囊泡结构和纳米单质铁,并强烈地改造其光谱特征。陨硫铁(FeS)是地外样品中的常见矿物,其中 S 是挥发性元素,它在太阳星云凝聚以及后期热事件等过程中会发生明显的迁移和分馏。另外,地外样品的 S 含量的研究是制约地球早期 S 的含量和生命演化重要途径。但是,太空风化引起的 S 亏损可能会影响无大气行星体的原始 S 丰度分析。因此,陨硫铁的空间风化模式对于了解小行星的动力学、早期太阳系的遗迹及其对陆地行星生命演化影响至关重要。之前的太空风化研究表明陨硫铁在太空风化作用下几乎不会发生改变,但有模拟试验结果却表明离子辐照可以改变它的结构和化学组成。迄今为止,这一问题仍然没有定论。

2010 年日本"隼鸟"号采集的 Itokawa 小行星样品为研究矿物的太空风化提供了关键样品。近期,日本九州大学文理学院的 Matsumoto 等对 Itokawa 颗粒开展了陨硫铁太空风化的电子显微学研究,成果发表于 Nature Communications,如图 3.45 所示。

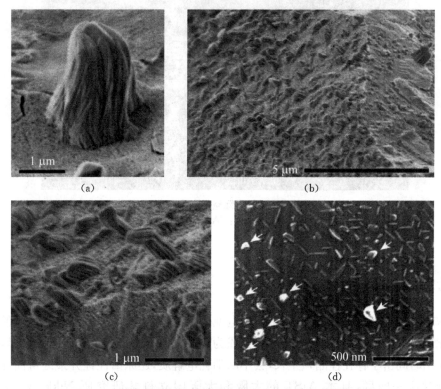

图 3.45　小行星丝川上的铁晶须表明硫化物被太空风化破坏

(a)和(c)中硫化铁表面上的黑点是开放的囊泡　(c) 观察到从囊泡质地到非囊泡质地的逐渐变化　(d) 沿特定方向拉长的薄板的 SE 图像,这显然与硫化铁基板的晶体学方向相关。晶须用箭头表示(a)～(c)显示了粒子 RA - QD02 - 0325 的表面　(d)是粒子 RA - QD02 - 0302 的表面

(资料来源:Matsumoto 等,2020)

在真空、高低压、冷热循环冲击、复合交变载荷等耦合环境下,电迁移和腐蚀造成的晶须现象十分严重;Beneventi 等于 2012 年研究了由迁移引起的焦耳热效应引发的晶须生长机理研究,并对多晶 $2SB_2TE_5$ 相变存储器 I - V 读出区自感应焦耳加热效应进行了评估。

Chason 等于 2008 年研究了锡和铅锡镀层中晶须的形成过程中金属间化合物生长的作

用应力演化与塑性变形；Wei 等于 2008 年对电迁移诱导 SnPb 焊料中铅和锡晶须的生长及晶须增长的原因进行了分析。Zuo 等于 2018 年分析了 N0.3Ag0.7Cu 溶胶的电迁移和热机械疲劳行为；Kim 等于 2015 年研究了退火、热迁移和电迁移对金属间化合物的影响；Chatterjee 等（2018）对银纳米结构电迁移及形态改变进行研究；Chen 等（2018）研究了电流和外应力对倒装芯片焊料与金属间化合物的电迁移现象；Zhong 等于 2013 年对单极方波电场对电迁移的影响进行原位研究；Yu 等于 2006 年研究了欠蒸馏水条件下的 Sn-Pb 和无铅焊料合金电迁移行为；针对电化学腐蚀，Illés 等于 2010 年研究了强氧化环境对锡涂层晶须生长的影响。图 3.46 为行星际空间电离幅射源。

图 3.46　行星际空间电离辐射源
（资料来源：NASA，1998）

3.7　特殊服役环境中电源系统的晶须

特殊环境中服役的装备，多数以金属锂电池为能源，由于金属锂电池具有最低的标准电化学氧化还原电势和极高的理论比容量，这成为可充电电池的最终负极材料。但是，锂电池中实际应用时间由于存在锂晶须生长，会不断消耗电解质，还原活性锂并最终可能导致电池短路。针对这一问题，日本 AIST 的大阪和大阪国立科学研究所 Nikkiso Co. Ltd 的 Shizuoka 于 1994 年研究了可充电锂电池，通过改良程序制备的石墨化的气相生长碳晶须在 $1\,mol/dm^2$ 时显示出高容量（362 mAh/g）- $LiC_{10}B_4$/碳酸亚乙酯（EC）＋碳酸二乙酯（DEC）电解质。检查了两种制备碳晶须的方法：①将晶须切碎后进行石墨化处理；②将晶须在石墨化后进行切碎。方法②的碳晶须比①中的相同直径的晶须具有更高的容量。特别是，2GWH-2A 的容量为 362 mAh/g，是 2GWH-1A 的 1.6 倍。在所有晶须中，2GWH-2A 的循环伏安图与天然石墨的差异最大。2GWH-2A 的拉曼光谱表明，在斩波过程中，将一种影响锂存储反应的新结构引入到石墨化良好的晶须中。

Karim Zaghib 于 1995 年研究了新型石墨晶须阳极电极的电化学行为；美国跨国航空航

天与国防公司、波音公司的工程师对 Dreamliner 787 电池问题进行的调查结果显示：由于金属晶须而导致短路。Wickramasinghe 于 1995 年研究了超新星 SN1987A 中的铁晶须，根据铁晶须的长度分布为超新星 SN1987A 的远红外通量测量建模，在这种模型的基础上，可以解释 lambdaequiv1[①] 在 3 mum 处检测到的过量排放。

Aberg 于 2015 年研究了 GaAs 纳米线阵列太阳电池液快速结晶过程中的微观结构变化规律；Arrowsmith 于 2015 年研究了一个不同的晶须引发的电源的案例；Notre Dame Preparatory School 的 Cyganowski 于 2006 年研究了镍镉电池的金属晶须和枝晶现象，这项研究解决了晶须诱发镍镉电池失效的可能性，从而重新引起了人们对镉金属形成的关注，因为镉是电气系统失效的原因。

圣路易斯华盛顿大学的 Jefferson 于 2018 年研究了锂电池的表面生长和树枝状晶体，对 Nikkiso Co., Ltd. 生产的石墨晶须（样品代码 2GWH‐2A）在碳酸亚乙酯‐碳酸二乙酯等不同类型液体和固体电解质中的晶须生长进行了分析，结果显示：$LiClO_4$、LiP_6、$LiAsF_6$、$LiBF_4$ 和 $LiCF_3SO_3$ 中的电化学特性，在液体电解质中获得高容量（363 mA·h/g），使用聚合物电解质时在 80℃下为 330 mA·h/g；使用聚合物电解质时，第一个循环中的库仑效率较低；在 $LiClO_4$ 和 $LiPF_6$ 电解质中，2GWH‐2A 表现出非常不同的性能。嵌入的程度取决于黏合剂的性质，电极的组成和电解质；当锂盐完全充满时，在存在一些锂盐电解质的情况下，碳电极的颜色也从黑色变为金黄色。插入电极中，恒电流充电/放电测试显示在 0V 附近有一个大的平台。在测量 2GWH‐2A 的慢循环伏安图时，观察到 5 个阴极峰。

金属电池晶须失效如图 3.47 所示。

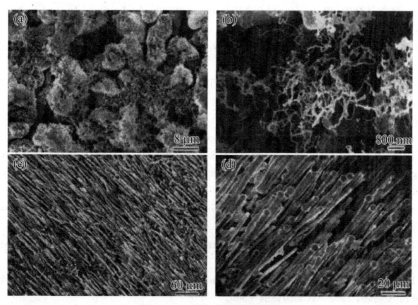

图 3.47　金属电池晶须失效

---

① 一种算法模块。

参考文献

[1] 韩永典,荆洪阳,徐连勇,等. Sn-Ag-Cu 无铅焊料的可靠性研究[J]. 电子与封装,2007,7(3):4-5.

[2] Altin S, Aksan M A, Yakinci M E. Normal State Electronic Properties of Whiskers Fabricated in Bi-, Ga- and Sb-doped BSCCO System Under Applied Magnetic Fields [J]. Journal of superconductivity and novel magnetism, 2011,24(1):443-448.

[3] Amelinckx S, Bontinck W, Dekeyser W, et al. On the Formation and Properties of Helical Dislocations [J]. Philosophical Magazine, 1957,2(15),355-378.

[4] Anna K, Dong W, Peter S, et al. Whiskers Growth in Thin Passivated Au Films [J]. Acta Materialia, 2018(14):154-163.

[5] Baated A, Hamasaki K, Kim S S, et al. Whisker Growth Behavior of Sn and Sn alloy Lead-Free Finishes [J]. Journal of Electronic Materials, 2011,40(11),2278.

[6] Barsoum M W, Hoffman E N, Doherty R D, et al. Driving Force and Mechanism for Spontaneous Metal Whisker Formation [J]. Physical Review Letters, 2004,93(20),206104.

[7] Britton S C, Clarke M. Effects of Diffusion from Brass Substrates into Electrodeposited Tin Coatings on Corrosion Resistance and Whisker Growth [J]. Transactions of the IMF, 1963,40(1),205-211.

[8] Britton S C. Spontaneous Growth of Whiskers on Tin Coatings: 20 Years of Observation [J]. Transactions of the IMF, 1974,52(1):95-102.

[9] Chason E, Jadhav N, Pei F, et al. Growth of Whiskers from Sn Surfaces: Driving Forces and Growth Mechanisms [J]. Progress in Surface Science, 2013,88(2),103-131.

[10] Chaudhari P. Hillock Growth in Thin Films [J]. Journal of Applied Physics, 1974, 45(10), 4339-4346.

[11] Cheng J, Vianco P T, Zhang B, et al. Nucleation and growth of tin whiskers [J]. Applied Physics Letters, 2011,98(24),241910.

[12] Cobb H L. Cadmium Whiskers [J]. Monthly Review American Electroplaters Society, 1946,33(28): 28-30.

[13] Compton K G, Mendizza A, Arnold S M. Filamentary Growths on Metal Surfaces—"Whiskers" [J]. Corrosion, 1951,7(10),327-334.

[14] Courey K J, Asfour S S, Bayliss J A, et al. Tin Whisker Electrical Short Circuit Characteristics—Part I [J]. IEEE Transactions on Electronics Packaging Manufacturing, 2008,31(1),32-40.

[15] Doudrick K, Chinn J, Williams J, et al. Rapid Method for Testing Efficacy of Nano-Engineered Coatings for Mitigating Tin Whisker Growth [J]. Microelectronics Reliability, 2015, 55(5), 832-837.

[16] Eshelby J D. A Tentative Theory of Metallic Whisker Growth [J]. Physical Review, 1953, 91(3),755.

[17] Fisher R M, Darken L S, Carroll K G. Accelerated Growth of Tin Whiskers [J]. Acta Metallurgica, 1954,2(3),368-373.

[18] Frank F C. On Tin Whiskers [J]. The London, Edinburgh, and Dublin Philosophical Magazine and Journal of Science, 1953,44(355),854-860.

[19] Guo F, Xu G, He H, et al. Effect of Electromigration and Isothermal Aging on the Formation of Metal Whiskers and Hillocks in Eutectic Sn-Bi Solder Joints and Reaction Films [J]. Journal of Electronic Materials, 2009,38(12),2647.

[20] Hektor J, Micha J S, Hall S A, et al. Long Term Evolution of Microstructure and Stress Around Tin Whiskers Investigated Using Scanning Laue Microdiffraction [J]. Acta Materialia, 2019(168):

210 - 221.

[21] Herkommer D, Punch J, Reid M. A Reliability Model for SAC Solder Covering Isothermal Mechanical Cycling and Thermal Cycling Conditions [J]. Microelectronics Reliability, 2010,50(1): 116 - 126.

[22] Hokka J, Mattila T T, Xu H, et al. Thermal Cycling Reliability of Sn-Ag-Cu Solder Interconnections. Part 1: Effects of Test Parameters [J]. Journal of Electronic Materials, 2013,42 (6):1171 - 1183.

[23] Hokka J, Mattila T T, Xu H, et al. Thermal Cycling Reliability of Sn-Ag-Cu Solder Interconnections-Part 2: Failure mechanisms [J]. Journal of Electronic Materials, 2013,42(6),963 - 972.

[24] Horváth B, Illés B, Shinohara T, et al. Whisker Growth on Annealed and Recrystallized Tin Platings [J]. Thin Solid Films, 2012,520(17),5733 - 5740.

[25] Howard H P, Cheng J, Vianco P T, et al. Interface Flow Mechanism for Tin Whisker Growth [J]. Acta Materialia, 2011,59(5):1957 - 1963.

[26] Jagtap P, Chakraborty A, Eisenlohr P, et al. Identification of Whisker Grain in Sn Coatings by Analyzing Crystallographic Micro-texture Using Electron Back-Scatter Diffraction [J]. Acta Materialia, 2017(134),346 - 359.

[27] Kariya Y, Williams N, Gagg C, et al. Tin Pest in Sn-0. 5 wt. % Cu Lead-Free Solder [J]. JOM, 2001, 53(6), 39 - 41.

[28] Kato T, Akahoshi H, Nakamura M, et al. Correlation Between Whisker Initiation and Compressive Stress in Electrodeposited Tin-Copper Coating on Copper Leadframe [J]. IEEE Transactions on Electronics Packaging Manufacturing, 2010,33(3):165 - 176.

[29] Kim K S. Sn Whisker Research Trend in Japan [J]. Journal of the Microelectronics and Packaging Society, 2012,19(4),7 - 12.

[30] Kuwano N, Binti L M, Nordin N A, et al. Preliminary Study on Deformation and Recrystallization Behavior of Pure Tin for Mitigation of Whisker Growth [J]. In Solid State Phenomena, 2018(273): 107 - 111.

[31] Law C M T. Interfacial Microstructure and Strength of Lead-free Sn-Zn-RE BGA Solder Bumps [J]. IEEE Transactions on Advanced Packaging, 2005,28(2):252 - 258.

[32] Li C F, Liu Z Q, Shang J K. The Effects of Temperature and Humidity on the Growth of Tin Whisker and Hillock from Sn5Nd alloy [J]. Journal of Alloys and Compounds, 2013 (550), 231 - 238.

[33] Li Y F, Qin C D, Ng D H. Morphology and Growth Mechanism of Alumina Whiskers in Aluminum-Based Metal Matrix Composites [J]. Journal of materials research, 1999,14(7),2997 - 3000.

[34] Lim H P, Ourdjini A, Bakar T A A, et al. The Effects of Humidity on Tin Whisker Growth by Immersion Tin Plating and Tin Solder Dipping Surface Finishes [J]. Procedia Manufacturing, 2015 (2):275 - 279.

[35] Liu S H, Chen C, Liu P C, et al. Tin Whisker Growth Driven by Electrical Currents [J]. Journal of Applied Physics, 2004,95(12),7742 - 7747.

[36] Matsumoto T, Harries D, Langenhorst F, et al. Iron Whiskers on Asteroid Itokawa Indicate Sulfide Destruction by Space Weathering [J]. Nature Communications, 2020(11):1117.

[37] Meschter S, Snugovsky P, Bagheri Z, et al. Whisker Formation on SAC305 Soldered Assemblies [J]. Jom, 2014,66(11):2320 - 2333.

[38] Moon K W, Johnson C E, Williams M E, et al. Observed Correlation of Sn Oxide Film to Sn Whisker Growth in Sn-Cu Electrodeposit for Pb-Free Solders [J]. Journal of Electronic Materials, 2005,34 (9),L31 - L33.

[39] Ning X G, Li J H, Pan J, et al. HRTEM Investigations of the Relationship Between the Surfaces of Whiskers and Interfacial Structures in Whisker-Reinforced Aluminium Metal Matrix Composites [J]. Materials Letters, 1995,24(1):113 - 119.

[40] Osenbach J W, Shook R L, Vaccaro B T, et al. Sn Whiskers: Material, Design, Processing, and Post-Plate Reflow Effects and Development of an Overall Phenomenological Theory [J]. IEEE Transactions on Electronics Packaging Manufacturing, 2005,28(1),36 - 62.

[41] Pitt C H, Henning R G. Pressure-Induced Growth of Metal Whiskers [J]. Journal of Applied Physics, 1964,35(2),459 - 460.

[42] RABY D, Johnson R W. Is a Lead-free Future Wishful Thinking? [J]. Electronic Packaging and Production, 1999,39(10),18 - 20.

[43] Reynolds H L, Osenbach J W, Henshall G, et al. Tin Whisker Test Development-Temperature and Humidity Effects Part I: Experimental Design, Observations, and Data Collection [J]. IEEE Transactions on Electronics Packaging Manufacturing, 2009,33(1):1 - 15.

[44] Sarobol P, Blendell J E, Handwerker C A. Whisker and Hillock Growth Via Coupled Localized Coble Creep, Grain Boundary Sliding, and Shear Induced Grain Boundary Migration [J]. Acta Materialia, 2013,61(6),1991 - 2003.

[45] Shibutani T, Yu Q, Yamashita T, et al. Stress-induced Tin Whisker Initiation under Contact Loading [J]. IEEE Transactions on Electronics Packaging Manufacturing, 2006,29(4),259 - 264.

[46] Shibutani T. Effect of Grain Size on Pressure-Induced Tin Whisker Formation [J]. IEEE Transactions on Electronics Packaging Manufacturing, 2010,33(3),177 - 182.

[47] Smetana J. Theory of Tin Whisker Growth:"The End Game" [J]. IEEE Transactions on Electronics Packaging Manufacturing, 2007,30(1),11 - 22.

[48] Smith H G, Rundle R E. X-Ray Investigation of Perfection in Tin Whiskers [J]. Journal of Applied Physics, 1958,29(4),679 - 683.

[49] Southworth A R, Ho C E, Lee A, et al. Effect of Strain on Whisker Growth in Matte Tin [J]. Soldering & Surface Mount Technology, 2008,20(1),4 - 7.

[50] Stuttle C J, Ashworth M A, Wilcox G D, et al. Characterisation of Tin-Copper Intermetallic Growth in Electrodeposited Tin Coatings Using Electrochemical Oxidation Techniques [J]. Transactions of the IMF, 2014,92(5),272 - 281.

[51] Su C H, Chen H, Lee H Y, et al. Controlled Positions and Kinetic Analysis of Spontaneous Tin Whisker Growth [J]. Applied Physics Letters, 2011,99(13),131906.

[52] Sun M, Dong M, Wang D, et al. Growth Behavior of Tin Whisker on SnAgmicrobump under Compressive Stress [J]. ScriptaMaterialia, 2018(147):114 - 118.

[53] Sun Z, Hashimoto H, Barsoum M W. On the Effect of Environment on Spontaneous Growth of Lead Whiskers from Commercial Brasses at Room Temperature [J]. Acta Materialia, 2007,55(10):3387 - 3396.

[54] Thompson P B, Johnson R, Nadimpalli S P. Effect of Temperature on the Fracture Behavior of Cu - SAC305 - Cu Solder Joints [J]. Engineering Fracture Mechanics, 2018(199):730 - 738.

[55] Tsujimoto K, Tsuji S, Takatsuji H, et al. Nanostructural Investigation of Whiskers and Hillocks of Al-Based Metallization in Thin-Film Transistor Liquid Crystal Displays [J]. In AIP Conference Proceedings, 1998,418(1):395 - 400.

[56] Tu K N. Irreversible Processes of Spontaneous Whisker Growth in Bimetallic Cu-Sn Thin-Film Reactions [J]. Physical Review B, 1994,49(3):20 - 30.

[57] Williams J J, Chapman N C, Chawla N. Mechanisms of Sn Hillock Growth in Vacuum by in Situ Nanoindentation in a Scanning Electron Microscope (SEM) [J]. Journal of Electronic Materials,

2013,42(2),224 - 229.

[58] Zhang L, Sun L, Han J G, et al. Sizes Effect of CeSn 3 on the Whiskers Growth of SnAgCuCe Solder Joints in Electronic Packaging [J]. Journal of Materials Science: Materials in Electronics, 2015, 26 (8):6194 - 6197.

晶须理论研究

以锡晶须为代表的金属晶须自发生长是一个长期悬而未决的科学与技术问题，70余年来，对晶须自发生长提出了多种机制，但迄今仍无定论。晶须自发生长再现性差、孕育期与生长速度随机性大、晶须种类繁多、多种影响因素互相耦合，这也直接导致相关研究非常困难。

对晶须机理相关理论和方法开展研究，是发现晶须生长根本原因并提出相应的抑制措施的基础。针对晶须生长机制的复杂性，学者们提出了多种机制和理论假说。但这些机制理论，有交叉也有盲点，有的机制理论太过复杂，不具可操作性；甚至有的机制理论只是一种假说，经仿真和试验证明是错误的。因此，目前尚无关于控制锡晶须生长的机理的普遍共识，必须通过简化、整合、综合分析和试验验证，才能搞清晶须的生成和生长机理，最终建立晶须的形成机理和生长机理理论研究和试验分析体系。本章较系统地总结了晶须理论体系的研究历程、现状和发展趋势，通过建模、动态仿真对机制和理论初步分类、甄别和定性分析；通过原位观察、试验检测和综合分析，对机制和理论进行修正、完善和初步验证；通过综合试验，实现晶须机制的定量等分析。通过各种研究，初步得出以下结论：基于螺旋位错的机制是正确的，无法证明从顶部生长晶须的基于锡原子迁移的位错机制；滑移位错机制只可以解释滑移面晶须的生长，而不能支持非滑移面晶须的生长；再结晶机制研究的更多的是现象，而不是一个实际的"机制"。传统的多种晶须机制，如应力机制（包括外应力、内应力、热循环应力及其他应力）、再结晶机制、位错机制、氧化膜破裂机制、活性锡原子机制、迁移机制、静电机制、离子假说、铁磁共振理论、界面流动与晶界扩散等机制均与系统能量有关，因此应从系统能量引起锡原子扩散的角度来揭示晶须产生和生长的机理，并找到抑制晶须的方法。

4.1 晶须生长机制研究

4.1.1 晶须生长机制研究历程

锡晶须是一种自发生长的表面突起现象。贝尔实验室较早报道了锡电镀层上会出现自发生长的锡晶须，对锡晶须的结构性能进行研究得出：锡晶须为单晶结构，直径为$1\sim10\,\mu m$，长度为数微米到数十微米，晶须的生长是自底部（根部）而非顶部开始的。在镀锡层中锡晶须生长的原动力是镀锡层中产生的压缩应力（见图 4.1）或是 Cu、Sn 合金相互迁移所形成的内应力（见图 4.2）。

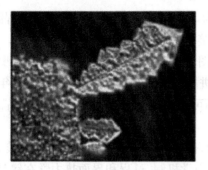

图 4.1 镀锡层中产生的压缩应力
（资料来源：嘉峪检测网，2020）

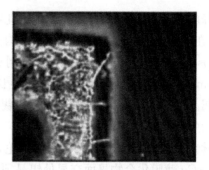

图 4.2 Cu、Sn 合金相互迁移所形成的内应力

Sears 于 1956 年研究了晶须生长的机理和生长部位的性质，认为必要条件是存在物质或热量的扩散有限转移，Brenner 于 1956 年认为强氧化环境对锡涂层晶须生长的影响主要因素是，材料或热的扩散受限传递的存在；Melmed 于 1959 年讨论了金属晶须中五重旋转对称的发生关于金属晶须五重旋转对称性的发生，Webb 同一年对金属晶须生长机理进行观察，并对其表面处理和辅助处理的化学和物理特性进行讨论。在此基础上，苏联的 Nadgornyi 于 1962 年系统地研究了晶须的现象和特性，Xu 于 2001，2002 年研究了晶须现象、竞争机制、驱动力，Zhang 于 2004 年研究了单晶铜纳米晶须形变的形状效应。特殊环境下晶须形成的基本理论与一般环境中基本相同，只是在高真空度和各种交变载荷环境下，其机理更加复杂，晶须生长速度更加迅速。针对雷达、卫星、航天航空设备特殊工作和服役环境下（真空、太空 X 射线、紫外辐射等）的晶须机理，也有许多学者进行了多年的深入研究，Barsoum 等于 2004 年研究了金属晶须自发形成的驱动力和机理；Lahtinen 等于 2005 年研究了晶须生长的推动力；Galyon（2005）对晶须形成的综合理论的物理成核及内应力的作用进行了分析；Katsuaki 于 2007 年研究了机械变形诱导先进柔性电子封装中的电镀薄膜锡晶须生长。

Osenbach 等在《锡晶须：真理与神话》（*Sn - Whiskers：Truths and Myths*）论文中，对晶须的概念、观测方法、生长模式、驱动力、建模和控制策略进行了较全面的概述，并于同一年论述了锡腐蚀及其对晶须生长的影响；Shibutani 于 2007 年研究了蠕变特性对压力诱导锡晶须形成的影响；Murakami 于 2008 年研究了锡电镀中晶须的生成与生长机理，进一步研究了锡和锡铅镀膜上锡晶须的产生和抑制机理；Gabe 于 2010 年认为，晶须生长的单一机制仍然没有被研究人员发现，众所周知的机制包括涉及 Frank-Read 源的位错理论、再结晶理论、位错理论（包括位错环爬升和滑移的两阶段位错）、氧化物破裂理论等；横滨国立大学的 Tadahiro 和马里兰大学帕克分校的 Michael 于 2010 年在合著中对晶粒度对压力诱导锡晶须形成的影响进行研究；Chien-Hao 等对锡晶须自发生长位置可控及动力学进行分析。

Matthias 于 2011 年研究了铜表面电沉积 Sn 和 SnPb 镀层的应力松弛机理，研究了室温时效过程中 Cu 表面 Sn 涂层和 Cu 表面 SnPb 涂层体系的显微组织演变、相形成、残余应力发展和晶须行为的相互关系。结果表明，在纯锡中添加铅的晶须阻止效应可归因于铅引起的涂层中应力松弛机制的变化：纯锡涂层具有柱状晶粒形态，通过从涂层表面局部、单向的晶粒生长来松弛机械应力（即晶须形成），而 SnPb 涂层具有等轴晶形态，通过均匀的晶粒粗化而释放机械应力,而不形成晶须。因此,可以认为,调整 Sn 晶粒形态(即建立等轴晶粒形态)是在室温下抑制晶须形成的显微结构控制的直接方法,试验结果验证了这一结论。

Osenbach 提出了锡晶须的生长机制和形态的图解指南(Osenbach,2011);美国奥本大学 Crandall 的博士论文对影响锡晶须生长的因素进行了深入研究;Karpov 于 2015 年研究了金属晶须的运动;Sentz(2015)研究了锡晶须的不可预测性,Hwang 等(2015)对锡晶须现象背后的理论进行全面分析。

林冰于 2015 年利用界面热力学理论,通过计算相应的表面能、界面能和临界厚度,研究了 Sn-Cu 薄膜化合物界面交界处锡晶须生长的热力学机制、过程和界面热力学在锡晶须生长中的作用。研究结果显示:锡晶须的生长源于锡层中金属间化合物的生成,锡晶须首先在 Cu_6Sn_5 金属间化合物晶界形成,然后沿着 Cu-Sn 界面生长,产生的应力梯度驱动锡原子扩散至表面,形成锡晶须,并由此提出了抑制锡晶须生长的方法。

Subedi 等于 2017 年研究了金属晶须的随机生长;Zhang 等于 2019 年对 Cr_2GaC 上钙晶须自发生长的机理及抑制措施进行分析。在此基础上,逐渐形成了多种晶须主要机制和理论假说(见图 4.3)。

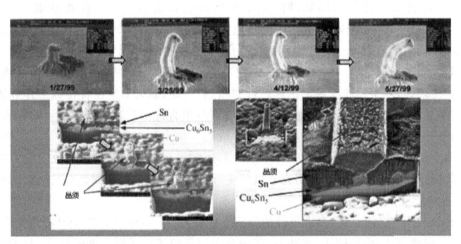

图 4.3 锡晶须生长机制(Cr_2GaC 上钙晶须自发生长的机理及抑制措施进行分析

4.1.2 晶须机制的主要理论和假说

晶须的生长机理非常复杂,根据 Sharma、赵子寿、Heshmat 以及 Zhao 对过去 70 年晶须生长机理的总结,晶须机制主要分为压应力机制、再结晶机制、位错机制、氧化膜破裂机制、活性锡原子机制、迁移机制,系统能量机制等。也有学者提出和研究了其他被业界认为是小流派的机制及假说,如静电机制、离子假说、铁磁共振理论、界面流动与晶界扩散机制(与活性锡原子机制类似)等。

1) 静电机制

静电机制最早由 Hilty 提出,并针对静电场对晶须的影响进行了研究;Ding 于 2013 年对自愈式静电屏蔽机制下的无枝晶锂沉积进行分析,在低浓度下,所选阳离子(如铯或铷离子)的有效还原电位低于锂离子的标准还原电位,在锂沉积过程中,通过添加剂阳离子在突起的初始生长尖端周围形成一个带正电荷的静电屏蔽层,而添加剂没有还原和沉积,这迫使锂进一步沉积到阳极的邻近区域,并消除了锂金属电池中枝晶和晶须的形成,这种策略还可以防止锂离子电池以及其他金属电池中的枝晶和晶须的生长,并改变许多常规电沉积工艺中沉积的镀层的表面均匀性;Karpov 于 2014 年正式提出了金属晶须的静电理论,他指出:金属晶须的存在归因于在电场中由于针状金属丝的静电极化而产生的能量增益,磁场是由表面缺陷引起的;污染物、氧化物状态和晶界等,他还提供了支持该理论晶须形核和生长速率的闭合表达式和定量估计,解释了晶须参数的范围和外部偏压的影响,并预测其长度的统计分布;Karpov 于 2015 年进一步研究了金属晶须成核和生长的静电机理,在他的《金属晶须长度的概率分布》论文中,介绍了相关基础数学处理的详细信息,具体操作方法是:基于金属晶须的静电理论,使用近似值预测了参数分布,该分布的峰值取决于金属表面的电荷密度和表面张力,在中间范围内,它非常适合试验研究中使用的对数正态分布,尽管它在非常长的晶须范围内衰减更快,另外,该理论定量地解释了典型的晶须浓度如何比表面晶粒的浓度低得多,当晶须的尖端进入弱电场的随机局部"死区"时,晶须的生长就会中断,这一点后来被证明是正确的(见图 4.4 和图 4.5);Subedi 等于 2017 年进一步对金属晶须的随机增长理论进行了研究。

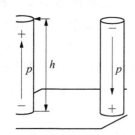 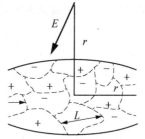

图 4.4 在局部电场 E(方向相反)诱导偶极矩 p 的情况下,金属表面上两个长度为 h、直径为 d 的晶须示意图

图 4.5 半径 r 的补片区域示意图,其中十和一分别表示具有特征线性尺寸 L 的带正电和带负电的补片(如虚线所示)。粗箭头表示沿磁畴轴距离 r 处的随机场向量

2)离子假说机制

离子学说即假设膜电位产生晶须原理的学说,Mazur 等于 1961 年提出了通过还原金属卤化物获得的晶须生长的离子假说机制,根据电流密度计算的离子浓度在 650℃ 时约为 10 12 个离子/cm^3,因此不能排除晶须生长的离子机制的可能性;观察到的铜晶须生长速度和电场对这种生长的影响加强了这一结论。

3)铁磁共振理论

Polder、Rodbell 提出金属晶须的铁磁共振理论;Rado 等于 1959 年报道了这种共振的试验观测结果,解释了其基本物理条件,并导出了一般的"交换边界条件"。介绍了一种测量复等效渗透率两个分量的试验方法;Liu 等于 1975 年也对铁磁金属的透射共振理论进行了研究,对应用于平板结构的铁磁金属色散关系给出了铁磁反共振或透射共振、表征频率或场、微波穿透深度和传输线宽度,通过数值计算得到了共振线的形状,计算结果与 Heinrich 和

Cochran 报道的试验结果相一致；Heinrich 对该理论进行了进一步试验研究，描述了表面阻抗对纵向磁化圆柱体外部静磁场的依赖性；Kambersky 和 Heinrich 分别对此理论进行验证研究；Kambersky、Heinrich 和 Orhan 也对该理论进行深入研究；Liu 等于 2014 年对多层膜进行铁磁共振试验与理论研究；Nagata 等于 2014 年研究了磁铁矿薄膜的铁磁共振，报告了在 MgO(001) 衬底上外延生长的 Fe_3O_4 锡薄膜的磁共振，其旋磁比和有效饱和磁化强度分别为 1.71×10^{11} s/T 和 364 emu/cm^3，吉尔伯特阻尼常数为 0.02；Zhong 于 2014 年从铁原子扩散和计算角度研究了铁晶须黏附机理。

4）原子扩散、界面流动与晶界扩散机制

Howard 等于 1963 年提出了界面流动与晶界扩散机制（interface flowand grain boundary diffusion mechanism）；Simmons 等于 1964 年研究了晶须生长与蒸发理论；Ruth 等于 1964 年研究了扩散控制晶须生长的动力学；Ohachi 等于 1974 年研究了银晶须的生长和形态学。

Bower 等于 1994 年对钝化互联线中应力诱导空洞形核与长大的分析。结果表明，如果钝化后冷却到临界温度以下，空洞很可能会形成核，目前的制造方法似乎超过了这个临界温度变化相当大的幅度。他的论文还提出了四种可能的竹晶结构互联线空洞生长机制的模型，所考虑的机制是：位错运动引起的蠕变变形、晶界扩散、沿线与周围钝化层界面的扩散和晶格扩散引起的空洞生长。结果表明，这四种机制都可能导致空穴增长，但任何一种机制单独运行都会导致空穴增长缓慢或可以忽略不计。然而，塑性蠕变流动和晶界扩散可能以协同方式作用，从而导致空洞快速增长，随着线宽的减小，扩散和蠕变之间的耦合程度增大。

Tanida 等于 1996 年研究了 Al 原子在端氢 Si(100) 表面的结合与扩散，对其短路扩散路径进行深入分析；Surholt 于 1997 年采用两种不同的高纯铜材料示踪技术和连续切片技术，系统地研究了铜多晶体中晶界自扩散的温度依赖性，用飞行时间二次离子质谱（SIMS）检测杂质含量的差异，在 1066～720 K（99.9998% Cu）和 973～784 K（99.999% Cu）的温度范围内对两种材料进行了研究，观察到材料纯度对晶界自扩散的显著依赖性，导致扩散系数 δDGB 的 Arrhenius 行为不同，对于高纯度材料，Arrhenius 参数为 3.89×10^{-16} m^3/s 和 72.47 kJ/mol；对于非高纯度材料，Arrhenius 参数为 1.16×10^{-15} m^3/s 和 84.75 kJ/mol，用强杂质 Cu 原子键解释了 GB 扩散系数和活化熵的差异。

Cao 于 1999 年建立了变形诱导超塑性晶粒生长的修正模型并经试验验证；Gifkins（2010）认为，晶界滑移引起的应力集中导致三晶连接前的变形褶皱，他提出了一个由变形褶皱调节晶界滑动的模型，晶界滑移速率由晶界位错绕过障碍物的过程控制。

Cacho 于 2011 年用 Bower 和 Shankar 软件模拟了晶界扩散与空洞运动的相互作用。该模型包括晶界滑移、晶界扩散、晶界迁移和表面扩散。根据化学势的梯度，原子可以从晶界分离，沿晶界扩散，再附着到另一个晶粒或表面上，与每个界面相切的原子的通量与方程中的相同。

Rohm-Haas 公司的 Egli 等于 2002 年研究了《晶面相遇的地方：对晶须理解的贡献》，表明晶须的形成取决于晶体取向，相邻晶粒之间的低角度晶界增强了晶须生长；Barnes 于 2002 年研究了金属间扩散中空位流动的影响。

哈佛大学的 Suo 于 2004 年研究了蠕变和自扩散耦合的连续介质理论，初始阶段在基面取向的蓝宝石衬底上,用25 nm厚的Fe薄膜的固态去湿法,通过晶核和在薄膜内形成的贯穿厚度的弧坑进行分析,与通常观察到的空洞生长机制不同,这些空洞的边缘没有升高,在此集成上,他提出了一种薄膜脱湿模型,其中Fe原子沿晶界的自扩散将质量从膨胀的空穴转移到丘状体,并确定了这种膨胀的动力学,根据试验测定的弹坑膨胀率估算的铁的晶界自扩散系数与文献相符;典型金属中的扩散过程在室温下被认为是缓慢的,但在许多应用中,预计将长期使用,并且需要在10 000年的时间范围内保证稳定性,在这种情况下,即使是缓慢的过程也很重要。在受控条件下对这段时间进行扩散测量显然是不切实际的,因此通常在更高温度下进行加速试验,并从所获得的测量中推断出必要的信息。

Tu于2005年认为β-Sn表面的自发晶须生长是一种在压力作用下的表面蠕变现象,压缩力是自产生的,样品通过生长无应力晶须来响应。当晶须从表面生长出来时,它需要一个氧化的表面,并且氧化物必须是保护性的,无氧化物金属在超高真空压缩下不会生长晶须,由于锡晶须自发生长的温度范围非常有限(从室温到60℃),因此很难对生长进行系统的研究,因为如果温度较低,原子扩散不足,如果温度较高,则由于应力消除而没有驱动力。本文简要回顾了晶须在β-Sn表面生长的蠕变行为,通过研究提出了锡晶须生长的晶界流体流动机制模型。

Kremer于2005年利用历史文物测量室温晶界扩散数据,通过测量谢菲尔德板古董样品的低温扩散剖面,检验了外推法在铜-银体系中的室温晶界扩散的有效性,提出了试验测量和分析,并与以通常方式外推的现代扩散率数据进行了比较。

Buchovecky于2009年建立了锡晶须生长的塑性流动与晶界扩散耦合模型;Umapathi于2011年研究了晶界滑移对扩散的影响;Makhniy于2011年研究了锡在ZnTe单晶中的扩散机理,测定了锡在碲化锌单晶中的扩散系数,在1070~1270 k温度范围内,锡扩散遵循空位机制,大部分锡-锌取代原子作为施主,电离能约为0.26 eV。

Ma于2012年基于动力学条件的扩散连接空洞闭合模型研究了扩散连接过程中塑性变形机制、表面源机制、界面源机制和蠕变机制的动力学条件,建立了扩散连接过程中空洞闭合的数学模型,分析了扩散键合参数对键合机理的影响,认为对于TC4合金的扩散连接过程,在较低的扩散连接温度或压力下,或在较短的时间内,界面源机制起主要作用。但是,蠕变机制是主要的机制,直到扩散连接完成为止。随着扩散连接时间的增加,表面源和界面源机制增强,并在扩散连接的某一阶段停止,蠕变机制不断增强。随着扩散连接温度或压力的增加,界面源机制减弱,其他机制增强。TC4合金扩散连接计算结果与试验结果的最大误差和平均误差分别为12.86%和5.79%。

Ozfidan于2012年对热障涂层进行模拟,研究了界面黏结、杂质扩散、晶界滑移和解理过程及其对晶界力学行为的影响,通过总能量计算、电子局域化和态密度以及原子分离等方法,阐述了添加剂和杂质对界面结合的影响,这些计算的结果允许评估原子水平对黏附趋势变化的贡献,在界面上形成新的键是为了提高活性元素(RE)掺杂结构的附着力,S偏析后界面结合的断裂和硫(S)-氧(O)排斥作用是S偏析后附着力下降的原因,间隙和空位介导的S扩散以及Hf和Pt对S在大块NiAl中扩散速率有较大影响,S的优先扩散机制和Pt的影响与温度有关,同时研究了活性元素对氧化铝晶界强度的影响,反应元素可以提高抗滑移性和抗劈裂性,原子分离分析表明,在氧化铝晶界添加四价Hf和Zr后,韧性有所提高。

Sarobol 于 2013 年通过耦合局部化分析了柯勃尔蠕变、晶界滑移和剪切引起的晶界迁移。

Chason 于 2013 年基于晶界流体流动机理,提出了锡晶须生长的非线性黏性模型。该模型由两个单元组成,一个应力指数为 1,另一个应力指数为 n^{-1}。通过让模型中的一个常数为零,本构关系可简化为线性流动关系或幂律关系,表示各种金属的流动行为,导出了晶须生长行为的封闭解,可用于预测晶须的生长和应力演化。Zhong 于 2014 年从铁原子扩散和计算角度研究了铁晶须黏附机理,Zhang 等于 2015 年分析了晶界扩散与界面结合过程中产生的界面相互作用机理,通过与空穴速度比较的结果表明空穴与空穴的相互作用有两种情况:当超过空穴速度时,将从空穴中分离并被困在晶粒内;反之,空穴将与空穴附着并随空穴一起迁移。同时还发现空穴与 IGB 的相互作用与空穴半径有关,较大的空洞容易与迁移的 IGB 分离,而较小的空洞则倾向于附着在 IGB 上,导出了分离/附着临界空穴半径的近似理论值,与试验值吻合较好。

韩国材料科学研究所的 Kim 于 2016 年从 Nd2Fe14B 相的晶体取向和磁体的取向两方面研究了 Nd‐Fe‐B 烧结磁体晶界扩散过程中的各向异性扩散机制,在晶界扩散过程中,由于 Dy 垂直于 Nd2Fe14B 晶体 c 轴的晶格扩散比平行于 c 轴的扩散容易得多,因此在晶界扩散过程中,晶界扩散优先在与 Nd2Fe14B 晶体的(001)轴(c 轴)平行的界面处形成富 Dy 壳层;相比之下,垂直于磁体取向(c 轴)方向的晶界扩散深度(100 μm)远小于平行于取向方向(250 μm)的扩散深度。各向异性晶界扩散不是各向异性富 Nd 晶界相分布的结果,而是由 Nd2Fe14B 晶体取向引起的各向异性晶格扩散的结果。增加垂直于和平行于磁体取向(c 轴)的表面积比,有望进一步提高 GBDP 磁体的矫顽力。

Jawad(2016)讨论了平行于晶界平面的剪切应力作用下的扩散界面模型,提出了一个能够解释各向差异较大的扩散界面模型。该模型的特点是能够独立检查影响 GB 刻面和随后的刻面粗化的各种因素,更具体地说,公式包含了高阶展开来解释由于小平面连接及其非局部相互作用而产生的多余能量,作为建模能力的一个证明,考虑了 Σ5(001)倾斜 GB 在体心立方铁,其中刻面沿(210)和(310)面进行了试验观察,原子计算被用来确定倾斜相关的 GB 能量,然后将其作为模型的输入,线性稳定性分析和模拟结果强调了结能量和相关的非局部相互作用对小平面长度尺度的影响,此模拟方法提供了一个通用的框架来研究具有高度各向异性的 GB 的多晶系统的微观结构稳定性。

Liu(2016)基于一种新的基底系统而不是传统的基底系统(锡及其合金),研究了锡晶须的自发生长及新的形成机制。在球磨 Ti‐Sn‐C 试样上,观察到锡晶须的自发生长。球磨过程中形成了 Ti_2SnC 晶粒,其锡原子面是形成锡晶须的形核中心,这一发现和提出的新机制可能对金属晶须自发生长的研究有新的启示。

Hwang 于 2016 年研究了晶粒边界的移动和晶粒生长,认为如果晶粒的边界不移动,就不能生长成晶粒,但是,晶粒边界的运动很难预测。因此,晶粒边界是关键问题,但是,很难根据晶体材料的表现判断晶粒边界的移动特点,这使晶粒边界的运动更加难以捉摸。在理想的晶体结构背景下,可以把一个晶粒和相邻晶粒之间的边界视为平面缺陷,这个缺陷与一定的能量数量有关。因此,在晶界的整个面积上出现的热力学驱动力将变小。晶粒边界限制晶粒的长度和使晶体结构错位的运动,也可能成为吸引形成晶核和第二相晶核的位置。当应力达到一定水平时,晶粒边界促使新的结构形成,以达到低能量或无应力状态。使晶粒边界达到无应力状态的过程包含几个阶段：形成晶籽（成核点）、成核、晶粒和亚晶粒生长、晶粒碰撞、生长成典型的晶粒。为确定晶粒边界、结晶学原理和确定形成晶粒边界时的各个相，电子背散射衍射（EBSD）和能量色散 X-射线谱（EDS）是很有用的分析工具，透射电子显微镜（TEM）和电子探针是揭示晶体位错结构和晶粒边界的基本结构的工具。此外，扫描电子显微镜-聚焦离子束（SEM-FIB）系统可以在纳米尺度分析各个原子层。这些分析相互补充，成为了解晶粒和晶粒边界的中间相的基础。丹麦理工大学的 Esposito 于 2017 年研究了自限纳米晶缺陷氧化铈薄膜中离子的释放扩散。

在三元体系中，由于具有额外的自由度，扩散区内有可能形成两相区，在相互作用过程中，形成了一种新的三元相序的拓扑结构。通过所谓的扩散路径，可以观察到反应区的微观结构，三元等温线代表了整个扩散区内平行于原始界面的平均组分轨迹，同时，三元体系中的扩散路径必须满足质量守恒定律，如果在相互作用过程中没有物质损失或产生，那么扩散路径将至少一次穿过反应偶件末端构件之间的直线（所谓的质量平衡线）；Voyiadjis 等于 2019 年研究了晶界对薄膜纳米压痕响应的影响；Gifkins 认为，晶界滑移引起的三重晶界应力集中导致了三重晶界前方的变形褶皱的形成，他提出了一个变形褶皱可调节晶界滑动的模型；Belmont 于 2019 年对场与粒子间能量交换进行估算；Howell 和 Dunlop 提出了一种晶界滑动受晶界外部位错在界面上的运动控制的模型，晶界位错可以通过 F-R 机制倍增为晶粒内的晶格位错，当晶界位错的运动受到第二相粒子、晶界边缘和三重晶界结等障碍物的阻碍时，位错在这些障碍物处堆积，晶界滑动速率受边界位错绕过障碍物的过程控制。

这些机制理论的原理及应用效果分析，通过建模、仿真、原位观察、试验验证等进行综合分析后形成了理论界广泛关注的几种重要机制：①压应力机制；②迁移理论；③位错机制；④再结晶理论；⑤基于系统能量的原子扩散理论。

4.2　重要机制研究

4.2.1　压应力机制

大多数研究人员认为，锡膜中的压应力是晶须生长的基本驱动力。压应力可以是固有应力，它是分布在镀锡膜中且具有相关纹理（粒度和晶体学取向）的应力，或者是由锡膜与基底合金之间的化学反应引起的外在应力（金属间化合物的形成），基底材料和锡膜之间的不均匀扩散、弯曲、成形和热机械应力（引起 CTE 不匹配）等机械过程，观察表明，在镀锡层受到外力作用时，如弯曲、拉伸、扭转、划痕、刻痕，在受到应力的部位，锡晶须的生长会加剧。镀层化学物质（亮锡）和（或）在膜沉积过程中引入的杂质，氧扩散和（或）在表面形成氧化物，甚至在存储或工作环境条件下（如腐蚀可能性），不论在镀锡层中的最初的应力是压缩应力还是拉伸应力，这些应力快速释放都可能发生。在这两种应力的情况下，应力都下降到很低的数值，但它们仍然是和最初的应力同一类型的应力（最初的高拉伸应力降低到很低，但仍然是拉伸应力；而高压缩应力降低后仍然是压缩应力）。Lee 等研究了锡晶须的桥向生长机理（Lee 等，1998），试验显示，退火后至少 30 天，锡膜的应力水平保持为零，晶须的晶向总是与沉积的锡膜的主取向不同。图 4.6 显示了在铜基体上镀 Sn 时 Sn-Cu 金属间生长产生的力。来自 Technic 公司的 Schetty 等学者分别在 2002 年和 2003 年评估了基体对晶须形成的影响,认为基体应力是影响晶须形成的重要因素,并且预处理可能会影响基体应力。Lau 等于 2003 年对锡晶须起爆的三维大变形和径向应力分析研究,Liu 等于 2005 年分析了晶须增强铝基复合材料的热压缩变形行为,Lal 等于 2005 年研究了本征应力在电连接器中锡晶须现象中的作用。Dittes 等于 2006 年认为,锡晶须生长的驱动力是锡层中的压应力,该应力是由晶须形成而释放的,除了晶须生长的机制外,应力诱导的机制也很重要,由"应力消除现象"造成晶须;Galyon 等于 2005 年从应力分析的角度总结了晶须形成的综合理论,Tu 等在 2005 年对锡晶须自发生长的机理及预防研究的基础上,继而于 2007 年对自发锡晶须生长的应力进行分析。

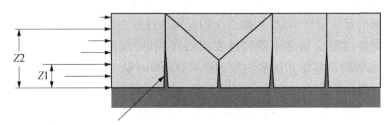

图 4.6   在铜基体上镀 Sn 时 Sn‑Cu 金属间生长产生的力

假若内应力未被控制或释放,锡晶须便很容易在晶界的缺陷处生长,锡晶须在室温下较易生长,室温下晶须生成机理的示意图如图 4.7 所示;高温高湿条件下晶须生成机理的示意图如图 4.8 所示,温度循环变化条件下晶须生成机理示意图如图 4.9 所示。

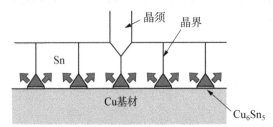

图 4.7   室温下晶须生成机理的示意图
(资料来源:嘉峪检测网,2020)

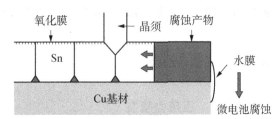

图 4.8   高温高湿条件下晶须生成机理的示意图
(资料来源:嘉峪检测网,2020)

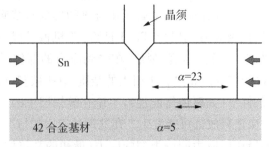

图 4.9   温度循环变化条件下晶须生成机理示意图
α—线膨胀系数,单位:$\times 10^{-6}/\text{℃}$
(资料来源:台表科技,2020)

Dittes 等于 2006 年似乎已经确定,锡晶须生长的驱动力是锡层中的压应力,并且该应力通过晶须形成而释放;Kolesnikova 等于 2007 年提出了五角形晶须(PWs)的应力松弛,分析了五边形晶须内部应力松弛的机制,认为与 PWs 横截面中相减的棱柱位错环(DLs)的形成有关。结果表明,从某个临界 PWs 半径开始,DL 的形成在能量上变得有利,并提出了最佳 DL 半径对 PWs 尺寸的依赖性,由于该松弛而获得的能量增益最大。Li 等研究了室温下锡晶须形成的驱动力来源(Li 等,2007);Tadahiro 等于 2008 年对锡晶须形成的压力感应进行了分析;Southworth 等于 2008 年研究了应力对哑光锡晶须生长的影响;Lin 等于 2008 年对连续施加应力对锡晶须生长的影响进行研究;Chason 等于 2008 年研究了锡和铅锡镀层中晶须的形成过程中金属间化合物生长的作用应力演化与塑性变形;Kato 等于 2010 年分析了铜引线框架上晶须萌生与压应力的相关性在铜引线框架上电沉积锡铜涂层的晶须萌生和压缩应力之间的关系;Sobiech 等于 2011 年研究了锡和锡铅涂层的应力产生机理;Osenbach 等于 2011 年研究蠕变及其对锡晶须生长的影响;Chason 于 2011 年研究了锡表面晶须生长的驱动力和机制,认为缺陷部分释放了内应力,超高真空,氧化不是晶须形成的主要因素,这表明内部应力是由电镀氧化膜的缺陷部分释放的,从而导致晶须的生长,但是锡晶须可以在超高真空下生长,这意味着氧化不是晶须生长的主要驱动力;Jung-LaeJo 等于 2013 年研究了空气和真空中热应力驱动的锡晶须生长;Li 等于 2013 年研究了 RESn$_3$ 化合物上锡晶须的微观结构和生长机理;Pei 等于 2013 年研究了热循环过程中锡的晶须/丝状生长与压应力的关系;Sycheva 等于 2014 年研究富锡表面压力诱导晶须的形成。

强磊于 2015 年建立了应力驱动锡晶须生长的本构模型并进行数值模拟,将锡层中由于金属间化合物生成产生压应力视为一个有限厚度板中由于夹杂产生本征应变而生成应力场,针对由于原子扩散而引起的蠕变现象及金属间化合物生成时的局部体积膨胀量,采用弹塑性-蠕变本构模型描述应力松弛行为。根据应力平衡方程、几何方程、本构方程、扩散方程、初始条件和边界条件,建立了微分方程的等效积分弱形式,采用变分原理推导了有限元方程。编写有限元程序,对位移场及浓度场进行数值求解,并根据给出的锡晶须长度与空位浓度之间的关系计算锡晶须的长度,研究了各参数对锡晶须生长率的影响。台湾中央大学的 Chen 等于 2015 年开展了对锡晶须在不同微结构下残余应力的影响及定性分析。

为研究应力松弛和锡薄膜中锡晶须形成的具体机制,Nicholas 等于 2016 年开发和验证了一个表面缺陷计数程序,该程序用 18 种不同样品类型中薄膜微观结构和缺陷形成的演变,描述了如何结合数据来量化可归因于不同类型缺陷(每种缺陷的可靠性风险低于锡晶须)的应力松弛,揭示了薄膜微观结构、应力条件和应力松弛之间的关系。

David 等于 2016 年研究了晶须的生长及其对衬底类型和施加应力的依赖性;Eric 研究了锡晶须的主要驱动力和增长机制;Tadahiro 等同一年对机械诱导锡晶须机制进行研究(Tadahiro 等,2016);Pei 等于 2017 年对锡薄膜热循环过程中的应力演变和晶须生长进行研究,用建模和试验法进行了研究比较;Heah 等于 2018 年研究了温度对机械应力下锡晶须生长的影响;Sun 等于 2018 年研究了锡晶须在压应力下对锡银微型凸点的生长行为;华盛顿大学的 Brandie 于 2018 年研究了锂电池的晶体表面生长的晶须和枝晶;Helling 于 2019 年研究了金铅体系中的铅晶须形成;He 等于 2019 年在 Nature Nanotechnology 的论文中对应力下锂晶须形成与生长的成因进行了分析。

Johan 于 2019 年对热处理过程中锡晶须周围晶粒生长、应力和 Cu_6Sn_5 形成进行了扫描 3DXRD 测量,研究了锡晶须周围的三维组织及其在热处理过程中的演变,利用滤波反投影算法重建样品中每个颗粒的形状,利用衍射数据推演模拟,可以细化局部晶格参数和晶粒取向,空间分辨率为 250 nm。结果发现,锡涂层具有纹理,其中晶粒取向使得其 c 轴主要平行于样品表面,其他取向的晶粒在热处理过程中被晶粒生长所消耗。在热处理过程中,存在的 Cu_6Sn_5 先生长,这些晶粒被标为六角 η 相,通常记录为仅在温度超过 186℃时才稳定。这表明 η 相可以长期处于亚稳状态,锡涂层压应力的负梯度从晶须根部向外延伸,负应力梯度通常被认为在为材料向晶须根部扩散提供驱动力方面起着重要作用。

大部分晶界处的 Cu_6Sn_5 沉淀相是在共晶 Sn-Cu 合金电镀过程中产生的,Sn-Cu 镀层经过再流处理后,多数晶界处的 Cu_6Sn_5 沉淀相在凝固过程中析出。在熔融状态中,Cu 在 Sn 中的溶解度为 0.7%(质量分数),凝固过程中 Cu 溶解度处于过饱和态而一定会析出(大部分在冷却至室温过程中以沉淀方式析出)。越来越多的 Cu 原子从 Cu 引线框架扩散至钎料层,使晶界处的沉淀相长大,造成 Cu_6Sn_5 体积增加(一种说法是 20%,另一种认为可达到 58%)和在钎料镀层内形成压应力。根据这种机理,可以发现晶须发生和生长的参数受不均匀化合物形成的容易度的影响较大。在 Cu 的情况下,Cu 基板本身成为 Cu 往 Sn 镀层中扩散的扩散源。如果基板表面是 Ni,同样形成与 Sn 的化合物(Ni_3Sn_4),但它的成长非常缓慢,难以发生晶须。所以如果以 Ni 层作为 Sn 镀层的基底镀层,则可有效抑制室温晶须。黄铜对于室温晶须化合物形成比较缓慢,基本上具有抑制晶须的效果,但是黄铜中的 Zn 在易于活动的高温环境下,Zn 扩散到 Sn 镀层中而氧化,由于体积膨胀作用而发生压缩应力,助长了晶须的发生和生长。压力下晶须生长机理如图 4.10 所示。

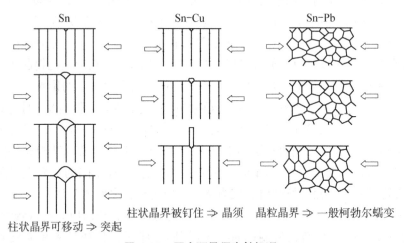

图 4.10　压力下晶须生长机理

也有研究者认为:晶须形成与生长的驱动力为应力梯度,也就说表面镀层或锡合金体的某些晶粒受到周围的正向应力梯度场的作用(该晶粒承受压应力)而导致晶须从该晶粒形成与生长。应力梯度来自 Cu-Sn 金属间化合物的形成,或者是镀层材料与基体材料的热膨胀系数不匹配(如"42"合金上镀 Sn),在承受温度载荷时导致了热应力。

Yu(2010)为了研究锡晶须的形成,开发了一种具有不同锡晶粒结构的纯锡沉积工艺,使用聚焦离子束(FIB)对样品进行了 4 000 h 的测试,以检查晶须的形成、晶粒结构和金属间化合物的形成,6 天后,纤维切口腔外侧可见锡突。这些现象,连同锡晶须和(或)锡丘的生长,可以说明各种锡晶粒结构的残余应力消除行为。在全柱状结构中,晶须垂直于沉积表面形成并释放了大部分应力。相反,在半柱状结构和随机结构中很可能发生应力松弛,并且仅在几天后沿着平行于沉积表面的方向快速进行。在比较混合晶粒结构时,很明显,在晶界较少的结构中,应力更容易迅速释放。Eric(2018) 为了了解晶须成核和生长背后的驱动力,开展了锡晶须形核动力学影响的定量研究,据经典成核理论分析了这些成核动力学,过热循环向锡层施加应力,同时监测温度、应力和核数的变化,以将观察到的行为与潜在的机制联系起来,包括应力依赖的活化能以及温度和应力依赖的晶须生长速率等,对不同温度和应变速率下的数据进行非线性最小二乘拟合,结果表明应力降低了晶须成核的势垒。

4.2.2 迁移机制

迁移是材料表面或内部的金属离子的移动现象,电子和集成电路互联引线的各种迁移产生晶须的本身之一,广义上,迁移大致分为三类:离子迁移、电迁移和应力迁移。电子回路中的基本应力是电压、温度、湿度和压力,其中,除压力外的其他三个可替代电气、化学相关的可靠性中最基本和最重要的因素,而应力迁移主要是由热应力缺陷引起的。按照研究的时间顺序,Brenner 等于 1956 年研究了通过气相沉积生长的晶体上形成晶须的机理(Brenner 等,1956),认为产生晶须的一个必要条件是存在扩散限制的物质或热量的传递,该观察认为,气相还原形成的金属晶须总是从先前沉积的物质中生长出来,这种机制得到了观察试验的支持;美国国家航空航天局戈达德太空飞行中心的 Jay 等于 2002 年断言"不同电位的相邻导体之间可以生长晶须";于建姝于 2010 年研究了铝互联线迁移可靠性;Cacho(2011)实现对电迁移现象的模拟;Baated 于 2011 年分析了锡和锡合金无铅饰面的晶须生长行为;柴少辉于 2011 年综述了锡晶须以及电迁移的研究现状,分别讨论了锡晶须的生长机理,生长驱动力以及如何抑制,针对电迁移,探讨了电迁移的形成机理,不良影响以及弱化电迁移的办法。并对晶须以及电迁移的研究做了初步展望;吴振宇于 2012 年开展了对基于微观结构的 Cu 互联电迁移失效研究;袁娇娇于 2014 年对铝互联线迁移可靠性与研究;Karpov 于 2015 年的论文提出了"了解金属晶须的运动"的观点。

周丽丽于 2017 年对电迁移作用下 $Sn_{58}Bi$ 的界面演变及抑制行为研究。结果表明:在高温低电流密度(150℃,5×10^3 A/cm^2)的液/固电迁移中,阴极和阳极界面 IMC 的生长速率分别高于固/固电迁移中界面 IMC 的生长速率,且阴极界面 IMC 厚度要高于阳极界面 IMC 厚度,结构复合焊点能够实现低温连接,回流后焊点连接性良好。在电迁移过程中,与 $Cu-Sn_{58}Bi-Cu$ 相比,富 Bi 层厚度和两极界面 IMC 厚度都要更小,说明中间 SAC305 层对 Bi 原子和 Cu 原子的迁移都起到阻碍作用。阴极侧 $Sn_{58}Bi$ 中的 Bi 原子从 SAC305 边缘迁往阳极侧 $Sn_{58}Bi$ 中,Bi 在结构复合焊点中的迁移具有"集肤效应"。阳极侧的 $Sn_{58}Bi-SAC305$ 界面附近的 Bi 原子在电迁移过程中逐渐远离 SAC305,而阴极侧的 $Sn_{58}Bi-SAC305$ 界面附近的 Bi 原子逐渐靠近 SAC305。两种成分复合焊点中,Ag 含量的高低对电迁移影响很大,Ag 含量越高,对迁移的阻碍作用越明显,成分复合焊点中两极界面 IMC 随通电时间的延长而不断增长,但是增长速率缓慢,这是由于 Ag_3Sn 对原子迁移的阻碍作用,且随着时间的推移,在阳极界面处没有连续的富 Bi 层的出现。对于 $Cu-xZn-Sn_{58}Bi-Cu-xZn(x=2.29\%$ 和 4.89%,质量分数)线性焊点,Zn 元素的添加可以有效减少表面锡晶须和裂纹产生。在常温下的固/固电迁移中,Zn 元素的添加可以改变电迁移中的扩散主元,在一定程度上降低 Bi 原子的扩散速率,而提高 Cu 原子扩散速率;在液/固电迁移中,高电流密度引起的阳极 IMC"熟化现象"明显,热电耦合阳极 IMC 厚度要明显高于阴极 IMC 厚度。

根据诸多学者的研究结果,迁移的主要形式如下:

1) 电子迁移

"电子迁移"在 20 世纪 60 年代初期才被广泛了解,对于传统的导线,不会发生电子迁移;最典型的电子迁移发生在集成电路内部的电路。当电子和集成电路结构尺寸减小时,电迁移的风险增加,在金属互联引线中,这是一个缓慢的过程,但一旦发生,情况会越来越严重,到最后就会造成整个电路的短路或损毁。因为传统导线和集成电路的主要区别在于:常规导线的电流密度较低,而集成电路内部的导线的电流密度较高,当金属线在较高的电流密度和高频率变化的温度作用下,带给上面的金属原子一个动量,运动中的电子和主体金属晶格之间相互交换动量电子的流动,使得金属原子脱离金属表面四处流动,电路或互联引线中的金属原子沿着电子运动方向进行迁移,金属小丘(晶须)长大,在局部区域由质量堆积(pileup),穿透钝化层,引起腐蚀源,在原有位置上形成坑洞(void)或土丘(hillock),或由质量亏损出现空洞(voids)而造成的器件或互联性能退化或失效。

电子迁移通常在高温、强电场下引起,不同的金属产生金属电子迁移的条件是不同的。电子迁移效应被认为是金属原子在电子风作用下迁移的动量传递动力学过程,其产生的原子定向迁移使得互联线中出现由阳极指向阴极的浓度梯度,即出现质量的重新分布,阳极侧锡晶须形成和阴极侧空穴形成的直接证据有力地支持了这一理论。然而,电迁移效应也引起了一些复杂的现象,如锡晶须的形成、再结晶和晶粒旋转等,这些都被认为是能量方面的稳定过程。

Brandenburg 等于 1998 年对焊点进行冶金学分析,发现金属离子的迁移是焊点产生电迁移现象的根源。在一定的温度下,金属离子通过金属薄膜中的空位而运动,但自扩散只是随机地引起原子的重新排列,只有受到外力时才可产生定向运动。导致通电导体金属离子迁移的力 F 有两种:电场力 F_q 和摩擦力 F_e(导电载流子和金属离子间相互碰撞发生动量交换而使离子产生运动的力)。对于铝、金等金属膜,载流子为电子,此时电场力很小,摩擦力起主要作用,离子流与载流子运动方向相同。$F=F_q+F_e=Z^*qE$,其中:Z^* 为有效原子价数,E 为电场强度,q 为电子电荷。$Z^*<0$ 时,金属离子向正极移动;$Z^*>0$ 时金属离子向负极移动;Z^* 的绝对值越小,抗电迁移能力就大。对于铂、钴、金、铝等材料,Z^* 值分别为 $+0.3$、$+1.6$、-8 和 -30。

钟伯强于 1981 年分析了金属 Mo 在非晶半导体中的电迁移现象,在器件的两电极间加一定的电压,经若干小时后,使用 I-V 特性分析,其器件的 I-V 特性表现了明显的正反向不对称;Zhou 等(1982)发现了半导体表面上金属原子的电迁移现象,随后在世界范围内就半导体表面金属电迁移现象,陆续发表了许多研究报告;Yasunaga 等于 1992 年对前 10 年的研究做了阶段小结;随后 Doi 等对 Si(001)表面 Si 原子的电迁移,Sears 等对 Ag 氧化物表面电迁移特性,Jo 等对多品 Cu 薄膜中 Cu 的电迁移、扩散活化能的测定等进行了细致研究。

1994—1997 年期间,著者负责的表面化学小组继续就半导体表面电迁移现象进行了更深入的研究,发现在电场作用下,金属原子除了沿半导体表面作物理迁移扩散外,同时与基底表面原子发生了交换和化学作用,并在表面上形了成新的物质。Choi 于 2002 年研究了当温度为 100℃、125℃和 150℃、电流密度为 1.9～2.75×10⁴ A/cm² 时,倒装焊凸块的电迁移,芯片侧的凸点下金属化层为薄膜 Al‐Ni(V)‐Cu,板侧的凸点下金属化层为厚 Cu。通过模拟,发现电流拥挤发生在芯片侧电子进入焊球的拐角处,这种模拟与样品中的真实电迁移损伤相匹配。试验结果表明,空穴从电流拥挤处开始,在 UBM 与焊球的界面上传播,在回流焊过程中形成的 Cu‐Sn 金属间化合物能很好地黏附在薄膜 UBM 上;但在电流应力作用下,它们从 UBM 上脱落。因此,UBM 本身就成为电迁移下倒装芯片焊点可靠性问题的一部分。目前,由于无铅焊料在电子制造业中的引入,锡晶须的生长重新引起了人们的兴趣。引线框架是电镀的或用一层无铅焊料完成的,焊料通常为纯锡或共晶锡铜(0.7%铜原子),由于锡铜共晶焊料上长晶须的生长,使得锡铜共晶焊料作为引线框架表面光洁度的可靠性成为一个严重的问题。压应力驱动力的来源可以是机械的、热的和化学的。其中,化学力对晶须生长的贡献最大,其来源是 Sn 与 Cu 在室温下反应生成金属间化合物(IMC)。对于晶须或小丘生长,表面不能没有氧化物,必须用氧化物覆盖,并且氧化物必须是一种保护性的氧化物,以便有效地去除表面上的所有空位源和空位汇。因此,只有那些生长保护性氧化物(如 Al 和 Sn)的金属才具有小丘生长或晶须生长。对共晶 Sn‐Cu 表面生长的锡晶须进行了同步辐射显微衍射分析,测量了晶须周围的局部应力水平和晶粒取向,利用聚焦离子束(FIB)和透射电子显微镜(TEM)研究了产生压应力的金属间化合物和焊料表面的氧化物。

其他研究者的主要成果如下:迁移和相应的分析模型,用以增进对晶须与迁移现象之间关系的理解;鲜飞于 2004 年开展了对微电子封装技术的发展趋势的综合研究;吴丰顺于 2004 年对集成电路互联引线电迁移的研究综合分析表明,互联引线的尺寸、形状和微观组织结构对电迁移有重要影响,温度、电流密度、应力梯度、合金元素及工作电流模式等也对电迁移寿命有重要影响;江清明于 2006 年指出了电迁移研究亟待解决的问题集成电路可靠性电迁移评估技术;Brusse 于 2007 年提出了针对电子迁移诱导的晶须的解决方案;李旭瑞(2012)出版了《电迁移原理》;Minzari 于 2009 年对扩展腐蚀源头的发生做了总结;徐广臣等开展了焦耳热对 Sn 基钎料电迁移显微组织演变及晶须形成影响的研究,在浓度梯度的驱动下,原子会出现回流,原子的回流一方面降低了电迁移的速率,另一方面部分修复了电迁移产生的缺陷。

吴懿平于 2008 年以电子封装的无铅材料为对象,对纯锡覆层晶须生长及无铅焊点电迁移进行了研究,分别采用试验、理论分析、数值模拟和数学推导的方法,系统地研究了纯锡覆层在温度循环条件下的晶须生长机理,在高温(160℃)和高电流密度(2.2×10⁴ A/cm²)、室温(25℃)和较低电流密度(0.4×10⁴ A/cm²)条件下,研究无铅焊点的电迁移机理,得到的主要研究结论为:在温度循环条件下,锡晶须从镀层表面裂纹处生长,其密度与表面裂纹的数量有关,其长度与循环次数有关。不同电镀酸液配方通过影响镀层微观结构来促进锡晶须生长,Mix 酸液的镀层锡晶须生长密度高于 MSA 酸液的 2～3 个数量级,前者的锡晶须长度大于后者的;表面裂纹越多,锡晶须生长的密度速率越高。随着循环次数的增加,原来生长快的锡晶须速率下降,原来生长慢的锡晶须速率上升,所有锡晶须的长度有逐渐趋于一致的态势。

许燕丽于 2011 年对集成电路互联金属的电迁移效应开展了研究,用离子束溅射,在介质层上沉积 Al、Al-Cu 和 Cu 薄膜,然后对三种薄膜材料进行光刻得到所需的线条,对经光刻后的各种材质线条通以不同的电流密度,观察电迁移发生的极限电流密度,试验测得 Al 的极限电流密度为 2.706×10^5 A/cm^2,含 10% Cu 的 Al-Cu 合金的极限电流密度为 1.331×10^6 A/cm^2,在通以 Al 线条 45 倍电流密度下,Cu 没有观察到电迁移现象。由此可以得出结论:Cu 有着很好的抗电迁移性能,在 Al 中掺入 10% 左右的 Cu 可以有效地提高其抗电迁移的能力。

蒋积超于 2013 年论述了无铅焊料的电迁移失效的物理机制,从布线几何形状、热效应、晶粒大小、介质膜等方面说明电迁移的影响因素,电迁移失效的物理机制及从布线几何形状、热效应、晶粒大小、介质膜等方面说明电迁移的影响因素包括如下几方面:

(1) 布线几何形状的影响。从统计观点看,金属条是由许多含有结构缺陷的体积元串接而成的,则薄膜的寿命将由结构缺陷最严重的体积元决定。若单位长度的缺陷数目为常数,随着膜长的增加,总缺陷数也增大,所以膜条越长寿命越短,寿命随布线长度而呈指数函数缩短,在某值趋于恒定。同样,当线宽比材料晶粒直径大时,线宽愈大,引起横向断条的空洞形成时间愈长,寿命增长。但线宽降到与金属晶粒直径相近或以下时,断面为一个单个晶粒,金属离子沿晶粒界面扩散减少,随着条宽变窄,寿命也会延长。电流恒定时线宽增加,电流密度降低,本身电阻及发热量下降,电迁移效应就不显著。当线条截面积相同时,在条件允许的情况下,增加线宽比增加厚度效果要好。在台阶处,由于布线形成过程中台阶覆盖性不好,厚度降低,电流密度 J 增大,将易产生断条。

(2) 热效应。金属膜的温度及温度梯度对电迁移寿命的影响极大,当 $J > 10^6$ A/cm^2 时,焦耳热不可忽略,膜温与环境温度不能视为相同。特别当金属条的电阻率较大时影响更明显。条中载流子受到晶格散射、晶界和表面散射等的影响,其实际电阻率高于该材料的体电阻率,使膜温随电流密度增长更快。

(3) 晶粒大小。实际的铝布线为一多晶结构,铝离子可通过晶间、晶界及表面等三种方式扩散。由于多晶膜中晶界多,晶界的缺陷也多,激活能小,所以主要通过晶界扩散来发生电迁移。在一些晶粒的交界处,由于金属离子的散度不为零,会出现净质量的堆积和亏损。如果进来的金属离子多于出去的,则形成小丘堆积;反之则成为空洞。同样,在小晶粒和大晶粒交界处也会出现这种情况,晶粒由小变大处形成小丘;反之则出现空洞,特别在整个晶粒占据整个条宽时,更容易出现断条,所以膜中晶粒尺寸均匀有利于提高工作可靠性。

(4) 介质膜。互联线上覆盖介质膜(钝化层)后,不仅可以防止铝条的意外划伤,防止腐蚀及离子玷污,也可提高其抗电迁移及电浪涌的能力,介质膜能提高电迁移的能力是因为它可降低金属离子从体内向表面运动的概率,抑制了表面扩散,也降低了晶体内部肖特基空位浓度。另外,表面的介质膜可作为热沉淀使金属条自身产生的焦耳热能从布线的双面导出,降低金属条的温升及温度梯度。

互联引线中最常见的电迁移失效是沿长度方向的空洞失效和互联引线端部的扩散迁移

失效。这两种失效模式都受互联引线微观结构的影响,可以通过改变引线的微观结构来控制失效进程。互联引线中电迁移失效过程的三个重要特性为如下几方面:

(1) 冶金学统计特性。冶金学统计特性指的是互联引线中金属的微观结构参数,如晶粒尺寸分布、晶界取向偏差和晶界与电子风方向的夹角等。因为这些参量的随机性,冶金学参数只能进行统计学描述。由于互联引线内部存在的如晶界取向偏差、晶界弯曲、晶粒尺寸偏差、空位以及位错等微观结构差异,产生了不同迁移速率的原子流。当某一微区流入的原子与流出的原子总数不相等时,就会产生微区的质量变化,形成空洞或原子聚集的"小丘"。电迁移诱发的空洞和小丘会导致集成电路失效,引起可靠性问题。

(2) 热加速特性。互联引线电迁移失效前可能存在均匀的温度分布。电迁移产生的局部缺陷使得引线的导电面积减小,电流密度增加,形成电流聚集。电流聚集引起了焦耳热效应,使引线局部温度升高,并产生温度梯度。由于原子的扩散与温度相关,因此产生了热应力。热应力梯度与电迁移方向相同,加大电迁移驱动力,加速电迁移现象。

(3) 自愈效应。电迁移是一个动态过程,其产生的原子定向迁移使得互联线中出现由阳极指向阴极的浓度梯度,即出现质量的重新分布。在浓度梯度的驱动下,原子会出现回流。原子的回流一方面降低了电迁移的速率,另一方面部分修复了电迁移产生的缺陷。互联引线中的电迁移中值失效时间,常用电迁移中值失效时间(MTF)来描述电迁移引起的失效。中值失效时间指同样的直流电流试验条件下,50%的互联引线失效所用的时间,失效判据为引线电阻增加100%(吴丰顺,2004;李旭瑞,2020)。

岳武于2014年对结构和组织不均匀性对无铅微焊点电迁移行为影响进行了研究,研究结果表明,沿电流方向具有非对称结构的$Cu-Sn_{58}Bi-Cu$直角型焊点中电流向微区电阻较小的底部尖角处聚集而形成电流拥挤,导致底部尖角附近产生严重的电迁移问题,表现为阳极侧小丘和裂纹共存、阴极侧凹陷和裂纹同时出现以及$Sn-Bi$两相完全分离等;随离尖角距离增大上述问题越来越弱,分析结果表明直角型焊点中不均匀分布的微区电阻是导致尖角附近出现电流拥挤并产生严重电迁移问题的根本原因;由于表面Sn原子氧化后形成的氧化膜对扩散组元Bi原子的抑制,焊点内部的物相偏聚和裂纹等缺陷远比表面严重;电迁移后$Cu-Sn_{58}Bi-Cu$焊点中阳极侧体积明显增大,其原因为Bi原子数量的增加以及Bi原子本身体积较大(为21.3 cm³/mol,Sn原子体积为16.3 cm³/mol)而引起阳极侧物相体积增大,电迁移程度越严重则体积增大越多,通过对热时效条件下$Cu-Sn-Cu$、$Cu-Sn_{3.5}Ag-Cu$和$Cu-Sn_3OAg_{0.5}Cu-Cu$三类焊点中电迁移行为的研究,结果表明,电流作用下三种焊点的阳极界面IMC层生长受Cu原子的电迁移扩散通量控制、电迁移扩散系数依次降低,钎料中的Ag元素与Sn反应后生成的细小Ag_3Sn颗粒分布于Sn晶界中形成的网状组织对扩散组元Cu原子的抑制作用是引起扩散系数依次降低的微观机制。阴极侧Cu基底晶粒的(020)晶面垂直或近似垂直于电流方向可引起严重的局部溶解,而(111)或(111)晶面垂直或近似垂直于电流方向时局部溶解可以得到抑制,其本质原因是(111)和(111)晶面上的原子释放率要低于(020)晶面。阴极侧较高的成核率、充足的Sn和Cu原子供应致使该侧Cu_3Sn层中新生成的晶粒多为等轴晶,而阳极侧锡原子的缺乏导致新生成的Cu_3Sn多为柱状晶。对$Cu-Sn_3Ag_{0.5}Cu-Cu$焊点两侧存在不同厚度IMC层时电迁移行为的研究结果表明,阴极侧IMC层较厚而阳极侧IMC层较薄时焊点的抗电迁移性能优于阴极侧IMC较薄而阳极侧 IMC 较厚时的情况。阴极界面 IMC 层的初始厚度存在临界值,如果初始厚度小于临界值,在电流作用下其厚度先增加后减小,而大于临界值时则不断减小;由浓度梯度引起的流入阴极侧 IMC 层中的化学扩散通量和由电流应力导致的从 IMC 层中流出的电迁移扩散通量之间的平衡关系存在临界厚度的微观机制。金原子在垂直于电流方向的截面上扩散并不均匀,在阳极界面前沿局部位置聚集后与周围锡原子反应生成 Cu_6Sn_55 相并引发体积膨胀,若新生成的 Cu_6Sn_5 相的截面积较小且离焊点表面较近则容易引起焊点表面出现明显小丘,否则表面出现轻微凸起。新生成的 Cu_6Sn_5 相还可导致阳极附近形成压应力,在压应力作用下空位沿着与电子流相反的方向朝着 $Cu-Cu_3Sn$ 界面和 IMC 层内扩散迁移,聚集后在界面附近和 IMC 层中形成空洞。对 $Cu-Sn_{58}Bi-Cu$ 线型焊点中含有半开放式界面微气孔时的电迁移行为的研究结果表明,气孔的缺口尖角周围容易形成微裂纹且尖角两侧原子的聚集程度存在差异,分析表明尖角对 Bi 原子的阻滞作用是造成上述现象的主要原因。内壁光滑的气孔对原子的扩散迁移影响较小,Bi 原子可以顺利通过内壁光滑的气孔周围的钎料组织;同时,由于气孔减小了焊点的有效接触面积,当气孔在阴极侧附近时电迁移后阳极富 Bi 层厚度有增加的趋势。马凯于 2014 年归纳总结了倒装芯片中的电迁移现象的研究现状,何洪文等于 2015 年研究了电子迁移诱导晶须的机理。

Zuo 和 Kim 研究了 $Cu-Sn_{3.8}Ag_{0.7}Cu-Cu$ 一维焊点在电流密度为 $5\times10^3\ A/cm^2$,环境温度为 100℃ 作用下晶须的生长机理,研究结果表明,通电 300 h 后,在 $Cu-Sn_{3.8}Ag_{0.7}Cu-Cu$ 焊点的阳极界面出现了一些小丘,而在焊点的阴极出现了一些裂纹;通电 500 h 后,焊点阴极界面的裂纹进一步扩展,而且在裂纹处发现了大量纤维状锡晶须,其长度超过 $10\ \mu m$;继续通电达到 700 h 后,锡晶须的数量没有增加,停止了生长,由于电子迁移的作用,金属原子在电子风力的作用下由焊点的阴极向阳极进行了扩散迁移,进而在阴极处形成裂纹。随着裂纹逐渐扩展,导致该区域处的电流密度急剧增大,焦耳热聚集效应明显,为了释放应力,形成了纤维状的晶须。张飞于 2015 年研究了尺寸效应下时效及电迁移对 Cu_2Sn_9Zn(SAC305)拉伸性能的影响;张继成于 2018 年进行了对多物理场下 FCBGA 焊点电迁移失效预测的数值模拟研究;Tian 于 2019 年研究了关于通过金属间化合物的电子迁移;北京工业大学的工泓宇于 2019 年提出了基于物理模型的集成电路电迁移可靠性仿真算法;孙凤莲于 2020 年分析了 SnAgCu-Bi-Ni 无铅微焊点的电迁移行为。

其中 Milton 对电子迁移的研究结果如图 4.11、图 4.12 所示。

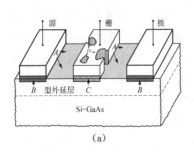 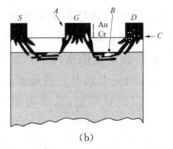 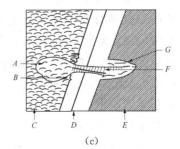

(a)　　　　　　　　　　(b)　　　　　　　　　　(c)

图 4.11　电子迁移

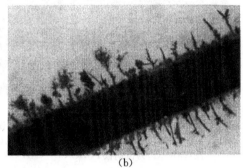

(a)　　　　　　　　　　　　　　　(b)

图 4.12　湿电迁移的例子

Yi 于 2017 年研究了覆铜板(PCB-Cu)和化学镀镍/浸金印刷电路板(PCB-ENIG)在不同浓度 Na_2SO_4 电解液中的电化学迁移行为。结果表明,在 12 V 的偏压下,离子发生了反向迁移。对于 PCB-Cu,在 FR-4(板料)两板之间的表面发现了铜枝晶和硫酸盐沉淀。此外,铜枝晶在两极板之间产生并向阴极迁移。与 PCB-Cu 相比,PCB-ENIG 在高相对湿度(RH)环境下的 ECM 故障倾向更高,短路故障更严重。SKP 结果表明,阳极板的表面电位大于阴极板的表面电位,且随着 RH 的增加,阳极板和阴极板的表面电位呈下降趋势,研究还提出了 PCB 电化学迁移腐蚀失效模型。

图 4.13 显示了在 24 h 的试验条件下 PCB[①] 的表面形貌。图 4.13(a)表明在低湿度(75% RH)下 PCB 的 Cu 上发生了相对轻微的 ECM 腐蚀。阳极板光滑无明显变化,阴极板颜色明显变黑。此外,随着 RH 的增加,阴极板的颜色不断加深,PCB-Cu 的某些局部区域(白色区域)的盐富集量增加。而且,在 95% RH 下,阳极板逐渐变黑变粗糙,造成一定程度的腐蚀。特别是阳极板边缘腐蚀严重,腐蚀产物呈"铜绿"状。与 PCB-Cu 不同的是,两块 PCB-ENIG 板的表面腐蚀很小,仅显示出轻微的盐富集;然而,相邻板间的 ECM 腐蚀更为严重。在 75% RH 条件下,FR-4 板上有明显的腐蚀产物迁移和(或)金属离子沉积。当达到 85% 相对湿度时,形成大量的红棕色树状类似物并使相邻的板短路[见图 4.13(e)]。

(a)　　　　　　　　　　(b)　　　　　　　　　　(c)

① 印刷电路板。

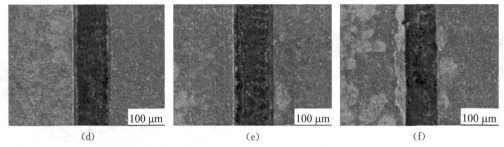

图 4.13 在 12 h 的试验条件下 PCB 的表面形貌
(a)、(d) 75% RH (b)、(e) 85% RH (c)、(f) 95% RH
注:(a)~(c)为覆铜板 PCB(PCB-Cu)PCB-Cu,(d)~(f)为化学镀镍/浸金 PCB(PCB-ENIG)

为了观察电化学迁移行为并探索失效机理,在 PCB 表面进行了元素分布图检测,如图 4.14 所示。从图 4.14(b)可以看出,Cu 元素上出现了明显的 ECM 现象。同时,铜元素从阳极向阴极迁移,几乎一半的 FR-4 板被覆盖。同时,O、S 元素也聚集在 Cu 元素富集区(黄色曲线框内)。结合 A 区 EDS 分析结果,迁移腐蚀产物主要由硫酸盐和铜的氧化物/氢氧化物组成。此外,从图 4.14(a)还可以发现,在迁移腐蚀产物的左侧存在一薄层亮白色物质(红色曲线框中),图 4.14(b)显示亮白色的物质是金属铜,表明大量的铜离子在两个极板之间被还原,并逐渐向阴极生长。铜晶体的生长方向与以往文献中不同,从图 4.14(c)(d)可以看出,Na 和 O 元素都富集在阴极板的表面。由此推断,阴极板表面的反应主要是 O_2 还原反应,化合物可能是 NaOH。

2) 金属离子迁移

金属是晶体,在晶体内部金属离子按序排列。当不存在外电场时,金属离子可以在晶格

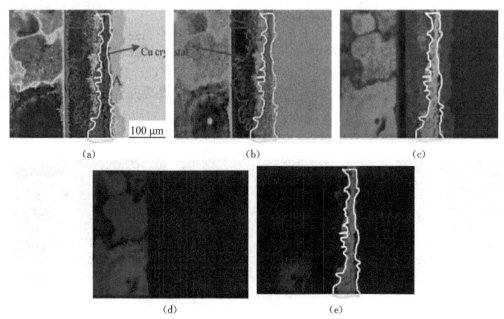

图 4.14 PCB-Cu 在 60℃、95% RH 条件下的元素分布图(左:阴极板)
(a) Se (b) Cu (c) O (d) Na (e) S

内通过空位而变换位置,这种金属离子运动称为自扩散。因为任一靠近邻近空位的离子有相同的概率和空位交换位置,所以自扩散的结果并不产生质量输运。半导体制造过程中产生的电迁移现象主要是指在电场的作用下导电离子运动造成元件或电路失效的现象,即当器件工作时,金属互联线内有一定电流通过,金属离子会沿导体产生质量的输运,当有直流电流通过金属导体时,由于电场的作用就使金属离子产生定向运动,即金属离子的迁移现象。

金属离子迁移的定义为在电极间由于吸湿和结露等作用,吸附水分后加入电场时,金属离子从一个金属电极向另一个金属电极移动,析出金属或化合物。离子迁移现象起因于一种与溶液和电位等相关的电化学现象,整个迁移过程可分为阳极反应(金属溶解过程)→金属离子的移动过程→阴极反应(金属或金属氧化物析出过程)。特别是在金属溶解过程中,在钎料等金属中加入其他成分金属所组成的合金材料,由于两种金属表面结构状态的不同,导致钝态膜的形成位置及电极电位的溶解特性不同。有些学者指出电化学可靠性主要由免清洗产品的残留助焊剂对电迁移的抵抗力和树枝晶须生长的抵抗力所决定。在使用免清洗助焊剂的产品中,焊接后残留的助焊剂会留在 PCB 上。在产品的服役过程中,导致表面绝缘电阻下降。

在离子迁移过程中,金属离子更容易在彼此非常靠近的导体之间(如在大型集成电路内部)积累。新培育的晶粒和晶须缩小了原始空间,加剧了短路或断路的风险。自 1966 年发现铝膜电迁移是硅平面器件失效的一个主要原因以来,学者们对器件中金属化电迁移现象就进行了广泛而深入的研究。离子迁移现象如图 4.15 所示。

图 4.15　离子迁移现象

将绝缘体保持在导体之间的高温、高湿和高电压下,绝缘体的两侧将被极化,并使离子从阳极穿透到阴极,然后形成短路。离子迁移主要发生在金属材料上,迁移速度为 Ag>Cu>Sn>Au。有一些主要的金属材料易于发生离子迁移:①Ag-Cu 电极材料,Pb-Sn 和 Bi-Cd 焊料材料(在带电压的去离子水中);②在带电压的去离子水中加 Au-Pd-Pt 和 NaCl 或 KCl;③带电压的去离子水中的 Al-Fe-Cr 加 NaCl 或 KCl。尽管银的迁移已被广泛报道,但取决于环境条件,许多其他电子金属,如铅、锡、镍、金和铜也可以迁移,其中铝和钛是最常用的。在铝的情况下,已经确定了两种特定的失效机制,即 Al-GaAs 互扩散和电迁移。伴随着 Al-GaAs 界面的退化是电子势垒高度的不希望的增加,通常从 0.7 到 0.9 eV。Au 穿透金属阻挡层后向 GaAs 扩散是 Au 基栅金属化的主要失效机制。当发生这种情况时,金属-半导体界面进入通道,缩小其有效厚度。此外,扩散金属改变了通道中的净浓度,并改变了器件的行为。金属迁移取决于金属的可用性、电解质的存在(如冷凝水和离子种类)以及电压差的存在,因此应保护已知易受金属迁移影响的金属免受水蒸气和离子污染。由于迁移现象是一个电解过程,因此必须有导电介质。离子种类包括杂质,如氯化物或腐蚀过程中产生的产物。引起金属迁移的驱动力是电子硬件处于偏置状态时存在的电位差。虽然这种破坏机制的主要应力是电位梯度,但二次应力(如水分、离子污染物和温度)会加速这种应力。由于时间依赖性,这是一种磨损机制。Ren 于 2017 年对如铅、锡、镍、金和铜等金属迁移这样一种随时间变化的磨损机制进行了分析。

经过多年研究,已初步形成了三种几何尺度下离子迁移扩散现象的研究体系,随着微纳米技术的进步和器件微型化的发展,薄膜和表面上离子迁移问题,已成为材料科学前沿研究课题之一。

3) 应力迁移

应力迁移是影响集成电路金属配线可靠性的缺陷之一,在 1984 年的《国际可靠性物理论丛》(*International Reliability Physics Symposium*)初次报告中,由于配线的细微化(2～3 μm 以下的 Al 配线),因为铝配线和绝缘膜(SiO$_2$)的热膨胀率差异很大($d_{Al} = 2.5 \times 10^7/$K, $d_{SiO_2} = 0.5 \times 10^6/$K),高温放置或者温度循环后将引起热应力缺陷,这是和电子迁移不同的配线不通电下引起的不良类型。《国际可靠性物理研讨会》报道,对于 A1 线,线与绝缘体之间的 ΔCTE 变化很大($d_{Al} = 2.5 \times 10^7/$K, $d_{SiO_2} = 0.5 \times 10^6/$K)。应力问题将通过遭受高温或热循环而发生,这是电线不带电的另一类故障。

4.2.3　位错机制

位错机制是 20 世纪 50 年代晶须机理的主要观点,其机理是以扩散机制运动的位错提供了晶须生长源,晶须邻近区域的表面氧化过程产生反向表面张力,降低了表面自由能,为其生长提供驱动力,锡原子沿着晶体位错迁移到晶须最终形成的位置。大量研究表明,由于晶界的滑移引起边缘位错,由于螺丝状位错的存在,导致锡原子从块状锡表面迁移到晶须的中心,原子一直在运动,直到它们到达晶须的核心,以及锡消耗完为止。

除了对锡晶须的形貌进行了广泛的研究外,许多研究者还对锡晶须的生长方向进行了研究,但因为用于确定生长方向的锡晶须的数量非常少——通常只有几根晶须,因此,对锡晶须的生长方向研究结果是多种多样的。

金属晶须通常是由压力梯度或螺旋位错形成的低缺陷单晶。纵向平行的条纹赋予了银丝特有的束状形态,通常被微晶横切,这表明条纹不是由相干晶界平面控制的,而是由生长过程中的外部约束控制的;Morris 于 1974 年研究了 α - Tin 晶须的晶体学;Baker 于 1957 年研究了锌、镉、锰等金须在生长过程中形成的角弯分布,并首次提出了"位错"的概念,他还测量了锌、镉、锡晶须生长过程中形成的角弯曲分布晶须中的角度弯曲分布,研究发现,对于电沉积表面自发生长的晶须,其分布在晶格中与低折射率方向夹角相等的角度上有峰值,各种角度特征群也可能与低指向群有关;Webb 也于同一年研究了晶须的位错现象,其主要思想是假设锡晶须中心有一根螺丝状位错,由于螺丝状位错的终端存在着表面露头的生长台阶,锡原子可以置于晶须中心的螺位错以不断放置台阶的方式生长;Webb 等于 1958 年研究了晶须的位错结构,并于 1965 年研究了钯晶须晶体生长中的位错机制;Coleman 于 1958 年对铁晶须的(100)、(110)和(111)方向做了重点研究;Muller 等对铁晶须中成对螺旋位错进行观察,Sharma 等和 Zbigniew 分别研究了氧化锌晶须和铁晶须的位错结构和生长机理。

Nanev 于 1967 年测定了在具有良好表面、边缘和尖端的相同物质的单晶衬底上生长的锌和镉晶须的晶体学取向,在氢气或氩气存在下以这种方式生长的锌和镉晶须取向为(1120),而在真空中生长的锌晶须取向为(1123),这些实际上是晶格中螺旋位错的方向。在某些情况下,锌晶须在大过饱和度下生长,而不涉及晶须生长经典理论所要求的表面扩散机制。并讨论了晶须在单晶衬底上出现的可能原因,以及决定晶须取向的因素。研究结果表明,晶须生长优先通过螺旋位错机制。

Zbigniew 于 1979 年观察到铁晶须主要沿(111)和(001)方向生长,并受(110)和(100)面的限制,生成的晶须的位错是螺旋形的,其 Burgers 矢量平行于包围(111)方向,位于(110)平面,或更罕见的是位于(211)平面。ARGON 于 1996 年研究了滑移分布与位错组织,这些滑移线笔直,分布极为均匀,平均数毫米长,非常浅($2\sim3$ nm);在第二阶段,滑移线的外观与第一阶段非常相似,但在进一步拉伸过程中添加的新滑移线逐渐变短,在第二阶段结束时,滑移线的长度仅为约 $10\,\mu m$;在第三阶段,硬化速率开始降低并随温度变化,滑移增量以破碎的粗和深滑移带的形式出现。

Milton 于 2002 年认为,与空穴相比,位错不是热力学缺陷,而是由于位错线是沿着特定的晶体学方向定向的,所以它们的统计熵很低,再加上由于涉及许多原子而产生的高能量,热力学可以预测每个晶体的位错含量不到一个。因此,虽然可以制造出没有位错的固体,但不可能消除空穴。如果基底有垂直于表面的螺旋位错出现,沉积原子可能使位错螺旋延伸到生长薄膜中。像半导体中的晶界一样,位错可以是电荷复合或产生的场所,因为没有补偿的"悬挂键"。Surowiec 等于 1981 年研究变形铁晶须中的位错。

Nakai 等于 2008 年分别建立了铁晶须生长过程中羰基铁的热解离和锡晶须通过位错行为的成核模型;同一年,郝虎于 2008 年研究了 SnAgCuY 钎料表面锡晶须的旋转生长现象,结果表明,在室温时效条件下在 YSn_3 的表面会出现锡晶须的快速生长现象,生长速度最快可达 $10\sim10$ m/s,长度最长可达 $200\,\mu m$,YSn_3 稀土相氧化的不均匀性是导致锡晶须在生长时产生各种旋转现象的主要原因。

晶须在很高的弯曲应力下产生的角弯曲是由于一种不寻常的变形孪晶;针对相场微塑性模型存在的困难,有学者提出了一种基于相场理论的微尺度晶体塑性模型,在微尺度晶体塑性模型中,基于晶体塑性理论,直接将无应力弹塑性应变视为塑性应变。每个滑移系的塑性滑移用相场来描述,以模拟单个位错。通过晶体塑性本构模型,将弹性应变能表示为弹性应变的函数。基于区分塑性变形过程中能量机制和耗散机制的热力学一致性框架,从虚功原理出发,导出了准静态应力平衡与塑性滑移演化的耦合平衡。然后用有限元法直接求解边值问题。该模型可用于复杂结构或复杂边界条件下无法得到解析格林函数解的情况,这是该模型的一个优点;另一个优点是异质外延结构中的弹性模量不匹配很容易地得到了修正。此外,通过有限元数值实现,它可以灵活地处理微尺度下异质外延结构中的有限塑性变形。

在所有的位错建模方法中,相场法(PFM)受到越来越多的关注,对基于场位的位错力学。Acharya 于 2001 年提出了一个通用的晶体塑性模型,位错密度是主要的内部变量,并通过有限元实现该理论,它已用于研究多层薄膜的机械响应。受扩展有限元法(FEM)裂纹建模的启发,位错由远离核心的 Heaviside 函数建模,但在核心周围采用了富集函数。然而,这种富集函数不适用于各向异性材料。Kelton 等于 2010 年认为,在位错滑移介导的晶体塑性流动中,位错在自由表面、晶界和不相干的界面上不断被消除,并且可以以各种方式使其无限制。因此,需要持续不断地供应滑移位错。然而,这通常不涉及形核,因为在塑性变形过程中,位错会通过各种机制增长,包括在 Frank-Read 源中,位错线的一段晶莹剔透、在给定的滑动面上形成一系列位错环。然而,有些情况下需要位错形核,使初始无位错晶体(如金属晶须或在小表面凹痕,或在错配纳米粒子周围)屈服;在超过临界薄膜厚度的外延薄膜中产生错配位错、脆韧转变、高温合金单晶的蠕变。因此,即使在退火良好的金属中,位错密度也足够高($10^{10}/m^2$ 的数量级),我们应首先考虑位错如何在无缺陷晶体中形成核。Kelton 于 2010 年研究了在超过临界薄膜厚度的外延薄膜中产生错配位错、脆韧转变、高温合金单晶的蠕变;Frank 于 2012 年认为:锡晶须的生长被解释为晶须表面的氧化产生应力的过程,该应力从主块中抽出连续的金属线,一种机制是由主块中的位错提供的,位错沿着晶须根部连续移动。因此,晶须轴应平行于位错的 Burgers 矢量,即晶体中的滑移方向,启动这个过程所需要的只是氧化或其他反应性气氛、表面上的一个小旋钮和一个位错,这样的话,晶须增长率的数量级可以令人满意地解释。晶须的厚度基本上是均匀的,这是因为晶须的生长速率随着半径的减小而迅速增加,但在一定半径以下,由于根部的拉伸应力使晶须断裂,因此该过程失败。

PFM 的优点是不需要明确地跟踪位错段,它可以在统一的框架内自动考虑单个位错之间的弹性相互作用以及位错与界面之间的相互作用。目前,位错的相场模型大多基于 Khachaturyan 和 Shatalov 的微塑性理论。在该模型中,用无应力非弹性应变来表示位错,通过精确的格林函数,将位错引起的弹性应变能表示为非弹性应变的函数。然而,对于复杂的结构或复杂的边界条件,解析格林函数解是不可用的。对于弹性非均匀结构,必须引入视为附加相位场的虚失配应变,并增加需要求解的方程的数量。用相场微塑性模型模拟了异质外延薄膜中的位错动力学,考虑薄膜和基底之间相同的弹性模量只是为了避免处理薄膜和基底之间的附加不匹配应变。此外,方程的求解采用快速傅立叶变换方法,这限制了其在核壳纳米柱等复杂结构中的应用。此外,基于 Ginzburg-Landau 型演化方程,相场微塑性模型本质上是完全黏性的,不区分储能和耗散能 Wokulski 于 2015 年用 X 射线形貌仪、透射电子显微镜(TEM)和 Eshelby 法测定了晶须状 TiN 晶体的微观结构。研究发现,生长的锡晶须状晶体具有很高的结构完善度。在少数情况下,观察到的位错是变形型位错,只发生在晶须的脆性断裂区域。在所测试的晶须状晶体中,没有发现轴向位错。而在微尺度晶体塑性模型中,基于晶体塑性理论,直接将无应力弹塑性应变视为塑性应变。每个滑移系的塑性滑移用相场来描述,以模拟单个位错。通过晶体塑性本构模型,将弹性应变能表示为弹性应变的函数。基于区分塑性变形过程中能量机制和耗散机制的热力学一致性框架,从虚功原理出发,导出了准静态应力平衡与塑性滑移演化的耦合平衡。然后用有限元法直接求解边值问题。该模型可用于复杂结构或复杂边界条件下无法得到解析格林函数解的情况,这是该模型的一个优点。另一个优点是异质外延结构中的弹性模量不匹配很容易得到治疗,而不会产生额外的并发症。此外,通过有限元数值实现,它可以灵活地处理微尺度下异质外延结构中的有限塑性变形。Gutkin 于 2011 年建立了晶界边缘位错模型,并进行了深入的研究。主要结论是:微裂纹可以刺激远离裂纹尖端的厚 DT 片晶的形核,基于位错机制的晶体塑性理论,通过描述位错的集体行为来描述尺寸效应和包辛格效应。然而,在连续介质晶体塑性理论的框架内很难捕捉到单位错行为,这对于在微观尺度上研究晶体的力学性能具有重要意义。为了深入了解原子尺度位错机制,进行了大量 MD 模拟,给出了许多有价值的结果(Xu 等,2013;Zhou 等,1998;Zhou 等,2006)。然而,由于计算能力的限制,该方法所能获得的时空尺度是有限的。同时,用于减少计算时间的高应变率会影响位错的演化特征。此外,离散位错动力学(DDD)模拟方法可用于研究更大时空尺度的问题,是揭示亚微米尺度塑性机制的理想方法。其中,Renuka 于 2017 年锡晶须在聚焦离子束(FIB)/扫描电子显微镜(SEM)中的原位拉伸试验研究中,采用基于微机电系统(MEMS)的拉伸试验台,压痕法和炉时效法在铜盘上电锡膜,使用双束聚焦离子束(FIB)进行试验,通过能谱分析晶须中的氧含量和透射电镜(TEM)观察晶须的微观结构和晶须的变形机制,研究了加工工艺对观察到的强度变化的影响,发现晶须的强度随标距的增加而降低,老化晶须比凹痕晶须弱,观察到的标距效应可归因于发现更多缺陷的可能性。结果表明,压痕法生长的晶须在变形前后均无位错;相比之下,时效生长的晶须即使在变形之前也显示出显著的位错含量(以低能组态排列)。

Zhuang 于 2019 年发展了几种完全基于连续介质力学框架的位错建模方法,最大优点是基于场位错力学直接求解平衡场。晶须具有高强度证实了位错理论的预言,通过降低位错的密度和在位错位置减少位错运动的能量,可以使晶体内部的残余应力变小。位错在一定温度下更容易移动,位错有向系统中应力能比较小的区域堆积的倾向,在排列过程之后,位错形成倾斜角很小,取向错误(多边形)只有几度的晶粒边界。位错角度导致尖锐的二维边界,在这些区域里的位错密度变小。这些区域的晶粒是亚晶粒。在多边形化后发生粗化,小角度边界在晶粒生长时会吸纳更多的位错。魏钟晴于 2020 年依据晶体生长的基本过程,讨论了螺型位错的来源、晶须的生长机制以及生长动力规律,从热力学角度分析了界面能对晶须形态的影响。

晶界边缘位错模型如图 4.16 所示。

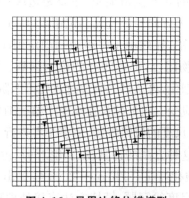

图 4.16　晶界边缘位错模型

陷结构层次结构中的下一个是位错,这些线缺陷与晶格有明确的晶体学关系。两种基本类型的位错——边缘位错和螺旋位错,如图 4.17 所示。边缘位错可以通过将额外的一排原子楔入一个完美的晶格而产生,而螺旋位错则需要切割,然后将产生的两部分相互剪切。含有位错的晶体的几何结构是这样的:当试图在周围晶格中绕其轴进行简单的闭合遍历时,会出现闭合失败,即最终到达由晶格矢量从起始位置偏移的晶格位置,所谓的 Burgers 向量 *b*。这个向量垂直于刃位错线,平行于螺旋位错线。代表原始未变形晶格的单个立方晶胞现在在位错的存在下有些扭曲。因此,即使不在晶体上施加外力,每个位错周围也存在内部应变(应力)状态。此外,由于晶格畸变不同,边缘和螺旋位错周围的应变(应力)也不同。靠近位错轴或核心的应力很高,但根据 $1/r$ 关系,应力随距离(r)而下降。

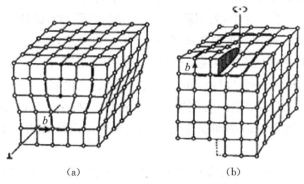

(a)   (b)

图 4.17　两种基本类型的位错
(资料来源:Ohring, 2002)

与空位相反,位错不是热力学缺陷。由于位错线沿特定的晶体学方向排列,其统计熵较低。由于涉及许多原子,再加上形成能很高,热力学预测每个晶体的位错含量不到一个。因此,虽然可以制造出没有位错的固体,但不可能消除空位。

位错储存的形式提供了有关硬化行为的额外信息。在第一阶段,位错存储主要以良好屏蔽的多极群或多角化低角度壁堆的形式出现,透射电子显微镜(TEM)证实,储存的位错主要是边缘特征与螺旋组件,显然已相交叉滑动。在第二阶段,位错储存的主要形式是大致垂直于一次系统 Burgers 矢量的开放位错编织,主要是边缘特征。对编织物中位错含量的衍射对比分析表明,平行于(110)方向的短直无柄位错段(Lomer-Cottrell 段)高度集中,这些位错段是由于交叉滑移而形成的,显然用于将编织物固定到晶格上。在第二阶段末期和整个第三阶段,这些开放的编织物闭合,形成闭合的位错细胞。随着第三阶段流动应力的增加,细胞以明显的自相似形式细化,再从第三阶段过渡到第四阶段时,壁变得清晰,并且在整个第四阶段中,这种在主拉伸应变方向上拉长在规模上继续细化。

为了进一步深入了解原子尺度的位错机制,诸多学者进行了大量的 MD 模拟,得到了许多有价值的结果。然而,由于这种方法的计算能力和空间尺度是有限的;同时,用于减少计算时间的高应变率影响位错演化特征。Zhuo 于 2019 年提出了离散位错动力学模拟方法(DDD),可用于研究更大时空尺度的问题,模拟方法直接处理离散位错线,根据瞬时应力场更新位错位置。应力场包括通过求解边值问题计算出的外载荷效应、由其他位错或其他类型缺陷引起的相互作用应力,以及由自由表面或界面引起的像力等,然后根据迁移率定律计算位错运动速度,即用于更新错位位置。位错迁移率规律取决于晶体结构和材料性质,通常通过分子动力学模拟结果、理论分析或拟合试验数据得到。首先,在已知位错滑移面积后,根据 Orowan 关系可计算出相应的塑性应变;其次,用塑性应变减去总应变,即可计算出弹性应变;最后,根据计算的弹性应变更新应力场。除了计算位错速度外,还需要对拓扑结构进行更新,以处理位错之间的短程相互作用,如结的形成和紧密相反符号位错之间的相互湮灭。为了进一步提高 DDD 模拟方法的性能,DDD 有时会与有限元方法耦合,使其能够处理复杂的边界条件,捕捉有限应变效应,准确计算像力。离散位错动力学的计算流程如图 4.18所示。

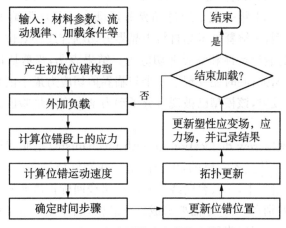

图 4.18　离散位错动力学的计算流程

　　Tian 于 2021 年针对晶须倾向于从铝基体上锡涂层中的(001)晶粒生长进行研究,采用电子背散射衍射(EBSD)技术,对 50 μm 厚共晶 Sn‑Al 合金涂层时效前后的晶粒取向进行了原位观察,发现锡晶须优先从(001)或近‑(001)晶粒生长,这些晶粒被具有垂直取向的晶粒包围,如(100)、(110)和(210),涂层中的压应力是不均匀的,(001)晶粒在晶界附近表现出较高的压应力,平面匹配导致 β‑Sn 中约 0.7% 的错配应变,对晶须的生长影响不大;在(001)晶粒中发现位错堆积,并被 Sn 氧化物层排斥,从而给出了氧化物开裂的可能性;晶须与下晶粒之间存在晶界,晶须早期生长的主要扩散方式是晶界扩散和管扩散。

　　目前,学者们对位错机制的研究主要分为如下三类。

1) 基于锡原子迁移的位错理论

　　Peach 于 1952 年提出的基于锡原子迁移的位错理论也被称为"晶须尖端生长"的位错机制指出,锡晶须是由锡原子通过晶须中心处的螺旋位错迁移而来的,这些迁移的锡原子随后在晶须尖端上沉积;Ke 等于 1961 年通过蒸汽还原法对铜和铁晶须的生长进行了试验,根据对壁部上生长的铜和铁晶须的分布方式和生长方向的观察,这些晶须的生长从尖端开始。此外,试验表明,氯化亚铜(或亚铁)蒸汽优先在晶须尖端处被氢还原,这可能是由于螺旋位错在尖端产生的表面台阶的催化作用,直径为 50～120 μm 的铜晶须显示出层状生长,堆积形式和层状生长。这种特殊的生长行为可能与一维和二维成核和生长的交替有关,他还分析了弹性单轴应变对 In$_2$Bi 单晶晶须电阻的影响。

Linborg(1976)提出了晶须生长的两阶模型：第一阶段是基于位错爬升和空位扩散的位错环扩展，第二阶段向晶须表面逐步位错滑移，最终在晶须晶粒表面沉积一层锡结晶，但这些机制很快就被证明是错误的。

Key 等分析了弹性单轴应变对 In$_2$Bi 单晶晶须电阻的影响；Chiu 等的研究成果认为：Cu-Sn3.5Ag-Au 焊点的电迁移导致金属间化合物的旋转，在未反应焊料中产生的锡晶须被认为是由 IMC 旋转引起的机械应力引起的。显微组织观察和透射电镜电子衍射结果表明，锡晶须生长过程中夹杂着明显的位错；锡晶须中位错的存在表明晶须生长经历了湍流(Chiu，2009)；Onuki 等展示了锡晶须研究的最新成果，用显微镜对空气中晶须成核的原子力原位观察，结果表明在晶须萌生过程中，晶须顶部和相邻晶粒的表面形貌发生变形。

中南大学的 Li 于 2014 年研究了通过晶界剪切耦合迁移增强纳米晶材料中的位错发射，建立了一个理论模型，来解释纳米晶材料中晶界剪切耦合迁移对位错发射的影响。确定了启动发射过程所需的能量特性和临界剪切应力。结果表明，当剪切耦合迁移为主导过程时，位错发射可以显著增强；同时还发现了一个与临界剪切应力最小值相对应的临界耦合因子，导致了最佳的位错发射，该模型已被现有分子动力学模拟定量验证。

2) 螺旋位错机制

螺旋位错生长机理(screw dislocation growth mechanism)是非理想晶面上的电结晶机理。此理论认为，实际晶体是不完整的，生长面上存在螺旋位错露头点，可以作为晶体生长的台阶源，在晶体生长过程中，生长台阶绕着螺旋位错线回旋扩散而永不消失。这一机理与二维成核生长机理的差别在于：它不需要形成二维晶核，晶体在一定条件下就能生长。螺旋生长的速率主要取决于金属吸附原子的表面扩散速度。有学者研究得出晶须的轴与位错的柏氏矢量平行，而氧化或活化的气氛、表面的小凸出物以及位错(尤其是螺旋位错)则是晶须生长的先决条件。另有学者研究了晶须形成和生长的螺旋位错模型，每个到达表面的完整位错环都使表面增加一个柏氏矢量厚度。Eshelby 在 Galt 和 Herring 对锡的薄晶须的观察中基础上，得出了圆柱体中螺旋位错的性质，位于晶须发射环底部的位错源，通过向边界爬升扩展，位错环向表面滑动并在表面沉积一个原子的半平面(Eshelby，1953)。1954 年，Koonce 等观察到晶须在生长过程，他们观察到，随着晶须总长度的增长，晶须尖端的形态随着时间的推移而保持不变，这意味着晶须是从添加到其基部的材料中被推上来的，因此，晶状的生长是从底部开始的。为了进一步解释锡晶须的生长是从底部开始，英国布里斯托大学的 Frank、Eshelby(1953) 和 Amelinckx 等提出了 3 种生长机制。其中，Eshelby 提出了旋转边缘位错，该位错固定在与表面成直角的螺旋上。从理论上讲，每旋转一圈，旋转边的位错就停留在同一平面上，并在晶须基底上增加一层锡原子；Amelinckx 等提出的用于晶须形成和生长的螺旋位错模型认为，这些螺旋棱镜位错被认为是通过爬升机制移动到表面的，螺旋到达表面的每一个完整的环都会增加一个伯格斯向量的材料厚度。Fisher 1954 年的试验表明，在 7 500 psi[①] 的压力下，锡晶须的生长速率可提高 10 000 倍。结果表明，这些晶须可以表现出三个生长阶段：①诱导期；②一段稳定增长的时期；③突然转变到一个慢得多的增

① 1 psi＝1 ppsi＝6.894 76×10^3 Pa。

长率。其中第②阶段的增长率与施加的压力成正比。自发生长速率相当于每克锡原子约110焦耳的自由能耗散，最快的加速速率约为该值的104倍，证实了锡晶须是从基部而不是尖端生长的。

Muller 等于 1959 年对铁晶须中成对螺旋位错进行观察；Sears 于 1961 年在显微镜下观察了反应生长的氧化铝晶须锥形尖端的 Eshelby 扭曲，发现在晶须从基体断裂过程中发生的不均匀弯曲可以消除扭曲和相关的螺旋位错；Surowiec 于 1976 年采用多种 X 射线和光学技术，特别是 X 射线衍射形貌研究了氯化亚铁氢还原法生长的铁晶须，研究了(100)、(110)和(111)轴方向的 36 个晶须，发现三个(111)晶须显示出围绕轴的晶格扭曲，厚度从 20 μm 到 260 μm 位错分布不均匀。

Furuta(1969)研究了 Al-Sn 合金锡相中锡晶须的生长过程，在扭结的锡晶须中观察到的角弯曲的特殊分布和扭结的形成用以下假设来解释：①锡晶须和锡相母体材料之间的非相干边界对应于所谓的重合位边界，在这个重合点上，晶须在生长过程中由于晶须根部的应力不平衡而引起晶界滑移。同时，对 Ellis 等于 1958 年提出的晶化生长概念进行了修正，从理论上探讨了晶须的生长过程。结果表明，晶须的生长速率与母材的应变能成正比，与晶须的厚度无关，晶须的最大厚度与应变能成反比。这些结论与试验结果吻合得很好；Ke 等于 1961 年发现当基体材料的晶体结构与晶须的晶体结构相似时，晶须的生长会得到促进。由此得出的结论是，晶须的生长是通过涉及轴向螺旋位错的机制实现的。Heinz 于 1993 年通过研究获得了边界网络中的位错间距和相关旋转角参数。

Hu 于 2008 年研究了 Sn3.8Ag0.7Cu1.0Y 钎料上 YSn3RE 相表面锡晶须的生长行为。结果表明，在室温时效条件下，YSn3RE 相表面锡晶须生长迅速，生长速度可达 10 m/s，长度可达 200 μm，YSn3RE 相不均匀氧化是导致锡晶须生长旋转现象的主要原因。

蒋持平于 2003 年研究了圆形夹杂与基体对有限厚度界面层螺旋位错的干涉问题，结合复变函数的分区亚纯函数理论，施瓦兹对称原理与柯西型积分运算，发展了多连通域联结问题的一个有效分析方法，将 3 个区域应力函数的联结问题归为界面层应力函数的函数方程，并求得了显式级数解。利用该结果，研究与讨论了界面层螺旋位错能与位错力。

刘凤仙于 2016 年基于离散位错动力学方法，建立位错攀移-滑移耦合模型，进而对微柱中螺旋位错线的形成机理进行了系统的研究。其中，位错攀移模型，主要通过耦合空位扩散求解；对于位错滑移，采用黏滞力模型进行求解。最后将攀移和滑移速率叠加，作为位错段节点运动速率，在统一框架下求解位错攀移和滑移。利用该计算方法，模拟了螺旋位错线的形成，与试验结果吻合较好。同时讨论了空位浓度、外载荷以及初始构型等因素对螺旋位错构型的影响。并将进一步与理论结果对比，深入地探究了螺旋位错线的形成机理。

吕柏林于 2019 年公开了一种蜷线位错原子结构的建模方法，主要内容包括，在给定包含晶体模型原子结构信息文件的前提下，根据拟创建蜷线位错原子结构的 Burgers 矢量，位错线位置，滑移面和位错线形态的要求，使用编程语言提取文件中晶体模型的原子结构信息，自动计算出包含符合要求的蜷线位错原子结构的晶体模型的原子坐标，然后按计算机仿真技术能识别的文件格式输出数据到文件。本发明可方便快捷地在晶体内部指定位置直接创建指定方位,组态和形态的蜷线位错原子结构,为计算机仿真技术对蜷线位错的形态及行为的精准研究创造了有利条件。

3) 位错滑移机制

在足以引起塑性变形的应力下,位错滑移(glide dislocation)是韧性晶体材料的主要机制。位错运动受到杂质原子、沉淀和其他位错等障碍物的阻碍,位错滑移与晶体宏观范性形变有着密切的内在联系,晶体宏观的范性形变本质上是晶内微观的位错滑移的总体效应。利用位错的滑移可以解释晶体的实际屈服强度远低于理论值的原因。Franks 于 1956 年提出了一种晶须生长的位错滑移机制,对此机制进行了进一步的详述,这一机制,使晶须因晶格缺陷而固定,从而在应力场的影响下充当位错源,这些固定的位错被认为是通过滑动来生长晶须;余和五于 1990 年根据晶须中螺旋位错的存在,在宏观上将使晶须扭转一定的角度的情况,提出了两种较精确的晶须扭转角度的测量方法,且所测的都是单晶晶须的局部扭变,其中方法一所测结果的有效位数可达三位;Takemura 等研究了晶须生长方向与晶体结构的关系。

Lee 等于 1998 年研究了锡在磷青铜片上电沉积时锡晶须的自发生长机理,锡晶须演化的驱动力是在锡沉积层中,尤其是在锡膜的晶界中,由于 Cu_6Sn_5 的金属间化合物的形成而产生约 8 mPa 的双向压缩应力。双轴压应力产生垂直于薄膜平面的应变,这取决于锡晶粒的取向,由于沿厚度方向不同晶粒应变的差异所产生的剪切应力,使得锡表面氧化膜大致沿晶粒边界剪切,而晶粒的特定取向与薄膜的主要织构不同,锡从晶粒中挤出,其表面氧化膜被剪切,挤压是通过位错环的爬升和随后沿滑移方向滑向表面形成晶须而连续发生的。

Ohring 于 2002 年认为:在薄膜中,存在的额外障碍是衬底和晶界的天然氧化物,在足以引起塑性变形的应力作用下,位错滑移是韧性晶体材料的主要机制。位错的运动受到诸如杂质原子、沉淀物和其他位错等障碍物的阻碍。在薄膜中,存在的其他障碍是自然氧化物、衬底和晶界(见图 4.19、图 4.20)。

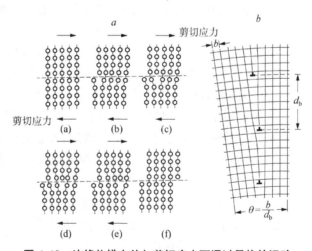

图 4.19　边缘位错在外加剪切应力下通过晶格的运动

图 4.20 应变硬化不同阶段的位错显微结构
(a) 铜第一阶段多极位错结构的蚀坑图案　(b) 铜晶体中的位错编织,在 77 K 下变形至 $\tau=20\,\mathrm{MPa}$,在第一平面切片上观察　(c) 室温下变形为第三阶段的 Cu 晶体中形成的闭合位错胞　(d) 室温下变形为 $\gamma=3.46$ 应变的纯 Al 多晶体中的位错结构进入第四阶段

Zavodinsky 等于 2010 年观察了在(111)方向的定向生长钨晶须。

中国科学院金属所利用球差校正电镜,发现在 Laves 相金属间化合物中,位错通过反复地在上下两个不同的滑移面间来回跳跃,从而以波浪形状的路径向前滑移,这种位错滑移机制的产生归结于 Laves 相中不同原子层之间结合力的不同,特殊的变形机制将有利于解释金属间化合物在高温变形时存在脆-韧转变的特性,该研究结果已在 *Physical Review Letters* 上发表。Sarobol 等认为:晶须和丘状晶生长是通过耦合局部 coble 蠕变、晶界滑移和剪切诱导的晶界迁移。

Shan 报道了 Sn 单晶样品的原位定量透射电镜变形试验,认为位错滑移和形变孪晶引起的位移变形通常在晶体材料的室温塑性中起主导作用,当样品尺寸从 450 nm 减小到 130 nm 时,扩散变形取代位移塑性成为室温下的主要变形机制。同时,强度-尺寸关系由"越小越强"变为"越小越弱"。根据试验数据计算的有效表面扩散系数与文献报道的边界扩散系数吻合较好。观察到的变形模式的变化是由位移过程的 Hall-Petch 强化过程和 Coble 扩散软化过程之间的样本大小相关的竞争引起的,此发现对金属纳米间隙等纳米器件的稳定性和可靠性具有重要意义。

晶粒旋转是多晶材料高温变形和再结晶过程中的一种常见现象,Wang 于 2014 年研究了纳米铂晶界位错介导的晶粒旋转,发现对于 $d<6\,\mathrm{nm}$ 的晶粒,塑性机制从大晶粒($d>6\,\mathrm{nm}$)中的交叉晶粒位错滑移转变为多晶粒的协调旋转模式,晶粒旋转的机制是位错在晶界的爬升,而不是晶界滑动或扩散蠕变,原子尺度图像直接表明,相邻晶粒间错向角的演化可以通过晶界中 Frank-Bilby 位错含量的变化来定量解释(见图 4.21、图 4.22)。

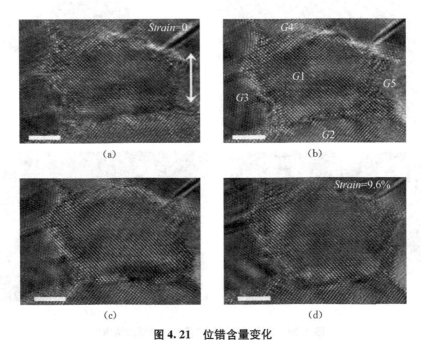

图 4.21　位错含量变化

(a) GB1~GB3 处有两个 GB 位错　(b)~(d) 在应变过程中,位错数量增加,导致 G1~G2 处的 GB 角从 8.3°增加到 13.5°

注:比例尺,2 nm

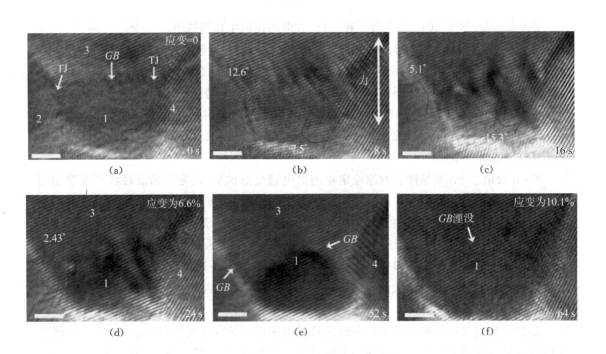

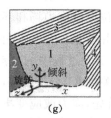 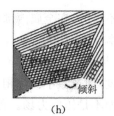 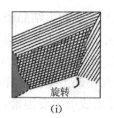 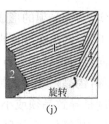

(g)　　　　　　　(h)　　　　　　　(i)　　　　　　　(j)

图 4.22　b 中的白色箭头表示加载轴

(a) G1 被大角度 GBs 包围　(b)、(c) 应变时,G1 出现(110)点阵,GB1~GB3 和 G1~G4 变成小角度 GBs　(d)
(e) 随着进一步的应变,G1 中的(110)轴向晶格转变为条纹　(f) GB G1~G2 出现,G1~G4 扩展为长 GB　(g)~
(j) 对应于(a)~(f)的示意图,以说明 G1 在拉伸应力下的旋转过程

注:比例尺,2 nm

　　Sun 对长期压应力作用下 SnAg 微凸块上表面锡晶须的生长行为和形貌进行研究,高分辨透射电镜结果表明,锡晶须及其相邻晶粒内部存在位错和层错,孪晶界为不规则的孪晶位错区,位错可以通过孪晶晶界从相邻晶粒滑移到锡晶须晶粒中,导致晶须在压应力作用下生长。

　　Zhuang 于 2019 年建立位错滑移-爬升耦合模型,研究了亚微米柱体中螺旋位错的形成机制和高温退火硬化,在三维离散位错动力学框架下讨论了热激活位错的滑移和爬升。爬升速率由穿过位错核的空位体积通量决定,该通量是在稳态扩散假设下通过解析求解空位扩散方程得到的采用有限元方法,提出了一种自适应耦合方法,解决了滑移与爬升之间的大时间尺度分离问题,为求解滑移-爬升耦合过程提供了准确有效的方法。通过位错滑移-爬升耦合模拟,研究了螺旋位错的形成机理及影响螺旋构型的因素。在亚微米柱中观察到了明显的预训练软化效应和退火硬化效应,模拟结果与试验数据吻合较好。

　　已经有一些出版物与滑移位错理论相冲突,Smith 等于 1958 年在晶须的 X 射线研究中,观察到晶须生长在几个晶体学方向上,没有螺旋位错的迹象;1963 年,Luborsky 等于 1963 年研究了铁、钴以及铁-钴晶须的晶体学取向与氧化行为;Treuting 于 1957 年通过对晶须弯曲角度分布的研究认为,晶须弯曲角度分布的峰值位于晶格中低指数面之间的角度上,由此他得出结论,他的观察与晶须生长的位错机制不一致或不相容;Ellis 等于 1958 年研究结果表明,并非所有晶须生长方向都是低指数的滑动平面方向。由此推断,位错理论不能支持非滑移平面晶须生长方向。Lebret 等于 2003 年通过 TEM 观察,注意到晶须和它们下面的晶粒是无位错的,并且没有扩展的缺陷,这个观察意味着晶须的生长并不需要位错。此外,晶须轴的存在(非滑移方向)也表明滑移位错机制是不适用的。

4.2.4　动态再结晶机制

　　有很多学者比较了已知的所有的晶须生长方向,发现并非所有晶须的生长方向都在低指数滑移面上,并据此认为位错理论无法解释晶须在非滑移面的生长,而需要另一种理论,也就是再结晶机制来解释,晶须的形成和生长可以被看成"特殊形式的再结晶"。用镀层热处理后的晶粒生长被抑制的现象证明镀层晶粒的再结晶对晶须生长起到重要影响,发现细晶粒 Sn 镀层中的位错环数量比粗晶粒 Sn 镀层中的多,并据此推测晶须是在再结晶晶粒上长出来的。

事实上,锡晶须的形成与生长和再结晶密不可分,在金属内部位错微应力场和环境温度的作用下,某些晶粒发生再结晶。而再结晶晶粒与周围晶粒在自由能方面的不匹配导致整个系统向自由能最小化方向演变,晶须的形成与生长就是这个最小化过程中的自然产物。有报道称,锡晶须背后的神秘驱动力是应变梯度,通过数字图像相关(DIC)分析发现,应变或应力梯度是导致晶须或小丘形成的主要因素,而不是压应力场。首先,应力或应变集中是通过多种原因[氧化、金属间化合物(IMC)形成、CTE 失配等]在晶界内产生的;其次,应变能可以在任何晶界处计算,当应变能达到一个临界值时,具有较高应变梯度的晶粒会对相邻的弱晶粒造成损伤;最后,在这些损坏的晶粒位置,再形核发生,最终生长出新的晶须晶粒。此时,由于新形成的锡颗粒具有较高的表面扩散率,锡原子沿着表面开始向晶须底部移动,并继续延伸晶须。小角度的晶粒边界可能会成为最先生长锡晶须的位置,这是由于它们的能量低。能量低的位置(如能量低的晶粒边界或再结晶的晶粒)是锡晶须生长的基础。锡晶须一般是(尽管还不是总是)在锡表面上晶粒边界交界的位置开始生长,或者是在聚集大量晶粒边界的位置开始生长,而不是从基板的表面开始生长。锡表面上的晶粒边界交界比较多时,会生长更多的锡晶须。不过,角度大的晶粒边界对扩散路径有利,可能是保持锡晶须生长的关键。在锡晶须生长时,必须通过围绕晶粒的晶粒边界网络,或者通过晶格扩散,把锡晶须生长的需要的锡原子输送到晶粒的位置。这个把锡元子输送到锡晶须晶粒中的移动是沿着晶粒的自由表面向上推,在表面上生长成锡晶须结构。在重新出现亚晶粒的边界移动的影响和再结晶的成核过程时,大角度晶粒边界的移动的实质是再结晶和晶粒生长。

根据 Lee 等的观点,晶须生长是应力释放的一种形式,其中单个晶粒的平面取向,例如,如果晶粒为(420),则首选方向为与晶向相反的(220)。周围的晶粒由于这种不同的平面取向,外部应变的增加会迫使氧化物层形成裂纹,块状锡的过量应力释放从而形成晶须。Lee等还指出,Bardeen-Herring 位错将锡原子传输到裂纹,直到应力消除为止。在 Cu - Sn 合金中,应力的产生是由于 Cu 原子向 Sn 内进行填隙式扩散并生成 Cu_6Sn_5 金属间化合物(IMC),IMC 长大造成的体积变化对晶界两边的晶粒产生了压应力。一般来说,在 Sn 镀层中某一固定体积 V 内包含 IMC 沉淀相,吸收扩散来的 Cu 原子后,并和 Sn 反应不断生成 IMC,就势必在固定体积内增加了原子体积。例如,在某一固定体积内增加一个原子,如果体积不能扩展则会产生压应力。当越来越多的 Cu 原子(n 个 Cu 原子)扩散到该体积中生成 Cu_6Sn_5 时,固定体积内应力就将成倍地增加。

动态再结晶(DRX)是静态再结晶的增强,当缺陷结构的应变能降低而没有同时发生额外变形时,就会发生静态再结晶。相反,DRX 是由同时发生的变形引起的,应变能一旦发生,镀层中存在晶体缺陷的条件下,锡晶粒会发生再结晶,而晶须就是这种特殊尺寸在空间上自由生长的表现。再结晶晶粒与周围晶粒在自由能方面的不匹配导致整个系统向自由能小的方向演化,这些新颗粒是在位错堆积和缠结所产生的驱动力下生长的,位错在直立形成的晶界上堆积和纠结,使它们成为可能晶须生长的新的晶粒起始位置。晶须的形成与生长就是这个小化过程的自然产物,这些位错堆积和缠结会从材料中消除应变能。如果超过了极限,DRX 会继续生长新晶粒(小于原始晶粒)的核,很快生长的晶粒就像之前已存在的晶粒一样,在施加应力的情况下,会变得容易受到边界处缺陷密度增加的影响,这个循环一直持续,直到材料中的应力消失为止。贝尔实验室的 Ellis 等于 1958 年首次提出再结晶在晶须形成和生长过程中起着关键作用；Glazunova 等于 1963 年指出锡晶须是再结晶的一种独特形式；Overcash(1972)研究了锌、锡、铋的单晶晶须的形变孪晶；Morris 等于 1974 年提出 α-锡晶须的结晶学；Siegel 等(1976)实现了金属晶须生长轴的快速测定；Kakeshita 等于 1982 年从他们的工作中总结出，晶须在再结晶晶粒上生长。

欧洲航天局(ESA)的 Dunn 于 1987 年发表的论文《锡晶须生长的实验室研究》，通过分析 ESA 积累的锡晶须试验数据，发现机械应力并没有加速样品中晶须的形成和生长，他没有解释机械应力测试的否定结果。他得出的结论是诸如扩散和再结晶等冶金过程发生在晶须形成过程中。Belgorod 等于 1994 年发现了铝电迁移在薄膜的某些结构点，如晶界结和小丘引起的晶须生长，通过试验证明了在工业纯钛在 α 区的热变形过程中，会发生动态再结晶，并伴随着这种过程中不典型的稳态硬化，同时试验揭示了加载速率条件对流动应力-变形曲线形态和微观组织演化的影响。改变这些条件可以使曲线具有最大应力(通常用于动态再结晶)，并在变形的某个阶段发生超塑性流动，形成了精细的微观结构。

Schulz 等于 1987 年研究了锌和锌-银晶须的生长和晶体取向；Schetty 于 2002 年在研究晶须生长现象(Schetty，2001)与电沉积锡的冶金性能基础上，提出了一种能产生具有非柱状、多面颗粒沉淀的锡化学原理；Lebret 等于 2003 年也提出了再结晶是晶须形成的基本机制；Boguslavsky 等(2003)广泛讨论了再结晶原理以及它们如何用于晶须生长。

Vianco 等于 2009 年提出了一个将晶须在金属和合金中的生长归因于动态再结晶，特别是材料表面的动态再结晶的模型。DRX 工艺的每一步都与晶须的形成有关，DRX 模型依赖于新晶粒萌生和生长的变形过程，DRX 显示出的随变形应变速率、温度和微观结构变化的依赖性与晶须的发展行为相关。反常的或超快的扩散机制，无论是自身还是与变形结构相关的，都为生长晶须提供了必要的物质传输手段。在该研究的第二部分中，测定了 Sn 的应变和速率动力学数据。第一部分和第二部分共同为发展预测工程应用中可能导致晶须生长的条件的能力提供了关键的一步。

Xi 等于 2006 年提出了 t-硒纳米管的再结晶新生长机理；Au 等于 2007 年针对弹性应变能 r 驱动的增量再结晶/晶粒长大进行研究发现大块合金焊料的热应力由于热循环测试和 Sn 晶粒再结晶过程中的热应力而不稳定；Zavodinsky 等研究了沿(111)方向定向生长钨晶须(Zavodinsky 等，2010)；Vianco(2011)根据 DRX 是锡晶须形成的机理，提出了一种将金属和合金中晶须生长归因于 DRX 的模型，给出了该模型依赖于导致新晶粒萌生和生长的变形过程的细节，得出了所表现出的与变形应变速率、温度和微观结构之间的依赖关系与晶须的发展行为关系。Illés 等于 2011 年对退火和再结晶锡镀层上的晶须生长研究。

Illés 于 2012 年利用三组不同的样品：参考样品、退火样品和再结晶样品，通过老化加速探讨了退火及再结晶对锡晶须生长的影响，用扫描电子显微镜(SEM)观察了晶须的生长，并用晶须的平均长度、最大长度和平均密度进行了评价。结果表明，在不同的时效条件下，晶须的出现和生长随预处理的进行而减少。

Sarobol 等和 Handwerker 等基于局部微观结构和晶界性质建立了锡晶须预测和形成模型，同时再结晶作为热循环锡合金焊料膜上晶须和小丘的成核机理。

Vianco 等于 2015 年基于循环动态再结晶机制，结合长程扩散理论，对晶须和小丘形成的第一性原理模型进行了验证，建立了完全由拉应力驱动的扩散机制。通过将试验数据与三个层次的要求进行比较,验证了循环非连续接收机制,特别是长晶须或小丘的形成,贫化区仅仅是由拉伸应力驱动的扩散机制造成的,它证实了长程扩散的普遍性,因此它不能控制晶须或小丘的形成,除了在较低温度下减少热活化造成的活性损失之外,该模型为发展类似缓解长晶须生长的缓解策略铺平了道路。

Noriyuki 等于 2018 年对纯锡缓解晶须生长变形和重结晶行为进行初步研究,试验证明,温度的升高一般会促进晶须的生长,但大量的研究数据显示锡晶须在室温下生长速度较快,超过 127℃后晶须生长会被抑制。研究表明锡晶须生长的机理与变形和再结晶行为密切相关,因此了解其行为对于建立缓解晶须生长的措施非常重要。在这项工作中,通过 EBSD 对 β-Sn 单晶表征了由于刮擦而严重变形后的微观结构变化,并获得了变形后立即出现三种晶粒的结果:聚集的小颗粒、锯齿状的大颗粒和边缘颗粒。小晶粒被认为是由动态再结晶形成的。它们会在室温下长时间生长。大晶粒与基体具有一定的晶体学关系,其中大晶粒的(100)轴与基体几乎彼此平行。大晶粒的锯齿状边界非常稳定,以至于大晶粒没有显示出晶粒生长过程。稳定的边界被认为可以促进晶须的连续生长。

Sun 等于 2018 年发现压应力导致镀层中锡的再结晶,从而导致晶须生长,稳定的晶界促进晶须生长。动态再结晶理论模型下晶须的生长如图 4.23 所示。

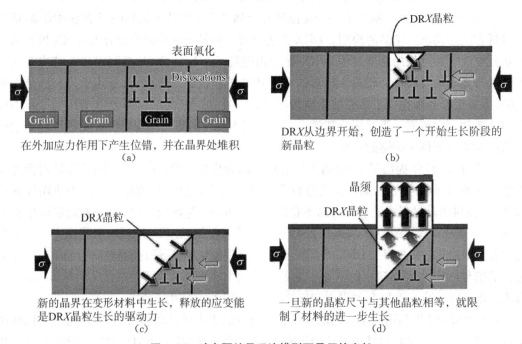

图 4.23 动态再结晶理论模型下晶须的生长

4.2.5 氧化膜破裂机制

Tino 等于 1969 年对铁晶须还原生长初期进行研究提出了一个新的理论概念,主要思想为"弱氧化物"层经允许晶须通过氧化物层中的裂纹生长来实现内部应力的局部释放,认为"双金属铜锡薄膜反应中自发晶须生长是不可逆的过程。"Sn 原子趋向于从高应力区运动到低应力区,由此发展出促使晶须生长的压应力梯度概念,当镀层表面的小突起不足以缓释晶须生长介质中直达表面的应力时,就会借助晶须的生长来消除。如在石英基板上分别真空沉积 Cu - Sn 双层薄膜和单层 Sn 薄膜,发现晶须只在下面有 Cu 层的 Sn 上出现,据此把 Cu - Sn 镀层结构中晶须生长的内部压应力归结为 Cu_6Sn_5 金属间化合物(inter metallic compound,IMC)的形成,并发展出晶须形成和生长的"氧化层破裂"生长理论。该理论的基本出发点是:晶须从表面氧化层薄弱的破裂处长出,局部压应力得到释放。晶须自身生长中形成的表面氧化膜制约了晶须侧面方向的生长,形成尺寸保持不变的横截面,被晶粒释放的应变能与生成表面氧化物所耗能量之间的平衡决定了晶须直径。在通常环境中,锡基钎料层整个表面均覆盖有氧化层,且 SnO 层是覆盖整个表面的一个完整体表皮层。进一步解释是指在通常环境中,锡基钎料层表面均覆盖有氧化层(SnO 层),晶须为了生长,就必须延伸使表面氧化层破裂,氧化层最容易断裂的位置就是晶须生长的根部。这种断裂一定要产生,以维持未氧化的自由表面,保证锡晶须生长所需的锡原子可以远距离扩散过来。表面氧化层对锡晶须的生长也起到至关重要的限制作用,它阻止了锡晶须的侧向生长,而使其沿单一方向生长,这就解释了为什么锡晶须具有像铅笔一样的形状,且直径只有几 μm。Ishihara 于 1996 年采用电沉积法在硫酸盐溶液中生长了 $20\sim50~\mu m$ 的 ZnNi 合金晶须,电流密度为 $20\sim40~mA/cm^2$,pH 值高于 2,晶须中 Ni 的含量为 2%～7%(质量分数),低于镀液中 Ni 的质量分数含量(8.5%),并出现异常共沉积,ZnO 薄膜覆盖了晶须表面,而 $Zn(OH)_2$ 薄膜没有覆盖。当氧化膜消失时,晶须尖端生长停止,晶须表面沉积了由 $\eta+\gamma$ 相组成的颗粒状颗粒($10\%\sim30\%$ Ni,质量分数),电沉积机制由异常共沉积转变为正常共沉积。当硫酸溶液中不加入 Ni^{2+} 离子时,既不形成 ZnO 薄膜,也不形成晶须,只生长 $Zn(OH)_2$ 薄膜。为了生长 ZnNi 晶须,需要 ZnO 薄膜。

Li 等于 1999 年以 Al_2O_3 为背景研究了铝基金属中氧化铝晶须的形貌及生长机理;Kim 等(1999)研究了电流和表面氧化对锡晶须生长的影响,并于 2010 年研究了电流和表面氧化对锡晶须生长的影响,认为基于"晶界结构纹理基本保持不变,锡晶须往往生长于已经产生的晶格纹理上",指出"经典的锡晶须再结晶化生长理论"并不严谨;Makoto 于 2009 年研究了铅对磷青铜基体上电沉积锡薄膜晶须生长的影响。随后的 FE - AES 观察显示,晶须在电沉积锡膜上的生长随氧化膜的形貌而变化。晶须生长受到抑制,同时锡镀层上形成的氧化膜变薄或易碎。锡镀层中的铅共沉积也抑制了晶须的生长。在 Sn - Sn - Pb 多层膜中,由于锡膜与基体之间的铅转移到表面,晶须生长也受到抑制。锡镀层中铅的存在对晶须生长的抑制作用归因于氧化膜变薄和脆化,取决于铅在室温下转移到表面的温度。

Kariya 等于 2001 年正式提出了"晶须氧化断裂机制",这与"典型的柱状哑光锡镀层纹理面随着时间的推移,镀层内部压力逐渐增大"的结论相反。

Wolfgong 于 2005 年叙述了表面氧化作为锡晶须生长机制的研究进展,讨论了表面氧化在锡晶须生长机理中的作用,目的是确定水(自来水和去离子水)对晶须生长的作用。结果表明,锡涂层的氧化加速了晶须的形成。在增加水分蒸发的试验中,晶须的生长速度比在正常蒸发率下暴露于水中的样品更快。两者的晶须生长速度都快于仅仅暴露在室内空气中,通过将试片暴露于人工氧化环境中观察到快速且不寻常的晶须形成。

Makoto 于 2010 年研究了铅对磷青铜基体上电沉积锡薄膜晶须生长的影响,FE - AES

观察表明,电沉积锡薄膜上晶须的生长随氧化膜的形貌而变化,晶须生长受到抑制,同时锡镀层上形成的氧化膜变薄或变脆,锡矿床中的铅共沉积也抑制了晶须的生长;Su 于 2011 年利用同步辐射 X 射线,研究确定了与晶须生长相关的应力变化,克服了晶须不可预测的生长特性,对生长动力学进行了精确的定量分析,得到了生长速率的精确测量,实现了对锡晶须自发生长位置的控制,研究结果可以解决几十年来的争论,并证明形成表面氧化层是控制锡晶须自发生长位置的必要条件之一。

Wolfgong 于 2013 年为了确定自来水和去离子水对晶须生长的作用,讨论了表面氧化在锡晶须生长机理中的作用,研究发现锡涂层的氧化加速了晶须的形成;暴露在水中的样品,增加水分蒸发速率比以正常蒸发生长得更快。通过将试样暴露于人工氧化环境中,观察到快速而不寻常的晶须形成。

Zhao 等于 2014 年基于等效球形粒子与强涨落理论对多针氧化锌有效电磁参数进行计算;Xue 等(2016)研究了 Nd 对 Sn-Zn 焊锡晶须生长的影响。

Liu 等于 2019 年叙述了半个多世纪以来,晶须的自发生长的神秘和灾难性,研究了氧化膜对锡晶须生长的限制作用,以 Ti_2SncSn 为基体成分进行调控,实现了锡晶须的快速生长。结论是:晶须形貌受氧化膜的影响,而在空气中生长的晶须形态为多面晶须,真空晶须表面形貌的演变是由表面能还原驱动晶须表面的重建。这一发现可能为揭开这个长期存在的问题的神话开辟了一条新的途径,从而制订出人们期待已久的无铅锡晶须缓解策略。

Otsubo 于 2020 年用透射电子显微镜观察了在黄铜板上镀锡的晶须,发现镀后的锡薄膜在 323 K 下保持 5 天,由非晶相和球形 β-Sn 颗粒组成,镀后立即形成非晶态相,保持此温度后,非晶态相结晶形成 β-Sn 颗粒。放置 14 天后,观察到许多直径为 $0.1 \sim 0.2\,\mu m$、长度为 $1\,\mu m$ 的棒状晶须。晶须由 β-Sn 单晶组成,表面覆盖着几纳米大小的 SnO_2 晶体。氧化物的生长似乎并不抑制晶须的生长,其原因是晶须生长过程中,细小的氧化物颗粒相互滑动旋转,覆盖 β-Sn 的氧化物发生变形。如果表层不能变形,晶须将继续生长,通过氧化层的破坏和再生维持核壳结构。

在国家重点基础研究发展计划 973 项目的资助下,中国科学院金属研究所(2013)完成了对锡晶须生长初期的选择性氧化过程以及薄膜样品上锡晶须的原位动态生长过程的研究,相关研究成果发表在 *Scripta Materialia* 65(2011)1049、*Acta Materialia* 61(2013)589 和 *Journal of Alloys and Compounds* 550(2013)231(见图 4.24)。

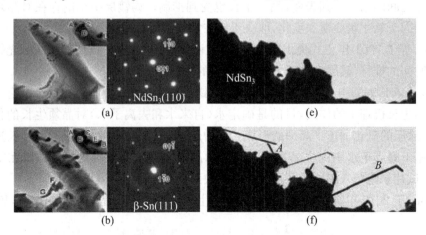

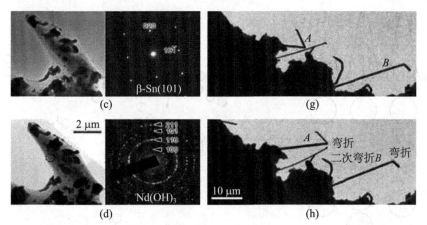

图4.24　锡晶须生长初期的选择性氧化过程以及薄膜样品上锡晶须的原位动态生长过程
(a)~(d) 锡晶须生长初期的选择性氧化过程,显示 $NdSn_3$ 基体逐渐转变为纯 Sn 颗粒(黑色)及 $Nd(OH)_3$ 纳米晶(浅色衬度)　(e)~(h) 薄膜样品上锡晶须的原位动态生长过程,显示晶须从根部开始生长,通过弯折(kink)来改变生长方向,且整体为单晶形态弯折处无界面等晶体缺陷
(资料来源:中国科学院金属研究所,辽 ICP 备 05005387 号,2013)

4.2.6　基于系统能量锡原子扩散机制

基于系统能量锡原子扩散机制实际上集成了活性锡原子机制、界面流动与晶界扩散等机制,也把氧化膜破裂机制的部分机理囊括进来,从应力、质量和原子扩散的能量来源及最终达到能量平衡的观点来描述晶须的生长过程。

图4.25 显示了晶体基质内相邻平面间原子扩散的模型。要使原子从一个晶格位置跃迁到另一个晶格位置,必须满足两个条件:①首先必须是原子可以进入的一个位置(如空位)(见图4.25中的 A);②原子必须有足够的能量推开并挤压周围的晶格原子,以达到激活状态(见图4.25中的 B)。当空位向左移动时,它很容易落入相邻的位置(见图4.25中的 C)。

图4.26 为晶体固体中的原子输运机制。

1) 利用应力和质量扩散分析预测锡晶须的生成

晶须生长的主要因素显然是镀锡中产生的压应力,压应力引起锡原子的扩散和局部集中,这导致锡晶须的产生和生长。从锡质量扩散的角度分析,这种压应力的来源包括在锡/铅-框架界面形成金属间化合物(Lee,1998)、锡的氧化和温度的周期性变化。Zhao 等考虑了弹性各向异性、热膨胀各向异性和-锡可塑性,建立的三维有限元分析模型(FEA),是评估温度周期性变化引起的晶须生长的有效方法。但是,它没有提供有关应变能密度与原子扩散引起的锡原子定位之间关系的信息,而锡原子定位,即锡原子密度分布的变化,是锡晶须生长的关键因素。

寺崎武在论文"利用应力和质量扩散分析预测锡晶须的生成"中,使用分子动力学(MD)模拟进行纳米级原子扩散分析,使用 FEA 进行宏观应力和质量扩散分析,并使用 X 射线衍射(XRD)用于晶体取向测量。使用电子背散射衍射图样(EBSP)测量晶须的附近。仿真结果表明,镀锡表面上较高的锡原子密度和较低的静水压力区域与产生的晶须的位置一致。

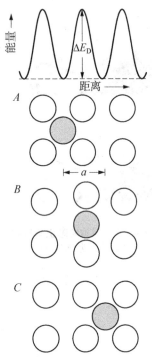

图 4.25　晶体基质内相邻平面间原子
　　　　扩散的模型

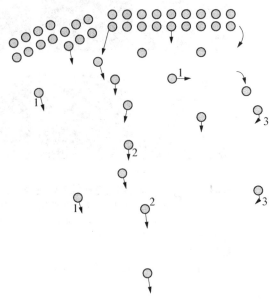

1—空位-原子交换引起的体扩散；2—晶界扩散和；3—
表面扩散。

图 4.26　晶体固体中的原子输运机制

图 4.27　热循环试验后镀锡表面
　　　　的 SEM 照片

然后通过试验对仿真结果验证，试件是由 $125\ \mu m$ 厚的商品铜材料制成并镀有纯铜的引线框架制成的，锡的厚度为 $10\ \mu m$，锡镀后，将试验片在 $150℃$ 下保持 $1\ h$，然后进行 $1\ 000$ 次热循环试验。热循环试验的条件为：$-40\sim85℃$，每个循环 $60\ min$（低温保持 $20\ min$，加热 $10\ min$，高温保持 $20\ min$，冷却 $10\ min$）。

热循环试验后镀锡表面的 SEM 照片如图 4.27 所示。凸起和凹陷对应于锡柱状晶，在 $102\ \mu m \times 105\ \mu m$ 的区域中可以看到 5 个非常短的晶须，从晶须和凹陷的邻接处，我们可以推断出凹陷中的锡原子助长了晶须的生长。

2）接触力对触点晶须生长的影响

锡晶须生长是锡原子在室温条件下，由于应力和松弛同时进行的动力学过程。因此，研究晶须的生长机理时必先了解其应力的产生、应力松弛的发生机制和晶须的生长特征等。应力产生机制应力的产生是由于 Cu 原子向 Sn 内进行填隙式扩散并生成 Cu_6Sn_5 金属间化合物（IMC），IMC 长大造成的体积变化对晶界两边的晶粒产生了压应力。一般来说，在锡镀层中某一固定体积 V 内包含 IMC 沉淀相，吸收扩散来的 Cu 原子后，并和 Sn 反应不断生成 IMC，就势必在固定体积内增加了原子体积。例如，在某一固定体积内增加一个原子，如果体积不能扩展则会产生压应力。当越来越多的 Cu 原子（n 个 Cu 原子）扩散到该体积中生成 Cu_6Sn_5 时，固定体积内应力就将成倍地增加。大部分晶界处的 Cu_6Sn_5 沉淀相是在共晶

SnCu 合金电镀过程中产生的。SnCu 镀层经过再流处理后，多数晶界处的 Cu_6Sn_5 沉淀相在凝固过程中析出。在熔融状态中，Cu 在 Sn 中的溶解度为 0.7%（质量分数），凝固过程中 Cu 溶解度处于过饱和态而一定会析出（大部分在冷却至室温过程中以沉淀方式析出）。越来越多的 Cu 原子从 Cu 引线框架扩散至钎料层，使晶界处的沉淀相长大，造成 Cu_6Sn_5 体积增加（一种说法是 20%，另一种认为可达到 58%）和在钎料镀层内形成压应力（见图 4.28）。

从图 4.29 镀锡表面锡原子密度分布，可以发现：晶须发生和生长的参数，首先是受不均匀化合物形成的容易度的影响较大。Cu 基板本身成为 Cu 往 Sn 镀层中扩散的扩散源。如果基板表面是 Ni，同样形成与 Sn 的化合物（Ni_3Sn_4），但它的成长非常缓慢，难以发生晶须。所以如果以 Ni 层作为 Sn 镀层的基底镀层，则可有效抑制室温晶须。"42"合金比 Ni 更加稳定。黄铜对于室温晶须化合物形成比较缓慢，基本上具有抑制晶须的效果。但是黄铜中的 Zn 在易于活动的高温环境下，Zn 扩散到 Sn 镀层中而氧化，由于体积膨胀作用而发生压缩应力，助长了晶须的发生和生长。

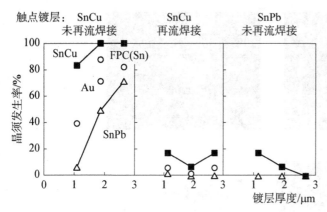

图 4.28　接触力对触点晶须生长的影响
（资料来源：嘉峪检测网，2020）

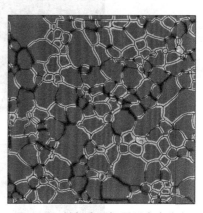

图 4.29　镀锡表面锡原子密度分布

3）锡晶须自发生长过程中的原子运动

典型晶粒的生长是由晶粒边界弯曲驱动的，弯曲造成晶粒边界表面的总面积变小。从本质上说，这个使晶粒生长的力是晶粒边界表面的表面能减少的结果。如果再结晶之后把晶体保持在足够高的温度，晶粒的尺寸将变大，这是由于在单位体积中的晶粒数目变少，结果是晶粒边界的总面积下降。促使晶粒生长的能量一般都非常小，晶粒生长的速度非常慢，并且很容易由于晶体结构中出现第二相粒子或溶质原子而变得更慢。在储存期内提高温度（提高到足够高）时，这种晶粒生长是能量释放的第三个阶段。材料的屈服应力在这个过程显著变小，因为屈服应力和晶粒的平均直径成反比关系。此外，在这个过程中，材料的延展性提高。锡晶须的自发生长大多数理论都集中在驱动力上，关于晶须生长过程中原子运动的研究很少报道。2020 年，东南大学孙正明教授团队在锡晶须自发生长机理方面取得重要进展。结合试验和理论计算，从原子运动角度对 Ti_2SnC 中锡晶须自发生长机理进行了研究。该研究成果以"Mechanisms Behind the Spontaneous Growth of Tin Whiskers on the Ti2SnC Ceramics"为题，发表于金属领域的顶级期刊 *Acta Materialia* 185（2020）433。在该项研究工作中,研究人员首先通过 Ti_2SnC 基体成分调控,明确了自由锡是 Ti_2SnC 中锡晶须自发生长的必要条件。随后对晶须根部微观结构的 FIB - SEM 表征发现锡晶须根部与 Ti_2SnC 基体中的自由锡并不连通,表明供应晶须生长的锡原子很可能是通过 Ti_2SnC 中的 Sn 原子层进行扩散的。采用 FIB - TEM 对锡晶须/Ti_2SnC 界面的微观结构进行了进一步表征,在界面上发现了锡原子从 Ti_2SnC 中扩散出来并与晶须根部结合的痕迹,明确了晶须生长所需的锡原子通过 Ti_2SnC 中的锡原子层进行扩散。Ti_2SnC 中空位形成能和迁移能的第一性原理模拟结果进一步证实了这种扩散行为在能量上的可行性。同时,结合 β - Sn 表面能的第一性原理计算和不同生长环境中晶须形貌分析,该研究还发现 Sn 原子扩散出基体后,晶须会呈现出由低表面能晶面包围的棱柱状形貌以降低体系总能量;但当晶须处于氧化性气氛时,由于晶须表面氧化膜的存在限制了原子的横向扩散,晶须会保持继承自晶须根部的条纹状形貌。这一工作从原子尺度明确了锡晶须生长过程中的原子扩散机理和锡晶须的形貌形成机理,也为理解其他材料中的金属晶须自发生长问题提供了理论基础(见图 4.30～图 4.32)。

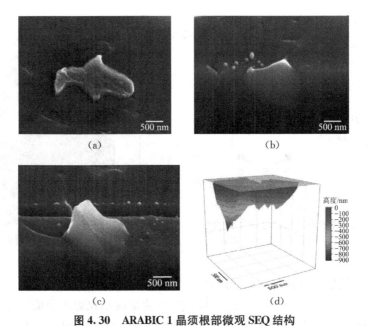

图 4.30 ARABIC 1 晶须根部微观 SEQ 结构
(a) 生长于 Ti_2SnC 基体的锡晶须 (b) 图(a)中晶须的截面形貌 (c) 进行三维重构的锡晶须的一个截面
(d) 扩散尺寸

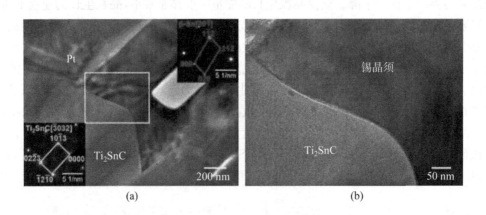

(a)   (b)

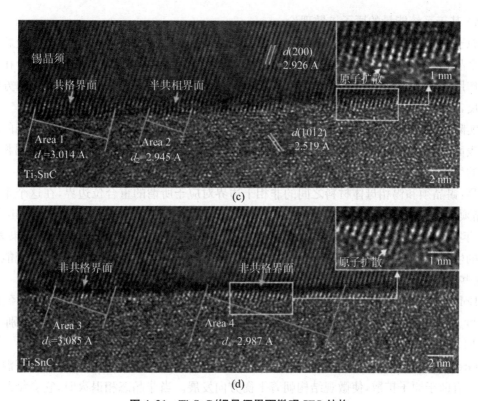

图 4.31 Ti₂SnC/锡晶须界面微观 SEQ 结构

（a）TEM 形貌和相应的选区电子衍射花样 （b）图(a)中白色矩形区域的放大图 （c）和（d）界面 HRTEM 形貌 （d）是图(c)中晶须根部形貌的三维重构结果

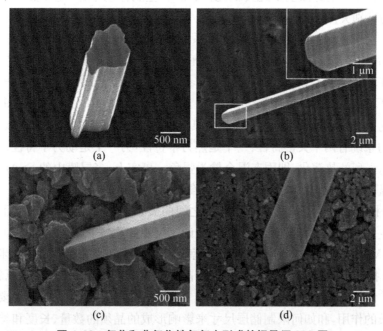

图 4.32 氧化和非氧化性气氛中形成的锡晶须 SEQ 图

（a）空气气氛中形成的条纹状晶须 （b）氩气气氛中形成的六棱柱状晶须
（c）和（d）氩气气氛中形成的四棱柱状晶须

4）基于系统能量的原子扩散理论

原子的扩散主要有三种形式：晶格扩散、界面扩散和表面扩散。由于电迁移使金属原子从一个晶格自由扩散到另一个晶格的空位上，为了松弛应力，重新回到平衡态，原子在压应力的作用下，沿应力梯度方向形成回流。应力梯度引起的原子回流与电迁移的运动方向正好相反，阻碍了电迁移的进行。

实际上，早在 1963 年，Muller 等于 1963 年就指出了铁晶须是由于在具有极化能的氖原子与表面金属原子的碰撞中有效的能量转移；Furuta 等(1969)研究了 Al - Sn 合金锡相中锡晶须的生长过程，在扭结的锡晶须中观察到的角弯曲的特殊分布和扭结的形成，用以下假设来解释：锡晶须和锡相母体材料之间的非相干边界对应于所谓的重合位边界，在这个重合点上，晶须在生长过程中由于晶须根部的应力不平衡而引起晶界滑移。同时，对 Ellis 等于 1958 年提出的晶化生长的概念进行了修正，从理论上探讨了晶须的生长过程。结果表明，晶须的生长速率与母材的应变能成正比，与晶须的厚度无关，晶须的最大厚度与应变能成反比，这些结论与试验结果吻合得很好。

Bolshakova 等于 1998 年利用化学迁移，对 InSb 和 InAs 中晶须生长与晶须直径、结晶区温度和热处理时间进行模拟分析，得出 InSb 和 InAs 晶须的结晶能分别等于 $63.9 kJ \cdot mol/L$ 和 $147 kJ \cdot mol/L$，并用符合气相液晶机理的 CTR 法确认。

Greer 于 2001 年研究了扩散反应非晶化与高温液体加工有关的问题，发现在高温下保持体系有助于原子扩散，使微观结构朝着平衡方向发展。当非晶态相退火时，它会结晶。令人惊讶的是，当退火中结晶前体形成非晶相时，发现这种过程明显逆转。在氧化过程中，通过表面反应可以形成非晶态相是众所周知的。例如，在硅化物的形成过程中，已经观察到它可以在两个固相之间的界面上是此类情况；然而，在金属体系中，产生非晶态相的界面反应引起了人们的特别关注。

Schwarz 等于 1983 年首次在全金属系统中观察到金属多层膜固态反应非晶化(SSAR)。当时在多层膜中沉积的薄金层和镧层在 $50 \sim 100 ℃$ 下反应时生成非晶态合金。目前已知的许多系统显示 SSAR，包括 Au - La、Au - Zr、Au - Y、Cu - Zr、Cu - Er、Co - Zr、Ni - Zr、Ni - Er、Ni - Ti、Ni - Hf、Fc - Zr、Co Sn、Si Ni、Si - Rh(Johnson，1986)。研究最多的体系是晚期过渡金属(LTM)如钴、铁或镍与早期过渡金属(ETM)如铪、钛或锆的组合。显示 SSAR 的系统有两个关键特性：一个是热力学特性，另一个是动力学特性。元素对在反应中都表现出强烈的热演化，即固态混合焓为强负。事实上，多层膜中的 SSAR 反应可用于在相对较低温度下方便地测量反应焓(Weihs 等，1996)。

Lee 等分析了部分位错滑移与表面能量之间的关系；Tsuj 等(2003)研究了晶粒边界的作用锡晶须生长的自由能和表面自由能，并预计过剩能量及其来源。

2006 年，Woodrow 在晶须生长过程中观察到横向原子锡在数百和数千微米的距离内扩散，Woodrow 推测 Sn 在薄膜中的横向扩散到晶须根部，为晶须生长提供了原料，这引起了人们对横向扩散在晶须生长中的作用的关注。这项工作中的一个重要问题是要了解可用锡罐对晶须生长的作用，和如何限制储层尺寸来影响形成的晶须的数量、长度和类型。

Smetana 于 2007 年在著名的"Theory of Tin Whisker Growth：the End Game"论文中，首先，综合了锡扩散、非寻常晶粒和氧化等机制，解决了锡原子扩散到晶须基部的基本要求，提出了一种新型的基于系统能量的锡原子扩散晶须理论和潜在解决方案。先前提出的各种位错机制的锡晶须生长理论在很大程度上被否定了;其次,利用这一理论,试图说明如何创建不同的晶须形状;最后,提出了一种解决锡晶须生长问题的方法,并假设该理论是正确的。

Kiyotaka 认为,晶界自由能有望成为再结晶和随后锡晶须生长的驱动力,表面自由能可能与晶须的生长过程密切相关;如果结构的尺寸足够小,晶须的结构形态将主要取决于其表面自由能降低的趋势,可把锡镀层的晶粒尺寸作为厚度的函数,来估算锡镀层的晶界自由能。通过用电子背散射衍射花样法研究了球化生长与再结晶阶段晶粒长大的关系,结果表明,晶界自由能是沉积层晶粒自发生长的充分条件,而晶粒的生长导致了结核的生长,同时发现许多晶须生长在结节上,这意味着晶须的生长与结核的生长密切相关。由此可知,晶须的生长可以理解为结核的表面自由能最小化的结果,结核由于其复杂的表面而具有较大的表面自由能。此外,有人提出,通过在一些特定方向上生长,如(001)、(100)、(101)和(111),可以实现最小化。Galyon 于 2011 年对其进行了全面评价;Sandia 国家实验室的 Pillars 等于 2011 年在马里兰大学举行的第五届锡晶须国际研讨会上对此理论进行详细介绍。

多伦多大学的 Karpov 的论文描述了金属晶须的存在归因于针状金属丝在电场中由表面缺陷(污染、氧化物状态等)引起的静电极化而获得的能量增益,他提出的理论提供了晶须形核和生长速率的封闭表达式,解释了晶须的范围外部偏压的参数和影响,并通过产生微波生长停止的表面等离子体激发,预测任何金属表面的晶须生长都能得到很好的控制,这对可靠性预测具有重要意义。

在 Liu 等于 2014 年提出的界面能驱动机制的基础上,由于金属晶须在电气设备中与电弧和短路有关,自发生长的金属晶须(MWs)现象引起了人们的高度关注,但 MWs 的生长动力学仍然难以预测,因此,Hwang 等于 2015 年研究了锡晶须现象的背后的能量。

Subedi 等于 2017 年在研究金属晶须的随机增长,提出了一种理论描述了先前观察到的由表面缺陷产生的随机电场变化引起的局部能量障引起的微波辐射的间歇性生长,早期观察到的 MWs 间歇性生长是由与表面缺陷产生的随机电场变化有关的局部能量障引起的,我们得到了兆瓦停止运行时间的概率分布,这对可靠性预测具有重要意义。根据更多的文献,美国奥本大学的 Jackson 和德国 TE 公司的 Crandall 建立了验证原子扩散理论的电热机械等多物理场耦合模型,认为原子扩散是由于系统能量不平衡引起的,并给出了能量计算。

在 Smetana 于 2007 年模型中,晶须底部晶须晶界处的原子显示(平均)处于比周围区域低的能级(压缩应力水平),这有助于锡原子的移动,而无须使其处于更高的能量状态。晶须的基础是晶须与其他晶须晶粒的晶界界面(不是晶须区域中锡沉积物的表面)。在该模型中,必须进行再结晶,并且晶须晶界的底部必须存在空位;否则,锡原子将无法移动。

图 4.33 显示压应力下的柱状晶界,其中图 4.33(a)显示了由于机械 CTE 不匹配引起的 IMC 增长,再结晶后[见图 4.33(b)],会形成倾斜的晶界,从而导致应力晶界低于垂直晶界,这是应力梯度能量的来源。由于晶界是高空位位点,原子堆积密度较低,因此它们可能充当空位的来源或下沉。图 4.33(c)展示了由于应力梯度而被驱动进入斜角晶界的弥散性陷阱。由于晶界不固定,因此晶界滑动(蠕变)会沿着边界发生。随着更多的 Sn 原子扩散进入晶界(堆积密度降低),晶界中的一些原子进入晶须晶粒。这种情况的一个可能的例子显示在图 4.33(d)中,该图产生了晶须向上生长的方向,从而导致了图 4.33(e)中晶须生长模型的简化

示意图。晶须的生长取决于将锡原子引入晶须晶粒的位置,以及是否存在任何钉扎的晶界,才能解释晶须如何从表面突出(笔直、弯曲、扭结等)。

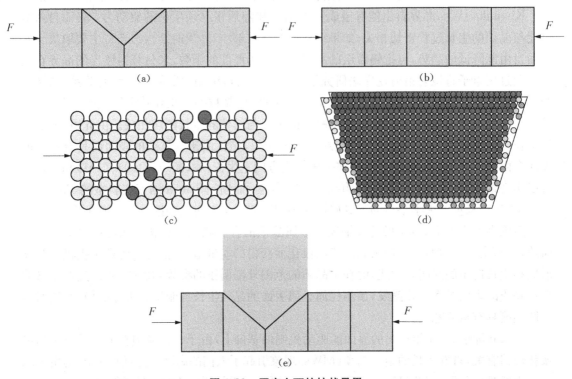

图 4.33　压应力下的柱状晶界

　　金属间化合物能量可能会在晶粒结构中发挥额外的作用,因为这些化合物能够形成各种不同的尺寸、几何形状和形态的颗粒,从尺寸很小且比较圆的颗粒到尺寸很大的长针形的锡晶须。这些颗粒在形成过程中会产生很大的局部应力或均匀分布的应力,或者在锡晶格结构中两类应力都存在。当金属间化合物颗粒很大时,它们往往分散在锡矩阵中;如果金属间化合物颗粒很小时,它们趋向于沿着晶界存在。不管在哪种情况下,金属间化合物会阻碍锡原子通过锡矩阵扩散或者减少晶界的迁移(见图 4.34)。

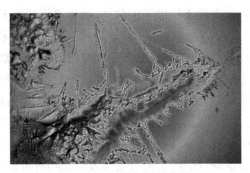

图 4.34　晶格与晶界扩散
(资料来源:《SMT——表面组装技术(第 2 版)》,
2019)

如果金属间化合物以原子状态或小颗粒形式被吸引到晶界上,它们也许会起到杂质的作用并减少晶界的迁移,这可能会促使晶粒"异常"生长("隆起的"晶粒生长,即锡晶须),从而代替正常的晶粒生长。如果金属间化合物在基板的电镀界面或在体积很大的镀层中形成大的颗粒,它们的作用与嵌入镀层的任何颗粒相似,与其自身的属性无关。根据公开的和未公开的成果,嵌入镀锡层中的颗粒会促进锡晶须生长,这表明锡中包含惰性颗粒(如聚四氟乙烯、碳等)会增加锡晶须。此外,如果金属间化合物阻碍锡原子的扩散,可能使锡晶须难以持续生长。不过,特别需要强调的是,存在金属间化合物不是出现锡晶须生长的必要条件。这适用于两种类型的金属间化合物:在锡镀层与基板之间界面上的金属间化合物和大部分镀锡层中的金属间化合物。

在比较铜基板和镍基板之间镀锡层时,我们发现镍基板上的锡晶须的形成速度比较慢。该现象与内部扩散速率有关,主要是铜与锡之间、镍与锡之间的相对扩散速率的问题。铜扩散到锡中的速率比锡扩散到铜的大。因此,锡晶格被扭曲并改变了锡晶格的间距。晶格间距的变化可能会对锡镀层产生应力,然后这些应力可能会寻求释放,从而驱动锡晶须的形成。它还与形成金属间化合物的铜-锡之间和镍-锡之间的相对反应度有关。锡原子的迁移和在大体积锡矩阵中由金属间化合物施加的有效应力水平对锡晶须生长的作用似乎是交替发生的(见图 4.35 和图 4.36)。

 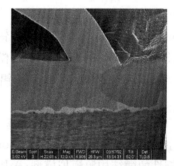

图 4.35　金属间化合物反应与动力学
(资料来源:《SMT——表面组装技术(第 2 版)》,2019)

图 4.36　亚冰铜再结晶后的简化表示法
(资料来源:《SMT——表面组装技术
(第 2 版)》,2019)

4.3　晶须机理建模和动态仿真

建模与动态仿真是各种复杂系统研制和理论分析的有效手段,晶须的形成机理非常复杂,诸多学者在对其建模的基础上,进行动态性能仿真研究,实现对机制和理论假说的甄别、分类和初步验证。

4.3.1　晶须机理建模和动态仿真的主要方法

1) 有限元法(FEM)

热残余应力对短纤维或晶须增强金属基复合材料本构响应的影响;Murata 等于

2005 年使用有限元法,建立了热冲击环境下 SnAg3.8Cu0.7 无铅组件加速因子进行测定和寿命预测模型;Suzuki 等于 2009 年考虑弹性的 FEM 模型开发了 β-Sn 的各向异性,热膨胀各向异性,质量扩散和晶体取向,用有限元法和分子动力学法对晶粒形状对锡晶须生长的影响进行模拟和应力扩散分析;Lee 等于 2010 年用 FEM 和三维随机序列法分析了 $Al_{18}B_4O_{33}$ 晶须增强镁基复合材料;Chen 等于 2011 年分析了在柔性基板上氧化薄膜的残余应力;华盛顿州立大学机械与材料工程学院的 Mahapatra 等于 2017 年对表面氧化物在减轻锡晶须生长中的作用进行有限元分析;Lee 等于 2009 年为了了解变形过程中的整体弹塑性响应,采用随机序贯吸附算法和三维有限元方法,建立了具有代表性的 $Al_{18}B_4O_{33}$ 晶须增强镁基复合材料的体元模型,模型预测的复合材料的弹性模量和应力应变行为与试验结果吻合较好;Li 等(2000)首次采用三维有限元研究了晶须增强金属复合材料薄片试样界面附近的热残余应力/应变场,研究了表面松弛对应变/应力的影响,计算的位移场应用于胶层花纹的模拟,晶须与基体界面的应力应变分布表明,晶须与基体间的热应力应变场从晶须界面扩展到很大的区域,模拟结果与试验结果吻合较好;日立公司(2011)利用有限元开发出再现无铅镀锡晶须现象的模拟技术,可再现晶须生长现象。

2) 非线性法

Kim 等于 1996 年基于非线性理论,对观测到的谐波轮廓、相变和消失分布,非对称磁化强度等进行了理论分析;John 等于 2003 年对锡晶须引发无铅组件的 3D 非线性应力分析;Lau 等(2003)建立了无铅组件上锡晶须萌生和生长的三维大变形和非线性应力分析模型;John 等(2003)分析了无铅零件锡晶须起爆的三维非线性应力;Yang 等(2016)建立了晶须增长和压力演化的非线性黏性模型;Človečko 等于 2019 年研究了在真空度小于 1.33×10^{-8} Pa 和 20 mK 温度下,基于锡晶须的微谐振器非线性动力学。

3) 微观结构法

Zhao 等于 2005 年建立了基于微观结构的锡晶须生长应力建模;洛斯阿拉莫斯国家实验室(Los Alamos National Laboratory)的 Hoagland 等于 1990 年建立了晶须增强复合材料中韧性的微结构源模拟模型;美国国家核安全局的 Weinberger 等于 2013 年建立了微结构在晶须生长中的作用模型。

4) 动力学分析法

动力学分析法包括用分子动力学分析法对生长晶须进行表面冷凝过程进行计算机模拟;通过分子动力学方法建立了在活化基质上形成纳米晶须的初始阶段建模;Mg-Sn-Zn 三元系统的热力学建模;Chen 等对弱氧化氧化物预处理表面上自发晶须生长的动力学分析,通过测量晶须的尺寸可以得到一个精确的动力学模型,能够描述原子向晶须根部的迁移,从而导致晶须的自发生长;中南大学的 Li 于 2014 年研究了通过晶界剪切耦合迁移增强纳米晶材料中的位错发射,建立了一个理论模型来解释纳米晶须材料中晶界剪切耦合迁移对位错发射的影响,确定了启动发射过程所需的能量特性和临界剪切应力。结果表明,当剪切耦合迁移为主导过程时,位错发射可以显著增强;同时还发现了一个与临界剪切应力最小值相对应的临界耦合因子,导致了最佳的位错发射,该模型已被现有分子动力学模拟定量验证。

5) 蒙特卡罗法

Knyazeva 于 2011 年建立了 GaAs 纳米晶须生长的蒙特卡罗模型;Uhm 等对在薄膜沉

积过程中电镀纯镍的晶粒生长特性进行三维蒙特卡罗模拟(Uhm 等,2004);Nastovjak 等于 2007 年实现了硅纳米晶须生长的蒙特卡罗模拟,并进一步实现了对纳米晶须形成机理的模拟;Zverev 于 2009 年对纳米结构生长过程的蒙特卡罗模拟进行了研究,并提出了时间尺度事件调度算法;Moghadasa 于 2012 年是通过蒙特卡罗模拟实现了结构的可靠性评估;Nastovjak 等于 2010 年建立了纳米晶须生长气液固过程实现的蒙特卡罗模型;Hilty 等于 2005 年用蒙特卡罗模拟法评价锡晶须的可靠性,该论文发表在 IPC/JEDEC 无铅研讨会上;Flicstein 等于 1998 年对紫外/低温诱导的纳米结构的成核和生长的建模和蒙特卡罗模拟;Daymond 对晶须增强金属基复合材料的热循环-有限元之间单元模型的比较和试验结果显示,该模型可实现变形过程的数值预测和真实材料的行为。

6) 人工智能法

Zhencai 等于 2010 年采用自组织法对芳纶纤维和 $CaSO_4$ 晶须增强非金属摩擦材料摩擦学性能进行了层次分析、优化和富集评价;Mao 等于 2015 年研究了添加剂对 HCl 溶液中晶体形态和硫酸钙晶须尺寸的影响,实现了试验和分子动力学模拟;Deierling 等于 2018 年使用 EDMD 算法对 TiB 晶须取向分布对整体性能的影响。基于深度学习的技术已显示出巨大的前景,但应用这些技术的热情因生成训练数据的需要而减弱,这是一项艰巨的任务,特别是在三维方面。Dunn 于 2019 年提出了基于人工神经网络的生物图像三维核分割倒装芯片封装有限元建模,使用神经网络训练的合成数据,与使用常用图像处理软件包获得的结果进行了比较,表明了深度学习技术相关的优越结果(见图 4.37)。

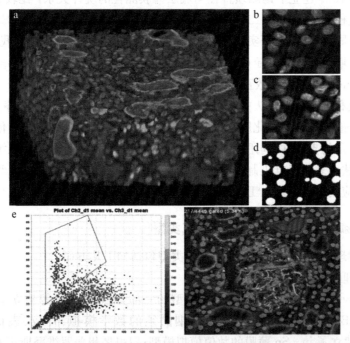

图 4.37　基于人工神经网络的生物图像三维核分割倒装芯片封装有限元建模

7) 统计分析法

Bacconnier 等于 1988 年通过铝薄膜形貌的统计表征研究升温速率和质地对退火小丘

的影响特征对加热速率和组织结构对连续丘的影响研究;Tong 等于 2006 年采用概率模型,从晶须密度、晶须长度和生长速率方面描述晶须生长现象;日本的 Fukuda 等于 2007 年和马里兰大学帕克分校的 Osterman 于 2007 年分别在培育 24、3、8 和 16 个月和进行了各种热处理后,对 24 种不同类型的镀锡样品,测量了最大晶须长度和晶须密度,回顾了试验困难可能对数据收集和分析产生的负面影响,确定了试验数据不足以充分检验理论或预测风险的领域,建立了能够提供预测固态晶须生长和风险以及最终预防策略的方法的基本理论的定量模型,试图批判性地回顾(希望以最小的偏差)锡晶须生长和缓解的状态,开展了如下工作:①检查现有的试验数据和收集这些数据的局限性;②分析提出的晶须生长的驱动力、机制和模型;③仔细评估所提议的缓解策略,并具体提出在随后的装配过程和设备如何应对这些策略,验证了模型和缓解策略的有效性。NASA - DoD 负责人,自由电子项目联盟的 Courey 等提出了锡晶须短路概率的注入方法和第二部分;Krammer 等于 2017 年提出锡晶须统计评估的自动表征方法;Hilty 等于 2005 年在 IPC/JEDEC 在无铅研讨会上发表的论文,用蒙特卡罗模拟法评价锡晶须的可靠性;Murata 等于 2005 年使用有限元法,建立了热冲击环境下 $SnAg_{3.8}Cu_{0.7}$ 无铅组件加速因子进行测定和寿命预测模型;Melcioiu 于 2013 年用扫描电子显微镜(SEM)对晶须进行了分析,集成电路中的多氯联苯上已经发现了这些晶须的生长;根据集成电路中晶须的长度、直径和角度对晶须生长进行了统计评估,Su 等于 2006 年对高温下锡晶须代谢及生长进行统计试验研究;Krammer 等(2017)提出了锡晶须统计评价的自动表征方法。

Oudat 于 2018 年建立了锡晶须直径与底层薄膜晶粒的统计关系,比较了锡晶须直径和底层薄膜晶粒直径的统计数据,二者都很好地近似于对数正态分布。然而,这些分布的参数可能有很大的不同,这并不能证实每个晶须都是从单个晶粒生长的假设。我们得出结论,几个具有相似晶体取向的相邻晶粒可以促进晶须的形成,观察结果与最近的多丝晶须结构理论是一致的。Oudat 对粒径对数正态分布进行了修正,阐明了其分散性。

在以上建模和动态仿真方法中,有限元法的模型和非线性法的模型的黏性模型,对动力学分析法对系统能量理论和氧化膜破裂机制的支撑较大,微观结构法对其他各类机制和原子扩散理论有一定的支撑,而利用蒙特卡罗法可对晶须生成过程进行了三维模拟和可靠性评价,统计分析法对表征静电机制和界面流动与晶界扩散机制的过程特征和试验验证有帮助,较有研究和应用前景的是人工智能法与传统方法的结合。

4.3.2　晶须机制理论建模和动态仿真类型

对晶须机理理论建模和动态仿真的主要类型包括如下几方面。

1) 形成机理建模和仿真

Boguslavsky 等建立了 NEMI 锡晶须模型的一部分;Williams 等建立了 NEMI 锡晶须模型的二部分;Bolshakova 等研究了砷化铟晶须的数学模拟、合成、表征及应用技术;Buchovecky 等建立了 in - Sn 薄膜的数值模拟模型;罗得岛州普罗维登斯市布朗大学 Cheng 等的博士学位论文针对电子封装中的锡晶须机理进行了建模和分析,研究了电子包装中的锡晶须的机理与建模;Vakhrushev 等对 Au - Si 纳米晶结构与性能进行了数值研究,结果表明,扩散通量对纳米晶须的形成有显著的贡献;2013 年,科学技术信息办公室(OSTI)的

Weinberger 等(2013)对锡晶须的生长机理进行了建模,总结了一些关于建模和仿真晶须的生长,并试图为确立微结构在晶须生长中的作用提供一些思路;晶界滑移引起的三重晶界处裂纹形核模型如图 4.23 所示。Kharin(2013)研究了微裂纹的形核与长大:一种改进的位错模型及其对韧脆行为分析;Hektor 等对 Cu – Sn 系金属间化合物相场进行了模型。

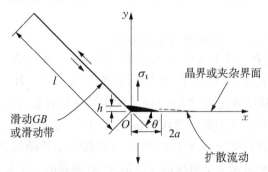

图 4.38　晶界滑移引起的三重晶界处裂纹形核模型

2) 晶须形成过程建模和仿真

Lindborg 等(1976)对锌的自发增长建立了锌自发生长的两阶段模型;Bolshakova 等建立了 InSb 和 InAs 晶须生长模型;Sandia 国家实验室的 Vianco 等研究了晶须和 Hillock 生长的动态再结晶模型;Bolshakova 等对长线晶须天线基响应的晶须进行了数值模拟;布朗大学 Buchovecky 2010 年的博士学位论文对 Sn 薄膜应力产生及晶须生长进行了数值模拟;Hu 等于 2012 年建立了 $ErSn_3$ 相表面锡晶须快速生长模型;Miao 等于 2015 年进行了对脱硫石膏直接转化为半水硫酸钙晶须的制备、模拟和工艺分析;Zhang 等于 2018 年对 $Sn_{0.3}Ag_{0.7}$ Cu – Cu 焊点中锡晶须的生长行为进行了仿真。

Eric 等于 2009 年建立了结合塑性流动和晶界散的锡晶须生长模型,将有限元模拟用于计算由于 Cu 基体上具有柱状晶粒结构的 Sn 膜中金属间化合物形成而引起的晶须生长速率,模拟考虑了位错运动引起的塑性流动屈服应力,并开发了一种简单的分析模型来估计晶须的生长。试验测量值与模拟结果非常吻合。

北京理工大学航空工程学院 Rong 等于 2013 年对氧化锌晶须应力传递机理进行了数值模拟。

3) 晶须形状和尺寸

Zhang 等于 2005 年模拟了单晶铜纳米晶须形变的形状效应;Dimiduk 于 2005 年研究了尺寸对纯镍微晶单滑移行为的影响;Mao 等于 2015 年研究了添加剂对 HCl 溶液中晶体形态和硫酸钙晶须尺寸的控制:试验和分子动力学模拟研究尺寸效应仿真。

Kozenkov 于 2015 年提出了无限长晶须的热平衡模型,该模型考察了与结晶有关的流入液相的热流,以及由于热传导加热而从晶体侧面流出的热流。假设温度在晶须的整个横截面上是恒定的,利用该模型,可以确定无限长晶须的尖端温度与晶须半径的函数关系,并计算晶须长度,在该长度下,可以忽略与衬底的热耦合。晶须尖端温度随晶须半径的减小而降低,这是由于晶须表面比例的增加而提高了散热率,在纳米晶须的情况下,热效应是微不足道的,因为晶须尖端的温度基本上与周围介质的温度相同。

4）晶须可靠性和失效机制模拟

Okada 等于 2003 年开展了对热循环下生成锡晶须的场可靠性估计；Mason 等于 2007 年提出了"了解真空中的锡等离子体：一种新的锡晶须风险评估方法"；Brusse 等建立了金属晶须的失效模型，并提出了缓解策略；Herkommer 等于 2010 年建立了 SAC 焊料覆盖等温机械循环可靠性模型；Jackson 等于 2018 年研究了晶须短路的多物理耦合电热力学模型。

5）晶须影响因素和生长环境建模与动态仿真

Pitt 等于 1964 年仿真了压力诱导金属晶须生长；Kaldis 于 1978 年研究了在气-液-固多相流条件下晶须生长的情况，并提出了 EDMD（事件驱动分子动力学）算法；Woodrow 等于 2003 年提出了《锡晶须减缓研究第一阶段：锡晶须生长环境评估》；Barsoum 等于 2004 年研究了自发金属晶须形成的驱动力和机理；Chang 等于 2013 年对塑性变形对电镀锡和锡银焊料中锡晶须生长的影响进行研究；Lu 于 2016 年对铁晶须生长随氧含量变化进行了数值模拟；Shvydka 等于 2017 年研究了 γ 射线诱导电加速 Sn 薄膜晶须生长机制；CERAM SOC 等于 2018 年对晶须的体积分数和长径比、基体和晶须的杨氏模量、晶须的六个影响因素的影响热膨胀系数差和无应力温度进行了建模分析；Sun 等于 2018 年研究了压应力下锡晶须在 SnAg 微型凸点上的生长行为，确定了系统在下一个时间如何演化，即变形孪晶的产生。

6）试验模型及仿真

Scherge 对电迁移现象进行了模拟和试验（Scherge 等，1994）；Favergeon 于 2005 年对 Li_2SO_4 脱水过程中的成核和生长过程 H_2O 单晶的试验过程进行蒙特卡罗模拟；爱荷华州立大学的 Spitzner 等（2009）建立了锡晶须对动态输入的响应的数学模型，并进行了试验性能测试；Meschter 于 2014 年建立了简化晶须几何短路风险的 SERDP 测试模型。

Zhang 等于 2019 年研究了 Cr_2GaC 上自生 Ga 晶须生长的机理和缓解机制，主要根据在 MAX 相材料上自发生长的 A 元素晶须对其稳定性阻碍了其实际应用提出了质疑。研究了在烧结 Cr_2GaC 样品上生长 Ga 晶须。确定了晶须自发生长的元素来源是 Cr_2GaC 材料中的游离 Ga，而不是 Cr_2GaC 晶粒中的晶格原子，消除了对 Cr_2GaC 材料稳定性的质疑。Ga 晶须的生长行为和形貌遵循一种新的催化模型，以 Cr_2GaC 晶粒的解理面为成核中心，该模型较好地解释和预测了晶须的生长行为。

以上对晶须机理建模和动态仿真的主要类型中，对应力产生（包含压应力、内应力和热循环应力）及晶须生长的关系、应力传递机理、晶须和小丘生长、表面锡晶须快速生长模型研究较充分，对应力机制、位错机制、迁移理论有重要的支撑，其他类别机制也都有涉及；但在动态重结晶建模和仿真中发现，它的基础是应变能量。因此，根据模型分析，可逐渐把成核理论、界面流动与晶界扩散机制跟再结晶机制归结为一类，把裂解氧化物理论、离子机制假说、铁磁共振理论跟迁移理论作为一个类型继续研究。

4.4 晶须机理评估、预测和评价

通过对晶须机理和动态仿真等分析，初步实现了对相关理论假说的分类和甄别。为进一步对其进行验证，有必要对其效果评估、预测，以及定性和定量等评价。用于对金属晶须机理的评估、预测和评价的主要方法有如下几方面。

1）定性分析法

Tadahiro 等于 2007 年研究压力诱导锡晶须形成的评估；Terasaki 等于 2009 年研究了热循环应力测试中锡晶须生长的评价；Sun 等于 2011 年提出金属晶须形成的局部应变演化评价方法；Rodekohr 等于 2011 年评估了固有薄膜应力演化和 IMC 增长与晶须生长的相关性；Cheng 等于 2011 年评估了 Sn 薄膜中锡晶须和贫化区形成；Ye 等于 2012 年评估了 Sn-Zn-Ga 钎料的组织与晶须生长情况；Banerjee 等于 2016 年研究了掺杂剂对锡晶界扩散影响和晶须生长的分子动力学评价；Vakanas 等于 2014 年研究了在三维微泡结构中对锡晶须的评价；Diyatmikaa 等于 2014 年研究了用于抑制电子封装中锡晶须现象的缓解方法；Douglas 等于 2003 年实现了对镀锡逻辑元件引线的定性分析；Zhang 等于 2011 年评估了不同促进剂对铜铅锡镀层晶须生长的影响。

2）定量分析法

Bootsma 等于 1971 年对硅与锗生长硅晶须的定量研究；Yi 等于 2004 年实现了对铁晶须上尖晶石铁氧体纳米晶进行表征，Mason 等于 2011 年对锡晶须风险评估进行微量分析；Bootsma 等于 1971 年研究了硅烷中的硅晶须的生长以及锗烷中的锗晶须的生长；Gurav 等于 2004 年评估了装有无铅焊料的电容器中锡晶粒度为 $2\sim8\ \mu m$ 大晶粒和锡晶粒大小为 $2\ \mu m$ 小晶粒的晶须生长；Barthelmes 等于 2006 年对所有重要的物理和化学镀锡浴参数对晶须形成倾向的影响进行定量估计；叶德洪于 2010 年通过锡晶须指数的计算及对高低温循环试验条件下锡晶须生长情况的观察与测量，建立了锡晶须指数与锡晶须生长长度之间的关系，使得可以在高低温试验结果出来之前就能借助锡晶须指数来评估锡晶须生长的风险，从而使实时评估控制镀锡电镀生产线变为可能；普渡大学 Chen 的博士论文和 Park 的论文都研究了轴对称 $SiCw$ 增强 Al_2O_3 复合材料中的晶须取向评估（Chen，Park，1994）；马里兰大学 Han 于 2012 年的博士论文对锡的短路和金属蒸气电弧氧化物的影响进行定量分析；台湾中央大学的 Chen 等于 2015 年开展了对晶须残余应力的影响及定性分析，已在无铅电子器件中观察到晶须的生长；芒雄于 2015 年建立了通过测量金属沉积物的电化学阻抗对金属沉积物表面上出现晶须风险的评测方法；Snugovsky 等于 2016 年在高温、高湿和腐蚀环境下，含铋无铅锡晶须进行了估算；Vasquez 于 2017 年根据经典成核理论分析了这些成核动力学，以将观察到的行为与潜在的机制联系起来，针对应力对锡晶须形核动力学影响进行定量研究，并对受控应力和由此产生的晶须演变之间进行定量比较，同时监测温度、应力对核数变化和晶须生长速率的影响，对不同温度和应变速率下的数据进行非线性最小二乘拟合，结果表明应力降低了晶须成核的势垒。

3）统计分析法

Bacconnier 等于 1988 年通过铝薄膜形貌的统计表征，研究了升温速率和质地对退火小丘的影响特征，并就加热速率和组织结构对连续丘的影响进行了研究；Tong 等于 2006 年采用概率模型，从晶须密度、晶须长度和生长速率方面描述晶须生长现象；日本的 Fukuda 等和马里兰大学帕克分校的 Osterman 等分别在培育 24 个月、3 个月、8 个月和 16 个月，并做了各种热处理后，对 24 种不同类型的镀锡样品，测量了最大晶须长度和晶须密度；NASA-DoD 负责人-自由电子项目联盟的 Courey 等提出了锡晶须短路概率的注入方法和第二部分。

McCormack 于 2009 年对铅锡晶须桥连成分概率开展了评价。作为该管理的一个组成部分，需要一个能够量化锡晶须桥接故障相关风险的计算框架，以便做出适当的设计、维护和保修决策。在目前的工作中，建立了一个基于实测晶须观测的概率模型。该模型采用蒙特卡罗模拟方法，量化了锡晶须桥接两个相邻元件引线间隙的风险，建立了一种双尾约束的晶须长度概率密度函数构造策略，并将其应用于长、短期亮锡晶须长度测量；还开发了桥接风险图，以说明铅间隙间距、使用年限和桥接风险之间的关系。结果发现，形成无量纲铅间隙间距参数有助于深入了解锡晶须带来的风险。

Krammer 等于 2017 年提出锡晶须统计评估的自动表征方法；Hilty 等于 2005 年在 IPC/JEDEC 在无铅研讨会上发表的论文，用蒙特卡罗模拟法评价锡晶须的可靠性；Murata 等于 2005 年使用有限元法，建立了热冲击环境下 SnAg3.8Cu0.7 无铅组件加速因子进行测定和寿命预测模型；Melcioiu(2013)用扫描电子显微镜(SEM)对晶须进行了分析。集成电路中的多氯联苯上已经发现了这些晶须的生长；Su 等于 2006 年根据集成电路中晶须的长度、直径和角度对晶须生长进行了统计评估，对高温下锡晶须代谢及生长进行统计试验研究；Krammer 于 2017 年提出了锡晶须统计评价的自动表征方法。

Oudat 于 2018 年比较了锡晶须直径和底层薄膜晶粒直径的统计数据。两者都很好地近似于对数正态分布。然而，这些分布的参数可能有很大的不同，这并不能证实每个晶须都是从单个晶粒生长的假设。因此得出几个具有相似晶体取向的相邻晶粒可以促进晶须形成的结论，并对粒径对数正态分布进行了修正，阐明了其分散性，此观察结果与最近的多丝晶须结构理论是一致的。

4) 近似估计法

富士通的 Nagai 等于 1990 年对锌电镀钢晶须生长引起的电子设备短路率的近似值，即使在成功引入铜基金属化后，电迁移(EM)失效风险仍然是最先进工艺技术最重要的可靠性问题之一，指出不断增加的工作电流密度和在后端工艺方案中引入低 k 材料是威胁高温下长期可靠运行的一些因素。传统的仅通过电流密度限值检查来验证电磁可靠性的方法在一般情况下被证明是不充分的，或者在最好的情况下也相当昂贵。提出了一种统计电磁预算(SEB)方法，以评估更现实的芯片级电磁可靠性，从复杂的统计分布芯片电流，这种方法可以精确估计芯片中所有互联段的电流。然而，对于非常大的芯片设计来说，没有有效的技术来完成这样一个任务的复杂性。

Chanhee(2004)提出了一种有效的芯片级电迁移风险评估与产品鉴定方法，该方法利用单元和宏的预特征，以及识别和过滤对称双向互联的步骤，以一个高性能的嵌入式微处理器设计为例来说明所提出方法的优势；Courey 等于 2009 年对锡晶须的短路特性进行近似估算；William 等于 1991 年对显示特性对晶须长度估计精度和偏差的影响进行估计，加拿大多伦多大学的 Vasko 等于 2015 年研究了电子辐照下锡晶须快速生长的证据。

5) 物理模型法

Gleixner(1999)提出了微电子互联中电迁移和应力诱导空洞形成的物理模型，该模型求解了二维原子扩散和应力演化方程，从而可以解释典型金属线中复杂的晶粒结构。为了计算原子通量和机械应力的演化，提出了一种解析和数值相结合的解决方案，同时避免了基于有限元方法的困难。一旦一个空洞形成,生长是通过计算远离空洞位置的原子通量来模拟的。结合原子扩散、应力演化、空穴形核和空穴生长等模型,可以模拟空穴形成的全过程。为了证明这种方法,计算了互联中的空穴增长,其中已经通过试验观察到了电迁移和热应力引起的损伤。结果表明,该模型能定量模拟实际晶粒结构中空洞的形成。

Sood 等于 2011 年对丰田电子节气门控制装置的锡晶须分析,并显示了对包括加速踏板位置传感器(APPS)在内的丰田电子发动机控制系统进行的物理分析的结果;Qiang 等于 2014 年对金属间反应进行物理建模。

俄罗斯的 Romanov 等于 2014 年建立了五角形小颗粒晶须晶体生长的物理模型,该模型基于金属五边形小颗粒(PSP)固有的旋错缺陷、弹性场中棱柱形位错环的形核和滑动概念,在此模型的框架内,PSP 表面间隙位错环的逸出导致了 PSP 的增加。晶须相对于晶须的长度,而空位环的结合则伴随着它们在内表面的积累,该模型通过计算得到了说明,该计算表明由于形成了一对 PPS,使得总 PSP 能量得到了增加。

Qiang 等(2014)建立了金属间化学反应引起的晶须生长的物理模型并对其分析。

6) 其他方法

Okada 于 2003 年研究了热循环应力产生的锡晶须的现场可靠性估算,Fukuda 于 2006 年研究了评估算法缓解策略,对关于使用镀锡零件的政策锡晶须测试方法进行总结并提出建议;Osenbach 于 2007 年根据固态晶须生长的定量模型在晶须预测和风险最终预防策略等难以捉摸的情况,试图批判性地回顾(希望以最小的偏差)锡晶须生长和缓解的状态,主要通过如下方式:①检查现有的试验数据和收集这些数据的局限性;②分析提出的晶须生长的驱动力、机制和模型;③仔细评估所提议的缓解策略,以及随后的装配过程和设备应用如何可能影响或可能不影响这些策略,在每个区域,通过与现有试验数据的比较,验证了模型和缓解策略的有效性,确定了试验数据不足以充分检验理论或预测风险的领域。此外,还回顾了试验困难可能对数据收集和分析产生负面影响的领域。Yen 于 2011 年提出了 NiP-Ni-Cu 和 Ni-Cu 多层膜亚光锡层界面反应及锡晶须形成的研究算法;周斌(2015)公开了纯锡镀层元器件锡晶须生长失效预测方法与系统,提供一种纯锡镀层元器件锡晶须生长失效预测方法与系统,获取纯锡镀层元器件中锡晶须生长长度对数均值、对数标准差、锡晶须生长面密度均值以及面密度标准差数据,拟合出多项式拟合公式,计算锡晶须面密度均值、标准差、锡晶须生长长度对数均值以及对数标准差,分别进行第一次和第二次蒙特卡罗运算分析,得到锡晶须长度数据,根据锡晶须长度数据和预设失效判据,计数每组面密度中引起短路失效的锡晶须根数,计算待预测纯锡镀层元器件中引脚对的锡晶须生长失效率。整个过程中,从失效物理的角度,分别考虑锡晶须生长的面密度和长度值,并基于蒙特卡罗算法,分别进行迭代运算,兼顾锡晶须生长的失效物理因素,能对各类纯锡镀层元器件中锡晶须生长失效进行快速、准确预测。Li 于 2016 年研究了超声辅助焊接 Mg-Sn 基焊料-Mg 接头中高密度锡晶须的快速形成与生长现象、机理与预防,提出了一种促进高密度锡晶须在焊料上快速形成和生长的通用方法,即采用 250℃超声辅助钎焊 6s,25℃热时效 7 天的方法制备 Mg-Sn 基钎料/Mg 焊点焊接会使镁在锡液中产生过饱和溶解,凝固后锡液中存在两种形式的镁。此外,固态 Sn 中两种 Mg 形态的特殊贡献促进了高密度锡晶须的形成和生长。间隙 Mg 可以为锡晶须的生长提供持久的驱动力,而 Mg_2Sn 相可以提高锡晶须的形成概率。

此外,还提出,少量的 Zn 添加量(≥3%)(质量百分数)可以显著地限制锡基焊料中锡晶须的形成和生长,其防止机制是 Zn 原子在晶界或相界的偏析以及钎料中层状富 Zn 结构的形成。张伟(2020)公开了一种无铅元器件互联焊点锡晶须触碰风险评估方法与流程,该方法包括以下步骤:①进行锡晶须生长激发试验;②锡晶须特征参数测定;③锡晶须生长分布规律分析及锡晶须生长特征模型建立;④无铅元器件互联焊点锡晶须触碰风险评估。该发明以无铅元器件为研究对象,针对无铅元器件互联焊点的锡晶须生长问题,进行锡晶须生长试验,结合锡晶须生长特征参数,进行锡晶须生长长度、锡晶须生长密度、锡晶须生长角度的测定,针对试验数据进行统计分析,得到锡晶须的生长分布规律和生长特征模型,利用蒙特卡洛分析算法评估无铅元器件互联焊点锡晶须的触碰风险。该发明为评估无铅元器件互联焊点锡晶须触碰风险提供了可靠的技术基础。

Barry 于 2014 年用先验数据完成了一种用于评估晶晶须的新型算法和仿真工具,显示了在测试开始时使用先验数据的好处;华盛顿特区(USDOE)的 Tautgas 用相关算法完成了无效连通性晶须的解析和原始构造;美国哈特福德研究中心的 Hilty 等于 2012 年用蒙特卡罗模拟法实现了晶须可靠性评估和控制;美国晶须实验室的 Sparn 等于 2017 年发现了一种用于晶须评估的新技术。

Hektor 于 2019 年针对热处理过程中锡晶须周围晶粒生长、应力和 Cu_6Sn_5 形成的扫描 3DXRD 测量研究中,采取从每个晶粒的平均取向矩阵出发,细化晶粒内变化和重构晶粒形状的算法。细化分两步进行,第一步涉及晶粒形状的重建,对于每个晶粒,构造了一个正弦图,描述了作为 y 和 ω 坐标函数的索引衍射峰的总强度,使用带逆 Radon 变换的滤波反投影(FBP)和来自 scikit 图像的斜坡滤波器从正弦图重构晶粒形状。图 4.39 显示了其中一个正弦图和相应纹理的重建。如果重建强度 I 大于 $0.2I_{max} \times 0.2I_{max}$,则认为体素属于特定颗粒,其中 I_{max} 是该颗粒的 FBP 重建中的最高强度。

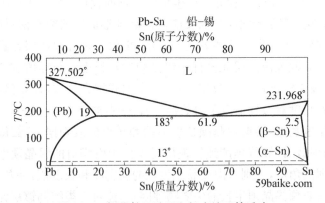

图 4.39　锡晶粒正弦图和相应纹理的重建
(资料来源:Johan Hektor, 2019)

通过以上建模、仿真和观察等研究,对各种机制理论的评估、预测和评价以及原位观察,初步试验检测和综合分析,初步发现再结晶理论并不严谨,虽然再结晶过程在晶须生长中起作用,但这个机制研究的更多的现象,并未提出一种实际的增长机制,或者说它并不是一个"机理",而且目前尚未有人观察到镀锡层颗粒在室温下放置后,发生了晶粒再结晶现象以及晶须生长前后镀锡层的尺寸和形状存在明显差异；也无法证明基于锡原子迁移的位错理论（晶须尖端错位机制的生长）的正确性，而基于螺旋位错的理论通过综合分析和观察证明是正确。"内应力"这个名词不够严谨，虽然它是金属晶须形成和生长的主要原因。

4.5　3D电子封装锡晶须建模与试验验证

4.5.1　3D封装晶须数学建模

基于3D电子封装的典型物理尺寸和结构形状（角部结构、网格结构、空洞结构等）为主，采用NANULER多用途台阶式高度样品，该样品是硅衬底。把样品划分为9个区域，在这9个区域中，台阶高度各不相同，第一行的前4个正方形区域分别是宽度分别为$50\,\mu m$、$20\,\mu m$、$10\,\mu m$和$5\,\mu m$的光栅；中排的平坦区域上是$10\,\mu m$和$3\,\mu m$的正方形孔，分别标记为"♯1孔"和"♯2孔"，孔结构是一种将平坦区域分成许多小块的图案，相邻块之间的连接非常狭窄，约为$5\,\mu m$；在第三行中，中间区域是放大盒结构，间距分别为$3\,\mu m$、$10\,\mu m$、$20\,\mu m$和$50\,\mu m$，而其他两个是具有不同阶梯形状（圆形、正方形）的普通平面结构等，尺寸从$2\,\mu m\times 2\,\mu m\sim 200\,\mu m\times 1000\,\mu m$不等。各种结构具体如图4.40、图4.41所示。图4.42为♯1和♯2孔的真实尺寸，图4.43为正方形区域结构尺寸，表4.1是不同结构元素的详细信息。

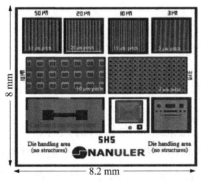

图4.40　NANULER的多用途样品

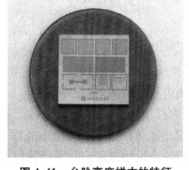

图4.41　台阶高度样本的特征

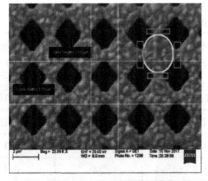

图4.42　♯1和♯2孔的真实尺寸

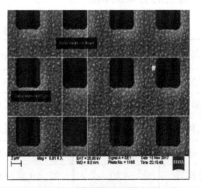

图4.43　正方形区域结构尺寸

表 4.1　不同结构元素的详细信息

形状	半径/μm	长度/μm	冗余长度/μm	面积/μm^2
扁平	25	157	0	1 963
网格	25	100	100	2 500
角结构	5	20	20	100
♯1 孔	5	20	10	75
♯2 孔	1.4	3.2	5.59	3.92

有限元分析是近几十年来应用于复杂系统建模的实用方法。根据角部结构、扁平结构、网格结构、空洞结构等不同微观组织,推导出数学模型,建模思路如下:

(1) 晶须生长的基本理论:外加压力→原子自发扩散→再结晶→体积膨胀→内应力产生→晶须开始生长。

(2) 从不同的三维微观结构对影响晶须生长理论的因素进行定性分析。

(3) 晶须生长预测。

形成晶须的压应力主要有:残余应力、外部施加的应力、金属间化合物间形成的应力、锡原子应力、划痕腐蚀和 CTE 失配等形成的应力。这些应力表现为电子封装由于压应力形成相邻单元之间的弹性、塑性和蠕变应变,通过接触区域传导和锡原子扩散最终形成晶须。

定义压应力的参考系数为

$$p = Lh \int PLh$$

式中,以具体描述每单位面积从相邻元素到当前元素的外部压缩应力,p 可以简化为给定均匀分布的压力和相同的 Sn 层厚度。

另外,为弄清结构的差异,我们需要将所有元素统一为相同的尺寸。在这里,选择 $10~\mu m$,不仅是因为在角部和网格中都有 $10~\mu m$ 的具体数据,而且还要避免尺寸升级过多而影响孔结构的小尺寸效果。合并后的数据显示在表 4.2 中,并简化计算 p,表 4.2 中 L 是可以导入来自相邻元件的力的有效长度,而冗余长度 L 是在凹陷区域中的长度,面积为每个元素台阶表面上的有效面积。

表 4.2　具有统一尺寸和参考参数的结构中的元素的详细信息

形状	半径/μm	有效长度/μm	冗余长度/μm	面积/μm^2	参考系数 p
扁平	10	62.8 (100%)	0	314	0.200
网格	10	31.4 (50%)	31.4 (50%)	200	0.157
角结构	10	31.4 (50%)	31.4 (50%)	200	0.157
♯1 孔	10	41.9 (66%)	20.9 (33%)	300	0.140
♯2 孔	10	22.6 (36%)	40.2 (64%)	200	0.113

根据诸多学者的研究结果,影响晶须生长的最大因素来自压应力和锡原子扩散。每个简化元素遭受相邻元素的压缩力是通过接触区域传导的,并且对于扩散也是相同的,即

$$F = c_1 A , \quad D = c_2 \tag{4.1}$$

式中,F 和 D 分别表示压缩力和扩散力,A 是接触面积,c_1 和 c_2 是常数,另外还有

$$F = A \times P_0 , \quad A = L \times h \tag{4.2}$$

式中,P_0 是平均压力,L 是总接触长度,h 是表面厚度。

在本试验中,Sn 均匀溅射约 500 Å,因此 h 可以作为具体参数。因此有

$$F = c_1 L P_0 , \quad D = c_2 L h \tag{4.3}$$

在溅射材料中,P_0 和 h 是通过孵化方法确定的两个参数,即溅射材料、厚度、结构等。但是对于与在本试验中相同的样品中选取的元素,这些元素将是常数,且

$$F = c_3 L , \quad D = c_4 L \tag{4.4}$$

式中,c_3 和 c_4 是其他两个参数。

根据基本的应力分析,可以把封装中的微小段看作是一个非常短的圆柱体,$\sigma_a = -P_0$ 作为轴向应力,$\sigma_c = -P_0$ 和 $\sigma_r = -P_0$ 为圆周方向应力和径向应力。由于径向应力是一个常数,因此还应考虑分段的面积。

锡晶须在生长过程中所释放的应变能等于其表面自由能的增加,其能量方程为

$$\pi R^2 = 2\pi R \lambda \tag{4.5}$$

$$R = \frac{2\lambda}{M} \tag{4.6}$$

式中,R 表示锡晶须的半径,M 表示锡晶须生长单位体积释放的应变能,λ 表示锡晶须形成单位面积单位体积具备的表面能,是一个恒量。

由于锡晶须生长速度较快,因此,其动能也不容忽视,对能量方程修改如下:

$$\pi R^2 M = 2\pi R \lambda + E \tag{4.7}$$

$$E = 1/2 (\pi R^2 L \rho) V^2 \tag{4.8}$$

$$R = \frac{4\lambda + E}{2M - L\rho V^2} \tag{4.9}$$

式中,E 表示锡晶须所具有的动能,L 表示晶须的长度,ρ 表示晶须的密度,V 表示晶须的生长速率,修正后的能量方程可以很好地解释晶须的变截面生长现象。

外应力引起相邻单元之间的弹性、塑性和蠕变应变,形成内应力,弹性、塑性和蠕变应变可表示为

$$\varepsilon = \varepsilon_e + \varepsilon_p + \varepsilon_c \tag{4.10}$$

式中,ε_e、ε_p 和 ε_c 分别代表弹性应变、塑性应变和蠕变应变。

弹性应变可表示为

$$\varepsilon_e = D^{-1}\sigma \tag{4.11}$$

式中，D^{-1} 是弹性矩阵的逆矩阵，σ 表示应力。

对于塑性应变，假设锡晶须发生各向同性硬化，则存在一个势函数

$$Q = Q(\sigma, \kappa)$$

式中，κ 是各向同性硬化参数。则塑性应变可写为 $\varepsilon_p = \lambda Q$，其中 λ 是塑性一致性参数，$\lambda \geqslant 0$。应用米塞斯屈服准则

$$F(\sigma, \kappa) = 0 = \sqrt{3J_2} - Y(\kappa) \tag{4.12}$$

式中，J_2 是偏应力的第二不变量

$$Q = \frac{\sqrt{3}}{2\sqrt{J_2}}\sigma' \tag{4.13}$$

塑性应变表达式如下：

$$\varepsilon_p = \lambda \frac{\sqrt{3}}{2\sqrt{J_2}}\sigma' = \frac{\sqrt{3}}{2\sqrt{J_2}}\lambda M\sigma \tag{4.14}$$

$$M = \begin{bmatrix} \dfrac{2}{3} & -\dfrac{1}{3} & -\dfrac{1}{3} & 0 & 0 & 0 \\ -\dfrac{1}{3} & \dfrac{2}{3} & -\dfrac{1}{3} & 0 & 0 & 0 \\ -\dfrac{1}{3} & -\dfrac{1}{3} & \dfrac{2}{3} & 0 & 0 & 0 \\ 0 & 0 & 0 & 1 & 0 & 0 \\ 0 & 0 & 0 & 0 & 1 & 0 \\ 0 & 0 & 0 & 0 & 0 & 1 \end{bmatrix}$$

此处采用 Coble 蠕变来描述蠕变应变，其中蠕变应变表达式为

$$\varepsilon_c = \frac{148\Omega_{Sn}BD_{gb}}{kTD^3}\sigma \tag{4.15}$$

式中，Ω_{Sn}、B、D_{gb}、k、T 和 D 分别表示锡原子体积、晶界尺寸、温度 T 下的晶界扩散系数、Boltzmann 常数、温度和晶粒尺寸。

因此，相邻单元之间应变最终可表示为

$$\varepsilon = D^{-1}\sigma + \frac{\sqrt{3}}{2\sqrt{J_2}}\lambda M\sigma + \frac{148\Omega_{Sn}BD_{gb}}{kTD^3}\sigma \tag{4.16}$$

Vianco 等将控制 DRX 的主要因素归结为三个方面：①Zener-Hollomon 参数；②应变；③初始晶粒尺寸。DRX 将由这三个参数初始化（Mizuguchi，2012），首先，应变必须超过 ε_c（临界应变）；其次，较小的晶粒尺寸将需要较少的变形来达到 ε_c，这最终会增加引发 DRX 的

可能性。通过引入 Zener-Hollomon 参数,应力、应变率和温度之间的依赖关系使它们变成一个单一的项,建立了 ε_c,D_0 和 Zener-Hollomon 参数 Z 之间的定量方程为

$$Z = \mathrm{d}\varepsilon / \mathrm{d}t \cdot e^{\Delta H/RT} \qquad (4.17)$$

式中,Z 是 Zener-Hollomon 参数,$\mathrm{d}\varepsilon / \mathrm{d}t$ 受应力 σ 影响,ΔH 表示表观活化能,R 为通用气体常数,T 为温度。

$$\varepsilon_c = A D_o^m Z^n \qquad (4.18)$$

式中,A、m 和 n 是材料常数,它们可以从 Mizuguchi(2012)的原始数据中进行评估。培养过程中的外部应力将通过施加在样品上的外载荷来施加。本仿真试验中的设计应力分布采用了 Vianco(2015)用于模拟外应力分布的载荷设置示例(见图 4.44)。建立的台阶生长的晶须有限元模型如图 4.45、图 4.46 所示。

在图 4.46 的放大区域内,只有生长在绿色区域的晶须才会被观察到并记录为角落中的晶须。"d"是当前结构的具体尺寸。例如,在"角(25 μm)"区域中 $d = 25$ μm,并且只计算角落中 225 μm² (绿色区域)上的晶须。

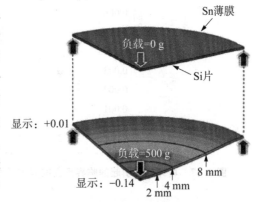

图 4.44 模拟外应力分布的载荷设置示例
(资料来源:Vianco, 2015)

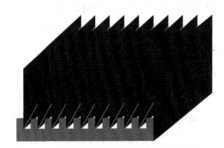

图 4.45 台阶生长的晶须有限元模型

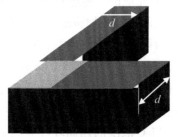

图 4.46 在放大区域角落中的晶须有限元模型(有效区域,绿色区域)

通过 MATLAB 对晶须生长有限元模型进行仿真,给出了一个单元的临界应变与外加应力之间的关系,这样的一个单元将代表一个晶粒或一个分析元素。在该次模拟中,我们只在 x 方向施加 1~12 MPa 的应力作为外部应力,计算合成临界应变,需要 10 天的时间来完成形成并达到外部应力引起的最终应变,并且这个过程是稳定的、均匀的。图 4.47 为在多种孵化温度下,由外应力引起的临界应变的样本模拟结果,计算出的临界应变主要依赖于外应力,但与外应力不呈线性关系,不同孵化温度引起的变异是有限的。此外,值得注意的事实是不同的 ΔH 不会对临界应变产生明显的影响。在本次模拟中,4 MPa 外应力下的应变率小于 10^{-7}/s,而 5 MPa 下的应变速率大于该阈值。然而,在 4~5 MPa 之间,临界应变没有

明显的差异。

许多环境因素在一定程度上影响了晶须的生长过程,但它们之间的一致性尚不清楚。上述模型的推导过程将有助于理解各种环境条件在晶须生长中的作用权重。

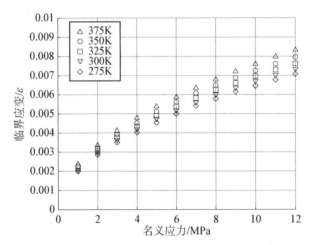

图 4.47　由外应力引起的临界应变的样本模拟(标称应力从 x 方向施加,持续时间为 10 天)

4.5.2　试验验证

本试验是在设立于奥本大学工程学院的美国国家科学基金会高级车辆和极端环境电子学中心(CAVE3)完成的。通过对试验背景 Ar 气体压力、溅射时间以及热循环温度和循环周期等关键参数的控制和加速试验,Ar 等离子体以 $380\,V \pm 10\,V$ 的电势和 $0.18\,A \pm 0.02\,A$ 的电流对一个台阶高的样品硅衬底进行 Sn 溅射,将背景 Ar 气压调整为约 $2\,mTorr$,这会在薄膜中产生固有的压应力,如图 4.48 所示,溅射样品约 $30\,s$,在样品上形成约 $500\,\text{Å}$ 的 Sn 层。溅射后,样品通过热循环方法进行孵育。采取三种培养方法:等温、升高的等温退火(相对较高但稳定的温度)和热循环。这三种条件是 $23\,℃$(等温)、$100\,℃$(升高的等温退火)和 $-40\,℃ < T < 125\,℃$ 范围的热循环,$2\,h$ 内上升到 $125\,℃$,然后保持此温度 $4\,h$,$2\,h$ 内下降到 $-40\,℃$,然后在此温度下保持 $4\,h$,合计一个周期 $12\,h$,加速的热循环曲线如图 4.49 所示。在潜伏期间,分别在第 30 天、60 天和 90 天分别进行了 3 次晶须密度观察,分别称为第一、第二和第三潜伏期。扫描电子显微镜(SEM)用于所有观察。

在图 4.50 中,显示了来自所有不同类型结构的晶须密度数据。由于角、边缘或其他特殊设计的结构上锡层的应力分布不均匀,因此可以合理地假设晶须的密度、长度和形态与表面结构有关。由于热循环加速试验培养能力比普通的 RT/RH 孵育方法强,因此可以忽略每周期孵化时间的差异。图 4.51 是第二和第三潜伏期生长的晶须密度统计。在该试验中,在三个潜伏期后,角部结构、网格结构、空洞结构等和普通平面结构之间的晶须密度没有明显差异;圆形、正方形和骨形的平坦区域,尺寸范围从 $1\,000\,\mu m$ 到 $2\,\mu m$,包括角($1.5\,\mu m$ 和 $5\,\mu m$),大多数结构的晶须密度达到普通扁平结构的 77% 至 94% 范围内变化,且晶须分布均匀,而有些结构没有或几乎没有晶须生长。此外,在大多数衬底上,可以合理地假设存在

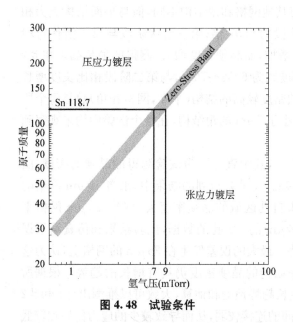

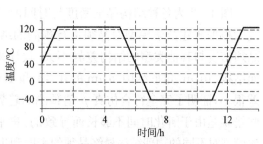

图 4.48　试验条件　　　　　　　　　图 4.49　加速的热循环

一个应力积累和(或)Sn 原子扩散过程,该过程在第一潜伏期中所占的比例较大,并且在第一潜伏期后具有关键的成核步骤或活化的生长过程。在第一潜伏阶段,宽度为 5 μm 的网格区域无须晶生长,在 10 μm 的网格结构中观察到的增量最大,增量为 2 183%,其余区域平均呈现 628% 的增量,其中 25 μm 的角结构意外地获得了与扁平结构相似的持续时间,并且在第一阶段产生了更多的晶须,而在其他结构中,持续时间更长,导致更多的第二潜伏阶段的晶须生长;第二潜伏阶段,宽度为 5 μm 网格结构晶须密度为 2 085 个/cm^2,增量为 2 183%;

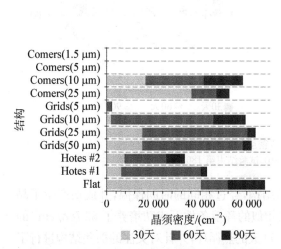

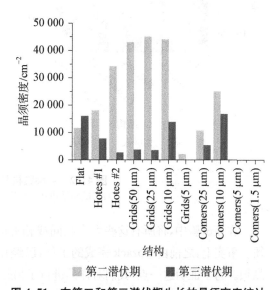

图 4.50　来自所有不同类型结构的晶须密度数据　　图 4.51　在第二和第三潜伏期生长的晶须密度统计

宽度为 $25\,\mu m$ 的角结构,其晶须的生长机理与其他网格和角结构不同,但与平面结构更为相似,第二潜伏阶段生长的晶须平均约为第一阶段的 9.97 倍;第三潜伏阶段与第二潜伏阶段相比,包括 $25\,\mu m$ 角结构,晶须密度几乎没有增加,而晶须长度增大,测得的最长晶须在♯2孔区域,为 $192.6\,\mu m$;孔结构生长的晶须的密度约为 $60\%\sim70\%$,与第二阶段相比长度增长了 110%,而扁平结构的晶须却更多;其他晶须密度较高的结构(平面,网格和角)总是每个段中的"最短距离"(通常大于 $10\,\mu m$);对于宽度小于 $5\,\mu m$ 的角结构,在整个试验中均未观察到晶须。

图 4.52 为各种结构晶须密度与时间的关系,其中直方图为试验测得的晶须的密度,曲线为根据所建数学模型对晶须进行预测的结果。在试验得到的结果中,来自 $10\,\mu m$ 网格的晶须密度与其他类型的结构差异不大,仅比来自孔区域的晶须密度大一些。$25\,\mu m$ 网格平面结构、$10\,\mu m$ 角形结构、$5\,\mu m$ 的孔♯1 和 $1.4\,\mu m$ 的♯2 孔的数据,试验结果和仿真结果误差很小,证明了完全符合仿真 p 值预测的趋势。最大的误差发生在 $25\,\mu m$ 的网格上,认为这些错误是由于孵化时间不够长而导致的,扁平结构的晶须密度仍具有增长的趋势。根据所建模型对不同的物理结构最终晶须的密度和生长趋势预测和估算,大致可以推测出♯1 和♯2 孔结构中最终晶须密度较小,这是由于元素之间的连接较弱,从而导致较少的应力传导和较低的锡原子扩散量,而应力和扩散是晶须形成机理的两个关键因素最终会限制晶须的生长。

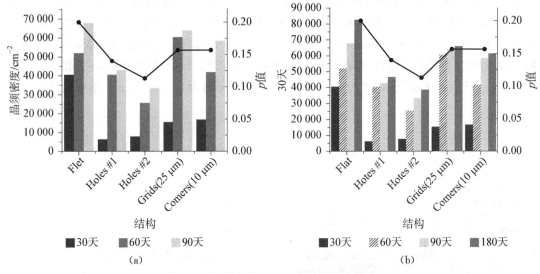

图 4.52 各种结构晶须密度与时间的关系
(a) 试验结束第 90 天 (b) 试验结束第 180 天

在该试验中,将所有这些大小相同或相近的结构,经过相同的时间保温,并成功产生了晶须。事实上,之前由 Bozack 完成的工作,已经在相似的环境条件下成功培养了 $82\,788/cm^2$ 的晶须。为了证明这一点,我们对样品进行了另外 90 天的热循环,并针对关注的那些结构进行了第四潜伏阶段观察,将在热循环中孵育 180 天的晶须密度作为最终数据。相信通过试验进一步修正模型,最终可以验证模型会完美地预测最终晶须的密度,并进一步证明小尺寸似乎对最终晶须密度没有影响,但对"激活"晶须生长机制具有关键的激活阈值。

4.5.3　建模与试验小结

使用有限元应力分析方法,通过普通的物理应力传导,基于3D电子封装的典型物理尺寸和结构形状(角部结构、网格结构、空洞结构等)建立了压应力累积、原子扩散以及动态再结晶理论的数学模型,通过建模和试验验证,证明了该模型可用于估计与平坦区域相比不同结构上的晶须密度,并大致预测密度变化的趋势;并证明了不同结构的应力积累和原子扩散过程持续时间不同,晶须生长的速度也不同,晶须受到结构形状和特定尺寸的影响。压应力可能会被孔边缘的位错消耗,在较小尺寸的结构上没有产生晶须,特别是当结构尺寸在微米级时,应力积累的持续时间会因不同的结构而异,压应力与尺寸并非完全线性。可通过改变3D封装结构抑制热循环等条件下锡晶须的生长,可以考虑建立新的反向微型凸点结构的可行性,与其生长凸起的微型凸点,不如在空洞结构上在平坦的层上挖微型凸点形状的孔,这种结构的晶须孵化能力低,并且由晶须引起的短路风险也将大大降低,如果这种结构适用于3D封装,它将有效降低3D封装中的晶须危害。此外,可以通过对封装替代材料的进一步研究,将原子扩散从压应力对晶须生长的作用中分离出来,这对于揭示晶须生长机理是有利的。

4.6　晶须生长机制理论体系初步建立

根据诸位学者多年的研究成果,并通过对晶须机理建模,动态仿真、评估、预测、评价、原位观测和初步试验研究,进一步得出以下结论:

(1) 基于Sn原子迁移的位错理论(晶须尖端错位机制的增长),转变的机制被驳斥。

(2) 基于螺旋位错的理论(旋转边缘位错类别的位错机制,晶须基部的生长),许多理论分析和观察都证实这是正确的。

(3) 应力是晶界滑移的原因[此应力的结果是晶界滑动(蠕变),这是晶须生长的关键机制],晶界滑移造成晶须晶粒生长(晶界滑动已导致证明晶须的晶粒长大)。氧化物已被证明是压应力的另一个来源,它也可能增加锡的晶界扩散速率。晶须理论支持滑移面晶须的生长,而不能支持非滑移面晶须的生长。

(4) 经过学者的大量研究证明,经典的"锡晶须再结晶化生长理论"并不严谨,所有指示表明,重结晶过程在晶须生长中起作用,但未提出实际的生长机理,而且目前已经有人观察到锡镀层晶粒在室温下放置后,发生了晶粒再结晶现象,以及晶须生长前后镀锡层的尺寸和形状存在明显差异。

热力学告诉我们,在没有外部能量输入的情况下,自然界中的物质将自动达到能量最小的状态,材料系统内部的应力/张力,以及内部的能量都将随时间的推移向外释放。从镀锡层表面生长出锡晶须现象与镀锡层中的能量状态(应力/张力)的变化有关,即镀锡层中的能量状态向降低的方向变化。

系统能量主要包括如下几方面。

(1) 自由表面能。自由表面能在自然再结晶和晶粒长大过程中起着重要作用。这个过程可以通过晶界与表面相交的表面上的凹槽来停止,并将这些边界固定在这些位置上。不同取向的晶粒具有不同的表面能,有利于晶粒长大以克服沟槽锚定效应。锡晶粒结构的晶界终止于表面,这会阻碍经典再结晶向晶粒长大的转变。当这种情况发生时,储存的能量必须通过其他生长机制释放出来。

氧化的表面或具有从大气中吸收的杂质的表面也可以改变不同晶面的表面能。锡的各向异性特性固有地具有在表面暴露的晶粒的不同表面能。能量和晶界迁移率的这种差异或缺乏,导致晶粒生长的途径不同。

除存储的能量外,锡沉积物生长晶须的倾向还强烈取决于其结构,包括表面条件、晶粒尺寸、晶界结构和沉积物中晶粒的相对晶体学取向。

(2) 再结晶中的能量。在镀锡期间,能量以机械稳定但热力学不稳定的位错单元结构形式存储在沉积物中。当温度足够高(或升高)时,能量状态变得更加不稳定,从而驱动系统进入无应变过程。能量释放过程可以分为三个可识别的阶段:恢复、再结晶和晶粒长大。

该过程的三个阶段共同描述了固态低自由能的新微结构的形成。恢复阶段对点缺陷敏感,可减少晶格应变,但不涉及任何微观结构变化。与恢复相反,通过降低位错密度使重结晶中发生结构变化的能力产生了一组新的无应变细晶粒。

再结晶的晶粒通常是预先存在的区域的结果,这些区域相对于周围的材料高度错误地定向。这种高度的取向错误为新晶粒的起源区域提供了所需的生长迁移率。如果温度高于重结晶所需的温度,则晶粒继续生长。无应力晶粒的成核和生长包括四个步骤:①去核:孵育时间;②核的生长:新晶粒的高速生长;③颗粒的浸入:在有限的空间内,某些原子核在某个时刻相互接触,从而阻止了随后的生长;④常规生长:当所有颗粒都充满新粒时,经典生长开始,其余遵循常规生长速率(该速率与时间的平方根成正比)。其驱动力是减少界面能。进行晶粒长大的第二步(即原子核的长大),直到该过程的驱动力减小,然后再结晶完成。因此,虽然再结晶理论研究结果初步证明了再结晶机制并不是一个实际的"机制",但再结晶的驱动力是变形时与界面能有关的储存,因此应从系统的能量角度揭示晶须产生机理。

(3) 界面流动机理可以纳入系统能量理论中。

(4) 迁移、静电理论以及基于锡原子迁移的位错和滑移位错机制均与系统的能量有关,离子迁移和应力迁移均与压力有关。而电迁移则是在集成电路内部,当具有高电流密度的直流电流流入薄膜导体中时,由于电场作用引起金属离子产生定向运动,通常在高温、强电场下引起。金属层因金属离子的迁移在局部由质量堆积(pile up)而出现小丘(hillocks)或晶须(whisker)或由质量亏损出现空洞(voids)而造成的器件互联性能退化或失效。均可归入系统能量理论。

(5) 应力机制(包括外压缩应力、内应力和热循环应力)的核心是应力的释放,可归结为系统能量引起锡原子扩散而产生晶须。

Hwang(2016)综合了晶须生成的多种研究成果,认为:通过降低位错的密度和在位错位置减少位错运动的能量,可以使晶体内部的残余应力变小。位错在一定温度下更容易移动,位错有向系统中应力能比较小的区域堆积的倾向,在排列过程之后,位错形成倾斜角很小,取向错误(多边形)只有几度的晶粒边界。位错角度导致尖锐的二维边界,在这些区域里的位错密度变小。这些区域的晶粒是亚晶粒。在多边形化后发生粗化,小角度边界在晶粒生长时会吸纳更多的位错。有些亚晶粒的周围的位错比其他的晶粒更多,这些亚晶粒的迁移率很大。反过来,这些亚晶粒在生长时聚集的位错更多,使它们在自己的周围的位错更多,直到这些位错在这个循环过程中消失。这形成一个生长周期。典型晶粒的生长是由晶粒边界弯曲驱动的,弯曲造成晶粒边界表面的总面积变小。从本质上说,这个使晶粒生长的力是晶粒边界表面的表面能减少的结果。如果再结晶之后把晶体保持在足够高的温度,那么晶粒的尺寸将变大,这是由于在单位体积中的晶粒数目变少,结果是晶粒边界的总面积下降。促使晶粒生长的能量一般都非常小,晶粒生长的速度非常慢,并且很容易由于晶体结构中出现第二相粒子或溶质原子而变得更慢。在储存期内提高温度(提高到足够高)时,这种晶粒生长是能量释放的第三个阶段。材料的屈服应力在这个过程显著变小,因为屈服应力和晶粒的平均直径成反比关系。此外,在这个过程中,材料的延展性提高。晶粒边界的高界面能和相对比较弱的键往往使晶粒经常在它们喜欢的位置受腐蚀的攻击和从固相迅速转变(precipitation)到新的相。晶粒的第二相的特性会影响晶粒边界。一个重要的例子是当晶粒处在第二相时,熔点比较低,并且是零接触角,当它被加热到第二相熔点以上的温度时,这将导致材料沿着晶粒的边界裂开。这是在金属中出现的问题,这些金属含有微量杂质,这些杂质转化为液相,这种晶粒边界可以称为"湿"晶界。发生锡晶须时,如果是晶粒边界起主要作用,小角度的晶粒边界可能会成为最先生长锡晶须的位置,这是由于它们的能量低。能量低的位置(如能量低的晶粒边界或再结晶的晶粒)是锡晶须生长的基础。锡晶须一般是(尽管还不是总是)在锡表面上晶粒边界交界的位置开始生长,或者是在聚集大量晶粒边界的位置开始生长,而不是从基板的表面开始生长。锡表面上的晶粒边界交界比较多时,会生长更多的锡晶须。不过,角度大的晶粒边界对扩散路径有利,可能是保持锡晶须生长的关键。在锡晶须生长时,必须通过围绕晶粒的晶粒边界网络,或者通过晶格扩散,把供锡晶须生长的锡材料运送到锡晶须的晶粒。这个把锡材料运送到锡晶须晶粒中的移动把锡晶须晶粒的自由表面向上推,在表面上生长成锡晶须结构。在重新出现亚晶粒的边界移动的影响和再结晶的成核过程时,大角度晶粒边界的移动的实质是再结晶和晶粒生长。

对多种机理理论分析,并结合 Alcatel 和其他学者的理论,从晶须生长的初始条件和必要条件来分析,晶须生长的机制可以归纳为由于应力和松弛,造成系统能量动态变化,引起锡原子扩散,从而造成晶须的生长,锡原子扩散是产生晶须的根本原因。因此,抑制锡晶须生长的主要措施应从两个方面着手:①必须降低系统的能量,降低系统的能量的方式,并不要求每个原子的能量状态都必须降低,而是降低系统的能量;②在所有情况下,锡原子在晶须晶界处一定有移动的地方,这也证明了晶须主要产生于晶界以外的地方而不是晶界。

综上所述,压应力、再结晶(再结晶的驱动力是变形时与界面能有关的储能)、晶界、位错和迁移均与系统的能量有关,因此应从系统能量引起晶粒扩散的角度来揭示晶须产生机理。可将几种晶须机制进一步归纳为基于系统能量的原子扩散理论。

参考文献

[1] 郝虎,郭福,徐广臣,等. 锡晶须生长的双应力模型[J],稀有金属材料与工程,2012,41(增2):59-62.

[2] 刘洋. 基于测试结构的 CMOS 工艺可靠性评价方法研究[D]. 成都:电子科技大学,2016.

[3] 马俊. 半导体集成电路可靠性测试及数据处理方法分析研究[J]. 电脑编程技巧与维护,2016(10):52-

53,60.

［4］ 颜湖明,王洪金,张小敏,等. 浸镀时间对热浸镀铝组织演变的影响［J］. 山东化工,2020,49(15):51-53.

［5］ Arnold S M. Repressing the Growth of Tin Whiskers［J］. Plating,1966(53):96-99.

［6］ Baker G S. Angular Bends in Whiskers［J］. Acta Metallurgica,1957(5):353-357.

［7］ Brenner S S, Sears G W. Mechanism of Whisker Growth-Ⅲ Nature of Growth Sites［J］. Acta Metallurgica,1956,4(3):268-270.

［8］ Castaneda S I, Rueda F, Diaz R, et al. Whiskers in Indium Tin Oxide Films Obtained by Electron Beam Evaporation［J］. Journal of Applied PHysics,1998,83(4):1995-2002.

［9］ Chason E, Jadhav N, Chan W L, et al. Whisker Formation in Sn and Pb - Sn Coatings: Role of Intermetallic Growth, Stress Evolution, and Plastic Deformation Processes［J］, Applied Physics Letters,2008,92(x):171901-1-171901-3.

［10］ Chen W J, Lee Y L, Wu T Y, et al. Effects of Electrical Current and External Stress on the Electromigration of Intermetallic Compounds Between the Flip-Chip Solder and Copper Substrate ［J］. J Electron Mater. 2018,47(12):1-14.

［11］ Chiu T C, Lin K L. The Growth of Sn Whiskers with Dislocation Inclusion upon Electromigration Through a Cu - Sn3.5Ag - Au Solder Joint［J］. Scripta Mater,2009(60):1121-1124.

［12］ Dittes M, Oberndorff P, Crema P, et al. Tin Whisker Formation-A Stress Relieve Phenomenon［J］, AIP Conference Proceedings,2006(817):348-359.

［13］ Dunn B D. Mechanical and Electrical Characteristics of Tin Whiskers with Special Reference to Spacecraft Systems［J］. European Space Agency (ESA) Journal,1988(12):1-17.

［14］ Egashira M, Yoshida Y, Kawasumi S. Gas Sensing Characteristics of Tin Oxide Whiskers［J］. Sensors and Actuators,1986(9):147-155.

［15］ Eshelby J D. A Tentative Theory of Metallic Whisker Growth［J］. Physical Review,1953,91(3):755-776.

［16］ Furuta N, Hamamura K. Growth Mechanism of Proper Tin-Whisker［J］. Journal of Applied Physics,1969,8(12):1404-1410.

［17］ Gaidukov Y P. Electronic properties of whiskers［J］. Soviet Physics Uspekhi,1984,27(4):256-272.

［18］ Galyon G T, Palmer L. An Integrated Theory of Whisker Formation: The Physical Metallurgy of Whisker Formation and the Role of Internal Stress［J］. IEEE Transactions on Electronics Packaging Manufacturing,2005,28(1):17-40.

［19］ Galyon G. Whisker Formation Concepts-The End Game［J］. IEEE Transactions on Components, Packaging and Manufacturing Technology,2011,1(7):1098-1109.

［20］ Hillman C. What's the Secret to Tin Whiskers?［J］. Global SMT and Packaging,2013,13(4):38-39.

［21］ Howard H P, Cheng J, Vianco P T, et al. Interface Flow Mechanism for Tin Whisker Growth ［J］. Acta Materialia,2011,59(5):1957-1963.

［22］ Hunt C. Predicting Tin Whisker Growth［J］. Microelectronics News,2005(21):3.

［23］ Hwang J. The Theory Behind Tin Whisker Phenomena, Part 1［J］. Surface Mount Technology (SMT),2015,30(5):8,10-11.

［24］ Hwang J S. A Look at the Theory behind Tin Whisker Phenomena, Part 3［J］. Surface Mount Technology (SMT),2015,30(11):12,14-15.

［25］ Hwang J S. The Theory Behind Tin Whisker Phenomena, Part 4［J］. Surface Mount Technology (SMT),2016,31(9):12-16.

[26] Hwang J. The Theory Behind Tin Whisker Phenomena, Part 1 [J]. Surface Mount Technology (SMT), 2015,30(5):10 - 11.

[27] Jung D H, Sharma A, Jung J P. A Review of Soft Errors and the Low α-Solder Bumping Process in 3D Packaging Technology [J]. J Mater Sci. 2018;53(1):47 - 65.

[28] Karpov V G. Electrostatic Mechanism of Nucleation and Growth of Metal Whiskers [J]. Surface Mount Technology (SMT), 2015,30(2):28,30 - 32,34 - 36,38 - 40,42 - 45.

[29] Kato, Takahiko, Akahoshi, et al. Correlation Between Whisker Initiation and Compressive Stress in Electrodeposited Tin-Copper Coating on Copper Leadframes [J]. IEEE Transactions on Electronics Packaging Manufacturing, 2010,33(3):165 - 176.

[30] Kuhlkamp P. Bleifreie Galvanische Beschichtung Von Elektronischen Bauteilen unter Vermeidung der Whiskerbildung [J]. Galvanotechnik, 2004,95(9):2119 - 2132.

[31] Lal S, Moyer T D. Role of Intrinsic Stresses in the Phenomena of Tin Whiskers in Electrical Connectors [J]. IEEE Transactions on Electronics Packaging Manufacturing, 2005,28(1):63 - 74.

[32] Lau J H, Pan S H. 3D Nonlinear Stress Analysis of Tin Whisker Initiation on Lead-Free Components [J]. Journal of Electronic Packaging, 2003,125(4):621 - 624.

[33] Lee B Z, Lee D N. Spontaneous Growth Mechanism of Tin Whiskers [J]. Acta Materialia, 1998,46(10):3701 - 3714.

[34] Li C F, Liu Z Q. Microstructure and Growth Mechanism of Tin Whiskers on RESn3 Compounds [J]. Acta Mater. 2013(61):589 - 601.

[35] Li S B, Bei G P, Zhai H X, et al. The Origin of Driving Force for the Formation of Sn Whiskers at Room Temperature [J]. Journal of Materials Research, 2007,22(11):3226 - 3232.

[36] Lindborg U. A Model for the Spontaneous Growth of Zinc, Cadmium, and Tin Whiskers [J]. Acta Metallurgica, 1976,24(2):181 - 186.

[37] Liu Y S, Lu C J, Zhang P G, et al. Mechanisms Behind the Spontaneous Growth of Tin Whiskers on the Ti2SnC Ceramics [J]. Acta Materialia, Acta Materialia, 2020(185):433 - 440.

[38] Meng F G, Wang J, Liu L B, et al. Thermodynamic Modeling of the Mg - Sn - Zn Ternary System [J]. Alloys Compd, 2010(508):570 - 581.

[39] Mizuguchi Y, Murakami Y, Tomiya S, et al. Effect of Crystal Orientation on Mechanically Induced Sn Whiskers on Sn - Cu Plating [J]. Journal of Electronic Materials, 2012,41(7):1859 - 1867.

[40] Osenbach J W. Tin Whiskers: An Illustrated Guide to Growth Mechanisms and Morphologies [J]. JOM, 2011,63(10):57 - 60.

[41] Qiang L, Huang Z X. A Physical Model and Analysis for Whisker Growth Caused by Chemical Intermetallic reaction [J]. Microelectronics Reliability, 2014,54(11):2494 - 2500.

[42] Sun Z M, Hashimoto H, Barsoum M W. On the Effect of Environment on Spontaneous Growth of Lead Whiskers from Commercial Brasses at Room Temperature [J]. Acta Mater, 2007(55):3387 - 3396.

[43] Tu K N, Chen C, Wu A T. Stress Analysis of Spontaneous Sn Whisker Growth [J]. Journal of Materials, Science: Materialsin Electronics, 2007(18):269 - 281.

[44] Vianco P T, Neilsen M K, Rejent J A, et al. Validation of the Dynamic Recrystallization (DRX) Mechanism for Whisker and Hillock Growth on Sn Thin Films [J]. Journal of Electronic Materials, 2015,44(10):4012 - 4034.

[45] Vianco P T, Rejent J A. Dynamic Recrystallization (DRX) as the Mechanism for Sn Whisker Development. Part I: A Model [J]. Journal of Electronic Materials, 2009,38(9):1815 - 1825.

[46] Yu C F, Hsieh K C. The Mechanism of Residual Stress Relief for Various Tin Grain Structures [J]. Journal of Electronic Materials, 2010,39(8):1315 - 1318.

晶须的观察、检测和分析

5.1 晶须观察、检测和分析必要性

通过对晶须进行原位和直接长期观察,以及试验检测,可以实现对自发生长现象及晶须形貌、尺寸范围、关键参数的观察和识别;使用工具和软件对晶须的生长机制、条件、影响因素、生长速率和发展倾向进行分析,以实现晶须的定性和初步定量综合分析;对晶须机理理论和模型进一步检验、修正和完善,为综合实验、试验和标准体系建立奠定基础。

5.2 晶须观察工具和分析技术

近年来,通过使用高性能分析工具,使晶须的定性和部分参数定量分析取得了进展。

1) 各类电子和光学显微镜及其具体应用

(1) 各种电子和光学显微镜主要包括扫描电子显微镜(SEM),透射电子显微镜(TEM),扫描俄歇显微镜(SAM),诺马斯基显微镜(Nomarski microscope),高分辨率透射电子显微镜(HR - TEM),场发射扫描电子显微镜(field emission scanning electron microscopy,FESEM),原子力显微镜(AFM),光学显微镜技术(optical microscopy techniques,OMT),环境透射电子显微镜(ETEM),STM(扫描隧道显微镜,原子级,高分辨,与 AFM 类似),高温光学显微镜(high-temperature optical microscopy)等。

SEM 可以观察物体的表面形貌,也可用于做成分的定性和半定量分析;TEM 主要是观察材料的内部超微结构,很多用于观察纳米级的试样,TEM 透射电镜样品需要做成薄片,可用于选区电子衍射等,也可用于成分分析,而且 TEM 的倍数要比 SEM 大得多。也有部分学者利用其他一些分析仪器,如:扫描劳厄微衍射(SLM)、微俄歇电子能谱仪(MAES)、拉曼光谱仪(Raman spectrometer)、原子发射光谱仪(AES)、直流等离子体发射光谱仪(DCP)、扫描电迁移率颗粒物粒径谱仪(SMPS)、能谱仪(EDS)、差分孔径 X 射线显微镜(DAXM)、聚焦离子束(FIB)、分子束外延(MBE)、激光拉曼光谱仪(laser Raman spectrometer)、傅立叶变换拉曼光谱仪(FITR-Rama)、原子吸收光谱仪(AAS)、热重分析(TGA)、原子荧光光谱仪(AFS)、X 射线荧光光谱仪(XRF)、金相显微镜(metallurgical microscopy)、扫描探针显微镜(scanning probe microscopy)、热分析仪(thermal analyzer)、气相色谱仪(GC)、粒度分析仪(particle size analyzer)、三维显微镜(μCT)、Lang 型 X 射线衍射相机等。

(2) 具体应用。Yu 于 2009 年使用 HR - TEM 分析了与金属间层相连的晶须根;

Lahtinen 等使用 SEM 对热镀锌层上的锌晶须开展了扫描电子显微镜研究；美国国家航空航天局戈达德太空飞行中心的 Greenbelt 于 2006 年提出了用于晶须的金属光学显微镜检查技术。

材料表面的微观几何形貌特性在很大程度上影响着它的许多技术性能和使用功能，近年来随着科技的发展，对各种材料表面精度也提出了越来越高的要求。目前，纳米科技成为研究热点，集成电路工艺加工的特征尺度进入亚微米，而光学显微镜已经满足不了观察更加微小物体的需求，这给科研人员提出了解决纳米级表面的测量和表征的问题。扫描电子显微镜(SEM)的出现解决了这一问题，扫描电子显微镜是目前常见的用于表面形貌观察的失效分析技术。具有高分辨率，较高的放大倍数；景深效果好，视野大，成像富有立体感，可直接观察各种试样凹凸不平表面的细微结构；试样制备简单；配有 X 射线能谱仪装置，可同时进行形貌观察和微区成分分析。通过扫描电子显微镜观察材料表面形貌，为研究样品形态结构提供了便利，有助于监控产品质量，改善工艺。

这里重点介绍较常用的扫描隧道电子显微镜(STM)和原子力显微镜(atomic force microscopy, AFM)。

扫描隧道电子显微镜和原子力显微镜，是 1986 年诺贝尔物理学奖获得者宾尼和罗雷尔相继发明创造的。扫描隧道电子显微镜(STM)在性能上，其分辨率通常在 0.2 nm 左右，故可用来确定表面的原子结构。测量表面的不同位置的电子态、表面电位及表面逸出功分布。此外，还可以利用 STM 对表面的原子进行移出和植入操作，有目的地使其排列组合，这就使研制纳米级量子器件、纳米级新材料成为可能。

原子力显微镜(AFM)，是一种可用来研究包括绝缘体在内的固体材料表面结构的分析仪器。它通过检测待测样品表面和一个微型力敏感元件之间的极微弱的原子间相互作用力来研究物质的表面结构及性质。将对微弱力极端敏感的微悬臂一端固定，另一端的微小针尖接近样品，这时它将与其相互作用，作用力将使得微悬臂发生形变或运动状态发生变化。扫描样品时，利用传感器检测这些变化，就可获得作用力分布信息，从而以纳米级分辨率获得表面形貌结构信息及表面粗糙度信息。在真空环境下测量，其横向分辨率可达 0.15 nm，纵向分辨率达 0.05 nm，主要用于测量绝缘材料表面形貌。此外，用 AFM 还可测量表面原子间力、表面的弹性、塑性、硬度、黏着力、摩擦力等性质。

AFM 原理是利用针尖与样品表面原子间的微弱作用力来作为反馈信号，维持针尖—样品间作用力恒定，同时针尖在样品表面扫描，从而得知样品表面的高低起伏。

AFM 的基本结构与 STM 相似，原子间作用力的检测主要由光杠杆技术来实现。如果探针和样品间有力的作用，悬臂将会弯曲。为检测悬臂的微小弯曲量(位移)，采用激光照射悬臂的尖端，四象限探测器就可检测出悬臂的偏转。

通过电子学反馈系统使弯曲量保持一定，即控制扫描管 Z 轴使作用于针尖—样品间的力保持一定。在扫描的同时，通过记录反馈信号就可以得到样品表面的形貌。其是分辨率极高，且能三维成像的表面形貌分析仪器。

扫描隧道电子显微镜和原子力显微镜两者都是原子级、高分辨。其区别在于扫描隧道电子显微镜主要用于导体的研究，而原子力显微镜不仅用于导体的研究，也可用于非导体的研究。在制造原理上，两者的基础是相同的。扫描隧道电子显微镜的原理不同于传统意义上的电子显微镜,它是利用电子在原子间的量子隧穿效应,将物质表面原子的排列状态转换为图像信息的;在量子隧穿效应中,原子间距离与隧穿电流关系相应;通过移动着的探针与物质表面的相互作用,表面与针尖间的隧穿电流反馈出表面某个原子间电子的跃迁,由此可以确定出物质表面的单一原子及它们的排列状态。原子力显微镜是在扫描隧道电子显微镜制造技术的基础上发展起来的,它是利用移动探针与原子间产生的相互作用力,将其在三维空间的分布状态转换成图像信息,从而得到物质表面原子的排列状态。

通常,把以扫描隧道电子显微镜和原子力显微镜为基础,兼带上述其他功能显微镜的仪器统称为原子力显微镜。主要应用成果有:ZnO 晶须顶部接触孔的原子力显微镜观察;锡-铜金属间化合物:Rol 的新进展;空气中晶须形核的原位观察。扫描电子显微镜试验装置如图 5.1 所示。

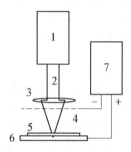

1—纤维光纤激光器 LS - 02;2—激光辐射;3—镜头;4—金属网;5—碳纳米管;6—目标;7—电源。
图 5.1　扫描电子显微镜试验装置
(资料来源:Kado,1993)

Hektor 于 2019 年采用聚焦离子束(FIB)在 FEI - Nova nanolab600 型全探针纳米机械手显微镜下,从大块样品中提取直径为 $25~\mu m$ 的圆柱形样品,锡晶须位于圆筒的中心,试样的 SEM 图像如图 5.2 所示。采用电子束蒸发法在高纯铜基体上镀上约 $7~\mu m$ 的锡,锡的电子束蒸发已被证明产生柱状晶粒结构,类似于通过更工业相关的电镀方法获得的晶粒结构,使用电子束蒸发沉积的涂层也不含可影响应力场和晶须生长动力学的有机污染物;在电镀涂层中,这些污染物来自电解液中的添加剂,在取出之前,散装样品在环境条件下老化12 个月。

图 5.2　试样的 SEM 图像
(资料来源:Hektor,2019)

Hasn 于 2020 年对锡晶须生长机理进行 μCT 研究，研究了微层析方法在金属锡晶须生长机理研究中的适用性，为了利用 X 射线研究这种微小结构，采用了一种基于 Timepix 读出 ASIC 的直接转换像素大面积探测器的层析成像装置，这些探测器具有非凡的对比度和高动态范围，已被证明是分析具有低射线照相精细特征的样品的有力工具。初始层析结果显示了锡晶须的全三维形态信息，尽管空间分辨率比扫描电子显微镜（SEM）要低，扫描电子显微镜是研究这一现象的常用方法。然而，显微断层扫描获得的额外形态信息提供了额外的分析手段，可能有助于理解潜在的生长机制。

90℃下 72 h 获得的 HA 晶须和 SAD 的 TEM 照片如图 5.3 所示。

图 5.3 90℃下 72 h 获得的 HA 晶须和 SAD 的 TEM 照片

通过扫描电子显微镜获得的碳纳米管量子 2003DSEM 图像如图 5.4 所示。

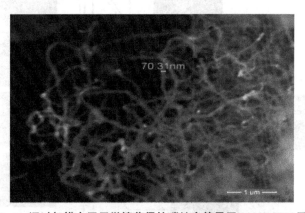

图 5.4 通过扫描电子显微镜获得的碳纳米管量子 2003DSEM 图像

氧化钛晶须阵列的 SEM 图像如图 5.5 所示。

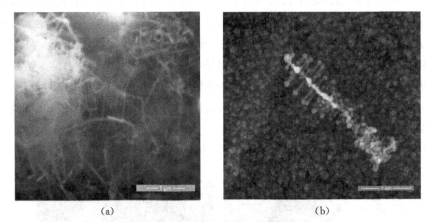

图 5.5　氧化钛晶须阵列的 SEM 图像
（a）纳米棒　（b）五向穿插

　　有学者用电子显微镜研究了以二十面体准晶为主导相的 Cd-Mg-Yb 合金中自发生长的晶须。研究发现：晶须主要由 Cd 组成，且生长方向为顺时针，Cd 颗粒经常出现在晶须和合金表面上（见图5.6）。

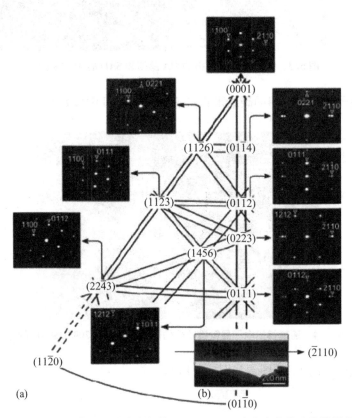

图 5.6　二十面体准晶为主导相的 Cd-Mg-Yb 合金中自发生长的晶须
（a）系统的 SAED 图形　（b）晶须的 BF 图像显示，2110＞Cd 的生长方向

2) 激光、X 射线和电子类观察仪器与技术

(1) 激光、X 射线和电子类观察仪器主要有分子束外延(MBE)、电子后向散射衍射(EBDP)、X 射线粉末衍射、X 射线光电子能谱(XPS)、散射电子衍射(EBSD)、扫描激光辐射、扫描劳厄微衍射(SLM)、俄歇电子能谱(AES)(藤原,1980)、FIB(聚焦离子束,聚焦离子束)技术、扫描激光辐射(SLR)、高分辨率俄歇光谱(RAS)、电子后向散射衍射(ESD)、卢瑟福后向散射(RBS)、扫描 3DXRD,拉曼光谱仪(Raman spectrometer)、聚焦电子束(FEB)、能谱仪(EDS),同步辐射 X 射线原位形貌术、X 射线衍射、同步辐射扫描 X 射线微衍射、小角度 X 射线散射、X 射线粉末衍射、X 射线地形图、X 射线光电子能谱(XPS)、扫描电子显微镜 X 射线能谱、μCT,差分孔径 X 射线显微镜(DAXM)等。

组合分析方法有化学分析、能谱(EDS)等方法和技术,X 射线和电子显微镜。

(2) 利用激光、X 射线和电子类观察仪器与技术的主要观察成果有 Tatsumi 于 1978 年利用光学(机)系统(光学系统)进行可视化观察。同步辐射 X 射线原位形貌术,样品在同步加速器的强光子束中变形,与 TEM 相比,该法的特点如下:①X 射线的穿透率比 TEM 电子高,因此可以使用大块样品;②用光子测量位错图像的宽度要大得多,即微观结构观察的分辨率很低。因此,只有位错密度很低的晶体才是这类试验的理想候选。

Lure 用同步加速器观察了(100)NaCl 单晶在压缩蠕变下的亚晶结构形成和演化。

George 于 2002 年用聚焦离子束成像和透射电镜研究锡晶须。结果显示,在晶界析出物的生长是由于室温下 Cu 和 Sn 之间的化学反应而产生的,为锡晶须的自发生长提供了驱动力。这些晶界析出物在 Sn‐Cu 抛光液中比在纯 Sn 抛光液中存在更多,这是锡晶须在 Sn‐Cu 表面生长更快的主要原因。

Michael 于 2012 年研究了电子背散射衍射在锡晶须晶体学表征中的应用,当晶体学特征已知时,理解晶须的生长或基板上的高深宽比特征可以得到帮助。该研究评价了利用被测定晶须生长方向的三种方法,讨论了每种方法的准确度和优缺点。

Jagtap 于 2017 年利用电子背散射衍射法,从晶体微结构分析的角度,实现了对锡镀层中晶须颗粒的识别。传统上,EBSD 是一种应用于平面抛光样品的技术,因此,将 EBSD 用于表面外特征有些困难,需要额外的流程。

其他应用成果如下:用 X 射线研究晶须波导的爆炸电子发射(X 射线点投影射线照相),Lang 型 X 射线地形相机及一些 X 射线地形图观测晶须,利用微焦点 X 射线衍射(XRD)了解锡膜的微观结构和内部应力水平(Zhang,2001);Hektor 于 2019 年根据以往对锡晶须的 X 射线衍射研究所使用的技术只能提供平行于锡涂层的二维空间分辨率的情况,通过使用差分孔径 X 射线显微镜(DAXM),可以重建样品中不同深度的衍射图案,从而获得三维空间分辨率,这使得更详细地研究晶须周围的晶粒结构和应变场成为可能;有关微焦点 X 射线数据的研究。

Hasn 于 2020 年对晶须生长机理进行 μCT 研究,为了利用 X 射线研究这种微小结构,采用了一种基于 Timepix 读出 ASIC 的直接转换像素大面积探测器的层析成像装置,这些探测器具有非凡的对比度和高动态范围,已被证明是分析具有低射线照相精细特征的样品的有力工具吸收,初始层析结果显示了锡晶须的全三维形态信息。扫描电子显微镜是研究这一现象的常用方法,尽管空间分辨率比扫描电子显微镜(SEM)要低,然而,显微断层扫描

获得的额外形态信息提供了额外的分析手段，可能有助于理解潜在的生长机制。

锡晶须生长长度的测量如图 5.7 所示。

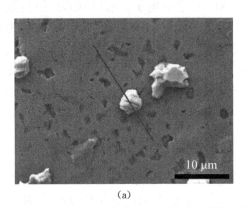

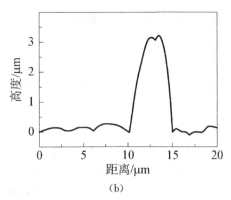

(a)　　　　　　　　　　　　(b)

图 5.7　锡晶须生长长度的测量
（a）SEM 图像　（b）通过阶梯高度测量获得的晶须表面轮廓

图 5.8 为使用扫描 3DXRD 观察试验的装置示意图，入射光束聚焦到小于多晶样品晶粒的尺寸，一般为 $25\,\mu m$。衍射图样是在放置在远场状态的 2D 检测器上收集的，距样品 $163\,mm$。衍射峰的位置由角度（2θ，η）确定，直射光束被放置在检测器前面的挡光板吸收，沿 y 和 ω 方向扫描样品，即在光束上扫描旋转轴，并在 y 方向的每个位置扫描样品，通过在几个 z 坐标上重复 ω-y 扫描可以获得三维分辨率。为了确保扫描锡涂层的整个深度，将最低 z 坐标移到铜基体中几微米，最高 z 坐标位于样品表面上方几微米处，由于时间限制，无法扫描整个晶须长度。

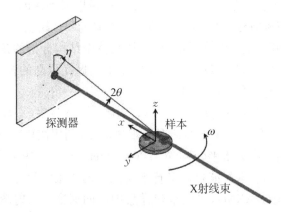

图 5.8　使用扫描 3DXRD 观察试验的装置示意图

3）各种分析技术和工具软件

各种分析技术和工具软件包括散射分析法、高分辨率干涉对比技术（HRIC）技术、热重分析（TGA）、色谱分析、理化分析等。

4）物理和化学方法

物理和化学方法包括示踪剂法，金属磁量子振荡法。

5）扫描电迁移率粒径谱仪

扫描电迁移率颗粒物粒径谱仪是一种用来测量粒径在 3～1 000 nm 范围内的超细气溶胶颗粒的分析仪器，于 2015 年 9 月 10 日启用。它采用一种静电分级器来测量颗粒物尺寸，并采用凝聚粒子计数器（CPC）来测定颗粒物的浓度。美国 TSI 扫描电迁移率粒径谱仪 SMPS - 3938，TSI 的扫描电迁移率粒径谱仪广泛用于测量空气中的颗粒尺寸分布的标准。这一系统也经常用来实现悬浮在液体中的颗粒尺寸的精准测量。美国国家标准与技术研究所（NIST）使用一个 TSID Ma 尺寸为 60 nm 和 100 nm 的标准尺寸的参考材料。扫描电迁移率粒径谱仪是一个精确的粒径检测技术，没有假设颗粒的形状粒度分布而直接测量数浓度。该方法是独立的颗粒或流体的折射率，并具有高度的绝对尺寸精度和测量重复性。其特点和优点如下：①高分辨率数据多达 167 个通道；②广泛的尺寸范围从 2.5～1 000 nm；③与 ISO15900:2009 兼容；④快速测量：<10 秒扫描；⑤宽的浓度范围内，10^7 个粒子/cm³；⑥最大的灵活性组件的设计；⑦无须电脑操作，采用触摸屏控制；⑧易于安装与不需要安装工具和能自动发现部件；⑨离散粒子测量适用于多模样本；⑩独立的颗粒和流体的光学性质；⑪宽范围的系统选择，有水或丁醇计数器供选择和有传统的或非放射性中和器供选择。

德国 PALAS 公司的 U - SMPS 扫描电迁移率粒径谱仪，由一个 DMA 静电迁移率分析仪和 CPC 凝聚核粒子计数器组成，DMA 静电迁移率分析仪又称为 DEMC 差分粒子电迁移器。气溶胶颗粒根据它们在电场中的性质不同而被分离，然后被 CPC 凝聚核粒子计数器计数或气溶胶静电计检测到，软件将以上数据反演为气溶胶粒径和浓度分布图。

德国 SMPS 扫描电迁移率粒径谱仪，系统由 DMA+CPC 组成，或由 DMA+FCE 组成，用于 5～1 100 nm 的颗粒分析。如采用差分粒子电迁移器（differential mobility analyser，DMA）对颗粒物进行分类，为减少大颗粒的干扰，通过切割头先将粗的颗粒去除；同时为了消除对电荷对气溶胶颗粒的影响，建议前置一个静电中和器。DMA 的顶端入口设计成 U 形，以减少颗粒损失；顶端带有层流器，使得气流呈层流状态流动。洁净干燥的保护鞘气与气溶胶气流一起自上而下流动。DMA 的外套筒接地，中心极杆接正压高压发生器。环境颗粒中带负电荷的颗粒将在外套筒与中心极杆之间的电场中发生迁移。在某一电压下（对应一定的电场强度），具有一定荷质比的负电颗粒将迁移至 DMA 下端狭缝而逸出，其余荷质比及其电中性、正电荷的颗粒将随过剩气流被过滤排出。经由狭缝逸出的颗粒为单分散气溶胶颗粒，进入凝聚核粒子计数器（condensation particle counters，CPC）或 FCE 法拉第静电沉降器（electrostatic precipitator）对颗粒物进行计数。软件控制电压扫描模式，能实现对不同粒径颗粒浓度分布的扫描检测，故称扫描电迁移率粒径谱仪，其粒径分辨率非常高，在可测粒径范围内可达 256 个粒径通道。两种不同的 DMA 可以分别测定 5～350 nm 及 10～1 100 nm 粒径范围。系统有固定式监测的 SMPS 系统和移动式的 SMPS 系统，同时根据 DMA 或 CPC 不同，测量的粒径范围也有所不同。

6）几种观察仪器的综合应用

（1）最常用的三大透射电镜为普通透射电子显微镜（TEM）、高分辨透射电子显微镜（HRTEM）和扫描透射电子显微镜（STEM）。

SEM 和 AFM 是针对观察生物材料的表面形貌。SEM 的景深比 AFM 的大，所以图像的立体效果好,但是对于纳米级的结构分辨不好(依据仪器性能优劣)。

AFM 的景深小,图像的立体感和反差不如 SEM,但是对于纳米级的结构解析度好。此外,AFM 的制样简单,但观察比较费时间。

(2) 具体用哪些仪器和技术需要根据具体研究内容来决定。Zhang 于 2012 年对电镀 Sn-Mn 合金中锡晶须的进一步观察,用扫描电镜(FEG)和能谱仪(EDX)研究了抛光低碳钢表面锡(0%~49%)(质量百分比)锰合金电镀锡晶须。研究结果表明,Sn-Mn 合金由于 Mn 含量和镀层微观结构的不同,呈现出不同类型的晶须。除 Sn-20Mn 中发现的晶须林外,Sn-(1%~5%)Mn 中还存在另一种晶须林。后者也有一个非常短的孵化时间,不到 4 h。另一个有趣的发现是,一种类型的晶须表面支持一个既定的模式。

5.3 晶须观察方法

5.3.1 长期观察

1947 年,Hunsicker 等于 1947 年首先在轴承用铝合金中观察到了锡晶须;1951 年,贝尔实验室的 Compton 等于 1951 年研究发现,金属晶须在锡、铝、锌和其他涂层表面有晶须生长。但由于晶须生长的速度较慢,因此需长时间的观察。

Smith(1958)对锡晶须完美性的 X 射线研究,测量了几种直径在 2~11 μm 之间的晶须的强度,一些数据是用 Geiger 计数器和 MoK α 射线照相获得的。根据 X 射线衍射动力学理论,以晶粒尺寸为参数,对观测到的结构因子进行消光校正,并与计算的结构因子进行比较。与不完全晶体动力学理论的一致性很好,5.5 μm 晶须的晶粒尺寸为 1.5 μm,直径约为 10 μm 的晶须晶粒尺寸为 2.7 μm,观察到晶须在几个晶体学方向上生长。

Chaudhar 于 1974 年对镀层薄膜中的晶须小丘生长进行了长时间的观察;Britton 于 1974 年对锡镀层上晶须的自发生长现象进行了长达 20 年的观测;Brusse 等于 2005 年观察了 45 年 AF114 锗晶体管内部的锡晶须生长;Dunn 等于 2006 年对锡晶须生长 15—1/2 年的镀锡 C 型环样品进行的扫描电镜检查结果发现在锡、铝、锌和其他涂层表面有晶须生长;Fontana 等于 2008 年和 Ogden 等于 2009 年分别对 27 年的含锡晶须与盐晶须(NaCl)晶须的 SEM 图像进行了比较研究;Thomas 等于 2015 年对 SOIC 元件上连接相邻引线的锡晶须进行了长期的监测与故障检测;Galyon 于 2004 年全面总结回顾了从 1946 到 2004 年的锡晶须理论发展历史,并与 Palmer 联合出版了高锡油剂上锡晶须形成与生长的结构与动力学的手册。

Ashworth 等于 2016 年对锡电沉积中的锡晶须生长现象进行了 32 年的实验室观察,于 2016 年出版了专著,提出了晶须的设计方法,使用电镀 C 环(包括应力和非应力)以评估晶须生长和金属间化合物在储存 32 年后的生长情况。通过扫描电镜分析,研究了晶须的长度以及抛光横截面的形貌、厚度和金属间化合物形成的类型。研究结果为在黄铜和钢上的正常镀锡镀层具有铜阻挡层,在 5 个月内形成晶须,并且在各种情况下,这些镀层的长度在 1~4.5 mm 之间。在黄铜表面电镀锡,晶须形成前需要一到两个月的形核期。在 6 个月后,它们的最大长度约为 1.5 mm,并且之后很少或没有进一步生长。

Bunyan 等于 2013 年对 60 多年来人们已经观察到的电镀表面晶须现象和成果进行了总结;Lin 于 2013 年利用定量纳米力学测试和原位透射电子显微镜(TEM)来展示纳米材料的表面-晶界扩散蠕变(Coble-crief)。选择了 Sn 这种低熔点($TM=505\,K$)的金属,即使在室温下,其同系物温度($TH < T/TM$)也很高($TH \approx 0.6$),这有助于在室温下观察尺寸诱导的向扩散机制的转换,而无须在 TEM 中使用专门的支架加热或在机械试验中等待数月。

Jh 于 2019 年用扫描劳厄显微衍射法研究了两种锡晶须在时效 21 个月后的显微组织演变和应力场。在获得的非均匀应力场中,发现了导致晶须根部的局部高压应力脊。由于金属间化合物在铜基体与锡涂层界面的演化,应力场也随时间演化。应力场的时间演化表明,晶须根部的物资供应区域是随时间变化的,晶须生长是一个高度动态的过程。在试验过程中,样品扫描区域内的晶界出现了新的表面特征。这一新特征与相邻晶粒之一存在孪晶关系,两个较大晶须中的一个也存在类似的孪晶关系。结果表明,锡原子从高压缩应力脊向附近压缩较小的晶界扩散,沿晶界向晶须根部扩散。

5.3.2 原位观察

对原位观测方法的研究有:铁晶须生长速率的原位观察,高温过程中晶须、锥体和凹坑的原位观察,针对真空等环境下晶须生长情况,Raynaud 等进行了原位和光学显微镜观测(Raynaud 等,1984),铁晶须形核与生长的原位观察,薄膜晶体管液晶显示器互联用 Al-Ta 合金膜上丘状和晶须生长的原位扫描电子显微镜观察,金中电迁移的原子力显微镜原位观察,复合材料裂纹扩展的 SEM 原位观察,SiC 晶须增强 Al-1 裂纹扩展的扫描电镜原位观察(Jia,1998),铋氧化晶须生长的原位透射电镜观察,铜线电迁移的 TEM 原位观察研究;SiC 颗粒在 $CaO-SiO_2$ 中溶解现象的原位观察,韩国延世大学皇家理工学院 Park 等对碳化硅颗粒在 $CaO-SiO_2-MnO$ 渣中溶解现象的原位观察(Park 等,2010),空气中晶须形核的原子力显微镜原位观察,原位 TEM 研究了孪晶-脱孪晶转变对金纳米线可逆循环变形机制的影响,热循环过程中应力和晶须/小丘密度的原位测量。

其中,纳米体心立方钨孪晶主导变形的原子尺度原位观测的主要观察成果是在金属纳米结构中,塑性变形所需的应力比体积纳米结构所需的应力更高,从而导致"越小越好"的现象,这种高应力被认为有利于孪晶而不是位错滑移,变形孪晶在面心立方(FCC)纳米晶体中得到了很好的记录;然而,它在体心立方(BCC)纳米晶体中的应用还未被发现。通过原位高分辨透射电子显微镜和原子模拟,发现孪晶是 BCC 钨纳米晶体的主要变形机制,这种变形孪晶是假弹性的,表现为卸载过程中的可逆退弯。并发现孪晶和位错滑移之间的竞争可以通过加载取向来调节,这归因于纳米 BCC 晶体中缺陷的竞争成核机制,该工作提供了变形孪晶的直接观察以及对 BCC 纳米结构中变形机制的新见解。

Irene 于 2018 年利用原位纳米压头和电子背散射衍射在专用扫描电子显微镜下研究了机械诱导锡晶须/丘的生长。在不受大气影响的情况下,对铜表面电镀锡样品进行了压痕和真空监测,以研究其生长行为。通过老化试验研究了金属间化合物对小丘生长的影响。利用聚焦离子束技术,研究了从试样中取出的平板的晶粒取向和压痕周围的塑性变形区。高角度晶界有利于 Sn 小丘的形成,建立了有限元模型,研究了镀锡层中压应力状态的演变过程,结果与试验结果吻合较好。

Li 发表于《科学报告》的论文原位观察了四种类型的 Mg－Sn 基焊料/Mg 夹心接头在 250℃下进行了 6 天的 UAS 处理，然后在 25℃下热老化的表面演变，SnAg$_{3.5}$、SnCu$_{0.7}$、SnPb$_{37}$、SnZn$_9$ 老化时间均为 0 和 7 天，如图 5.9 所示。图 5.10 为电气连接件的晶须。

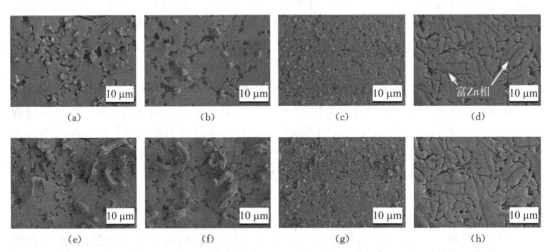

图 5.9 Mg－Sn 基焊料夹层接头在 250℃下经受 6 天,然后在 25℃下热老化的表面演变
(a)和(e) SnAg$_{3.5}$ 分别老化 0 和 7 天　(b)和(f) SnCu$_{0.7}$ 分别老化了 0 天和 7 天　(c)和(g) SnPb$_{37}$ 分别老化了 0 天和 7 天　(d)和(h) SnZn$_9$ 分别老化了 0 和 7 天
注:锡填充物中生成的锡晶须用红色突出显示

图 5.10 电气连接件的晶须
(http://nepp. nasa. gov/whisker/photos/index. htm1♯dsub2)

5.3.3　直接实时观察

对晶须的直接实时观察成果主要有:Wang 于 2006 年对溶液体系中 MgO 晶须形状演变的直接观察,Yokogawa 和 Charsley 对铁素体(Fe1－xO)晶须观察,Jadhav 于 2010 年对晶须的生长和表面修饰进行实时观察研究,Charsley 于 1960 年对金属铜晶须上滑移线的一些观察,Jadhav 等于 2010 年晶须生长及表面改性的实时 SEM/FIB 研究,Tatsumi 等于 1978 年利用光学(机)系统进行可视化观察。

Caillard 等于 2003 年使用的专用蠕变机是为 2.5 mm×2.5 mm×6 mm 试样设计的,允许反射形貌,蠕变条件依次为 700℃、0.7 MPa,580℃、1.5 MPa,480℃、3 MPa。

所获得的分辨率允许对 $500\,\mu m$ 或更大的亚晶粒尺寸进行安全观察。在蠕变开始时，由次晶界形成（位错累积）而产生的新组织取代了原生长的显微组织。观察到它们迁移，这部分解释了初始蠕变中蠕变应变的一部分，亚晶错向随时间增加（次边界位错密度的增加）使二次蠕变过程中的运动减慢。

Jadhav 于 2010 年开展了对晶须生长和表面改性的实时 SEM/FIB 研究，发现与表面粗糙的基底相比，无晶须和结节。同时发现，在晶须表面，小丘的形成伴随着大量的晶粒长大和晶粒旋转。

最近，欧洲同步辐射设施（ESRF）的 ID19 光束线进行了新的试验，重点是描述完全硅单晶在原位蠕变过程中的位错增殖过程，位错密度是这类试验的良好候选内容。

小行星发现太空风化成因的铁晶须如图 5.11 所示。

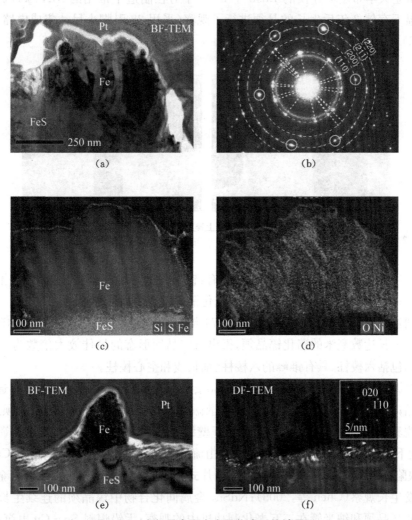

图 5.11　小行星发现太空风化成因的铁晶须

（a）FIB 部分中三叶草上的晶须的 TEM 亮场（BF）图像　（b）晶须整个区域的 SAED 模式　（c）中显示了 Si（绿色）S（青色）和 Fe（品红色）的合成图像　（d）O（品红色）和 Ni（绿色）的面分布图　（e）从侧面观察（电子束几乎平行于 tr 石表面）的 FIB 截面中较细晶须的 TEM-BF 图像　（f）与（e）相对应的 TEM 暗场（DF）图像

5.4　晶须观察类型

5.4.1　晶须生长现象、机制观察

Allan 于 1959 年对金属晶须的生长机理进行观察研究。

Coleman 于 1958 年和 Muller 于 1959 年对铁晶须中的位错进行观察,研究了在硬质和天然蚀刻剂中对铁晶须的蚀刻,并观察到某些晶须生长区的蚀刻坑构型;研究了晶须塑性变形引起的位错,并且研究了通过使变形的晶须退火而产生的位错阵列。在这些试验中使用了在(100),(110)和(111)方向上具有轴的晶须。

纽约州立大学布法罗分校的 Bush 于 2001 年对在制造中常用的 MATTE 镀锡铜引线框架上室温下存储 3 年后生长的晶须进行了观察(采用 28 引脚小尺寸集成电路引线框架)(见图 5.12)。

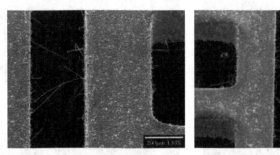

图 5.12　镀锡铜引线框架上室温存储 3 年后的晶须生长
(资料来源:纽约州立大学布法罗分校 Bush,2001)

在晶须生长现象、机制观察方面成果还有:铁晶须的分区观察;氯化银中的银晶须的生长观察研究;晶须显微观察用旋转样品架;硫化镉蒸发膜中晶须的观察。

保加利亚科学院的 Gospodinov 等于 1974 年观测了碲化镉晶须,在 600℃的硫化镉晶片衬底上生长了长达数毫米的碲化镉晶须,得出研究晶须形态的最佳放大倍数为 300;观察到的晶须形态包括六棱柱、具有锥峰的六棱柱、细长线和空心棱柱。

对锌电镀晶须晶体生长进行观察(Lindborg,1975),关于 α-的生长的观察通过卤素还原制铁单晶;对单畴铁晶须电子显微镜中杂散磁场的对比研究;对蒸发膜中晶须进行观察;失效机理观察;对铁晶须上的细分 180Bloch 壁结构进行观察;在高达 5.5 T 的磁场和高于 5 K 的温度下,BSCCO2212 晶须磁电阻中自由流的观察。有色金属研究总院的 Cao 等对 β-SiC 晶须缺陷进行 HREM 观察;纯镀锡陶瓷片式电容器锡晶须的观察;锡锰合金镀层上锡晶须的自发生长观察(Chen 等,2005);$NdSn_3$ 金属间化合物中锡晶须的连续生长(Xian 等,2009);铝酸盐晶须和纳米管在三瓦老化测功机中的观察;无铅焊料 Sn-Cu 电沉积中 Sn 氧化膜与锡晶须生长的关系;锡晶须的现象与观察;美国国家航空航天局戈达德太空飞行中心(NASA Goddard Space Flight Center)提出了金属晶须的光学显微镜检测技术;电路组装中锡晶须观察;$NdSn_3$ 金属间化合物中锡晶须的连续生长。

Schaef 于 2011 年对疲劳短裂纹与晶界相互作用机制进行三维观察,开发了一种人工裂纹萌生方法。该方法使用聚焦离子束(FIB)在与天然 Ⅰ 级裂纹相同的单滑移面上以晶体学方式形成裂纹。在系统试验中,裂纹参数和晶界参数可以独立变化。FIB 层析成像首次在三维显示了裂纹穿过晶界的路径。这使得微裂纹和晶界之间的相互作用能够在三维空间分辨率下观察到,决定这些微结构势垒强度的不仅是活动滑移系之间的倾角,而且是晶界倾角。

Micha 于 2018 年利用差分孔径 X 射线显微镜(DAXM)测量了锡晶须周围的晶粒取向和三维偏弹性应变(见图 5.13)。结果表明,应变梯度沿锡层的深度分布,表明锡层的应变越大。这些高应变是由 Cu 基体和锡涂层之间的界面以及锡晶粒之间的晶界处金属间相 Cu_6Sn_5 的生长过程中发生的体积变化所解释的。

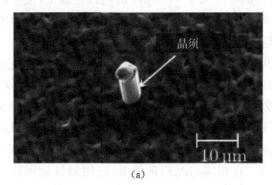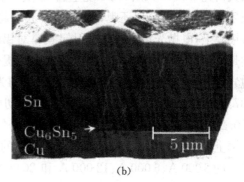

(a)　　　　　　　　　　　　　　　　　(b)

图 5.13　利用差分孔径 X 射线显微镜(DAXM)测量锡晶须周围的晶粒取向和三维偏弹性应变
(a) 选择用于显微衍射测量的锡晶须的 SEM 图像　(b) 显示 Sn 层柱状晶粒结构的 FIB 横截面,以及在 Cu‐Sn 界面和 Sn 之间晶界处 Cu_6Sn_5 的形成化合物

(资料来源:Micha,2018)

5.4.2　影响晶须生长因素观察

在对晶须生长影响因素观察方面成果主要如下:对变形的铜晶须上的滑移线的一些观察,对铜晶须的拉伸变形过程中产生的滑移痕迹的观察表明,在吕德斯带的传播过程中不一定发生可见的交叉滑移,提出了一种机制,通过这种机制,这种带在晶须的滑移区和未滑移区之间的应力集中而传播;Yokogawa 等于 1979 年对乌氏体(Fe1 − xO)晶须观察。

Han 于 2008 年观察了在各种可靠性条件下锡晶须的自发生长,评估了在环境条件下存放了 4 年的,其样品的镀锡合金 42 引线框和铜引线框上锡晶须的生长,经过烘烤后,在 55℃/85%RH 的条件下存储 3 000 h 并进行了分析,以研究其倾向性和生长机理。

长寿命半导体键合焊料电迁移晶须生长的几个问题(Mizuishi,1984);锡膜中无锡焊料中锡氧化物膜对锡晶须生长的影响;各种可靠性条件下锡晶须的自发生长,试验结果支持了电场促进锡晶须生长的理论,在锡薄膜上快速(在一周内)生长出长的(约 $100\ \mu m$)和致密的(约 $300\ mm^2$)晶须。研究发现,湿度和外加电场一起使用时,会产生强烈的影响,使晶须的长度和密度达到数量级。在空气或真空条件下热循环过程中观察到多达 1 000 个循环。

Ni‐Ti‐C 体系燃烧合成反应过程中金属间 Ni_3Ti 晶须的观察,对 Ni‐Ti‐C 系统中自蔓延反应的初步研究表明,除了在镍基体中生成 TiC 的预期产物外,还可通过 VLS 机理形成了 Ni_3Ti 金属间晶须,晶须位于产品的孔内,并优先沿(110)和(220)平面生长,这些观察的进一步结果目前正在处理中,并且进一步的表征研究也在进行中;高场下铁须晶域的观察;铜晶须的射频尺寸效应观察。

也有 Oberndorff 等研究了膜厚对锡晶须的影响,认为沉积膜的厚度会影响晶须的生长,压应力在晶须中起着重要的作用,在典型的引线框架材料上沉积的电镀锡膜,其厚度在 $1.5\sim15\ \mu m$ 之间变化,从而影响了晶须生长,使用几种热处理和储存条件,观察到膜厚的增加产生了较短的晶须;晶须温育时间越长,层数越厚,并且室温/湿度样品中晶须的生长时间越长,所有晶须的锡膜厚度均为 $5\sim10\ \mu m$,晶须长$<50\ \mu m$(大多数建议锡膜的厚度约为 $7\ \mu m$),但是不能将较厚的膜视为防止晶须生长的措施,因为最终晶须仍会增长。在第二项相关研究中,325 天后,在环境室温/湿度下孵育的厚度大于 $11.6\ \mu m$ 的电镀锡膜上,没有晶须生长。Oberndorff 还观察了溅射锡膜的趋势,研究了在 $375\sim20\ 000\ Å(0.037\ 5\sim2\ \mu m)$ 的薄锡膜上,电抛光黄铜上的溅射锡膜厚对锡晶须生长的作用,试验使用了两类黄铜基材,一类是"开箱即用"的黄铜,表示以薄片形式提供的已购买,未抛光的标本;另一类是经过商业抛光的黄铜,在这两种情况下,起始原料均为商品铜,由组成为 Cu(63%)(质量分数)和 Zn(37%)(质量分数)的芒茨黄铜薄片制成,切成数个正方形块,每个块的大小约为 1 cm×1 cm×0.25 cm,通过使用在 $2\sim3\ mTorr$ 的 Ar 气压下运行的标准磁控溅射系统,将薄膜沉积在黄铜上,Sn 靶的纯度为 99.999 98%,研究的锡膜厚度为 375 Å,750 Å,1 125 Å,1 500 Å,厚度稍厚的 3 000 Å、6 000 Å、12 000 Å 和 20 000 Å。在相同的沉积条件下,使用触针轮廓仪在 Siwafer 上的溅射沉积锡上测量所有沉积的膜厚。以往的研究表明,锡晶须的生长是由薄膜中的残余应力引起的,而残余应力是由沉积过程中的压力控制的,Bozack 等在黄铜衬底上 $1\sim5\ \mu m$ 厚的溅射锡薄膜上发现了锡晶须,他们认为使用相对较低的背景压力(1 mTorr)会在薄膜中产生应力,Chen 等研究了室温条件下铜层压板上 $1\ \mu m$ 厚蒸发锡层上的晶须生长,锡晶须的发展是由蒸发(或电镀)过程中产生的残余应力释放所解释的;Cheng 等(2002)在弯曲的硅衬底上制备了 $1\ \mu m$ 蒸发锡薄膜,并将样品保持在 180 的真空中,他们指出晶须生长是由两种不同类型的物质传输引起的,晶界扩散和界面流体传输。

Crandall 研究了磁控溅射沉积的超薄($<150\ nm$)薄膜对黄铜基底的电抛光效果。她发现抛光样品上有更多的晶须,但根本原因尚未讨论。因此,只有很少的研究是从常规锡薄膜蒸发到 Cu 衬底上的晶须生长。

Hurtony 于 2019 年以锡薄膜为例,研究了铜衬底粗糙度和锡层厚度对晶须生长的影响,采用机械抛光和真空蒸镀两种方法对锡层和铜层进行抛光,平均厚度分别为 $1\ \mu m$ 和 $2\ \mu m$,样品在室温下保存 60 天,快速形成金属间化合物层所产生的相当大的应力导致强烈的晶须形成,甚至在层沉积后的几天内即发生晶须生成。用扫描电子显微镜和离子显微镜研究了所制备的晶须及其下的层状结构,在未抛光的铜衬底上沉积的锡薄膜比在抛光的铜衬底上沉积的锡薄膜产生的晶须少而长,这一现象可以解释为 IML 的形成依赖于衬底的表面粗糙度,在粗糙的铜衬底上形成 IML 楔的可能性比在抛光的衬底上大。此外,发现随着晶须层厚度的减小,其他原子更容易扩散到晶须体中,从而使球状晶须的形成增加。采用电子束物理气相沉积(EB-PVD)技术,将纯锡(99.99%)真空蒸发到铜衬底上,根据铜衬底粗糙度和锡层厚度的变化,制备了三种不同类型的样品,对抛光后的样品进行手工交叉影线打磨,采用 $3\mu m$ 和 $1\mu m$ 金刚石悬浮液对缓冲轮进行两步抛光,用 Alpha-step500 型表面轮廓仪测量了铜基片的表面粗糙度,未抛光和抛光基片的表面粗糙度分别为 $0.423\mu m \pm 0.037\mu m$(有颗粒线划痕)和 $0.187\mu m \pm 0.015\mu m$(无取向划痕)(见图 5.14 和图 5.15)。

(a)　　　　　　　(b)　　　　　　　(c)

图 5.14　铜衬底粗糙度和锡层厚度对晶须生长的影响
(a) Sn 薄膜层沉积后的表面形貌和晶粒取向,$1\mu m$ Sn 厚度　(b) $2\mu m$ Sn 厚度　(c) 一般衍射图案
(资料来源:Hurtony, 2019)

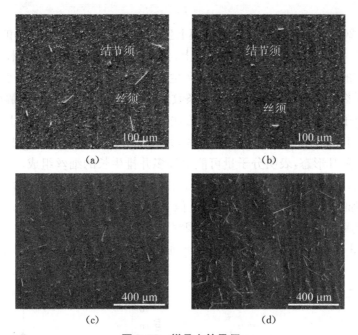

(a)　　　　　　　　　　　　(b)

(c)　　　　　　　　　　　　(d)

图 5.15　样品上的晶须
(a) 7 天后样品 S2 上的长丝和结节型晶须　(b) 7 天后样品 S3 上的长丝和结节型晶须　(c) 60 天后样品 S2 上的大量 $50\sim100\mu m$ 长的长丝晶须　(d) 60 天后样品 S3 上的大量长丝($50\sim200\mu m$ 长)和结节型晶须
(资料来源:Hurtony, 2019)

5.4.3　晶须形貌和相关参数观察

　　Thomas 于 1956 年观察了一些空心晶须和不规则形状;Fowler 于 1960 年观察了高场下铁晶须中的畴;Charsley 于 2004 年观察了变形铜晶须滑移线的晶须,对铜晶须拉伸变形

过程中产生的滑痕的观察表明,针对在吕德斯(Lüders)带的传播过程中不一定会出现可见的位错滑移,提出了一种新的机制,通过这种机制,这种带在晶须的滑移区和未滑移区之间的应力集中传播;京都大学的 Sano 于 1995 年用二极管法观察氢氖晶须磁场线结构;Thummes 于 1976 年对铜晶须射频尺寸效应进行观察。

此外成果还有关于金属晶须生长机理的一些观察。

对 β-SiC 晶须的孪晶构型观察,利用透射电子显微镜研究了气-液-固(VLS)法生长的β-SiC 晶须中的孪晶构型,在竹节状的 SiC 晶须中,β-SiC 节与含高密度堆垛层错(或一维无序)的节之间孪生相连,其晶界为(111)/β;同时还观察到有的 β-SiC 节被(111)/β 孪晶界分为两节。此外,在晶须的头部及分叉处还观察到了孪晶界平行晶须轴向的孪晶结构。利用选区电子衍射和像衍衬分析发现,这种双晶 SiC 晶须的孪晶面平行于基体的(001)。

Yu 于 2009 年对无铅漆锡晶须下金属间化合物微观结构的观察。

王群勇于 2011 年发明公开了一种锡晶须生长的快速测试方法和系统,包括以下步骤:设置待测样品的外界应力、测量装置和系统,对待测样品进行初检,在设置的外界应力下,并选定缩短锡晶须生长潜伏期的环境模拟加速试验,待测样品进行锡晶须生长,通过外界应力控制装置,测量和确定待测样品的锡晶须的长度和密度确定待测样品中锡晶须的初始长度和初始密度。

Borra 等于 2017 年展示了在电镀锡薄膜上生长的金属晶须(MW)内部的 TEM 图像,与先前发表的信息一起,观察集中在以下问题上:为什么 MWs 的直径在微米范围内(大大超过固体中原子核的典型纳米尺寸),而在 MW 生长过程中直径几乎保持不变? MW 直径随机性的本质是什么? 众所周知的 MW 侧面条纹结构的起源是什么? 为了解决这些问题,在纳米尺度上对分子量结构进行了深入研究,方法是将分子量从其原始薄膜上分离出来,通过聚焦离子束切割其侧面,将其尺寸缩小为薄片,并对该结构进行透射电镜观察。他们的观察揭示了丰富的非平凡形态,表明分子量可能由许多并排生长的细丝组成。这种结构似乎延伸到晶须外表面,是产生条纹的原因。此外,还提出了多个金属细针形核形成微米尺度和更大分子直径的理论。这一理论是在平均场近似下发展起来的,类似于金属表面的粗糙化转变。该理论还预测了 MW 形核势垒和其他观察到的特征。

图 5.16～图 5.18 为 Hurtony 于 2019 年通过铜衬底粗糙度和锡层厚度对晶须生长的

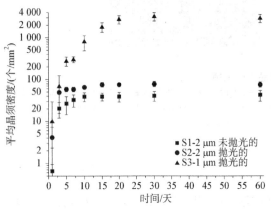

图 5.16　在层沉积 10～15 天后锡晶须的平均密度
（资料来源：Hurtony，2019）

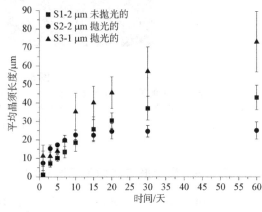

图 5.17　长丝锡晶须的平均长度
（资料来源：Hurtony，2019）

影响研究,根据 SEM 显微照片的第一次目视检查,相同 $2\,\mu m$ 锡层厚度的未抛光(S1)和抛光(S2)Cu 基板之间没有发现显著差异。然而,统计评估的结果指出了这些样本之间的一些相当大的差异。类似的是,平均晶须密度仅在层沉积 $10\sim15$ 天内增加,并且在样品 S1 上仅达到 40 个/mm^2,在样品 S2 上仅达到 75 个/mm^2。

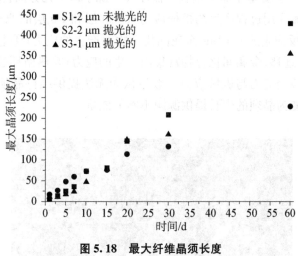

图 5.18　最大纤维晶须长度
(资料来源:Hurtony,2019)

5.4.4　晶须失效观察

铅及铅合金约瑟夫逊结的表面观察及失效原因(Meng 等,1981)。

Chen 等(2005)对 Ni‑Ti‑C 体系中自蔓延反应的初步研究表明,除了 TiC 在镍基体中的预期产物外,还通过 VLS 机制形成了 Ni_3Ti 金属间化合物晶须。晶须位于产物的孔内,并优先沿(110)和(220)平面生长。目前正在处理这些观察结果的进一步结果,并正在进行进一步的特性研究。

Cheng 等于 2011 年用定量图像分析评价 Sn 薄膜中锡晶须和耗尽区的形成,研究了蒸发 $1\,\mu m$ 锡薄膜上晶须生长和耗尽区形成的试验技术。硅衬底的变形在薄膜上施加了一个可控的压缩或拉伸应力,定量图像分析用于监测晶须生长和耗尽区域的大小。试验条件如下:应力 $10\sim40\,MPa$;温度 $180\,℃$;持续时间 $1\sim8$ 周。晶须长度随压应力的增加而增加。监测结果表明,晶须在第一周内就出现了,但随着时间的延长,没有明显的增长,一些晶须位于贫化区的中心,贫化区尺寸对外加应力不敏感,但晶须长度随退火时间的延长而增大。锡晶须和耗尽区都是潜在的相似的快速、长程扩散过程的结果。然而,不同的趋势表明,单独的驱动力和(或)速率动力学控制着这两种现象。

5.5　晶须检测和综合分析

5.5.1　晶须现象、特征和机理检测

Kadhim 于 1996 年对分子束外延生长的 GaAs 层上晶须缺陷进行研究;Yang 于

2008 年研究了电镀锡涂层的压痕诱导锡晶须；Wang 于 2014 年研究了铅作为电子锡晶须抑制剂的作用；Chason 等于 2015 年对氯化银晶须生长情况进行观测研究，并测量了锡晶须形成中成核和生长过程的应力依赖性。

杨海峰等于 2016 年提出了一种快速评价 Sn 基钎料锡晶须生长倾向的方法与流程（见图 5.19）。此评价方法主要基于晶须生长所需压应力源于以下几方面：①镀层制备过程中产生的残余应力；②机械作用过程产生的机械应力；③Sn 层和 Cu 层的原子互扩散及 Sn 原子和 Cu 原子发生化学反应生成 Cu_6Sn_5 金属间化合物而产生的应力；④电子设备使用过程中焊点电迁移导致原子迁移、金属间化合物富集而产生的应力；⑤热循环过程中不同层之间形成的热应力。其中，残余应力与机械应力一般被认为无法提供维持晶须生长所需的持续应力，只有化学反应才能为晶须的生长提供源源不断的能量。

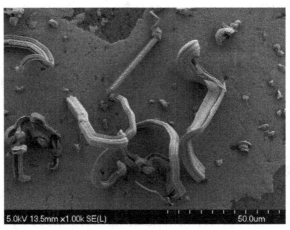

图 5.19 快速评价锡基钎料锡晶须生长倾向
（资料来源：杨海峰等，2016）

Tu 提出的 Sn 和 Cu 间的原子扩散形成 Cu_6Sn_5 进而产生应力的理论成为近几年来的研究热点。其机理是 Cu 原子向 Sn 层的扩散率大于 Sn 原子向 Cu 层的扩散率，从而引起 Cu 原子向 Sn 层的净扩散，Sn 层的 Cu 原子与 Sn 原子发生化学反应生成 Cu_6Sn_5 金属间化合物，并在锡晶界处淀积，由此在此晶界处产生压应力。此时，当 Sn 层表面的氧化层存在缺陷或裂纹，锡晶须就会在内部压应力的作用下从缺陷或裂纹处生长出来，局部松弛和释放内部压应力。

快速评价锡基钎料锡晶须生长倾向的方法与流程如下：

（1）选用厚度为 1～5 mm 的板状纯镁并去除镁表面的氧化膜和油污，将锡基钎料压制成厚度为 150～600 μm 的镁/锡基钎料片。

（2）将镁板和步骤（1）制得的钎料片，以镁/锡基钎料片/镁三明治结构叠放，施加间隙固定装置，使上下镁板间的距离在钎料熔融后保持为 100～500 μm。

（3）将步骤（2）的三明治结构材料加热至高于钎料液相线 5～30℃，同时施加 3～20 s 超声波震动，之后迅速将钎料温度降低至固相线以下。

（4）将钎焊接头沿横截面方向切开，将横截面在砂纸上打磨后进行抛光处理。

（5）将试样保存在室温干燥的环境中，锡晶须短时间内在焊缝表面出现并迅速生长，将新生成 Mg_2Sn 所产生的应力全部释放后晶须基本停止生长。

纯镁板可由 Mg 含量 90% 以上的镁合金替换。超声波频率为 $15\sim100\,kHz$、振幅为 $3\sim20\,\mu m$，超声波可直接施加在三明治结构上方也可通过模具传导间接施加。频率和振幅的选择主要取决于试样的结构与厚度，一般来讲，试样越厚、超声加载离焊缝越远则频率和振幅越大。对于同一结构试样，适当地提高频率和振幅会增加晶须生长速度和密度。其原因在于提高频率和振幅会增加镁元素向锡基钎料的扩散，进而增加以固溶形式存在的 Mg 的含量，因此增加晶须生长的应力源。

室温干燥的环境为温度 $20\sim25℃$，相对湿度 $30\%\sim45\%$ RH。也可根据焊点服役实际环境制订试样存放条件。锡在 100℃ 以上的环境中容易发生回复再结晶从而释放钎料层内部的应力、抑制了晶须的快速生长，因此，试样的存放温度通常以 85℃ 为上限。

其中，短时间是指 $2\sim12\,h$ 内试样表面出现晶须，随后的几十天甚至更长的时间内晶须长度不断增加，直至钎料内部应力消除后晶须停止生长。

该技术的效果如下：

（1）在超声波作用下，锡基钎料中锡原子与镁原子反应在界面处生成 Mg_2Sn，并有一部分 Mg_2Sn 在超声波作用下弥散分布在钎料中，锡基钎料与 M 镁板形成冶金结合，三明治结构形成镁/锡基钎料/镁的超声辅助钎焊接头。

（2）在超声辅助钎焊过程中，由于超声波的超声空化作用，大量的 Mg 原子进入熔融状态的 Sn 基钎料中，其中的大部分 Mg 原子与钎料中的 Sn 原子反应生成 Mg_2Sn，由于超声结束后钎焊接头迅速降温，致使一部分 Mg 原子还未与 Sn 原子反应并以固溶的形式存在于凝固的焊缝中，由于 Mg 原子在 Sn 中的固溶度极低，因此凝固后焊缝中的 Mg 原子处于热力学不稳定状态，并迅速与 Sn 原子形成新的 Mg_2Sn 以达到热力学平衡，并同时产生体积膨胀，在焊缝内形成应力。

（3）采用同一参数制备的镁/锡基钎料/镁钎焊接头内部新生成的 Mg_2Sn 数量相似，即焊缝内部应力基本相同，根据不同锡基钎料所生长的锡晶须长度及数量的差别，可比较不同的 Sn 基钎料在相同应力作用下锡晶须生长倾向，为电子工业封装用 Sn 基钎料的选择提供重要的可靠性参数。

5.5.2 晶须相关特征检测

针对晶须的检测，其相关特征及参数主要如下：

（1）晶须位置检测。Siegel 等（1976）快速测定金属晶须生长轴。

（2）晶须结构检测。Glazunova 于 1963 年研究了自发生长条件的电解涂层上的丝状晶体；Tsujimoto 于 1998 年对薄膜晶体管液晶显示器中铝基金属化晶须和小丘的纳米结构研究；纯铁低温氧化的生长动力学和氧化皮形态（Dominique，2004）。

（3）晶须方向检测。对在（111）方向的定向生长钨晶须进行检测。

（4）晶须生长过程检测包括：锡晶须生长的测量与检测；晶须形核与生长过程的应力依赖性测量（Chason 等，2015）。

（5）晶须参数检测主要有密度、长度和生长速率三个参数。晶须的长度从电镀表面开始测量,根据联合电子器件工程委员会(JEDEC)标准,可以用两种方法测量。第一种方法是将晶须的所有直线长度相加,第二种方法是从晶须底部到最远点(不包括尖端的任何弯曲)的长度并画一个圆,该圆的半径被视为晶须的长度。生长速率描绘了晶须在一定时间内的端到端跨度变化。在此方面的研究主要如下:$10.6~\mu m$ 红外二极管晶须结构的电磁有效长度(Bolomey 等,1981);Tan 于 2008 年实现了金属间化合物(IMC)尺寸的早期晶须检测;Panashchenko 于 2009 年对晶须长度测量进行验证研究;Barrie 于 2014 年对锡晶须表面的氧化锡覆盖,电子电路的测量和意义在评估锡晶须表面上形成的氧化物的形态和厚度,陈述了与锡晶须生长有关的问题,讨论了附着在晶须上的氧化物层的相关性。

锡晶须长度的测量方法方案如下:

针对不规则的锡晶须的长度测量,建议使用标准 JESD22A121.01 - 2005 测量锡和锡合金表面处理中晶须生长的测试方法规定了每一段的直线距离加和的方法(见图 5.20)。这主要是因为锡晶须存在的环境孔隙,由于机械振动或外来压力等都可能导致锡晶须伸直,超过标准 JESD201A 锡晶须和锡合金表面处理的锡晶须敏感性的环境验收要求规定中所测得的距离(见图 5.21)。JESD22 - A121A 提供的晶须长度测量技术如图 5.22 所示。Panashchenko 给出的晶须长度测量方法如图 5.23 所示。依据 JESD201 的锡晶须允许长度判定标准如表 5.1 所示。

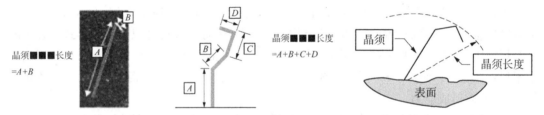

图 5.20　参考 JESD22A121.01 - 2005 中锡晶须测量方法
(资料来源:顺络电子,2019)

图 5.21　参考 JESD201A 中锡晶须测量方法
(资料来源:美信检测,2020)

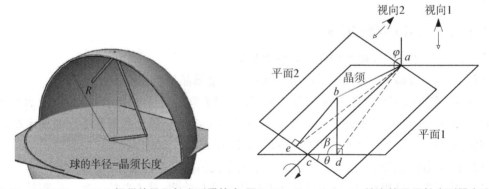

图 5.22　JESD22 - A121A 提供的晶须长度测量技术　图 5.23　Panashchenko 给出的晶须长度测量方法
(资料来源:Crandall,2012)

表 5.1　依据 JESD201 的锡晶须允许长度判定标准

单位：μm

序号	试验项目	Class 3	Class 2	Class 1	Class 1A
1	常温常湿条件试验	对纯锡或高锡端头表面不允许锡晶须生长	≤40	≤67	≤20
2	高温高湿存储试验		≤40	≤67	≤50
3	高低温冲击试验		≤45	≤67	≤60

资料来源：顺络电子，2020。

（6）影响因素检测主要为：丝状晶体自发生长条件的调查；不同类型晶须对复合材料的影响；纯铁的温度氧化；生长动力学和尺度形态；不同条件下晶须生长倾向的详细研究结果。

MgO 晶须的化学制备描述了一种有用的方法来化学合成高长径比氧化镁（MgO）在环境温度下的晶须。MgO 晶须的直径范围为 $2\sim5\,\mu m$，长度为 $30\sim50\,\mu m$。长度半径比通常在 $10\sim30$ 的范围内。能量色散 X 射线光谱仪分析表明，晶须由 Mg 和 O 元素组成。显微形态和结构通过扫描电子显微镜和 X 射线衍射得到了很好的研究，还根据晶体学特征提出了 MgO 晶须的生长机理。

马运柱于 2012 年研究了钨晶须的制备工艺，并分析了其生长机理。采用 X 射线衍射、扫描电镜、能谱分析、透射电镜对制备的钨晶须进行物相、形貌、成分、微观结构的分析和表征。研究表明钨晶须长度大致在 $1\sim10\,\mu m$，直径在 $1\,\mu m$ 以下，部分达到纳米级；晶须为单晶 bcc 结构，生长方向为（110）；钨晶须形成过程为钨粉及其氧化产物与水汽反应生成气相水合物 $WO_2(OH)_2$，遇氢气还原后形核并沉积，进而定向生长为晶须结构，钨晶须的生成遵循 VS 机理。

晶须生长及其对基底类型和施加应力的依赖性；测量锡晶须形成中成核和生长过程的应力依赖性（Chason 等，2015）。晶须填充方式对聚合物复合材料力学性能的影响；环境条件下金属间晶须与锡晶须生长关系的研究，微电子可靠性（Kim，2008）；不同可靠性条件下锡晶须自发生长的观察，研究评估了镀锡合金 42 引线框架和铜引线框架上锡晶须的生长，样品在环境条件下储存 4 年，样品经烘烤处理后，在 55℃/85℃，3% 条件下储存 3 000 h，并对其生长倾向和生长机制进行了分析；温度对机械应力下锡晶须生长的影响。

Otsubo 于 2020 年对镀锡薄膜晶须形成进行 TEM 分析，镀后的 tin 薄膜在 323 K 下保持 5 天，由非晶相和球形 β-Sn 颗粒组成。镀后立即形成非晶态相，保持此温度后，非晶态相结晶形成 β-Sn 颗粒。放置 14 天后，观察到许多直径为 $0.1\sim0.2\,\mu m$、长度为 $1\,\mu m$ 的棒状晶须。晶须由 β-Sn 单晶组成，表面覆盖着几纳米大小的 SnO_2 晶体。氧化物的生长似乎并不抑制晶须的生长。其原因是晶须生长过程中，细小的氧化物颗粒相互滑动旋转，覆盖 β-Sn 的氧化物发生变形。如果表层不能变形，晶须将继续生长，通过氧化层的破坏和再生维持核壳结构。

5.5.3　晶须相关参数检测

微克晶须导热系数的测定；晶须的嵌入阻抗测量与研究；金属晶须的场发射勘误；晶须

场发射特性的电测量;确定晶须金属倾向性的表面参数。

张嫚于 2019 年以甲基磺酸锡为镀锡液的主盐,采用 Stoney 镀层应力测试方法,以及锡晶须生长趋势评价标准(JEDEC 标准 JESD22A121.01),研究了双向脉冲电沉积参数对纯锡镀层拉应力大小及其晶须生长特性影响的规律,利用扫描电子显微镜(SEM)表征了锡镀层晶须生长前后的微观形貌,优选出了锡镀层应力低,锡晶须生长趋势小的双向脉冲电沉积参数(平均电流密度为 10 A/dm^2,占空比为 0.7,逆向脉冲系数为 0.5,频率为 10 Hz)。结果表明,通过调控双向脉冲参数,可控制纯锡镀层内应力的大小,进而制备出可抑制锡晶须生长的纯锡镀层。

利用观察工具,通过试验,得到高低温冲击 1 500 次循环试验样品和高温高湿试验后具有代表性的晶须微观形貌图片(见图 5.24 和图 5.25)。

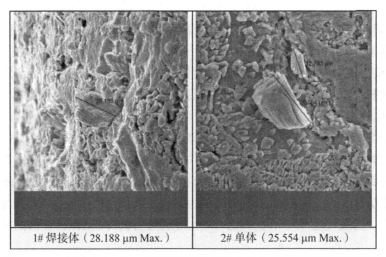

1# 焊接体（28.188 μm Max.） 2# 单体（25.554 μm Max.）

图 5.24　高低温冲击 1 500 次循环试验样品具有代表性的晶须微观形貌图片
(资料来源:顺络电子,2020)

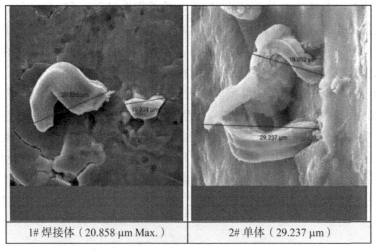

1# 焊接体（20.858 μm Max.） 2# 单体（29.237 μm）

图 5.25　高温高湿试验后具有代表性的锡晶须微观形貌图片
(资料来源:顺络电子,2020)

收集学者们对晶须的长期观察的资料和数据,利用各种先进观察工具和分析技术,对晶须的形貌和部分参数进一步原位和实时观察,实现晶须的定性和部分参数定量分析;在此基础上,对晶须生长现象、机制、影响晶须生长的因素进行检测、测试和分析。特别是对历史数据和试验观察的数据进行智能回归分析,根据具体应用场景、要求等级等,对照晶须检测和试验的相关标准进行综合分析和判断。

晶须检测报告至少应包括试验背景简介、试验设计、试验系统构建、所用硬件和软件、数据采集和结果报告等内容。

参考文献

［1］林金堵,吴梅珠.离子迁移的机理、危害和对策［J］.印刷电路信息,2014(2):48-50.

［2］王群勇,刘燕芳,白桦,等.国家航空航天用元器件锡晶须生长研究［J］.国家航空航天材料工艺,2010(3):13-17.

［3］Bernal J. The Complex Structure of the Copper-Tin Intermetallic Compounds ［J］. Nature, 1928(122):54.

［4］Champaign R F, Ogden R R. Microscopy Study of Tin Whiskers Scripta Materialia ［J］. Journal of Failure Analysis and Prevention, 2010,10(6):444-449.

［5］Chason E, Jadhav N, Pei F. Effect of Layer Properties on Stress Evolution, Intermetallic Volume, and Density During Tin Whisker Formation ［J］. JOM, 2011,63(10),62.

［6］Chason E, Pei F. Measuring the Stress Dependence of Nucleation and Growth Processes in Sn Whisker Formation ［J］. JOM, 2015(67):2416-2424.

［7］Chen J S, Ye C H, Chen J M, et al. Sn Whiskers Mitigation by Refining Grains of Cu Substrate During the Room Temperature Exposure ［J］. Materials Letters, 2015(161):201-204.

［8］Chen K, Wilcox G D. Observations of the Spontaneous Growth of Tin Whiskers on Tin-Manganese Alloy Electrodeposits ［J］. Physical Review Letters, 2005,94(6):1-4.

［9］Cheng J, Vianco P T, Subjeck J, et al. An Assessment of Sn Whiskers and Depleted Area Formation in Thin Sn Films Using Quantitative Image Analysis Scripta Materialia ［J］. Journal of Materials Science, 2011,46(1):263-274.

［10］Choi W J, Lee T Y, Tu K N, et al. Tin Whiskers Studied by Synchrotron Radiation Scanning X-ray Micro-Diffraction ［J］. Acta Materialia, 2003,51(20):6253-6261.

［11］Chu J P, Yen Y W, Chang W Z, et al. Thin Film Metallic Glass as an Underlayer for Tin Whisker Mitigation: A Room-Temperature Evaluation ［J］. Thin Solid Films, 2014(561):93-97.

［12］Fujiwara K, Kawananka R. Observation of the Tin Whisker by Micro-Auger Electron Spectroscopy ［J］. Journal of Applied Physics, 1980,51(12):6231-6237.

［13］Hirsch P B. X-ray Experiments on Tin Whiskers, Dislocations and Mechanical Properties of Crystals ［J］. Lake Placid, 1956(8):545-547.

［14］Jiang B, Xian A P. Observations of Ribbon-Like Whiskers on Tin Finish Surface ［J］. Journal of Materials Science: Materials in Electronics, 2007,18(5):513-518.

［15］Kato T, Akahoshi H, Nakamura M, et al. Correlation between Whisker Initiation and Compressive Stress in Electrodeposited Tin-Copper Coating on Copper Leadframes ［J］. IEEE Transactions on Electronics Packaging Manufacturing, 2010,33(3):165-176.

［16］Kim K S, Hwang C W, Suganuma K. Effect of Composition and Cooling Rate on Microstructure and Tensile Properties of Sn-Zn-Bi Alloys ［J］. Journal Alloys and Compounds, 2003(352):237-245.

[17] Kim K S, Yu C H, Han S W, et al. Investigation of Relation between Intermetallic and Tin Whisker Growths under Ambient Condition [J]. Microelectronics Reliability, 2008,48(1):111－118.

[18] LeBret J B, Norton M G. Electron Microscopy Study of Tin Whisker Growth [J]. Journal of Materials Research, 2003, 18(3):585－593.

[19] Lindborg U. Observations on the Growth of Whisker Crystals from Zinc Electroplate, Metallurgical Transactions A [J]. Physical Metallurgy and Materials Science, 1975,6(8):1581－1586.

[20] McKeown S A, Meschter S J, Snugovsky P, et al. SERDP Tin Whisker Testing and Modeling: Simplified Whisker Risk Model Development [J]. SMTA Journal, 2015,28(1):13－29.

[21] Mizuishi K. Some Aspects of Bonding-Solder Deterioration Observed in Long-Lived Semiconductor Lasers: Solder migration and Whisker Growth [J]. Journal of Applied Physics, 1984, 55 (2): 389－95.

[22] Nebol'sin V A, Shchetinin A A. A Mechanism of Quasi-one-Dimensional Vapor Phase Growth of Si and GaP Whiskers [J]. Inorganic Materials, 2008,44(10):1033－1040.

[23] Pei F, Bower A F, Chason E. Quantifying the Rates of Sn Whisker Growth and Plastic Strain Relaxation Using Thermally-Induced Stress [J]. Journal of Electronic Materials, 2016, 45 (1): 21－29.

[24] Selcuker A, Johnson M. Microstructural Characterization of Electrodeposited Tin Layer in Relation to Whisker Growth [J]. Capacitor and Resitor Technology Symposium: CARTS, 1990(10):19－22.

[25] Su C H, Chen H, Lee H Y, et al. Controlled Positions and Kinetic Analysis of Spontaneous Tin Whisker Growth [J]. Applied Physics Letters, 2011(99):1－3.

[26] Sun Y, Hoffman E N, Lam P S, et al. Evaluation of Local Strain Evolution from Metallic Whisker Formation [J]. Scripta Materialia, 2011,65(5):388－391.

[27] Wei C C. Electromigration-Induced Pb and Sn Whisker Growth in SnPb Solder Stripes [J]. Journal of Materials Research, 2008,23(7):2017－2022.

[28] Welzel U. Breakthroughs in Understanding Elastic Grain Interaction and Whisker Formation Made Possible by Advances in X-ray Power Diffraction Scripta Materialia [J]. International Journal of Materials Research, 2011,102(7):846－860.

[29] Xu C, Zhang Y, Fan C, et al. Understanding Whisker Phenomenon: The Driving Force for Whisker Formation [J]. Circuit Tree Magazine, 2002(4):94－105.

晶须的综合性能测试和试验

6.1 综合试验系统及功能

　　构建试验系统,对晶须生长和失效现象、可靠性、与环境的关系及抑制措施等相关特征、参数、过程进行定性和定量分析,对相关机理、机制、假说、理论模型和仿真结果进行评估分析、验证和修正,为建立完善的标准体系奠定基础。

　　多功能抗扰度测试仪(PRM)是综合试验中较重要的测试设备,其原理示意如图 6.1 所示。

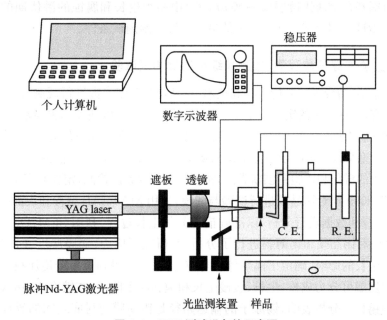

图 6.1　PRM 测试设备的示意图

6.2 试验类型

6.2.1 晶须检测和综合试验分析

对晶须综合试验机理及系统构建的主要研究成果有晶须示踪试验(Kehrer 等,1970)。Dunn 于 1987 年对锡晶须自发生长的机理进行了冶金学分析,实验室研究将晶须的普遍性与特定类型的镀锡和基底材料的特性联系起来,发现了晶须的形态,它们的直径可能只有 6 nm,尽管大多数晶须的直径约为 $4\,\mu m$,长度接近 2 mm。施加在锡板上的压应力不会加速晶须的生长速率,结节状喷发通常先于晶须,潜伏期短。晶体学确定了 5 个晶须生长方向。结合透射电子显微镜研究表明,它们是不含位错或第二相的单晶。在低温下不能诱导白锡向灰锡的同素异形转变。根据详细的试验结果,提出了一个五阶段模型来解释锡晶须的自发生长,强烈建议在高可靠性设备的设计中排除已知晶须生长成核的表面,提出了防止晶须生长的方法。

马里兰大学 Fukuda 的博士学位论文讨论了锡镀晶须形成的试验研究。

Cui 于 2006 年讨论了锡晶须的测试方法、测试挑战和测试结果,研究表明,锡晶须的生长倾向可能受到某些电镀参数的影响,为了更好地理解腐蚀、镀层厚度和晶粒尺寸对锡晶须形成的影响,在该表征样品集中进行了额外的分析,还分析了化合物半导体工业中常见应用和封装类型的潜在风险。

Tong 于 2006 年介绍了黄铜基体上光亮锡晶须生长的试验研究结果,采用概率模型从晶须密度、长度和生长速率等方面描述了晶须生长现象;哥达德空间飞行中心(NASA GSFC)的 Boehme 等对聚氨酯共形镀锡晶须进行了长期试验研究。

温度和湿度对晶须的影响试验,以 JEDEC 温度/湿度点(可能是相关的储存或使用条件)为基础,对铜基合金薄锡镀层($3\sim10\,\mu m$ 厚)中晶须生长和腐蚀的潜伏期的试验结果表明,60℃/87% RH 是目前 Sn-Cu 基板的最佳高温高湿测试条件。

6.2.2　晶须关键参数观测、检测和综合性能测试试验

搭建试验系统,结合新的分析工具和技术,对晶须及关键参数进行观测、检测和综合性能测试等试验研究,实现晶须的定性和定量分析,对其金属晶须机理和相关参数进一步检验、修正和完善。欧洲航天局(ESA)的 Dunn 阐述了锡晶须的机理实验室研究方法;布达佩斯大学 Horvath 的博士论文设计了电子组件中锡晶须生长的检测系统,美国能源实验室的 Sparn 等实现了对锡晶须的孵化和实验室创新观测,实现晶须各因素的检测、定性和定量分析。

Hektor 于 2019 年对锡晶须进行试验与建模,采用 MATLAB 编程和表面映射相结合的方法,对试验图像和数据进行分析,以准确描述晶须生长过程,利用 SEM、OM、TEM、EDS、FIB 等多种手段对锡晶须和锡薄膜进行了分析,并研究了应力、锡膜厚度、时间和底层等环境因素对晶须生长的影响,确定了晶须体积与应力的关系,得到了一个逆压痕蠕变模型。锡晶须随时间的发展可分为成核、生长、缓慢生长和饱和四个阶段;在镀有镍/铬底层的薄膜上生长出巨大的锡丘。分析表明,锡原子的输运路径是锡薄膜与衬底之间的界面。研究还定量分析确定了锡原子的大质量迁移,这可以用流体流动的形式来解释,一个神秘的现象是在有铬底层的锡膜上发现了伴随着锡贫化区的空心晶须;利用聚焦离子束进一步检查了空心晶须和亏损区。这些晶须/小丘大多为单晶,但部分空心晶须由于晶须内部含有铬的混合物而呈非晶态,证实了锡原子界面流体流动的机理,无底层的锡薄膜上出现针状晶须。结论是锡膜厚度对晶须生长有一定的影响,较厚的锡膜可能会抑制晶须的生长,随着温度的升高,晶须的生长呈上升趋势。

一般来说,锡晶须检测试验需要的设备为回流焊炉、交变湿热箱、冷热冲击试验箱、高温

高湿箱、SEM/EDS、光学显微镜等。

根据基恩士(中国)有限公司提供的现行晶须评估试验的种类与环境如下：

(1) 室温静置测试主要是对金属间化合物/扩散影响导致的晶须生长进行观察。测试环境：$(30\pm2)℃/(60\pm3)\%$ RH；4 000 h。

(2) 恒温恒湿测试对电偶腐蚀导致的晶须生长进行观察。测试环境：$(55\pm3)℃/(85\pm3)\%$ RH；2 000 h。

(3) 温度循环测试对热膨胀系数差导致的晶须生长进行观察。测试环境：低温$(-55\pm5)℃$或$(-40\pm5)℃$/高温$(85\pm2)℃$或$(125\pm2)℃$，2 000 个循环。

(4) 外部应力测试对外部应力影响导致的晶须生长进行观察。测试种类：连接器嵌合试验(使用实际产品)，荷重试验(荷重 300 gf 的直径 0.1 氧化锆球，维持 500 h)。

表 6.1 显示了基恩士(中国)有限公司当前正在研究的晶须部分参数测试方法。

表 6.1 晶须部分参数测试方法

测试方法	测试目的	测试的环境和时间
室温静置测试	观察晶须生长，主要是由于金属间/扩散效应	$(30\pm2)℃/(60\pm3)\%$相对湿度 4 000 h
恒温恒湿测试	观察晶须生长，主要是由电腐蚀引起的	$(55\pm3)℃/(85\pm3)\%$ 2 000 h
温度循环测试	观察晶须的生长主要是由热膨胀系数的差异引起的	低温：$(-55\pm5)℃$或$(-40\pm5)℃$ 高温：$(85\pm2)℃$或$(125\pm2)℃$ 2 000 个循环
外部应力测试	对外部应力影响导致的晶须生长进行观察	荷重：300 gf 的直径 0.1 氧化锆球 500 h

资料来源：苏州电子产品检验所有限公司，2020。

某公司提供的 smt 贴片加工的晶须测试条件如下(见表 6.2)：

(1) 样品要求。为了进行比较，试样的检查面积至少为 75 mm²，每个测试条件都需要至少 3 个试样。对于小面积的试样，建议采用足够多的试样使检查的总面积加起来至少为 75 mm²。

(2) 可选试验样品预处理。锡铅温度预处理及无铅温度预处理按回流温度曲线进行，在回流过程中建议使用非金属载体或印刷电路板来保护样品。对于带引线的试样，引线应向下安装。

(3) 晶须测试条件。评估锡晶须生长的试验条件可以按下表进行。这些测试条件代表了一组最小的条件，用于评估在研究中的任何特定锡表面上锡晶须生长。

(4) 初始检查。

a. 组件。必须使用符合要求的光学系统或扫描电镜，检查至少 6 个组件的 96 个引出端。对于≥0.85 mm² 的组件，可以参考表 6.2 的最小样本数。如果采用光学系统进行检查，则要求的最小放大率为 50 倍；对于晶须验证，建议使用更高的放大倍数。如采用扫描电子显微镜进行检查，最小放大倍数为 250 倍。如果没有检查到晶须，则不需要在该检查区域进行详细检查。如果在检查过程中发现晶须，则至少应确定 18 个可能生长最长锡晶须的区域，以便进一步检查。对于大多数组件，18 个区域分别由 3 种测试条件中的 6 个样本组成。

但对于具有大面积镀层的引出端,贴片加工打样厂商可以在同一引出端上划分多个检查区域,每个检查区域的面积至少为 0.85 mm²,并且所有的 18 个区域都应按照进一步检查程序进行评估。

b. 试样。应使用符合要求的光学系统或扫描电镜检查至少 3 张试样。在这 3 张试样中的每一张上,至少有 25 mm² 的面积,并包括两条总长至少为 3 mm 的边缘。对于小型试样,应采用更多的试样,以使检查的总面积至少为 75 mm²。如果用光学系统进行检查,则最小放大率为 50 倍;对于晶须验证,建议使用更高的放大倍数。如果采用扫描电镜进行检查,观察的最小放大倍数为 250 倍。如果没有检查到晶须,则不需要在该检查区域进行详细检查。如果在检查过程中发现了晶须,则需对每个试样上三个面积至少为 1.7 mm² 可能生长最长锡晶须的区域,进一步检查,并且每个试样的三个区域应按照进一步检查程序进行评估。

(5)进一步检查。应对检查中确定锡晶须生长区域进行。如果在初期检查中没有观察到晶须,则不需要进一步检查。对于显示晶须的测试样品,每个样品应检查 3 个引出端或 3 个区域,并至少检查 6 个组件或 3 张试样。如果每个样品的引出端少于 3,则可能需要更多的测试样品或检查的区域。当采用扫描电镜检查时,最低放大倍率为 250 倍;当采用光学系统检查时,最低放大率为 50 倍。对于轴向晶须长度的测量,可能需要比检验所用的放大率更高或更低,使被测量的晶须在选定的放大率下尽可能充满视窗。如需测量晶须的长度,应采用垂直于 SEM 和光学显微镜的观察方向。进一步检查的内容包括:

a. 引线元件。至少应检查 6 个组件的 18 根引出端。应检查每个引出端镀层的顶部、两侧和弯曲。如果引线是圆的,那么应该检查直径顶部的表面。如果组件倒装,则两边的晶须可能更容易显示和测量。对于每个被检查的引线,应记录最大晶须长度。

b. 无引线检查。应检查至少 6 个组件上的 18 个端面。如果每个组件上的端面少于 3 个,则必须检查 6 个以上的组件,以达到 18 个端面的要求。应检查每一个确定的顶部及 3 个侧面。对于每个被检查的端面,记录最大晶须长度,晶须密度还应记录晶须数量最多的一个端面。

c. 试样。应对至少 3 张试样的 9 个区域进行检查。每一区域面积至少为 1.7 mm²,并在初期检查期间确定。对于每个被检查的区域,smt 贴片加工打样企业应记录最大晶须长度,晶须密度还应记录晶须数量最多的一个区域。

d. 轴向晶须长度。在进一步检查期间,记录每个引线、组件或试样区域测量的最大晶须长度。轴向晶须长度从电镀表面测量到晶须尖端。对于弯曲和曲折方向改变的锡晶须,可以通过晶须的直线段来估算总轴向长度。

e. 晶须密度范围。在初始检查中,应确定组件的每个引线、端面或试样每个区域的晶须最大数量。对于一个晶须密度的范围可以采用常规程序确定。对于大多数组件,应在整个端面的顶部和侧面计算晶须的数量,同时与被检查的面积一起记录。当被检查的表面积超过 45 个晶须时,即停止计数。根据表 6.2 可以对每个引线、端面或试样的每个区域的晶须密度范围进行分类。

晶须密度范围与晶须长度无关。然而,晶须引起的失效可能取决于晶须的密度。所以,记录晶须密度范围有助于解释晶须密度与最大晶须长度的关系。

此外,该检测试验中也涉及抑制锡晶须生长的有效方法。但由于锡晶须生长机制还尚不明确,所以制造领域还没有找到抑制锡晶须生长的有效方法,但一些抑制锡晶须生长的如去应力退火、电镀中间隔离层、热处理、增加镀层厚度、喷涂有机保护涂层及改变电镀工艺等控制措施可以参考,避免产品因产生锡晶须导致产品故障。

表6.2　晶须测试条件

样品类型	上锡面积 /mm²	最小样本数 /个	检查的最小面积 /mm²	每个样品的 最低检查区域	检查最低面积 /mm²
试样	<25	3	75	试样的顶部及两侧	75(试样的镀层区域顶部及两侧)
试样	≥25	3	75	顶部及两侧共25 mm²	3
组件	<0.85	6	75	产品的顶部及2～3个侧面	90
组件	≥0.85	6	75	产品的顶部及2～3个侧面	75(试样的镀层区域顶部及2～3个侧面)

资料来源:华强电子网,2016年8月10日。

6.2.3　晶须机理、生长与环境的关系分析和验证

晶须机理、生长与环境的关系分析和验证主要分析因素如下:

(1) 氧化、镀层厚度、电子和原子迁移、特高压、电偏压、更高的电流密度和通电时间长短、电流应力、氧(纯 O_2 环境)、湿度、温度、干式和湿式氧化(包括表面氧化,氧扩散到 Sn 中以及形成块状 Sn 氧化物)、盐溶液浓度、腐蚀、不同的膜应力(应力状态通过使用 VeecoDektak 金刚石尖端测针轮廓仪进行曲率测量、检查/验证)、UHV(超高真空)等环境条件。

(2) 镀层和基底材料不同的组合,各种锡/半导体组合:①GaAs 上的 Sn;②InP 上的 Sn;③S 上的 Sn;④GaAs 上的 Sn,玻璃上的 Sn 线。

(3) Sn 膜的体积/损耗、Sn 膜的厚度,考虑到晶界,晶粒尺寸和形状反过来变得很重要。

(4) 不同的抛光工艺。

(5) 样品不同的网格结构,图案化的网格结构(光刻掩模图案)。

有学者提出了用于直径可调、长径比高的六边形单分散银纳米线检测分析方法;通过原子通量变化控制 Au、Pd 和 AuPd 纳米线阵列的外延取向(Yoo,2010);超高强度通过物理气相沉积法生长单晶纳米晶须(Richter,2009);制造尺寸为1.2 mm 的镀锡黄铜方线的一些经验。但以上检测方法对于研究人员来说仍然很难找出基本机理,因此研究者提出了其他多种方法,检测不同的晶须生长机制,包括:在20世纪中叶基于金属盐的减少而开发的晶须生长检测(Brenner,1956)。

基于微结构的锡晶须生长分析是一种考虑弹性各向异性、热膨胀各向异性和β-Sn 塑性的3D 有限元方法模型。使用 Voronoi 图生成 Cu 引线框架上锡涂层晶粒的几何图案,并使用样品的 X 射线衍射(XRD)测量数据将晶体取向分配给模型中的锡晶粒,该模型在热循环测试下应用于镀锡封装引线。计算出每个晶粒的应变能密度(SED)。计算出

的 SED 较高的样品更有可能具有更长的锡晶须和更高的晶须,与有限元模型结合锡晶须的 XRD 测量结合,可以作为锡晶须倾向性的有效指标,可以大大加快鉴定过程。

6.2.4　晶须缓解和控制策略试验

针对晶须缓解和控制策略,学者们主要完成了以下试验研究:敷形涂料对晶须的阻隔作用(块状晶须的 POSS 保形涂层的功效),利用层下金属镍抑制锡晶须(利用镍底层抑制锡晶须),硬质金属帽层阻挡锡晶须的效果(阻挡锡晶须的有效性)。由匈牙利科学院的 Radnóczi 完成了由镍金属诱导的横向生长的硅晶须中的夹杂物试验,主要内容为通过高分辨率透射电子显微镜,扫描透射电子显微镜和电子能量损失谱研究了在低温镍金属生长过程中生长的硅晶须中的硅化物夹杂物,样品的热处理在 413℃下持续了 11 天,然后在 442℃下持续。夹杂物的大小范围从几个原子到 $15\sim20\,nm$。结果表明,$NiSi_2$ 夹杂物具有四面体的形式,通过与硅基体的(111)相干界面结合。这些夹杂物沿晶须均匀分布,其中所含的 Ni 含量为 0.035%(体积百分比)。晶须生长过程中通过在 $Si\text{-}NiSi_2$ 界面处捕获 $NiSi_2$ 团簇而形成四面体夹杂物。

针对电迁移下缓解锡晶须措施的研究有 Sauter 于 2010 年铜在不同压力、温度循环后和在室温下储存后进行测试,研究了广泛使用的晶须缓解措施对镀锡铜基材(在 150℃退火 1h 或镀镍中间层)的有效性,已经发现,这些措施防止了等温存储期间晶须的生长,但在温度循环过程中却没有,这些缓解措施显然不会降低由于 Sn 和 Cu 的热膨胀系数不同而在温度循环过程中形成的压缩应力。Sauter 提出了将 Sn 微结构改变为球状晶粒的方法,并进行了研究,以作为缓解温度循环的晶须缓解措施。

Hirsch 于 1956 年对晶体的位错和力学性能研究。

6.3　综合性能测试试验

6.3.1　晶须综合性能试验研究方法

日立公司研究实验室的 Terasaki 等于 2009 年开发了一种用于评估锡原子密度分布的模拟技术,使用分子动力学(MD)模拟进行纳米级原子扩散分析,使用 FEA 进行宏观应力和质量扩散分析,并使用 X 射线衍射(XRD)进行晶体取向测量。2012 年该实验室研究了上述模拟技术可能用于预测晶须位置的方法,并进行了以诱导锡镀样品上晶须生长的热循环测试试验,使用电子反向散射衍射图(EBSP)测量,在晶须附近评估锡膜的晶体取向。结果表明,镀锡表面上较高的锡原子密度和较低的静水压力区域与生成的晶须的位置一致。

欧洲航天局(ESA)的 Dunn 于 1987 年制订了锡晶须的机理研究方法,对自发锡晶须生长机理进行了冶金分析,使用扫描电子显微镜(SEM)、能量色散光谱(EDS)和 X 射线衍射(XRD)来表征和分析材料。实验室调查表明,晶须的普遍存在与特定类型的镀锡和基材材料的特性有关。该研究发现,晶须的直径可能仅为 6nm,大多数晶状体的直径约为 $4\,\mu m$,长度接近 2mm;施加到马口铁板上的压应力不会加快晶须的生长速度;结节性爆发时有发生;晶须温育时间较短。晶体学确定了晶须的五个生长方向,连同透射电子显微镜研究一起,它们被证明是不含位错或第二相的单晶,在低温下不能诱导白到灰色锡同素异形转变。基于详细测试程序的结果,ESA 提出了一个五阶段模型来说明锡晶须的自发生长。ESA 强烈建议将已知会晶须生长的表面排除在高可靠性设备的设计之外,并提出了预防晶须的方法,以及发现对这种生长现象具有免疫力的饰面。图 6.2 为锡晶须的综合性能测试。

Pedigo 于 2008 年用悬臂梁挠度法测量了与镀膜相关的应力以及应力随时间的变化,测量了小丘和晶须的密度和形貌随时间的变化,结果表明:长期应力随着铜含量的增加而增加,在最初的 24~48 h 内,电镀应力开始下降,当电解液中铜含量小于 0.001 8 mol/L 时,松弛速率增加,在铜浓度为 0.001 8~0.005 7 mol/L 之间观察到的薄膜行为的转变,其特征是镀层应力增加,松弛速率降低,并出现晶须。在这些浓度下,也观察到了小丘外观的变化。结果支持一个他创建的生长模型,其中源向缺陷注入材料,而进入材料与晶界移动速率的比率决定观察到的缺陷类型。

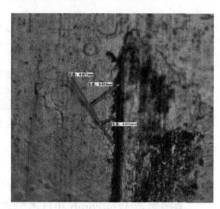

图 6.2　锡晶须的综合性能测试
(资料来源:Pedigo,2008)

6.3.2　银离子迁移试验研究

6.3.2.1　银离子迁移现象

金属离子的迁移现象,最典型的是 Ag 离子的迁移,特别是在高密度组装的电子设备中,材料及周围环境相互影响导致离子迁移发生而引起电特性的变化,已成为故障的原因。

(1) Ag 离子迁移现象的发现。Ag 离子的迁移现象是 1954 年由美国贝尔研究所的 Yost 把它作为 PCB 的一个问题提出来的。在 Yost 的报告中,他介绍了在电话交换机或电子计算机等所使用的端子上的 Ag,在绝缘板上溶解析出,由离子电导使绝缘遭到破坏的案例。在 PCBA 上应用 Ag 的场合如下:①PCB 上的印制导线及图形采用电镀或还原镀工艺涂敷的 Ag 层;②引线和端子采用 Ag 镀层的元器件;③为改善 PCB 导体的外观、可焊性和导电性等为目的的 Ag 镀层;④含 Ag 的钎料。特别是在场合③的情况下,Ag 不仅覆盖在导体的表面,而且在导体的侧壁也有附着,而这在 PCB 上留下了日后 Ag 迁移的危险隐患。

(2) 离子迁移发生过程。离子迁移发生过程可分为阳极反应(金属溶解)、阴极反应(金属或金属氧化物析出)、电极间发生的反应(金属氧化物析出)。电子材料的离子迁移是由与溶液和电位有关的电化学现象所引起的,与从金属溶解反应、扩散和电泳中产生的金属离子移动反应及析出反应有关。

(3) Ag 离子迁移发生的条件。PCB 上含 Ag 的电极间由于吸湿和结露等作用吸附水分后再加入电场时,Ag 离子从一个电极向另一个电极移动,析出 Ag 或化合物的现象称为 Ag 离子迁移。显然,Ag 离子迁移发生的前提是:①两电极间的绝缘物表面或内部存在着导电性或导电的湿气薄膜;②两电极间施加了直流电压。Ag 离子迁移是电化腐蚀的特殊现象,它的发生机理是当在绝缘基板上的 Ag 电极（镀 Ag 引脚或镀 Ag 的 PCB 布线）间加上直流电压,绝缘板吸附了水分或含有卤族元素等时,阳极被电离,如图 6.3 所示。

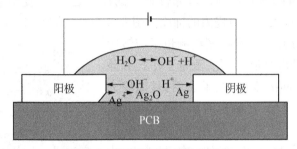

图 6.3　银离子迁移的发生机理

6.3.2.2　银离子机理

银往往导致离子迁移最多,其发生的机理是由下面的化学反应引起的。

美国学者 Whitcomb 和日本学者 Maekawa 对 PTG 材料热显影过程中银离子的迁移及还原过程进行了深入的分析研究;嵇永康于 2008 年论述了银镀层发生离子迁移的试验方法和检测方法。试验方法有环境试验法和溶液试验法;检测方法包括光学观察,绝缘电阻值测量,感应电特性,SEM 观察,组成分析,放射性分析,软 X 射线观察,AFM 观察和激光显微镜观察等;杨盼于 2013 年通过水滴试验方法和温湿偏置试验方法研究了浸银电路板上银覆盖层的电化学迁移特性、机理及影响因素,周朗荣于 2014 年对贴片电阻银离子迁移进行分析,徐小艳于 2020 年公开了一种片式电阻用银导体浆料的银迁移测试方法,论述了不同条件下的银离子迁移的不同形态。分析了银离子迁移机理。讨论了电场,温度,湿度,基材和不纯物对银迁移方式的影响。从而突破了常用银离子迁移测试时受环境影响,迁移时间波动变化大的瓶颈,有效解决了片式电阻在使用过程中的银迁移问题;其中,鲍建科于 2018 年全面分析了影响银离子迁移的各类因素,得出评价银离子迁移切实可行的加速试验方法和时间公式,有效地缩短了评价时间。根据经验总结了故障解析的流程以及银离子迁移的发生条件,提出了在银离子迁移过程的每一个步骤中采取措施的策略,防止迁移的再发生。

银离子迁移到阴极并沉淀过程如图 6.4 表示。

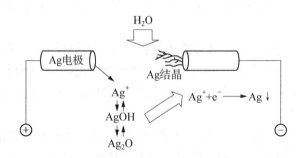

图 6.4　银离子迁移到阴极并沉淀过程
（资料来源:鲍建科,2018)

6.3.2.3　离子加速试验方法

1）试验的目的

尽管离子迁移的条件很简单，但是近年来电子设备构造、部品、材料、实装工法及其使用环境发生了很大的变化，如图6.5所示，随之引起了新的问题，即使过去已经被承认的部品、材料、回路，由于产品的型号和用途的改变也可能导致失效。如此，过去经验的参考价值变得越来越低，有必要利用加速试验快速获得离子迁移评价结果。

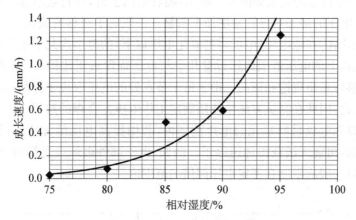

图6.5　银离子迁移的湿度依存性
（资料来源：鲍建科，2018）

2）适用范围

这个试验的建立是为了评估一般家庭内使用的电气部品和电子产品，但是，受到助焊剂、印刷电路板材料的影响，部品应该在印刷电路板的完成品的状态下实施评价。

3）样品

迁移可能会由于涂层的状态、电极之间的污染物、基材的材料不同等引发巨大变化。为了使再现性更加可靠，需要准备与量产时相同的设备、工艺、材料和加工条件下制造的样品。最佳方案是准备厂家极限制造条件下生产的样品，一般取样品数量为10个以上。

4）试验条件

以下因素可以视为迁移的加速因素：

（1）加速因素。包括温度和相对湿度；印加的电压和电极间的距离；发生迁移的来源物质；绝缘物质的水分的吸着量和吸湿率。

但是，如果决定了产品的材料、构造，那么作为测试条件，可以限定为温度、湿度和施加电压。迁移时金属的电化学反应，从液相到固相的物质传输现象。因此，温度、湿度和电压越高，迁移的增长率越高。

（2）温度条件。尽管可以通过升高温度来提高加速度系数，但如果太高，则再现性效果较差。例如在90℃的温度条件下，存在银镀层的底层金属腐蚀并且银的移动不稳定的情况。因此，参照JISC7022的温度条件，决定采用（60±2）℃。

（3）湿度条件。与温度一样，可以通过增加湿度来增加加速因子。图6.5显示了在酚醛树脂基板上10 mm间距的电极之间施加恒定电压时，湿度条件和银迁移生长速率的试验结果。如果湿度增加,则生长速度加快,但当湿度过高,测试温度改变时则容易发生结露,使得评估困难。参照 JISC7022 的湿度条件,决定采用(90±5)％作为该次试验的湿度条件。

(4) 电压。关于银离子迁移的电压依赖性的许多测试结果已经公开,但是由于不同的测试条件、电极材料、电极形状等,电压的加速系数会有偏差。

以下电压依赖性的测试结果可以作为参考。酚醛树脂基板施加电压(电极间距离10 mm)与银离子移行量的关系如图 6.6 所示,随着电压上升,移行量增加,但如果电压上升为 50 V 以上后,电压的增加对移行量增加不明显。一般离子迁移的成长速度和印加电压的强度有以下的规律:①在低电压(电极材料氧化电压以下)的范围内几乎不发生迁移;②在电极材料氧化电压以上的电压范围内移行量几乎与电压强度成正比例;③当高于一定水平的高电压范围时,移行量出现饱和倾向。由于每个节点处的电压取决于样品,电压引起的加速系数不能一概而论,因此在测试方法中使用额定工作电压是合理的选择。另外,由于需要加速试验,所以可以在电极材料氧化的电压范围内,利用提高电压的方法进行加速试验。但是,如果电压过高,可能无法获得加速因子。例如,由于部件破坏或发热而导致附着的水分蒸发的影响,所以一般应限制在额定电压两倍的范围内。

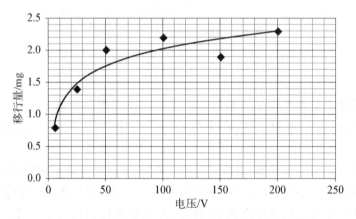

图 6.6　酚醛树脂基板施加电压与银离子移行量的关系
(资料来源:鲍建科,2018)

(5) 试验时间。有报道说,在额定工作电压、60℃温度、90％湿度的条件下进行银-钯电极的不良的再现试验,获得了 40～60 倍的加速系数。若加速系数考虑为 40 倍,使用寿命 7 年(每天通电时间 8h),即测试时间约 500 h。此外,也有许多评估迁移试验将时间条件设定为 500 h。基于此,本次加速试验方法也是基于 500 h 的测试时间。但是,为了确保在连续通电状态下使用的产品具有更高的可靠性,最好将试验时间延长到 1 000 h。因此,采用电压加速度时的试验时间公式计算为

$$试验时间 = \frac{500}{施加电压 / 额定工作电压}$$

6.4　创新性试验系统和方法

6.4.1　原位 AFM‒ETEM 观察锂晶须生长试验

应力下锂晶须的形成和生长的起源（He 等，2019），试验主要内容为金属锂具有最低的标准电化学氧化还原电势和非常高的理论比容量，使其成为可充电电池的最终负极材料，然而，由于锂晶须的形成而阻碍了其在电池中的应用，锂晶须消耗了电解质，耗尽了活性锂并可能导致电池短路，本试验成功地解决了这些问题，取决于充分地了解了锂晶须在隔板的机械约束下的形成机理和生长，通过将原子力显微镜的悬臂梁耦合到环境透射电子显微镜中的固体开孔装置中，直接捕获了在弹性约束下锂晶须的成核和生长行为。试验表明，锂沉积是由单晶锂颗粒的缓慢成核作用引发的，没有优先的生长方向。值得注意的是，发现锂的表面迁移受阻在随后的沉积形态中起着决定性的作用。使用一系列碳酸盐中毒的基于醚的电解质，探索了这些发现在实际电池中的有效性，证明了锂晶须在一定的弹性约束下可以屈服、弯曲、扭结或停止生长。微尺度拉力试验台细线 MEMS 细小绑定线晶体生长晶须毛细管动静态疲劳试验由 kammrath-weiss 提出和实施，主要内容为微米大小的物体显示的不同力学性能，由于尺寸效应的大的样品力学性能测试，该微尺度拉力试验台仪器显示在扫描电镜下进行测试，也可以在光学显微镜下进行测试。它适用于机械负荷试验，如静态或动态拉伸试验与非常小的样品。在大多数的情况下这是相当困难的，夹线细，晶须或毛细管生长于样品制备或金属表面进行拉伸或动态测试它们。这些粒子通常是如此精细，操作员不能够手工处理。要获得这样的规模，要做这样微小尺寸的测试，需要用最高位移分辨率压电位移控制夹紧装置，在负载测量最小到可微牛的疲劳平台进行动态试验。

在美国 Sparn 于 2017 年对晶须实验室的能源创新试验的基础上，2020 年 1 月 6 日，燕山大学黄建宇教授、唐永福副教授、佐治亚理工学院朱廷教授、宾夕法尼亚州立大学 Sulin Zhang 团队，在《自然纳米技术》发表题为"原位 AFM‒ETEM 观察锂晶须生长及应力产生"的研究论文，实现了观察锂晶须原位生长的同时，对其进行了应力测量（见图 6.7）。

研究者们将原子力显微镜（AFM）和环境透射电子显微镜（ETEM）相结合，实现原位纳米尺度锂枝晶生长及其力学性能、力-电耦合精准测定。发现锂晶须生长过程中可产生的应力高达 130 MPa，通过原位压缩试验发现锂枝晶屈服强度高达 244 MPa，这一数值远高于宏观金属锂的屈服强度（约 1 MPa）。该研究的创新之处如下：

（1）发明了一种基于原子力显微镜—环境透射电镜（AFM‒ETEM）原位电化学测试平台。AFM 一方面作为生长锂晶须的电极，另一方面对锂晶须生长过程中产生一个约束力，还可同时实时监测生长应力大小。该平台可广泛应用于研究钠、钾、镁、钙等电池体系中晶须生长的力学以及力-电耦合问题。

（2）建立起了一种有效的研究锂枝晶的动态原位试验表征新技术，确定了电化学驱动和非电化学驱动下微纳尺度锂枝晶的力学性能，提出了一种基于固态电解质的结构缺陷、力学性能与锂枝晶力学性能适配关系实现抑制锂枝晶生长的可行性方案。并巧妙利用 ETEM

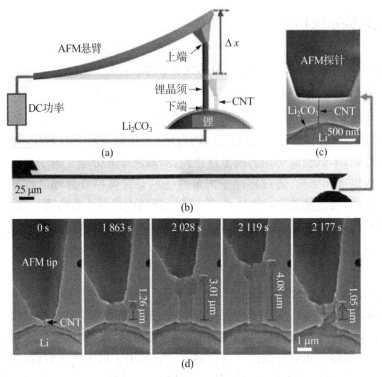

图 6.7　原位 AFM‑ETEM 观察锂晶须生长及应力产生

技术,通过在 ETEM 中通入 CO_2,在 Li 金属表面原位生长出纳米尺度的 Li_2CO_3 固态电解质(SEI)保护层。正是这一层超薄的 Li_2CO_3 固态电解质(SEI)保护层显著地提高了超活泼锂金属在透射电镜中的稳定性,防止其受到电子束损伤,从而实现了在室温条件下亚微米级锂枝晶生长过程的原位成像、力学性能以及力‑电耦合测量。

(3)该研究颠覆了研究者对锂枝晶力学性能的传统认知,为抑制全固态电池中锂枝晶生长提供了新的定量基准。为设计具有高容量长寿命的金属锂固态电池提供了科学依据。该研究成果将助力固态电池在电动汽车、大型储能和便携电子器件等领域的应用研发。

美国西北太平洋国家实验室的 Xu 等通过将原子力显微镜悬臂梁耦合到环境透射电子显微镜中的固体开孔单元中,捕获了锂晶须在弹性约束下的成核和生长行为。他们发现锂沉积是由单晶锂粒子的缓慢成核引起的,没有优先的生长方向。但是他们发现 Li 的缓慢的表面传质对随后的沉积形貌起着决定性的作用。然后,作者使用一系列碳酸盐掺杂的醚基电解质来探索这些发现在实际电池中的有效性。最后,他们证明了锂晶须在一定的弹性约束下可以屈服、弯曲、扭结或停止生长,图 6.8 为 Xu 等的研究成果(Xu 等,2019)。

传统的基线电解液中毒以确定 EC 在硬币电池中锂晶须形成中的作用如图 6.9 所示。

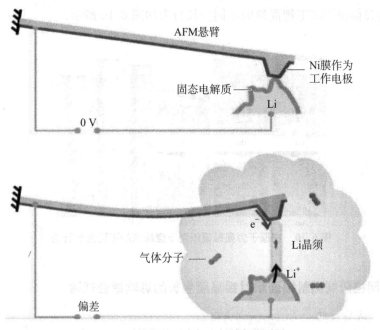

图 6.8　锂晶须形成与生长的起源试验

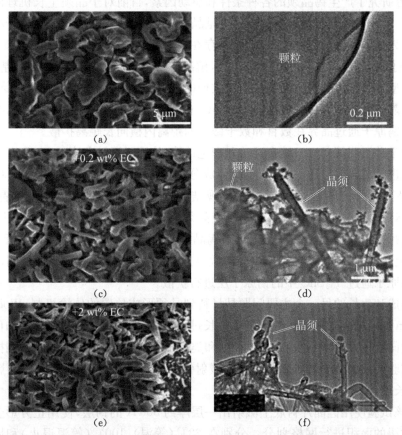

图 6.9　传统的基线电解液中毒以确定 EC 在硬币电池中锂晶须形成中的作用

在原子力显微镜限制下锂晶须的不同生长行为如图 6.10 所示。

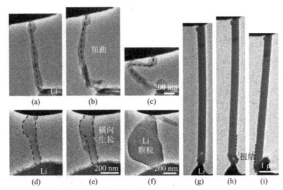

图 6.10　在原子力显微镜限制下锂晶须的不同生长行为

6.4.2　网格限制溅射锡面积对锡晶须生长的影响综合试验

6.4.2.1　试验目的

以锡晶须为代表的金属晶须自发生长是一个长期悬而未决的科学与技术问题。几十年来,诸多学者研究了产生锡晶须的各种条件和驱动因素,目前对于晶须生长机理尚没有达成完全的共识,但普遍的观点认为内部压应力是晶须生长主要动力之一,表面原子的迁移和表面横向扩散为晶须的生长提供原料,本质是存在扩散的物质或热传递。Smetana 于 2007 年的理论综合了锡扩散、再结晶和氧化等机制,解决了锡原子扩散到晶须基部的基本要求,提出了一种新型的基于系统能量的锡晶须扩散理论,这个机制被业内专家广泛接受。

为了解晶须形成和生长的机理,Woodrow 于 2006 年利用同位素示踪技术,在晶须生长期间观察到锡原子通过晶界在数百和数千微米的距离内横向长距离扩散。

东南大学孙正明等(2020)结合试验和理论计算,从原子运动角度对 Ti_2SnC 中锡晶须自发生长机理进行了研究。通过 Ti_2SnC 基体成分调控,明确了自由锡是 Ti_2SnC 中锡晶须自发生长的必要条件。随后对晶须根部微观结构的 FIB - SEM 表征发现锡晶须根部与 Ti_2SnC 基体中的自由锡并不连通,表明供应晶须生长的锡原子很可能是通过 Ti_2SnC 中的锡原子层进行扩散的。采用 FIB - TEM 对锡晶须/Ti_2SnC 界面的微观结构进行了进一步表征,在界面上发现了锡原子从 Ti_2SnC 中扩散出来并与晶须根部结合的痕迹,明确了晶须生长所需的锡原子通过 Ti_2SnC 中的锡原子层进行扩散。

晶须形成和生长的另一个主要问题是材料到晶须形成位置的传输机制,Woodrow 有力地证明了 Sn 原子横向长距离扩散是晶须生长过程中的主要输运机制。因此,如何通过限制锡原料的横向范围来影响晶须的数量、长度和类型,是研究晶须生长机制和抑制措施的重要方向。该试验的目的主要是研究通过限制溅射锡面积网格尺寸和锡储层,找到影响晶须形成的数量、长度和类型的方法。

因此,该试验使用硅晶片衬底上溅射出一层厚约 500 Å 的锡层,使用正方形金属网栅作掩模对溅射锡的面积进行网格划分。分别在 23℃(等温)、100℃(等温退火)和周期为 12 h 的、−40～125℃热循环三种条件下培养 34 天,验证不同的环境条件和不同的溅射锡面积下锡原子表面横向扩散对锡晶须生长数量、形状、长度等特征的影响,以期寻找晶须生长过程中锡材料消耗的证据,以及锡原子表面横向锡原子扩散传输机制。

该课题组开展的试验主要是晶须锡原子表面横向扩散生长机制的试验验证。

6.4.2.2　试验条件

1)试验设施

该试验是在设立于奥本大学工程学院的美国国家科学基金会高级车辆和极端环境电子学中心(CAVE3)完成的。该中心成立于1999年。同时CAVE3是FHE MII的重要组成部分,FHE MII是奥本大学与96家公司、11个实验室和非营利组织、43所大学以及15个州和地区组织一起,与NextFlex联盟合作成立的,是国家恶劣环境电子制造工作和美国国防部领导的柔性混合电子研究所的一部分。

CAVE3的主要研究方向如下:

(1)零件和装配体。在此研究领域中,正在针对恶劣环境(如汽车引擎盖和航空航天应用)以及便携式电子产品(如手机)开发可靠的组件封装技术(如BGA、CSP、3D封装、QFN等)。主要目标是在恶劣的热循环和振动环境中,研发有关组件设计与材料选择之间相互作用的基础知识,以及封装的可靠性和热性能。制定有关在恶劣环境中选择和使用组件的准则。开发有关电子结构的加速测试数据,包括但不限于金属背板、承受极端环境的高Tg层压板。可交付成果包括裂纹扩展和损坏模型、热循环可靠性数据、预后算法、可靠性和热性能的计算模型、设计准则和决策支持工具,以及冲击、跌落和振动的模型。

(2)预测与诊断。正在开发领先的故障指示器,以在任何宏观指标出现之前询问材料状态。研究重点是通过车载感应、损坏检测算法和数据处理来确定电子系统的剩余寿命。研究的环境包括单个、连续、同时的热机械、湿机械和动态载荷。

(3)连接器和系统级互联。在此研究领域中,正在评估振动和环境对汽车和其他恶劣环境连接器性能的影响。主要目标是检查下一代极端环境应用程序的连接器互联选项,并建立可靠性和故障机制。建立对微动腐蚀原因的基本了解,然后将其用于开发加速连接器测试的策略。此外,正在研究无铅镀层连接器引脚上锡晶须的生长。正在进行的锡晶须研究包括有关晶须生长起源的基础研究以及用于检验下一代连接器设计的试验测试矩阵。我们的连接器可靠性研究报告中的可交付成果包括设计指南、建模工具、可靠性数据和处理建议。

(4)倒装芯片和底部填充。在这个研究领域中,正在探索用于层压板倒装芯片,倒装芯片BGA封装,在极端热循环环境中部署CSP(再分配管芯、Ultra‐CSP等)组件的材料和工艺。主要目标是对倒装芯片应用在恶劣环境应用和高端微处理器封装中的可靠性有一个基本的了解。研究下一代材料(纳米结构底部填充材料、高可靠性STABLCOR基板、热界面材料、芯片级互联)。项目可交付成果包括用于汽车热循环环境中的倒装芯片封装的设计和材料指南、底部填充胶的材料特性和黏附特性、倒装芯片热循环可靠性数据,组装和制造加工建议,以及用于将来包装设计的有限元和材料模型。

(5)无铅焊接。在该研究领域中,已经确定了潜在的无铅焊料合金和相应的无铅表面光洁度(板和组件),以在恶劣的环境应用中替代低共熔$Sn_{63}Pb_{37}$焊料。主要目标是对替代焊料合金有一个基本的了解,这些合金将满足汽车行业的高可靠性和大批量低成本制造需求。交付品包括推荐的焊料合金;可焊性(润湿)测量;热循环可靠性数据,应力应变和蠕变结果随温度、本构和焊料疲劳模型的变化和处理建议。

奥本大学已将研究重点放在电子可靠性上。极端环境试验研究能力包括几个实验室,包括表面安装装配线。这些和其他设施的说明如下:

(1) 建模和仿真工具。该实验室拥有全套的计算机辅助设计和高端仿真工具。计算机辅助设计工具包括 Pro - Engineer 和 Solid Edge。仿真工具包括 ANSYS,LS - DYNA,ABAQUS,ABAQUS/Explicit,NASTRAN 和 MATLAB。该实验室配备了双处理器奔腾级工作站和 Unix 多处理器计算服务器。

(2) 瞬态动力学实验室。实验室配备了用于测量高速、高应变率瞬态动态事件(例如冲击和振动)的先进设备。设备包括高速数据采集系统,能够以 275 000 fps[①] 速度运行的 Vision Research Phantom 系列高速相机,用于高速图像分析和测量的 SAI 3D 图像跟踪软件、示波器、HP 频谱分析仪、vishay 仪器 2311 高速宽屏带应变计放大器、运动控制落塔、LDS v700 系列振动系统。用于与数字图像相关的全场应变测量功能的设备(见图 6.11)。

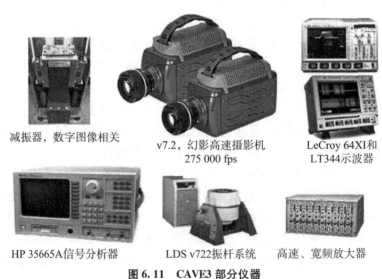

减振器,数字图像相关　　v7.2,幻影高速摄影机　　LeCroy 64XI和
　　　　　　　　　　　　　275 000 fps　　　　　　LT344示波器

HP 35665A信号分析器　　LDS v722振杆系统　　高速、宽频放大器

图 6.11　CAVE3 部分仪器

(3) 设计和艺术品。实验室具有全套电气设计和布局工具。特定的软件和硬件包括 SUN 工作站和 PC,完整的 Mentor Graphics Suite、ORCAD PWB 布局和模拟器、IntelliSuite MEMS CAD 软件、Lavenir、CAM View、AutoCAD、Opttronics Film Master 2000 激光绘图仪。

(4) 表面贴装组件。该实验室设置包括能够倒装芯片装配的最先进的大批量表面安装装配线,以及用于先进电子封装的其他设备,包括手动和自动焊线机,密封剂分配系统,厚膜/薄膜混合设备陶瓷基板上的电路制造,以及用于 MEMS 和 SiC 封装的真空焊料密封系统。表面安装装配线可用于原型创建,测试结构制造,开发制造过程或新产品发布平台。此

---

① 1 fps＝3.048×10^{-1} m/s.

外,在线检查功能还可以进行基于 X 射线,声学和激光轮廓分析的检查。此外,实验室还配有半自动贴片机和返修台。特定设备包括带有视觉系统的 MPM AP 锡膏打印机,安捷伦 SP1 焊膏检测系统,Asymtek 助焊剂喷射系统,西门子 SIPLACE80F5 贴片机,VISCOMVPS6053 自动化光学检测系统,具有氮气功能的 Heller1800 回流焊炉,Slim-KIC 2000 热仿形系统,CAM/ALOT3700 密封剂分配系统(见图 6.12)。

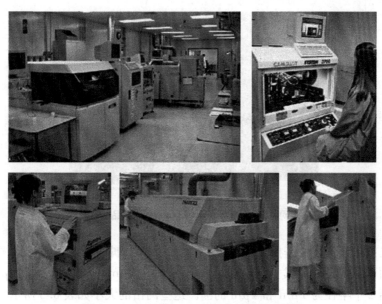

图 6.12　CAM/ALOT 3700 密封剂分配系统

　　(5) 电子封装。实验室配置 Air Vac DRS24 焊锡返修站,半导体设备公司 4150 模具放置的分体式光学对准系统,Karl Suss 热压倒装芯片焊接机,良率工程 YES-R3 等离子蚀刻系统,Palomar 产品模型 2460-V 自动热超声焊线机,K 和 S 模型 2071VFP 自动楔焊机,Asymtek402 型点胶系统,Fisher Scientific 可编程固化炉,ATV PEO601 型可编程钎焊炉,SST3150 真空密封炉。组装和包装资源由检查和故障分析设备提供支持,这些设备包括 Phoenix 微焦点 X 射线系统,Sonix C 模式扫描声学显微镜(CSAM)系统,WYCO 晶圆检查系统,Tencor 表面轮廓仪,Brookfield 黏度计,Dage PC2400 拉伸和剪切测试仪,以及光学和扫描电子显微镜。

　　2) 试验用样品及其网格划分

　　以前诸多研究者已经观察到,溅射的膜和基底之间的热膨胀系数(ΔCTE)的较大差异趋向于生长更多的晶须。基于此结果,选择了硅晶片作为该试验中使用的衬底,在 Sn-Si 上的 ΔCTE 为 78.2%,与其他材料(如 Al、Zn 和 Ni)相比,该 78.2% 是相对较高的 ΔCTE。之前研究者使用溅射样品的研究中 Sn 薄膜的厚度约为 5 000 Å,这是许多电子元件上 Sn 薄膜的典型厚度。在这些试验中,观察到了大量的晶须生长。因此,一个自然产生的相关问题是,晶须是否可以从更薄的薄膜中生长出来?在本研究中,Sn 薄膜的厚度被选为约 500 Å,这比先前的研究要薄得多,基于此结果,选择了硅晶片作为该试验中使用的衬底,在 Sn-Si 上的 ΔCTE 为 78.2%。

一系列图案化的模板用于将锡层限制为预定大小的区域,尺寸范围为 1～150 um。这种布置对扩散距离以及晶须生长的可用锡原料的供应施加了物理限制。每个测试样品的锡层厚度为 500 Å。

每个测试样品的基板均由 1 cm×1 cm 的掺杂硅片组成。网格尺寸为 25 μm×25 μm 的硅样品的 SEM 照片如图 6.13 所示。

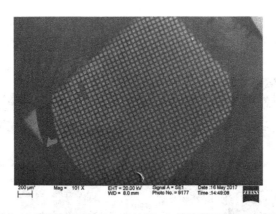

图 6.13 网格尺寸为 25 μm×25 μm 的硅样品的 SEM 照片

在溅射之前将其安装在基板上,一系列不同尺寸的金属网栅被用作掩模来确定硅衬底上溅射锡的面积。定义的区域主要是正方形,尺寸从 7.5 μm×7.5 μm 到 153 μm×153 μm。样品区域包括 2 个半径为 1 μm 和 4 μm 的圆。这些网格的大小如表 6.3 所示。

表 6.3 样品数据

网格编号	形状	尺寸/μm	间距/μm
G150	正方形	125×125	40
G200	正方形	90×90	35
G1000	正方形	19×19	6
G1500	正方形	11.5×11.5	5
G2000	正方形	7.5×7.5	5
CF-4/2-2C	圆形	半径为 4	2
CF-1/1-2C	圆形	半径为 1	1
TVM(组合网格)	正方形	153×153	13
	正方形	113×113	12

3)试验条件

用 Ar 等离子体以 380 V±10 V 的电势和 0.18 A±0.02 A 的电流溅射 Sn 膜。将本底 Ar 气压调节至 2 mTorr,这会在薄膜中产生固有的压应力。将这些样品安装在磁控溅射系统中,使用 99.99% 的纯锡(Sn)溅射约 30 s。用靶(Kurt Lesker Co.)形成约 500 Å 的薄膜(在这样的 Ar 压力和刺激电压下,该薄膜的平均生长速度为每分钟 1 000 Å)。对于 Sn 薄膜,氩气压力<7 mTorr产生压缩薄膜,而氩气压力>9 mTorr时产生拉伸薄膜,磁控溅射系统制备本征薄膜的条件如图6.14所示。

环境条件极大地影响晶须的产生和生长,重要的因素包括静态温度和热循环,为了将这些热因素最佳地纳入当前的试验中,将对三种特定的孵育方法进行比较:室温、升高的等温退火(相对较高但稳定的温度)和热循环。该试验样本在三个孵育条件下孵育34天,这三种条件是:23℃(等温)、100℃(等温退火)和−40℃<T<125℃范围的热循。晶须生长加速的热循环曲线如图6.15所示,2 h内上升到125℃,然后保持此温度4 h,2 h内下降到−40℃,然后在此温度下保持4 h,一个周期合计12 h。

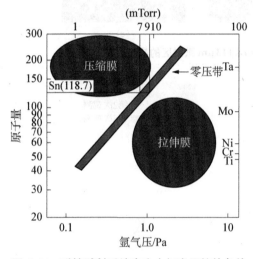

图6.14　磁控溅射系统产生本征净压缩的条件　　　　图6.15　晶须生长加速的热循环曲线

4) 晶须观察和密度统计方法

该研究中使用的晶须生长统计方案包括对每个样品的晶须生长进行低倍粗测,然后使用扫描电子设备对本研究中使用的晶须生长进行统计,方法包括对每个样本的晶须生长进行低倍(1 000倍)粗略评估,然后用扫描电子显微镜(SEM)进行高分辨率检查(2 000倍~30 000倍)。晶须密度通过以下程序获得:在每个具有一个网格尺寸的定义区域,随机选择5个溅射区域(通常为100 μm×100 μm,除非定义的片段太小,需要更高的放大倍数),然后在所选区域中计算晶须数量;然后将这些晶须数量平均并除以有效面积(实际的溅射锡面积,并将其作为该网格的最终晶须密度。对于TVM(如表6.3所述的特殊组合网格)网格区域,所有四种类型的网格都被视为不同大小的网格,并单独标注。

6.4.2.3　试验结果

溅射之后,将所有9个Si晶片在室温(RT)退火1天,然后分成3组,并针对3种热选择条件分别进行孵育。第一组在室温(23℃)和标准实验室湿度(约60% RH)条件下孵育;第二组样品在100℃恒温炉(恒温退火)中温育;第三组放置在热循环烘箱中,其温度变化由低温和高温之间的2 h斜线组成,具有4 h的停留时间,一个完整的周期持续12 h。高温停留时为125℃,低温停留时为−40℃。三组的总孵育时间为34天。孵育后,检查它们的晶须。

图 6.16 显示了 34 天后 Sn‑Si 样品表面 113 μm×113 μm 溅射区的晶须生长，图 6.17 为用三种不同的培养方法观察到的 Sn‑Si 晶须密度统计值与定义面积尺寸的散点图以及拟合曲线。

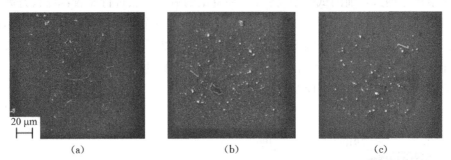

图 6.16　34 天后 Sn‑Si 样品表面 113 μm×113 μm 溅射区的晶须生长
（a）室温　（b）等温退火　（c）热循环

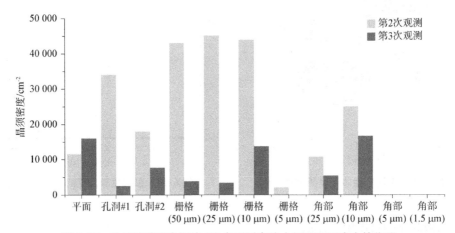

图 6.17　传统的基线电解液 EC 在硬币电池中锂晶须形成中的作用
（资料来源：He 等,2019）

6.4.2.4　试验小结

1）室温、升高的等温退火和热循环对锡晶须生成的推动作用

从图 6.16、图 6.17 对三种不同的孵育方法的检验表明，与室温和退火相比，热循环对锡晶须的生成具有更大的推动作用，这一点在之前的研究中也有提及。室温退火和等温退火都集中在一个稳定的温度条件下，这是促进锡扩散和应力释放相对较弱的驱动力；高温等温退火是锡扩散的一个相对较强的驱动力。在某些情况下，比室温孵育时晶须密度更大，晶须平均长度比热循环长。这种效应可能是与等温时效相关的稳定条件的结果，一旦开始，就会促进晶须的生长。

2）网格尺寸对锡晶须生成的影响

室温、升高的等温退火和热循环这三种孵育方法的结果表明，晶须密度随网格尺寸的增加而增加。但当网格尺寸足够小时，晶须密度会变得很低（零或非常小）。在尺寸限制在 4 μm×4 μm 和 1 μm×1 μm 的区域上没有可观察到的晶须。尺寸大于 4 μm 的溅射区晶须密度呈现不连续转变。在 4 μm～19 μm 的尺寸范围内，孵育的晶须密度表现出相对不同的特性。室温下在 7.5 μm×7.5 μm、11.5 μm×11.5 μm 区域以及在 7.5 μm×7.5 μm 恒温存储中未观察到晶须。退火时在 11.5 μm×11.5 μm 区域发现少量晶须，而在热循环中则在 7.5 μm×7.5 μm 区域发现少量晶须。

可见，在这些试验中，可用于晶须生长的原料受限于溅射区的小尺寸。这将削弱原子扩散在晶须生长中的作用，而应力释放在晶须生长中起主导作用。残余应力分布应在整个样品区域内变化，在样品的角部、边缘和中心区域的晶须密度也相应不同。图 6.18 展示了几个图像，集中在一个完整的锡溅射区域（方形）中的晶须分布。四幅图像中的区域具有不同的维度，它们不同的晶须密度如图 6.19 所示。值得注意的是，没有发现显著的证据支持晶须分布在中心（平坦区域）不同段落的假设。

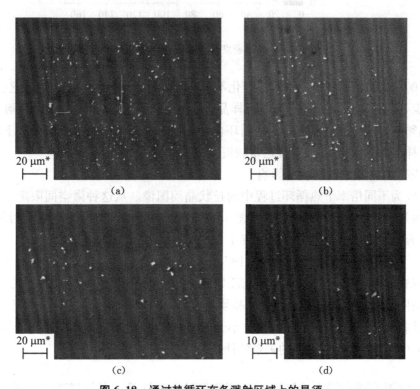

图 6.18 通过热循环在各溅射区域上的晶须
(a)150 μm×150 μm 正方形　(b) 113 μm×113 μm　(c) 54 μm×54 μm　(d) 23 μm×23 μm

图 6.18 显示了观察到的平均晶须密度与文献（Bozack，2017）中数据的比较，该晶须被溅射到没有任何网格的 1 cm×1 cm 圆上。所有数据均以对数坐标系绘制。该试验中观察到的一些小晶须密度数据与此无关。

在该试验中，与我们之前的工作相比，所有样品在规定的区域内以相对较小的尺寸溅射一层薄薄的锡层，从而使得用于晶须生长的原料量要少得多。对于相同尺寸的样品，可用原料应基本相同。此外，样品的初始内应力状态应该是相似的，因为所有样品的溅射过程都是相同的。然而，不同的培养方法表现出明显不同的晶须生长特性。

一种可能的解释是不同的培养方法在缓解压力的机制上有所不同。在静态温度条件

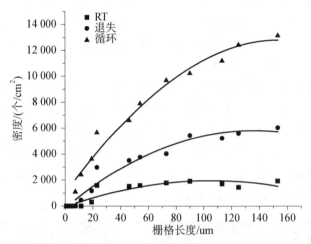

图 6.19　观察到的平均晶须密度与文献（Bozack，2017）中数据的比较

下，薄膜中的高应力位置在试验过程中变化不大。应力释放倾向于优先出现在这些部位，导致晶须较少，但更长。此外，对于热循环样品，应力分布是循环的，与其他两种孵育方法相比，导致晶须萌生的可能位置更多。热循环也会加速晶须的生长。与静态条件下的样品相比，热循环样品的晶须更多，但长度通常较短。

3）网格尺寸对锡晶须形状的影响

图 6.20 为不同倍率下热循环过程中的丘状晶须图像。从这种微空间限定区域生长的大多数晶须是丘状的，很少有针状的，如图 6.20（a）和（b）所示。小丘状晶须的近距离观察如图 6.20（c）所示；图 6.21 为在热循环样品上发现的针状晶须。

在图 6.22（a）和图 6.22（b）中，两张图片显示了两个山丘状的晶须和另一个针状的晶须。可以观察到，这些丘状晶须的形状与原始针状晶须的"根"部分非常相似。图 6.22（c）中的晶须用圆圈标记，表示该晶须的"根"，晶须从该晶须分成两部分。一部分是牙膏状的，另一部分是针状的。还应注意的是，在尺寸小于 $54\ \mu m \times 54\ \mu m$ 的区域未观察到针状晶须。表 6.4 是不同网格直径和晶须密度的关系统计数据。

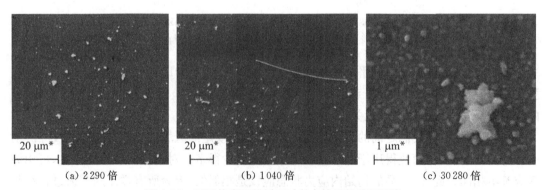

图 6.20　不同倍率下热循环过程中的丘状晶须图像
（a）放大倍率 2 290　（b）放大倍率 1 040　（c）放大倍率 30 280

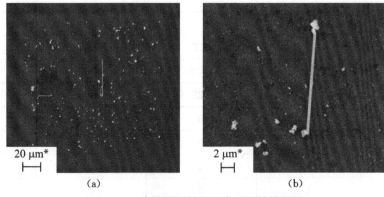

图 6.21 在热循环样品上发现的针状晶须
(a) 36 μm，观察到的最长的　(b) 17 μm

图 6.22 通过热循环孵化的晶须长度及形状①
(a) 小丘状晶须和一根针状晶须的"根"(30 280 倍)，丘状晶须的长度为 1.4 μm，针状晶须的长度为 17.93 nm，另一种晶须的针状部分直径为 482 nm，它们的形状相似　(b) 一个更大的丘状晶须，显示更多的结构细节(14 870 倍)
(c) 一个较大的晶须，可以定义为丘状或牙膏状

表 6.4 不同网格直径和不同试验环境下晶须统计数据

基底	网格尺寸/μm	晶须密度/(个/cm²)		
		RT	退火	循环
硅	153	1 930	6 052	13 143
	125	1 454	5 611	12 416
	113	1 754	5 239	11 199
	90	1 899	5 449	10 247
	73	1 802	4 034	9 695
	54	1 597	3 772	7 888
	46	1 548	3 526	6 616

① 均通过热循环培养。

（续表）

基底	网格尺寸/μm	晶须密度/(个/cm²)		
		RT	退火	循环
硅	23	1 578	2 986	5 671
	19	325	1 184	3 625
	11.5	0	486	2 446
	7.5	0	0	1 103
	4	0	0	0
	1	0	0	0

4）锡膜厚度对晶须的影响

试验的另一个目的是寻找晶须生长过程中材料锡消耗的证据。尽管锡的消耗量显然是晶须生长的材料来源，但这种工艺消耗的锡量太小，在大多数情况下无法直接观察到。然而，在一个特定的 Sn 区域，这种消耗应该更加明显。图 6.23 显示了在 G2000 网状 Sn 区生长的小丘状晶须，通过热循环培养。这个晶须是在 7.5 μm×7.5 μm 样本中发现的唯一晶须。使用本研究可用的工具无法直接测量该区域的厚度。然而，各个样本的灰度确实提供了一种估计其厚度的方法。物理阻挡区（无 Sn 膜）的平均灰度值为 60，非晶须界定区（膜厚500 Å）的平均灰度值为 69，有晶须的区域的平均灰度值为 65。基于厚度与灰度成比例变化的假设，晶须区域的厚度约为 278 Å。这提供了一些迹象表明，晶须的生长确实"耗尽了锡的沼泽"，并在生长过程中消耗了溅射层中的锡原子。

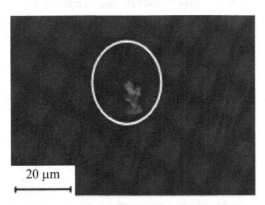

20 μm

图 6.23　在 G2 000 网状 Sn 区生长的小丘状晶须

6.4.2.5　试验结论

（1）研究了限制有效锡供应对晶须生长的影响。利用图案化模板，在硅衬底上溅射出一层厚约 500 Å 的 Sn 层。使用了各种尺寸的模板，正方形区域的大小从 1 μm ×1 μm 到153 μm ×153 μm。使用三种不同的条件将所得样品培养 34 天：室温、100℃和热循环。结果表明，与其他储存条件相比，热循环可产生 2 倍～11 倍的晶须密度。与较大区域相比，较小区域通常显示出较少的晶须密度。在最小图形面积尺寸下，晶须密度存在不连续转变，在

7.5～23 μm 尺寸的方形图案上发现少量晶须，而在 1 μm 和 4 μm 图案上没有发现晶须。

（2）试验的另一个目的是寻找晶须生长过程中材料（锡）消耗的证据。没有设备直接测量样品的实际厚度水平。然而，比较相似样品的相对灰度值提供了一种间接评估锡厚度的方法。结果表明，与没有晶须的样品相比，晶须突出的样品的总厚度要薄得多，这意味着晶须的生长确实会消耗掉溅射层中相当一部分的有效锡。

（3）Sn 膜的厚度对晶须密度有很大影响，10 倍厚的 Sn 膜比该试验在可比样品上得到的晶须多出 2.6～10.7 倍。还观察到，从微米尺寸的溅射锡区域获得的晶须本质上主要是小丘状的，而在相同的生长条件下，使用较大尺寸的薄膜（1 cm²）在 Si 上溅射锡的其他研究中观察到的高长径比晶须。

总的来说，这项工作表明锡的厚度和面积对晶须的生长有很大的影响。为了更好地理解这些因素之间的关系，设计了进一步的试验来研究小尺度网格和小尺度网格的变化。

参考文献

[1] Aglan H A, Prayakarao K R, Rahman M K, et al. Effect of Environmental Conditions on Tin (Sn) Whisker Growth [J]. Engineering, 2015,7(12):816.

[2] Asai T, Kiga T, Taniguchi Y, et al. Suppression of External-Stress-Induced Formation of Tin Whisker by Annealing of Electroplated Sn-Ag Alloy Films [J]. Journal of the Japan Institute of Metals, 2009, 73(11):823 - 832.

[3] Baker R G. Spontaneous Metallic Whisker Growth [J]. Plating and Surface Finishing, 1987,74 (10):10.

[4] Boll N J, Salazar D, Stelter C J, et al. Venus High Temperature Atmospheric Dropsonde and Extreme - Environment Seismometer (HADES) [J]. Acta Astronautica, 2015(111):146 - 159.

[5] Brenner S S. Tensile Strength of Whiskers [J]. Journal of Applied Physics, 1956, 27 (12): 1484 - 1491.

[6] Chen H, Lee H Y, Ku C S, et al. Evolution of Residual Stress and Qualitative Analysis of Sn Whiskers with Various Microstructures [J]. Journal of Materials Science, 2016,51(7):3600 - 3606.

[7] Chen K, Tamura N, Kunz M. et al. In Situ Measurement of Electromigration-Induced Transient Stress in Pb-free Sn-Cu Solder Joints by Synchrotron Radiation Based X-Ray Polychromatic Microdiffraction [J]. Journal of Applied Physics, 2009(106):023502 - 1 - 023502 - 4.

[8] Cheng J, Vianco P T, Subjeck J, et al. An Assessment of Sn Whiskers and Depleted Area Formation in Thin Sn Films Using Quantitative Image Analysis [J]. Journal of Materials Science, 2011,46(1): 263 - 274.

[9] Cheng N F, Tao L. The Study of Cathode Materials LiFePO4/C for Lithium Battery [J]. Guangzhou Chemical Industry,2011(39): 62 - 63.

[10] Courey K J, Asfour S S, Bayliss J A, et al. Tin Whisker Electrical Short Circuit Characteristics-Part I [J]. IEEE Transactions on Electronics Packaging Manufacturing, 2008,31(1):32 - 40.

[11] Eshelby J D. A Tentative Theory of Metallic Whisker Growth [J]. Physical Review. 1953, 91 (3):755.

[12] Evans R. Analysis of the Effects of Tin Whiskers at High Frequencies [J]. IEEE Transactions on Electronics Packaging Manufacturing, 2006,29(4):274 - 279.

[13] Fujiwara K, Kawananka R. Observation of the Tin Whisker by Micro-Auger Electron Spectroscopy [J]. Journal of Applied Physics, 1980,51(12):6231 - 6232.

[14] Gan K F, Ngan A H W. The Unusual Size Effect of Eutectic Sn – Pb Alloys in the Micro Regime: Experiments and Modeling [J]. Acta Materialia. 2018(201):282 – 292.

[15] Han C T, Cheng, C Y, Chang T C. Evaluations of Whisker Growth and Fatigue Reliability of Sn-3Ag-0.5Cu and Sn-3Ag-0.5Cu-0.05Ce Solder Ball Grid Array Packages [J]. Journal of Electronic Materials, 2009,38(12):2762 – 2769.

[16] He Y, Ren X, Xu Y, et al. Origin of Lithium Whisker Formation and Growth under Stress [J]. Nature Nanotechnology, 2019, 14(11):1042 – 1047.

[17] Hyunju L, Cheolmin K, Cheolho H, et al. Effect of Solder Resist Dissolution on the Joint Reliability of ENIG Surface and Sn-Ag-Cu Solder [J]. Microelectron Reliab, 2018(87):75 – 80.

[18] Jung D H, Sharma A, Jung J P. A Review of Soft Errors and the Low α – Solder Bumping Process in 3 – D Packaging Technology [J]. Journal of Materials Science. 2018,53(1):47 – 65.

[19] Kang C J, Sung K, Lee J H, et al. Investigation of Sn Whisker Growth in Electroplated Sn and Sn-Ag as a Function of Plating Variables and Storage Conditions [J]. Journal of Electronic Materials, 2014, 43(1):259 – 269.

[20] Kehrer H P, Kadereit H G. Tracer Experiments on the Growth of Tin Whiskers [J]. Applied Physics Letters, 1970,16(11):411 – 412.

[21] Kim K S, Yang J M, Ahn J P. The Effect of Electric Current and Surface Oxidization on the Growth of Sn Whiskers [J]. Applied surface science, 2010,256(23):7166 – 74.

[22] Kim S H. Effects of Annealing, Thermomigration, and Electromigration on the Intermetallic Compounds Growth Kinetics of Cu – Sn – 2.5 Ag Microbump [J]. Journal of Nanoscience and Nanotechnology 2015,15(11): 8593 – 8600.

[23] Kosinova A, Wang D, Schaaf P, et al. Whiskers Growth in Thin Passivated Au Films [J]. Acta Materialia, 2018(149): 154 – 163.

[24] Li Y, Sun M, Ren S, et al. The Influence of Non-Uniform Copper Oxide Layer on Tin Whisker Growth and Tin Whisker Growth Behavior in SnAg Microbumps with Small Diameter [J]. Materials Letters. 2020 (1):258 – 273.

[25] Ma A L, Jiang S L, Zheng Y G, et al. Corrosion Product Film Formed on the 90/10 Copper-Nickel Tube in Natural Seawater: Composition/Structure and Formation Mechanism [J]. Corrosion Science, 2015(91):245 – 261.

[26] Na S H. Effect of a High-Temperature Pre-Bake Treatment on Whisker Formation under Various Thermal and Humidity Conditions for Electrodeposited Tin Films on Copper Substrates [J]. Metals and Materials International, 2014, 20(2): 367 – 373.

[27] Osenbach J W, DeLucca J M, Potteiger B D, et al. Sn Corrosion and its Influence on Whisker Growth [J]. IEEE Transactions on Electronics Packaging Manufacturing, 2007, 30(1): 23 – 35.

[28] Pei F, Buchovecky E, Bower A, et al. Stress Evolution and Whisker Growth During Thermal Cycling of Sn Films: A Comparison of Analytical Modeling and Experiments [J]. Acta Materialia. 2017 (129):462 – 73.

[29] Robert N, Flowers G T. High Lateral Resolution Auger Electron Spectroscopic (AES) Measurements for Sn Whiskers on Brass [J]. IEEE Transactions on Electronics Packaging Manufacturing, 2010,33 (3):198 – 204.

[30] Sharma A, Kumar S, Jung D H, et al. Effect of High Temperature High Humidity and Thermal Shock Test on Interfacial Intermetallic Compounds (IMCs) Growth of Low Alpha Solders [J]. Journal of Materials Science: Materials in Electronics, 2017,28(11), 8116 – 8129.

[31] Shibutani T. Effect of Grain Size on Pressure-Induced Tin Whisker Formation [J]. IEEE Transactions on Electronics Packaging Manufacturing, 2010, 33(3):177 – 182.

［32］Subedi B，Niraula D，Karpov V G. The Stochastic Growth of Metal Whiskers ［J］. Applied Physics Letters. 2017,110(25):251604.

［33］Sun M，Dong M，Wang D，et al. Growth Behavior of Tin Whisker on SnAg Microbump Under Compressive Stress ［J］. Scripta Materialia. 2018,(1):114 - 118.

［34］Thornton J A，Hoffman D W. Stress-Related Effects in Thin Films ［J］. Thin solid films，1989，171 (1): 5 - 31.

［35］Tian R，Hang C，Tian Y，et al. Brittle Fracture Induced by Phase Transformation of Ni-Cu-Sn Intermetallic Compounds in Sn-3Ag-0.5 Cu - Ni Solder Joints under Extreme Temperature Environment ［J］. Journal of Alloys and Compounds，2019(777):463 - 471.

［36］Tu K N，Hsiao H Y，Chen C. Transition from Flip Chip Solder Joint to 3D IC Microbump: Its Effect on Microstructure Anisotropy ［J］. Microelectronics Reliability，2013,53(1):2 - 6.

［37］Tu K N. Irreversible Processes of Spontaneous Whisker Growth in Bimetallic Cu-Sn Thin-Film Reactions ［J］. Physical review B. 1994,49(3):2030.

晶须试验和标准体系建立

7.1 试验和标准理论研究

1954年，Fisher RM就提出了锡晶须的试验问题，Van Westerhuyzen 等于1992年对锡晶须引起的真空失效进行了试验研究；日本政府要求日本电子和信息技术产业协会(JEITA)建立可焊性可靠性的晶须测试方法项目；Dittes 于2003年提出了锡晶须标准热循环条件下无铅成分晶须形成的试验方法，首次通过试验系统地研究了不同温度循环条件对 $FeNi_{42}$ 上锡晶须生长速率的影响；2003年，美国、欧洲和日本工业标准调查会(JP-JISC)等三个组织合作开发了锡晶须测试方法；Reed(2004)根据美国国家电子制造倡议公司锡晶须用户团体关于在高可靠性应用中验收测试要求的提案，讨论了锡晶须失效所需的试验程序，为供应商和最终用户提供测试指南；Spiegel 于2005年研究了锡晶须测试问题；Schroeder 于2006年综述了锡晶须测试方法的开发。

Shibutani 于2006年对无铅部件锡晶须试验方法标准进行了综述，并对存在的问题进行了阐述，提出并讨论了改进建议。认为关键问题包括缺乏数据收集，对测量晶须长度的适当技术缺乏一致性，对规定试验缺乏既定的加速度转换，以及对验收标准的不一致。

Panashchenko 于2009年对锡晶须环境试验评价，认为到目前为止，对晶须生长机制还没有令人满意的解释，这使得该行业只能根据在温度、湿度和温度循环控制的各种环境储存条件下收集的经验数据来创建晶须评估试验。这些环境储存试验的长期可预测性还没有得到解决，这些试验在预测晶须生长方面的准确性还很低或不清楚。文中根据现有的环境测试标准，评估不同的锡油剂对晶须生长的影响，并与环境储存条件下的晶须生长进行比较。结果表明，与环境储存的锡漆相比，环境试验可能会高估、低估或显示出很少可区分的增长，环境试验不是评估未来晶须生长的可靠方法。

McCormick 于2011年研发了锡晶须研究试验车；Trace Laboratories-East 的 Radman 于2011年提出了"确定印刷电路设计/电路组装锡晶须形成量的测试程序"，初步形成相关标准。Schroeder 于2012年综述了锡晶须试验方法的发展，在 iNEMI 提出的三种环境试验条件下，对15种表面光洁度进行了评估。在至少9 000 h的等温试验和3 000次热循环中，每1 000 h或每500次循环后在扫描电子显微镜(SEM)中评估这些饰面的晶须存在与否和长度。试验结果表明，热循环和高温高湿试验可以在所有无铅锡基涂料中生长出晶须；而在空调办公环境中，只有少数无铅锡基涂料在10 000 h内出现晶须。短期测试不能用于预测基于晶须长度的饰面相对排名。然而，潜伏期可能是在不同环境中表现的一个预测因子。此外，

1 000 h 和 500 次循环的 JEDEC 检查间隔以及 4 000 h 和 1 500 次循环的总持续时间是合理的。通过降低高温湿度试验的湿度,将环境试验条件控制在 30℃、60% RH,并增加每个样品(样品尺寸)的检查引线数量,利用文所述结果改变了原 iNEMI 建议的 JEDEC 锡晶须试验方法。

Schetty 于 2014 年电沉积亚光 tin 晶体取向和晶粒结构对锡晶须生长倾向的影响,研究了特定晶向(220)和(321)以及晶粒尺寸(5~8 μm 直径与 1~4 μm 直径)的电镀亚光锡镀层的锡晶须生长特性,采用锡晶须试验模拟了由于环境储存(30℃/60% RH,4 000 h)引起的应力形成,高温和湿度储存(55℃/85% RH,4 000 h)、热膨胀系数不匹配(TC+85℃/−55℃,1 500 次循环)、外部作用力(2 000 g 负载尺寸/1 mm 直径,48 h)和腐蚀(85℃/85% RH,1 000 h)。此外,将这些晶须结果与(112)和(101)晶向的锡矿床进行了比较,讨论了试验数据和观测结果。

7.2　试验类型

7.2.1　晶须机理验证和生长过程试验

晶须机理验证和生长过程试验主要有 Phänomen 于 2000 年建立了晶须测试标准;外加应力晶须的微观结构与机械压痕试验;机械应力锡晶须生长的试验方法和机理分析;在 WP-1753 中提出了晶须测试和建模;关于锡和锡合金电沉积晶须生长的实证研究;通过测试修整的焊料中锡晶须生长的担忧;锡晶须生长及抑制试验研究;快速测试纳米工程涂料减轻锡晶须生长功效的方法。

7.2.2　可靠性和寿命试验

可靠性和寿命试验主要如下:锡晶须故障所需的测试程序;锡晶须测试和风险建模项目;无铅回流预处理后的空气-空气热循环中的 PWB 镀通孔和互联应力测试;Susan 详细叙述了 Sandia 国家实验室在锡晶须的可靠性和寿命试验方面的工作;Turner 提出了一种新的失效机理:寿命试验中 Al-Si 键合垫晶须的生长;Thomas 设计了旨在确定各种商业电镀液的可靠性以及影响晶须形成的关键因素的试验;NPL REPORT MAT 28 测试方法,用于测量保形涂层抑制锡晶须的倾向性;针对热循环环境下 Sn-Ag-Cu 连接件晶须生长可靠性进行试验分析;Meschter 对 SAC305 焊接组件晶须的形成过程进行分析,在低压、50~85℃ 或 −55~100℃ 的 SAC305 焊接组件上形成晶须、循环热热冲击以及 85℃ 高温和 85% 湿度等三种条件下,对晶须的长度,直径和密度等参数进行了测量,得出了规律和分析标准;对锡晶须引起的真空失效进行试验研究;不同环境下 $Sn_{0.3}Ag_{0.7}Cu-1Pr$ 焊料中锡晶须生长的微电子可靠性问题的比较研究(Wu,2017);1 000 天测试锡晶须 PCB 组件以确定共形涂层减轻短路的适用性(Wickham,2017)。

7.2.3　参数测试试验

参数测试试验主要如下:拉伸试验中锡晶须的弹性强度试验。锡涂层内应力测试方法的研究,开发了表征锡涂层内应力的试验方法:第一阶段锡晶须研究,氧化锡的组织形成和厚度试验。第二阶段,突出掺入 Pb 抑制晶须的能力,并表明在特定的应力条件下,$Sn_{63}Pb_{37}$和 SAC305 都将形成晶须。

Chason 等观察到电沉积的 Sn - 10%Pb 合金膜上的晶须,发现 SnPb 膜中产生的应力远小于纯 Sn 膜中的应力,这与观察到的应力测试和在 $Sn_{63}Pb_{37}$ 膜上晶须统计结果一致。布朗大学工程学教授 Eric Chason 博士 2013 年在加利福尼亚州科斯塔梅萨举办的第七届锡晶须会议国际会议上揭晓了他对锡晶须研究的这一重大成果。

7.2.4 影响因素和环境试验

影响因素和环境试验主要如下:锡晶须测试对焊点连接的影响;锡晶须评价的环境试验;纯铜铅锡涂层在高温/高湿存储测试中晶须生长机理试验;锡晶须的敏感性测试;不同应力测试的镀锡铜晶须缓解措施;空气和真空中热循环对锡晶须生长的影响试验。

也有学者发现"发现了大量晶须,但在预期的位置却没有",该项工作重点研究了金属间化合物的生长或热膨胀失配,了解并防止其形成加剧,该测试方法是将铜线热浸入熔融合金中冷却,然后在轴压力机上用成型模具弯曲成 U 形。测试了 9 种不同的合金,涂层厚度范围从 $8\sim13\,\mu m$,然后将样品分为三个不同的小组进行不同的测试,如表 7.1 所示。

表 7.1　晶须评估标准中指定的环境测试

标准	IEC60068 - 82 - 2	JESD22 - A121A	JESD201	ET - 7410
选择性预处理	焊接仿真 铅成形	回流 铅成形	回流 铅成形	铅成形
培育环境	30℃,60% RH 25℃,55% RH 4 000 h	30 ℃,60% RH	30℃,60% RH 4 000 h(Class 1 and Class 2) 1 000 h(Class 1A)	30℃,60% RH 4 000 h
高温湿度	55℃,85% RH 2 000 h	55℃,85% RH 60℃,87% RH	55℃,85% RH 4 000 h (Class 1 and Class 2) 1 000 h(Class 1A)	55℃,85% RH 2 000 h
温度循环	最小:−55℃或−40℃ 最大:85℃或125℃ 1 000 次或 2 000 次循环	最小:−55℃或−40℃ 最大:85 (+10/−0)℃ 1 000 次或 2 000 次循环	最小:−55℃或−40℃ 最大:85 (+10/−0)℃ 1 500 h (Class 1 and Class 2) 1000 h (Class 1A)	−40~85 ℃ 1 000 次循环
验收标准	50 μm	—	40 或 45 μm(Class 2) 50 或 100 μm (Class 1) 20 或 75 μm(Class 1A)	—

7.2.5　晶须评价和处理方法试验

晶须评价和处理方法试验主要如下：锡晶须评估试验；锡晶须处理试验标准；许慧于2009年讨论了锡晶须的各种形态以及其长度的具体测量方法，并在试验研究的基础上进一步分析了抑制非光滑（哑光）纯锡镀层上锡晶须生长的对策；Wickham于2017年提出了在使用保形涂层作为缓解措施的晶须测试中使用保形涂层作为缓蚀剂的锡晶须试验的方法。

用布鲁克XRF枪进行测试产品可靠性是大多数制造商关注的问题，从航空航天到国防工业，再到医疗相关行业，在这些产品中，过早的产品故障可能会带来灾难性的后果，用手持XRF枪筛查锡合金中铅（Pb）的存在有助于防止可避免的事故。

7.3　试验方法

7.3.1　原位试验

原位试验主要如下：锡晶须的原位机械测试；聚焦离子束（FIB）/扫描电子显微镜（SEM）中锡晶须的原位拉伸测试；锡晶须生长及抑制试验研究等。

7.3.2　尼米锡晶须测试

NEMI（美国全国电子制造促进会）在2001年建立了一个有关锡晶须生长的测试研究项目，以确定应用于锡晶须生长的快速测试方法。40多家公司参加了这个研究项目。一项权威性研究已经收集了现存所有有关锡晶须生长的方法。此外，项目组还鉴定、讨论了有关锡晶须的形成机理，比较了测试方法、锡晶须生长的机制和基本原理，形成了一个独特的项目——锡晶须模式项目，以评估不同的锡晶须生长原理。

NEMI锡晶须测试成果如下：第二阶段试验设计结果；对减少锡晶须生长的方法的研究；NEMI推荐评估锡晶须生长倾向的标准测试方法NhatVo；JEDEC和IPC发布锡晶须验收测试；iNEMI锡晶须项目：测试开发，风险缓解和基础理论发展。

另有追踪实验室-东方等团队研究了尼米（Nemi）锡晶须测试。

锡晶须快速测试项目对4种主要的测试方法进行了评估，据报告这些方法可以在某些（而非全部）镀锡样品上生长出晶须。这些测试方法适用的条件分别是：在正常的办公环境下，在50～85℃的高温下和在相当高的湿度（85%～95%）下，以及在对流温度循环（−55～85℃）下。

Memi推荐三项测试方法——两项储存条件和一项温度循环条件，来评估锡基产品晶须的生长倾向。此项目组已向JEDEC提交了一份用于发布的测试方法文件。

（1）在测试的第一个阶段，首先将电镀了亮锡、锡铅合金的铜样片和八引脚小外形集成电路封装器件（SOIC）样品预备好。研究资料指出，光亮的锡会更倾向于锡晶须的生长。然后样品接受所确定的四种环境条件多样混合的试验。结果发现，晶须只在光亮的镀锡铜片上形成，而且形成的量远远少于我们的想象。另外，有一些异形凸出成形于八引脚SOIC上，但是却没有证据表明上面产生过锡晶须。分析其原因，可能有两个：一是因为样品是在实验室环境中电镀的，故杂质和污染物的标准级别比较低，帮助阻止了锡晶须的生长，另外有可能当形成八引脚

SOIC 的焊端时,镀层合金将会裂变,从而减小了镀层应力,于是帮助阻止了锡晶须的生长。

由于第一阶段的研究结果不具备结论性,因此,项目组在组装实验室采用产品浸浴,对电镀封装(八引脚 SOIC)进行其他的测试方法分析。

有两家 IC 供应商自愿赞助电镀的八引脚 SOIC 样品用于第二阶段的研究。供应商 A 提供的样品是在 MSA 液(甲烷磺酰酸)或含硫酸盐电解液电镀过的。供应商 B 提供的样品是在另一种 MSA 液电镀过的。这一阶段的评估和对锡铅样品的分析一样,包括对不同厚薄、有光亮的或无光泽的锡样品,在各种测试条件下的不同组合如下:

a. 2～3 μm,无光泽锡(硫酸盐电解液电镀)在 OLIN194 铜片上,SOIC 模型/单数。

b. 10～12 μm,无光泽锡(硫酸盐电解液电镀)在 OLIN194 铜片上,SOIC 模型/单数。

c. 2～3 μm,光亮锡在黄铜样片上。

d. 10～12 μm,90Sn/10Pb 在 OLIN194 铜片上,SOIC 模型/单数(控制)。

e. 2～3 μm,无光泽锡(MSA 甲烷磺酰酸电解液电镀)在 OLIN194 铜片上,SOIC 模型/单数。

f. 10～12 μm,无光泽锡(MSA)在 OLIN194 铜片上,SOIC 模型/单数。

此处定义的锡晶须长/宽＞2,加热循环过程采用的是从－55℃(0～10℃)至 85℃(10℃～0)循环的对流温度循环设备。温度/湿度试验使用的是适用于 60℃/(95±5)％ RH 和 300℃/(90±5)％ RH 环境的温度湿度舱。适宜的条件定为 23℃ 和 30％～60％ RH(空调办公环境中)。用一台扫描电子显微镜(SEM)来检测晶须。

(2) 检测过程如下。

a. 引脚封装。从测试样品中随意选取的三个封装引脚是从垂直、反向和反向旋转位置贴装的。如果直接进行检测的话,那么碳带或者涂料会产生导电通路,或者碳会在元器件上蒸发,因此先行封装。放大 300 倍,可以检测三个随机定位的领域:①引脚下方;②引脚顶端;③引脚侧面。第一个检测阶段用所选择的各区域代表元器件的全部条件。

b. 样片。对于从测试样品中选择的每个样品来说,放大 300 倍的图像至少要收集三张,并记录数据。同样,放大 3 000 倍的图像也需收集以确定粒度。

c. 计算并记录三个区域中所有的锡晶须。测量并记录每个区域中最长的晶须,如果有必要的话,采用较高的放大倍数。最后,从未受电镀干扰的区域中收集一张放大 3 000 倍的图像。报告所估算的沉积点的尺寸范围。报告三个区域中锡晶须的平均数目,以及在这些区域中所发现的最长锡晶须的长度。报告信息还包括电镀日期、晶须测试条件(持续时间、温度、湿度、循环数目等)以及检测日期。

d. 每个电解槽要维持在针对每一工艺的最佳条件下。通过电镀前和电镀结束后进行的原子吸收分析可以测试出金属杂质的级别。

(3) 第二阶段测试结果。

对三项电镀工艺(两项基于 MSA,一项基于硫酸盐的电镀)、两个沉积点厚度(2.5 μm 和 10 μm)的八引脚 SOIC 在各种测试条件下的锡晶须测试结果进行分析,可以发现,来自供应商 A 的薄样品在所有测试条件下都比其他两个样品的锡晶须厚一些。然而,两项基于 MSA 的电镀工艺的厚样品,显示出类似的锡晶须性能。令人吃惊的是,来自供应商 B 的厚样品,比以同样电镀工艺的薄样品的锡晶须更多。对于厚样品来说,测试条件同时包括室温条件及 30℃/90％ RH 条件时,产生的锡晶须明显比只在室温条件下或只在 60℃/95％ RH 条件下要多。在基于硫酸盐的工艺过程中产生的沉积点,不管厚薄,都没有产生明显的锡晶须。在所有的测试条件下,锡铅(控制)样品都没有显示锡晶须生长倾向。

（4）结论如下：

a. 第二阶段研究中评估的环境压力条件足以在八引脚 SOIC 上产生锡晶须。使用 −55℃/85℃ 温度循环方法会有更多锡晶须生长。60℃/95％ RH 和 30℃/90％ RH 的测试条件也会促使锡晶须生长,但对循环条件一样明显有效。

b. 当最初进行温度循环时,温度和湿度这些附加条件不会对锡晶须长度或生成频率产生明显的影响。在所测试的沉积点厚度范围之内,锡晶须性能也无异样。结果表明,电解化学/电镀工艺对锡晶须的生长具有重要影响。供应商提供的两个基于 MSA 的工艺有重大差异,并且,所测试的基于硫酸盐的化学电镀似乎比基于 MSA 的电镀具有更好的防止锡晶须生成的性能,但是只比优秀的 MSA 电镀的性能稍好一点。

c. 在第二阶段试验的所有测试环境条件下形成于镀锡样品上的锡晶须,表明所推荐的测试方法完全能够对锡沉积点的锡晶须倾向进行评估。

这里所描述的锡晶须技术已经得到 JEDEC 的关注,JEDEC 正在考虑将其当作行业标准。为了将来的评估以及建立锡晶须数据库,NEMI 推荐三项测试条件:温度循环(−55℃/85℃,大约 3 个循环/h)、60℃/93％ RH 温度湿度测试、正常环境(空调设备)。另外,NEMI 与日本电子信息技术行业协会(JEITA)以及欧洲半导体联盟(E3)合作形成了统一的锡晶须测试方法。

用于证明第一阶段和第二阶段的评估结果的第三阶段的试验,是从 2003 年第四个季度开始的。其目的之一,就是要表明,如果使用同样的样品,所推荐的三项测试就会产生锡晶须。目的之二就是证实它们也同样适用于其他锡基(锡铋和锡铜)产品和其他样品类型。总之,为了获得每种测试方法的满意结果,仍需继续进行试验。当然,试验过程决定最终结果。

7.3.3　加速试验

7.3.3.1　加速试验理论和方法

晶须复杂性研究的主要困难之一是需进行长期的试验。据观察,晶须的增长率变化很大,在某些情况下,晶须会在几天之内生长。在许多电镀锡膜中,晶须生长可能需要长达数年甚至数十年的时间才能生长到足以引起电子系统故障的程度。正是这种潜伏期使晶须与其他表面镀层缺陷(如结节或树枝状晶体)区分开,这些缺陷的外观可能与晶须大致相似,但在镀层后立即存在于表面上。晶须生长的这种特性尤其令人沮丧,因为为了完成任何有意义的试验,可能需要很长的时间来制造晶须。除了晶须生长时间的限制之外,由于劳动密集型光学和扫描电子显微镜识别也需所花费大量的时间。例如,Compton 于 1951 年总结了迄今为止通过对大约 1 000 个不同金属(固体和电镀)在不同环境条件下暴露的试样的研究所揭示的结果,虽然通常情况下,在电镀后的一段时间内(通常是几个月)在冷凝器叶片等零件上都找不到晶须,但通过提高环境温度,有可能加速它们的生长,从而在几周内形成晶须。为了避免引入经常出现在加速试验方法中的附加变量,大部分试验工作是设备在正常暴露条件下运行所获得的温度下进行的。Compton 还讨论了湿度和各种有机物的存在、不同膜厚和使用方法、表面处理和补充处理、化学和物理性能以及结构的 X 射线研究。

1954 年,Fisher 等报告在镀锡钢上的 7 500 lbf/in² 的夹紧压力下,锡晶须的生长速率为

10 000 Å/s，增长率基本上是线性的，在某个时间点变为零。他还报告了（私人通讯）自发锡晶须生长的速率（无夹紧压力）在 0.1～1.0 Å/s。

1964 年，Pitt 等对夹紧在铜上的热浸锡使用了夹紧压力，压力为 8 000 lbf/in²，钢铁的晶须生长速率最高为 593 Å/s，晶须生长速率随时间降低。

晶须生长速率的广泛变化使晶须研究变得困难，因为人们从来不知道要等多久才能看到晶须，晶须生长的速度有多快，以及晶须何时停止生长。造成影响的其他复杂因素包括以下事实：并非所有影响晶须生长的变量都是已知的，并且在发布数据时，并非总是准确地报告已知变量。Hoffman 等（1989）研究了氩气等离子体下许多不同金属膜的溅射沉积，并通过改变溅射系统中的背景气压，通过使用约 1～6 mT 的背景 Ar 压力产生压缩应力，使用 10～100 mT 的拉伸应力得到拉伸应力，构建了一个简单的"透析"各种固有薄膜应力的简单系统。该方法甚至可以产生"无应力"状态，但是它具有相当窄的 7～9 mT 气压范围，如果不实践就很难实现和控制。

Jansen 于 1995 年研究了晶须的加速试验方法；Jun 等于 1997 年研究了碳还原法制备 MgO 晶须的热力学分析与加速试验；John 等于 2010 年提出了锡晶须试验开发温湿度效应第二部分：加速模型开发；Liu 等于 2004 年研究了电流驱动的锡晶须生长；Zhao 等于 2007 年研究了加速条件下亚光锡表面光洁度上锡晶须的生长特性；Lee 等于 2006 年研究了锡晶须加速试验计划；Cheng（2011）研究了电子封装中锡晶须的机理与模型，研究利用自行设计的夹具，在锡膜上施加可计算且可控的压应力，来驱动锡晶须生长，并通过真空气氛下的高温退火加速晶须的生长，使每个试验周期缩短至一周；Kyle 研究了纳米工程涂层减缓锡晶须生长功效的快速测试方法；Tsukui 于 2018 年对焊点晶须生长进行加速试验研究，认为利用短期试验来评估锡晶须生长倾向就必须探寻合适而有效的锡晶须生长的加速试验方法。

通过使用磁控溅射技术（而不是电化学沉积），在合理的（几周）时间内生长晶须，通过使用场增强加速晶须的生长，如高电流密度的方法（通过将 1 μm 锡膜图案暴露于 0.2 A 电流），使晶须在数小时而不是数周和数月内生长。根据过去的常识很难判断连接器上产生的晶须，也就是通常所说的晶须发现条件。一般来说，电子设备在产品出厂前要在高温高湿（85℃，85% RH）环境下进行负荷试验，但在室温（25℃±5℃）下比高温高湿环境更容易产生晶须，因此用原来的试验方法很难判断有没有因晶须导致的故障。此外，电子工业与电子信息技术产业协会（JEITA）进行的试验证实，把柔性电路底板嵌入连接器几个小时后就会产生晶须，约 1 000 个 h 以后停止生长。今后，计划由 JEITA 对晶须试验方法进行标准化作业。

"电场加速锡晶须生长的证据"提供了试验结果支持了电场加速锡晶须生长的理论，一周之内在薄锡膜上迅速长了（100 μm）长且致密（300 个/mm²）的晶须，当将湿度和施加的电场一起施加时，发现其具有很强的作用，使晶须更长且更密集几个数量级。

Anthony 提供了爆炸性晶须发展的证据，对于研究人员来说，这种现象仍然很难找出晶须生长的基本机理。他提出的多种机制也提供了生长晶须的不同方法。

此外还有：醋酸盐雾、腐蚀试、干湿氧化、射线辐照等加速测试晶须的方法。

7.3.3.2　加速试验主要环境模拟

对加速试验主要环境的模拟主要包括如下几方面。

1) 高温高湿环境

高温高湿环境是评估锡晶须生长趋势的一种重要手段,不过控制参数还不一致,表 7.2 是高温高湿环境加速试验参数。在多数情况下,这种条件下锡晶须生长较快,因此可以定量评估锡晶须的生长趋势,但是由于高温高湿环境可能引起的镀层腐蚀,这种加速生长试验与实际工作环境有一定差别。

表 7.2　高温高湿环境加速试验参数

压力形式	试验条件	预处理	检查间隔	总持续时间	
				Class 1 和 Class 2	Class 1A
温度循环	$-55+0/-10℃$ 至 $85+10/-0℃$ 空气-空气 浸泡 10 min ~3 个循环/h(典型值)	根据表 7.3	500 个循环	1500 个循环	1000 个循环
	$-55+0/-10℃$ 至 $85+10/-0℃$ 空气-空气 浸泡 10 min ~3 个循环/h(典型值)				
温度/湿度	$(30\pm2)℃$ 和 $(60\pm3)\% RH^2$	根据表 7.3	1000 h	4000 h	1000 h
温度/湿度	$(55\pm3)℃$ 和 $(85\pm3)\% RH^2$	根据表 7.3	1000 h	4000 h	1000 h

资料来源:百度文库,2020.4.16。

Heshmat 于 2015 年以镀锡黄铜为基体,研究了湿热循环和浸泡在 NaCl(5%)(质量百分比)水溶液中对锡晶须生长的影响,用光学显微镜和扫描电子显微镜观察了这些晶须的起始和扩展随时间的变化(见图 7.1～图 7.4),暴露 5 700 h 后,在湿热环境中划伤的扁平试样上有许多由纯锡生成的小丘,5 700 h 后从腐蚀环境中划伤的扁平试样显示出高达 20 μm 的完全生长的晶须,这些晶须沿长度方向有条纹;暴露 12 500 h 后,从腐蚀环境中取出的试样显示出很长的晶须,高达 250 μm,这些晶须比暴露于湿热循环的试样上生长的晶须更薄,弯曲更多。研究表明,晶须在腐蚀环境中比在湿热环境中生长得更快,这被认为是由于形成不均匀的表面腐蚀,导致不同的应力状态,从而增强和加速锡晶须的生长。不同标准系列的高温高湿加速试验参数如表 7.3 所示。

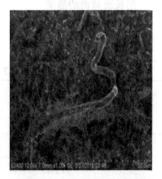

图 7.1　腐蚀环境(5% NaCl 溶液)中镀锡黄铜试片的 SEM 显微照片显示 12 500 h(约 500 天)后晶须完全生长(30～50 μm)

(资料来源:Heshmat,2015)

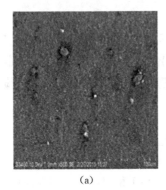 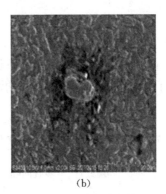 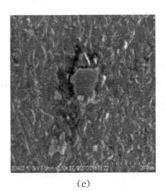

(a)   (b)   (c)

图 7.2　湿热环境中镀锡黄铜试片的 SEM 显微照片

(a) 显示了集中在单个位置的小丘区域　(b)和(c) 放大了的小丘图像

(资料来源：Heshmat，2015)

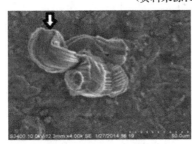 

图 7.3　SEM 显微照片，显示在湿热环境中暴露 7 000 h 后，划伤的扁平试样上的连体晶须；放大倍数为 4 k×

(资料来源：Heshmat，2015)

 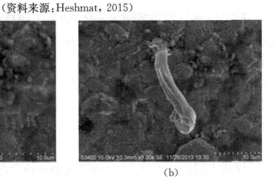

(a)   (b)

图 7.4　SEM 显微照片显示，在不同位置的腐蚀环境(5%NaCl 水溶液)中暴露 7 000 h 后，划伤的扁平试样上的长而弯曲的晶须

(a) 放大倍数为 5 k×　(b) 3 k×

(资料来源：Heshmat，2015)

表 7.3　不同标准系列的高温高湿加速试验参数

制定标准的部门	控制系数
Sony	85℃/85% RH，500 h
NEMI	60℃/93% RH
JEDEC	60℃/90% RH，3 000 h
E4	60℃/85% RH

资料来源：百度文库，2020.4.16。

2) 冷热温度循环

在温度循环(thermal cycling)条件下,锡晶须可加速生长,其具体原因还不清楚,有一种基于应力的理解是镀层与基体之间的热膨胀系数(CTE)失配造成的内应力加速锡晶须生长。目前很多单位的标准,包括一些军工标准均把冷热温度循环作为评估锡晶须生长趋势的首要加速试验方法之一。冷热温度循环加速试验参数如表7.4所示。

表7.4 冷热温度循环加速试验参数

机构或公司	控制参数
Motorola	$-55\sim85℃$
NEMI	$-55\sim85℃$ 或 $-40\sim85℃$,3 个循环/h,1 000 h
NASA Goddard Space Flight Center	$-40\sim90℃$
Sony	$-35\sim125℃$,分别在 $-35℃$ 和 $125℃$,保持 30 min,500 次循环
E4	$-40\sim85℃$,分别在 $-40℃$ 和 $85℃$ 保持 20 min,1 000 次循环
JEDEC	$-55\sim85℃$;3 个循环/h,1 000 h

资料来源:百度文库,2020.4.16。

含锡晶须的 27 年样品的 SEM 图像与 NaCl 晶须相比如图 7.5 所示。

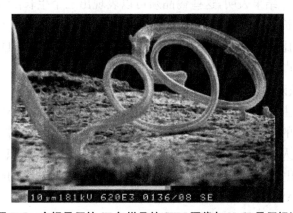

图 7.5 含锡晶须的 27 年样品的 SEM 图像与 NaCl 晶须相比

3) 通电加速

建议采用通大电流的方法来加速锡镀层锡晶须的生长或采用脉冲电流加快锡晶须的生长。目前这一方法的微观机制还不清楚,一种定性的解释是物质内部的原子在电流作用下定向移动,这一过程大大地加快了锡镀层中原子扩散的速度,导致加速锡晶须的生长。应用通大电流加速锡晶须生长的优势在于可以通过改变电流大小和脉冲时间来定量评估锡晶须生长倾向。

电流密度是影响合金镀层中各金属含量、镀层性能、氢过电位及电耗的重要因素之一。中国电子科技集团公司第四十八研究所的研究成果表明,沉积时间增长,镀层在不断增厚。镀层中晶粒粒度越来越大,粗糙度也随之增大。当基体沉积厚度增大后,金属沉积速度明显加快,晶粒生长速度较快,致使结晶的晶粒较为粗大。因此,一般浸镀时间选 15～20 min 为宜。曾旭武于 2009 年的结果表明,增大电流密度可提高晶须密度,这与镀层结晶组织密切相关。赵萌珂于 2009 年通过加速试验进行了锡晶须生长的基础研究。试验采用了较为简单的 Sn-Bi 一维钎焊接头,在电流密度为 10^4 A/cm^2 和环境温度分别 80℃ 和 90℃ 的试验条件下,观察电迁移加速引发锡晶须生长的现象,并使用扫描电子显微镜(SEM)来观察样品的表面和显微组织,使用 X 射线能谱仪测定被测试区域的组成成 分。试验结果表明,在高温试验条件下,电迁移引发的焦耳热使焊点熔化并且钎料原子在电子风的作用下 运动 Cu 基板上,冷却后覆盖 Cu 基板界面处的金属间化合物,形成钎料溢出(overflow),随着金属间化合物在等温时效的条件下挤压钎料,造成锡晶须加速生长。江波于 2012 年的研究证明,脉冲电流通过基体时将影响晶须生长的趋势,当电流密度过高时(1.0×10^5 A/dm^2),通电 15 天后未观察到晶须生成。何洪文(2015)研究了 Cu-Sn$_{3.8}$Ag$_{0.7}$Cu-Cu 一维焊点在电流密度为 5×10^3 A/cm^2,环境温度为 100℃ 作用下晶须的生长机理。研究结果表明,通电 300 h 后,在 Cu-Sn$_{3.8}$Ag$_{0.7}$Cu-Cu 焊点的阳极界面出现了一些小丘,而在焊点的阴极出现了一些裂纹;通电 500 h 后,焊点阴极界面的裂纹进一步扩展,而且在裂纹处发现了大量纤维状锡晶须,其长度超过 10 μm;继续通电达到 700 h 后,锡晶须的数量没有增加,同时停止生长。

4)压力加速试验

Fisher(1954)研究了锡晶须的加速生长,试验表明,在 7 500 psi 的压力下,锡晶须的生长速率可提高 10 000 倍。结果表明,这些锡晶须可以表现出三个生长阶段:①诱导期(有时不明显);②一段稳定增长的时期;③突然转变到一个慢得多的增长率。其中第二阶段的增长率与施加的压力成正比。自发生长速率相当于每克锡原子约 110 J 的自由能耗散,最快的加速速率约为该值的 10^4 倍,证实了锡晶须是从基部而不是尖端生长的。

5)盐雾加速腐蚀试验

盐雾测试是一种主要利用盐雾试验设备所创造的人工模拟盐雾环境条件来考核产品或金属材料耐腐蚀性能的环境试验。它分为两大类,一类为天然环境暴露试验,另一类为人工模拟盐雾环境试验。人工模拟盐雾环境试验是利用一种具有一定容积空间的试验设备——盐雾试验箱,在其容积空间内用人工的方法,造成盐雾环境来对产品的耐盐雾腐蚀性能质量进行考核,主要参考 ASTM-B117-2011 盐雾试验标准、GB6458—86、GBT2423.17—93 中性盐雾试验标准(NSS)和 GB2423[1].18(交变盐雾腐蚀试验国家标准)。表 7.5 为国际组织盐雾试验方法。

人工模拟盐雾试验又包括中性盐雾试验、醋酸盐雾试验、铜盐加速醋酸盐雾试验、交变盐雾试验等。

(1)中性盐雾试验是出现最早应用领域最广的一种加速腐蚀试验方法。一般情况下,它采用 5％ 的氯化钠盐水溶液,溶液 pH 值调在中性范围(6.5～7.2)。试验温度均取 35℃,要求盐雾的沉降率在 1～3 ml/80 cm^2/h 之间,沉降量一般都是 1～2 ml/80 cm^2/h 之间。做中性盐雾试验,还需要一个促使喷雾发生的空气压缩机,它的作用是利用压缩空气,为喷雾试验制造气源,将盐水溶液导入盐雾试验箱中。

(2)醋酸盐雾试验是在中性盐雾试验的基础上发展起来的。它是在 5％ 氯化钠溶液中

表7.5　国际组织盐雾试验方法

国名/组织名	标准号	适用范围	盐水溶液		试验条件			样品与垂线之间的角度	试验时间/h
			浓度	pH值	温度/℃	集雾率/(cm²·h)	喷雾方式		
国际电工委员会	IEC68-2-11	结构相同样品和保护层	5±1%（质量百分比）	6.5~7.2	35±2	1~2 ml/80	连续		16,24,48,96,163,336,672
国际标准化组织	ISO 3768	金属覆盖层	50±5 g/L	6.5~7.2(25℃)	35±2	1~2 ml/80	连续	15~30°	2,6,24,48,96,240,480,720
美国	ASTM-B117	材料覆盖层	5±1%	6.5~7.2	35(+1.1~-1.7)	1~2 ml/80	连续	15~30°	按系列选择
美国	MIL-STD-810D	使用在含盐雾环境的设备	5±1%（质量百分比）	6.5~7.2(35℃)	35	0.5~3 ml/80	连续	15~30°	48 h 或按有关规定
英国	BS,2011Part2.1Ka	元件抗盐雾损坏能力,保护层的质量和均匀性	5±0.1%（体积百分比）	6.5~7.2	35±2	1~2 ml/80	连续		按试验样品要求
法国	NFC20-511	保护层的质量和均匀性	5%（质量百分比）	6.5~7.2	35±2	1~3 ml/80	连续	15~30°	24,48.96(12)
德国	DIN 50021	材料元件和设备	5±0.1%（质量百分比）	6.5~7.2(25℃)	35±1	1.50.5 ml/80	连续	15~30°	
波兰	PN-67/E-04350	热带型电工设备	3%	6.8~7.2	20±2	0.5~3 ml/80	连续		喷6 h,停喷(打开箱)18 h
美国	MIL-STD-202F	电子设备零件	5%,20%	6.5~7.2	35(±1.1)	0.5~3.0 ml/80	连续	15~30°	
日本	JIS C5028	电子部件、金属材料、无机或有机覆盖层	(1) 20±2%（质量百分比）(2) 5±1%	6.5~7.2(35℃)	35±2	0.5~3 ml/80	连续	15~30°	16±1,24±2
日本	JIS H868	铝及铝合金阳极氧化膜	5±1%	3.0±0.2	50±1	1~2 ml/80	连续		4,8,16,72

资料来源：百度文库,2012.3.26。

加入一些冰醋酸,使溶液的 pH 值降为 3 左右,溶液变成酸性,最后形成的盐雾也由中性盐雾变成酸性。它的腐蚀速度要比 NSS 试验快 3 倍左右。

(3) 铜盐加速醋酸盐雾试验是国外新近发展起来的一种快速盐雾腐蚀试验,试验温度为 50℃,盐溶液中加入少量氯化铜,强烈诱发腐蚀。它的腐蚀速度大约是 NSS 试验的 8 倍。

(4) 交变盐雾试验是一种综合盐雾试验,它实际上是中性盐雾试验加恒定湿热试验。它主要用于空腔型的整机产品,通过潮态环境的渗透,使盐雾腐蚀不但在产品表面产生,也在产品内部产生。它是将产品在盐雾和湿热两种环境条件下交替转换,最后考核整机产品的电性能和机械性能有无变化。

Heshmat(2015)通过锡晶须在湿热和盐溶液两种不同环境条件下的生长试验研究了锡晶须在航空航天、国防和高性能电子工业产品中自发生长,使用镀锡黄铜试件来分析锡晶须随时间的生长的三个主要参数,密度、长度和生长速率,用光学显微镜和扫描电子显微镜定期检查它们的生长速度,在不同的环境条件下,确定了锡晶须的物理特性。研究发现,在 5% 的盐溶液中浸没镀锡黄铜基片可显著增加锡晶须的密度(单位面积晶须数目)和锡晶须长度。此外,还发现不同环境下锡晶须的几何形状和长径比也不同(见图 7.6~图 7.8)。

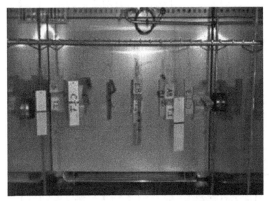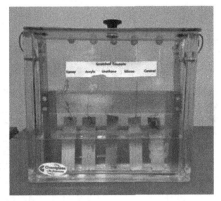

图 7.6　湿热和 5% 盐溶液浸没镀锡黄铜基片试验
(资料来源:Heshmat,2015)

研究发现,在 5% 的盐溶液中浸没镀锡黄铜基片可显著增加晶须的密度(单位面积锡晶须数目)和锡晶须长度。此外,还发现不同环境下锡晶须的几何形状和长径比也不同。

图 7.7　腐蚀环境(5%NaCl 溶液)中镀锡黄铜试样的 SEM 显微照片,显示 12 500 h(约 500 天)后完全生长的锡晶须(30~50 μm)

(资料来源:Heshmat,2015)

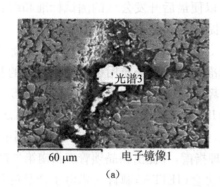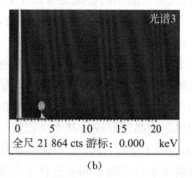

图 7.8　在湿热环境中放置 5 700 h 后,对照平板镀锡黄铜试片的扫描电镜显微照片显示
(a) 锡晶须小丘位置　(b) 该位置的 EDS 光谱
(资料来源:Heshmat, 2015)

6) 高加速蒸煮试验

采用高压高湿条件,主要考核塑料封装的半导体集成电路和密封器件等电子器件的综合影响,是用高加速的试验方式评价电子产品耐湿热和密封的能力,常用于产品开发、质量评估、失效验证。高压蒸煮试验的技术指标包括大气压力、相对湿度(饱和或非饱和)、温度、试验时间。常用于塑料封装的半导体器件、集成电路、密封继电器,密封器件等。测试范围:温度范围:105～142.9℃,湿度范围:75%～100% RH,压力范围:0.02～0.186 Mpa。

7.3.4　动态综合性能试验

Sharma 于 2017 年对高温、高湿度和热冲击等综合环境下的金属化合物界面的影响进行了试验研究,对低 α 焊料的界面金属间化合物(IMC)生长的影响;Lukashenko 于 2017 年采用动态试验法测定了非晶碳纳米晶须的杨氏模量;进行了锡晶须生长的试验(Tong, 2006; Agataskwarek, 2011)。

7.4　晶须试验标准体系

7.4.1　晶须标准研究

从首次观察到晶须后 70 多年来,对于晶须的根本原因或普遍适用于所有电子组件的缓解协议,仍然没有普遍接受的共识。尽管如此,电子工业已经进行了几次尝试来开发晶须预防和缓解方法。RoHS 法规有效地禁止在电气产品中使用铅后,美国国家标准技术研究院(NIST)活跃于锡晶须研究。NIST 是最早通过降低 IMC 形成所产生的内部压应力来指定晶须缓解措施的机构之一。2001 年,iNEMI 还着手进行了一系列试验,包括预测晶须生长的测试,以寻找锡晶须的加速测试(例如高温,潮湿和热循环),很快就知道标准的加速测试条件不足以提供完整。随着行业继续向无铅电子产品迈进,确保锡镀层可靠性的需求变得更加必要,因此,iNEMI 决心制订一套可接受的工业测试程序,以监控和降低晶须可靠性。计划是首先定义一组可促进锡晶须生长的测试条件,其次推荐一种检查晶须生长并记录数据的协议,再次是对晶须的形成足够的了解,以便最后开发公认的测试标准和缓解措施,这将提供一种方法,以最大限度地减少长寿命,提高电子系统的晶须可靠性。

在试验标准建立方面,Prasad 于 2002 年、McCullen 等于 2005 年、Pinsky 等于 2005 年学者分别在 2002 年和 2005 年锡晶须测试标准与细分市场使用条件的相关性的基础上,提出一种更新的特定于应用的锡晶须风险评估算法,其符合在 GEIS - STD - 0005 - 2 的过程中使用;Rob 于 2003 年研究了电镀化学中的几个变量对锡晶须生长的影响,并试图从机理上进一步理解影响晶须形成的基本沉积特征,更重要的是,如何在生产电镀应用中控制这些特性;Smetana 等于 2005 年建立了锡晶须管理指南,并提出锡晶须管理指南第二部分。

日本政府要求日本电子和信息技术工业协会(JEITA)制订无铅电子产品的可焊性、可靠性、晶须和迁移的测试方法。该小组委员会的目标是在 2004 年 3 月之前提出锡晶须的试验方法,主要进行了两类研究:一是基础性研究,验证假说;二是研究了加速试验,以制订推荐的试验条件。结果发现,铜的扩散、氧化和热循环都会影响锡晶须的生长。

Chopin 于 2006 年讨论了 JEDEC 标准推荐的三种加速试验中晶须生长的生长机理。研究了电镀纯锡油剂中的 cohicker 生长现象。这些研究数据表明,晶须形成的主要驱动力是油剂中应力水平的增加,这种应力水平会受到一系列因素的影响。JEDEC 推荐的试验条件包括温度范围为 $-40\sim85^\circ\text{C}$ 的空-空温度循环试验(AATC)。热循环试验期间晶须生长的驱动力是三个试验中最直接的。由于锡与引线框架材料之间的热膨胀系数(CTE)不匹配,温度的变化会在锡涂层中产生热应力。在低湿度、等温储存条件下,晶须生长的驱动力因试验持续时间较长而更加复杂。

纽约州立大学的 Nick 等研究了锡晶须的试验标准(Nick 等,2005);iNEMI 于 2005 年发布了两个锡晶须标准"测量锡及锡合金表面光洁度上晶须生长的试验方法"及其更新的"高可靠性产品用无铅表面处理的建议"(Anonymous,2005);OLsson 等于 2006 年提出了新的锡晶须试验和报告标准;Arlington 于 2006 年提出了当前锡晶须理论和缓解实践指南;Prasad 等于 2002 年对锡晶须标准委员会的工作进行了概述;McCullen 于 2005 年提出了锡晶须测试标准与细分市场使用条件的相关性(McCullen,2005);Hillman 于 2005 年研究了对表面贴装电阻器组件的标准焊接工艺所产生的锡晶须风险缓解的评估;Pinsky 提出了一种更新的特定应用锡晶须风险评估算法及其在符合 GEIS - STD - 0005 - 2 的流程中的使用"标准旨在降低锡晶须的风险"(Test & Measurement World,2006);Boisvert 于 2006 年提出了晶须标准有助于缓解风险,该文章报道了联合电子设备工程委员会和美国国际电子制造计划协会发布的旨在帮助制造商减少无铅产品中锡晶须实例的两份文件,包括电子工业中锡和锡合金表面光洁度的锡晶须敏感性标准,以及测量这些光洁度上的晶须生长的测试方法;金属晶须行业标准;GEIA 将发布高可靠性行业无铅标准(Roos,2006)。

Shibutani 于 2009 年研究了无铅元件的锡晶须测试方法,认为关键问题包括缺乏数据收集,对测量晶须长度的适当技术缺乏一致性,对规定试验缺乏既定的加速度转换,以及对验收标准的不一致。他对锡晶须标准进行了综述,并对存在的问题进行了阐述,提出并讨论了改进建议。

Meschter 研究了低应力条件下,锡晶须测试与建模以及锡晶须缓减新标准;其他学者提出了"标准旨在降低锡晶须的风险","缓解锡晶须的新标准",如:美国国家航空航天局工艺

(NASA Workmanship)建立了电子组件聚合应用标准；Reynolds 于 2007 年出版了"无铅电子：iNEMI 项目成功制造"专著；由美国国家标准学会(US - ANSI)发布了建立了减轻航空航天和高性能电子系统中锡晶须影响的标准和第 2 部分(GEIA - STD - 0005 - 2,2012)。美国、欧盟等国家对无铅电子[包括零件镀层、印刷线路板(PWB)或印刷电路板(PCB)镀层，或组件焊料]的过渡管理过程进行了大量的研究并发布了相关标准，特别是 IEC 62647 系列标准对含无铅焊料在航空航天及国防电子系统的应用，从技术、管理、试验等方面进行了详细规定。

Lee 于 2011 年根据美国电子器件工程委员会联合标准，研究了温度循环和等温储存条件下退火对锡晶须形成的影响。结果表明，温度循环和等温储存有利于锡镀铜引线框架上晶须的形成，晶须的平均最大长度随温度循环次数和等温储存时间的增加而增加，在 150℃ 下退火 1h 可以有效地减少晶须的平均最大长度。

Yang 于 2014 年根据海洋中使用的武器装备只在单一环境条件下进行试验，因此很难发现由于不同环境应力引起的故障的状况，研究提出了一个多环境测试的环境测试序列，对国际标准 iec60068 - 1 中描述的电气装置和美国国家标准 MIL - STD - 810G 中描述的军用电源的环境试验顺序进行了研究，以提出适当试验顺序的指南，通过调查海洋武器事故证明了在多种环境下进行试验的必要性。并利用作战场景、环境应力、环境应力和环境影响的两阶段质量功能展开(QFD)分析，评估了哪些环境应力和试验项目对海洋武器的影响最大，采用整数规划法确定影响最大的试验项目和最短的环境试验时间，从而提出最优的试验程序，开发了可由测试设计者选择的最佳环境测试程序。其开发了基于美国军用标准 810G (MIL - STD - 810G)的测试序列，试验包括高温、低温、温度冲击、太阳辐射(阳光)、雨水、湿度、真菌、盐雾、沙尘和浸没试验。

罗克韦尔柯林斯公司(2015)最初调查并鉴定了 Samtec 的 SEARAY 焊料充电连接器(以下简称"连接器")技术，重点是焊点完整性。然而，由于连接器的一小部分区域未受到焊料中毒或连接器机械配置的保护，在焊料尾部有哑光锡饰面的连接器被发现存在生长锡晶须的潜在风险。根据改进的 JESD201 锡晶须敏感性方案进行调查，以评估可能存在的锡晶须风险问题。调查结果，加上电镀和回流焊数据输入，表明连接器的锡晶须风险极低，被认为是可以接受的。

Schroeder 于 2017 年在固态技术协会的 JESD22 - A121 标准基础上，进一步试验优化来验证拟议的 iNEMI 试验，以确定试验是否能够区分表面光洁度，调查短期试验和长期试验之间的联系，并确定最佳检查间隔和试验持续时间。在 iNEMI 提出的三种环境试验条件下，对 15 种表面光洁度进行了评估。在至少 9 000 h 的等温试验和 3 000 次热循环中，每 1 000 h 或 500 次循环在扫描电子显微镜(SEM)中评估这些饰面的晶须生长和长度。试验结果表明，热循环和高温高湿试验条件可促使所有无铅锡基涂料生长出晶须，而在空调办公环境中，只有少数涂料在 10 000 h 内出现晶须。短期测试不能用于预测基于晶须长度的饰面相对排名。然而，潜伏期可能是不同环境中都存在的一个预测因子。此外，1 000 h 和 500 次循环的 JEDEC 检查间隔以及 4 000 h 和 1 500 次循环的总持续时间设计是合理的。最后，通过降低高温湿度试验的湿度，将环境试验条件控制在 30℃、60% RH，并增加每个样品(样品尺寸)的检查引线数量，利用本结果改变了原 iNEMI 建议的 JEDEC 锡晶须试验方法。

随着哑光锡作为半导体无铅表面处理剂的引入,对晶须标准试验的需求逐步增加,世界各地的一些财团正在提出不同的标准测试,如日本的 JEITA、美国的 NEMI 和欧洲的 E3(英飞凌、意法半导体和飞利浦的合作)。E3 联合欧盟资助的项目 PROTIN,已解开晶须生长机制之谜,并提出全行业晶须测试。为此,E3 建立了一个关于各种条件下晶须生长的庞大数据库。Oberndorff 于 2021 年给出了一个更新的先前报告和正在进行的试验,以发现影响晶须生长的主要因素,讨论了温度、湿度、氧化程度等影响因素。Oberndorff 根据不同的试验结果,提出了晶须生长机理的理论。

图 7.9 是 TDK 按照 JIS C60068-2-82 的标准来进行测试电子产品的晶须试验方法。

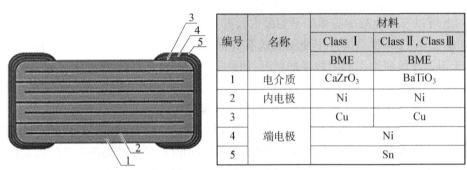

编号	名称	材料	
		Class I	Class II, Class III
		BME	BME
1	电介质	$CaZrO_3$	$BaTiO_3$
2	内电极	Ni	Ni
3	端电极	Cu	Cu
4		Ni	
5		Sn	

图 7.9 TDK 按照 JIS C60068-2-82 的标准来进行测试电子产品的晶须试验方法
(资料来源:TDK,2017)

7.4.2 标准类型

1) 国际电子工业连接协会(IPC)晶须标准

1957 年 9 月,6 家印制板企业建立了印制电路协会(Institute of Printed Circuits,IPC),总部位于美国伊利诺伊州班诺克本;后来由于成员增加,涉及范围扩大,因而于 1977 年改名为电子电路互联与封装协会(the Institute for Interconnecting and Packaging Electronic Circuits);1998 年,再次改名为连接电子行业的协会(Association Connecting Electronics Industries),但 IPC 简称一直没变。至 2000 年 5 月,IPC 已有 2643 个会员,会员中有印制板制造和电子制造服务商(EMS)约 36%、材料和设备供应商约 25%、电子产品制造商(即 OEM)约 32%,还有政府机构、学校和研究机构等。其中:北美(美国和加拿大)占 79%,亚洲 12%,欧洲 8%,其他各地 1%。IPC 作为一家全球性非盈利电子行业协会,服务于包括从电子设计、PCB 制造商、电子组装厂商、原始设备制造商、原材料和生产设备供应商到软件、测试服务商等企业在内的非营利性会员发起型国际行业协会,开展的主要业务包括行业标准开发、认证培训、市场调研、公共政策倡议和政府关系等。

IPC 发布的主要标准如下:IPC JP002-2006 目前的锡晶须理论和缓减做法指南;IPC-4562 CHINESEA-2008"Metal Foil For Printed Board Applications"标准;最近发布 D 版 IPC-6012《刚性印制板鉴定与性能规范》标准(见图 7.10),为业界提供最新的刚性印制板性能要求;最新航空、军工电子应用版 IPC-6012DS 也同期发布。

D 版 IPC‐6012 的发布使 IPC‐6010 裸板性能要求系列标准的更新终于画上了阶段性的句号。经过多年的开发,IPC‐6010 系列中的 IPC‐6013C(挠性印制板)于 2013 年 12 月发布、IPC‐6018B(高频/微波印制板)于 2011 年 11 月发布,包括 HDI/微孔结构的印制板更新。由此,1999 年发布的 HDI/微孔结构标准 IPC‐6016 已经过时并正式从 IPC 标准中宣告终结。新版中增加了很多新的重要内容,如电介质移除的要求、HASL 焊锡锅、印制板边缘、标示、焊接掩膜,以及最受业界期待的捕获连接盘和目标连接盘的微导通孔要求。其中微导通孔分别有环孔、分离连接盘的电镀、目标连接盘的渗透、镀层及铜层空洞的实例介绍。

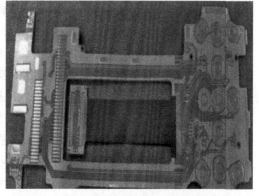

图 7.10　最近发布 D 版 IPC‐6012《刚性印制板鉴定与性能规范》标准为业界提供最新的刚性印制板性能要求
(资料来源:TDK,2017)

此外还有焊接的电气和电子组件要求 IPC J‐STD‐001Gs,焊接的电气和电子组件要求航空航天军事应用电子方面的补充 IPC J‐STD‐002E,元器件引线、端子、焊片、接线柱及导线的可焊性测试 IPC‐J‐STD‐003 1&2,助焊剂要求 IPC J‐STD‐005A,A 2012,电子焊接领域电子级焊料合金及含有助焊剂与不含助焊剂的固体焊料的要求 IPC J‐STD‐020E "ED.1",非密封型固态表面贴装组件的湿度回流焊敏感性分类 IPC J‐STD‐030 A,板级底部填充材料的选择与应用 IPC J‐STD‐033 D,对湿度、回流焊敏感的表面贴装器件的处置、包装、发运及使用方法 IPC J‐STD‐035 1999,元器件、印制电路板和印制电路板组件的有铅、无铅及其他属性的标记和标签"IPC/WHMA‐A‐620D",光电子组装和封装技术 IPC‐1066 2004 ENGLISH,无铅组装零件和设备的无铅验证标记符号和标签和其他提报的材料 IPC‐1072 2017,电子组装制造知识产权保护 IPC‐1331 2000,供应链社会责任管理体系指南 IPC‐1601A,印制板操作和贮存指南 IPC‐1602 2020,印制板搬运和贮存标准 IPC‐1710A,印刷电线板原始制造商资质认证手册 IPC‐1720A A,组装资格认证纲要 IPC‐1730A A,实验室报告标准 IPC‐1755 2017,电子产品可追踪性制造和供应链标准 IPC‐1791+Am12019,有机多芯片模块(MCM‐L)和 MCM‐L 组件设计分标准"IPC‐2226 A,高密度互联(HDI)印制板设计分标准 IPC‐2231 2019,高速电子电路包装的设计指南,取代 IPC‐D‐317A‐317AIPC‐2252 2002",射频/微波电路板设计指南 IPC‐2291IPC/JPCA,印刷电子设计指南 IPC‐2315 2000,高密度互联(HDI)和微通孔设计指南 IPC‐2316 2007,专用印制电路板组装设备的分要求 IPC‐25472002,印制板化学镍/浸金(ENIG)镀层规范 IPC‐4553A,印制板浸锡规范 IPC‐4556,印刷电子基材(基板)要求 IPC‐5704 2009 等。

2) 国际电工委员会标准规范(IEC)晶须标准

国际电工委员会(IEC)成立于 1906 年,它是世界上成立最早的国际性电工标准化机构,负责有关电气工程和电子工程领域中的国际标准化工作。1887—1900 年召开的 6 次国际电工会议上,与会专家一致认为有必要建立一个永久性的国际电工标准化机构,以解决用电安全和电工产品标准化问题。1904 年,在美国圣路易召开的国际电工会议上通过了关于建立永久性机构的决议。1906年6月,13个国家的代表集会伦敦,起草了IEC章程和议事规则,正式成立了国际电工委员会。1947年其作为一个电工部门并入国际标准化组织(ISO),1976年又从ISO中分立出来。该委员会的成立宗旨是促进电工、电子和相关技术领域有关电工标准化等所有问题上(如标准的合格评定)的国际合作,具体目标如下:有效满足全球市场的需求;保证在全球范围内优先并最大限度地使用其标准和合格评定计划;评定并提高其标准所涉及的产品质量和服务质量;为共同使用复杂系统创造条件;提高工业化进程的有效性;提高人类健康和安全;保护环境。IEC是世界上三大国际标准化组织之一,其主要工作职责包括制定和发布电工电子领域的国际标准、建立合格评定国际互认体系,工作领域涉及全球具有巨大市场潜力的热点领域和战略性新兴产业。2011年10月28日,在澳大利亚召开的第75届国际电工委员会(IEC)理事大会正式通过了中国成为IEC常任理事国(简称IEC"入常")的决议。目前,IEC常任理事国有美国、德国、英国、法国、日本和中国。国际电工委员会制定的部分标准规定了用锡或锡合金表面处理的电气或电子元件的晶须试验,以及因外部机械应力而生长的晶须的测试,并规定了验收标准。如果这些标准中所述的试验适用于其他部件,例如电气或电子设备中使用的机械部件,则应确保材料系统和晶须生长机制具有可比性。IEC对晶须的试验标准有具体详细的内容,例如:IEC60068的部分规定了用锡或锡合金表面处理的代表成品阶段的电气或电子元件的晶须试验,然而,本标准并未规定可能因外部机械应力而生长的晶须的试验。如果本标准中所述的试验用于其他部件,例如电气或电子设备中使用的机械部件,则应确保材料系统和晶须生长机制具有可比性。IEC 60068-2-82-2009中规定了处理内应力型晶须的试验方法,这种晶须是由金属间化合物的扩散形成、镀层表面氧化膜的形成或热扩散系数之间的差异引起的(见图7.11)。而对于内应力型晶须,可采用加速试验条件,如湿热或温度循环,对于IEC 60076-18-2012所涵盖的外部机械应力型晶须,由于晶须产生机理不同,不存在加速条件,应用过程中的物理变化可能会导致材料质量的变化,因此该试验不能用作"生产"状态下连接器的鉴定试验,试验中规定的条件可加速试样中锡晶须的生长,但未证明本试验中可能出现的晶须生长程度与实际使用中可能预期的晶须生长程度之间存在相关性。因此,实际使用中的晶须生长可能小于或大于使用本试验时发现的晶须生长程度。

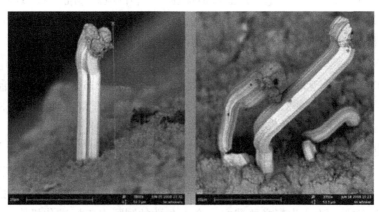

图 7.11　IEC 60068-2-82-2009 环境试验第 2-82 部分:电子和电气元件晶须试验方法

3) IPC 晶须标准

IPC 晶须标准主要如下：IPC JP002 - 2006 目前的锡晶须理论和缓减做法指南，J - STD - 609A 元器件、印制电路板和印制电路板组件的有铅、无铅及其他属性的标记和标签；IPCperm - 2901 无铅设计和装配的实施指南，提供印刷电路板缺陷的深入审查，制造和焊接过程、供应链控制、选择、使用和装配与商用现货（COTS）产品和报废管理。

4) NEMI 标准

美国国家电子制造计划委员会（NEMI）于 2001 年成立了晶须测试方法标准化委员会，并形成了一个独特的项目——锡晶须模式项目，确定晶须的加速试验方法，以评估和确定有助于预测锡晶须生长倾向的环境测试条件，项目组还鉴定、讨论有关晶须的形成机理、比较测试方法、晶须生长的机制和基本原理。锡晶须加速试验项目评估了三种主要试验方法，即在环境办公条件下储存、在高相对湿度下储存以及空气-空气温度循环，40 多家公司参加了这个研究项目，一项权威性研究已经收集了现存所有有关晶须生长的方法。2003 年年中开始了第 3 阶段评估，以确认这些测试方法的一致性，确定不同锡基抛光剂的有效性，并可能通过确定不同锡基抛光剂的晶须生长饱和的最长持续时间来确定测试终点。

Vo 于 2003 年推荐了 NEMI 推荐了评估锡晶须生长倾向的标准测试方法；Boguslavsky 于 2003 年提出了 NEMI 锡晶须测试方法标准；NEMI 团队推荐了三种评估锡晶须生长的测试条件（Circui Tree，2003）；NEMI 集团发布了锡晶须验收测试要求的建议草案；Roos 等于 2004 年提出"NEMI 修订锡晶须测试要求"。

NEMI 第 4 阶段主要观察偏压对晶须生长加速的影响，纽约州立大学水牛城分校提出了"锡晶须测试标准化"（Vo 等，2005），总结了 2011 年以来美国国家电子制造计划委员会（NEMI）的晶须测试方法标准化工作，该委员会的目标是开发标准化的晶须测试方法，为电子行业提供表征和鉴定锡基饰面的方法。NEMI 推荐三项测试方法——两项储存条件和一项温度循环条件——来评估锡基产品晶须的生长倾向，已向 JEDEC 提交了一份用于发布的测试方法文件。NEMI 还与日本电子信息技术产业协会（JEITA）和欧洲半导体联盟（E3）合作，以形成统一的晶须测试方法，第 5 阶段的评估也已经开始。

5) iNEMI 标准

2004 年，NEMI 正式更名为全球电子行业的国际电子生产商联盟（International Electronics Manufacturing Initiative，iNEMI），并逐步发展成为全球性的组织。由来自全球 100 多家电子公司组成，建立了锡晶须任务组，该任务组经过努力开发，推荐了减缓锡晶须生成的方法。而这些方法也被纳入了锡晶须相关标准开发中，最终成了一项正式标准。发布的两个锡晶须的标准，并提出了一系列测试准则。发表的 2015 第 11 版路线图指出，随着 NEMS 的生产技术革新，有助推动下一代电子产品的发展，并从中指引电子行业技术的发展方向和挑战，以便能满足市场的需要。

Araźna 于 2010 年经过大量的研究和分析，根据 iNEMI 的锡晶须组推荐了三个试验来评估电镀表面的晶须生长倾向：在办公室环境下储存、在气候室中储存和温度循环试验。介绍了根据这些试验对印制电路板浸锡层、引线和元件端部电镀锡层上晶须形成的研究结果。一个测试的 PWB 浸没式镀锡层是从不含添加剂的溶液中沉积的，添加剂可以减少晶须的形成；另一个研究的锡层沉积在铜板上，铜板呈长方形，并用 0.08 μm 的超薄有机化合物钝化。

研究结果表明,晶须的形成是一个很长的过程,等温储存尤其是在高湿度下,比温度循环法更能有效地诱导晶须的生长。

据 EM Asia China(2019.11.20)报道:iNEMI 日前宣布完成了两份文件,目的是帮助制造商减少在无铅产品中产生锡晶须的风险,第一份是 JEDEC 标准-JESD22A121,名为《锡和锡合金表面镀层锡晶须生长的测试方法》,第二份是《用于高可靠性产品元件的无铅表面处理建议》的升级版,两份文件均来自 iNEMI 锡晶须用户组,加上 iNEMI 的广泛测试 JEDEC 标准,确定了三种似乎适合监测锡晶须生长的试验条件,两种是恒温条件,湿度可控,第三种是热循环条件。本标准中概述的试验方法最初由 iNEMI Tin 晶须加速试验项目开发,然后在经历 JEDEC 开发过程时,通过额外的行业投入进行扩展和修改。JESD22A121 由 JEDEC JC-14.1 封装设备可靠性测试方法小组委员会开发,表面光洁度建议 iNEMI 锡晶须用户组已发布了用于高可靠性产品的无铅部件光洁度的修订建议,他们的出版物《高可靠性产品所用部件无铅表面处理的建议》第 3 版(2005 年 5 月更新)旨在帮助制造商将锡晶须故障风险降至最低。iNEMI 用户组一致认为,纯锡电镀在高可靠性应用中存在风险,并且有成本效益高的替代品可用于将此风险降至最低。本更新文件提出了各种应用无铅饰面的建议,并反映了 iNEMI 用户组成员基于其综合经验和可用数据的最佳判断,建议包括结合已知的缓解措施、过程控制和某种程度的测试。本修订版基于可用的最新数据,也反映了 JESD22A121 中规定的统一试验要求。已组织了建议,以便就各种无铅饰面选项提供易于遵循的指导,已添加了针对商业上提供的每种饰面和基材的表格,并为各种组合提供了用户验收指南,还增加了可分离连接器、母线和散热器的表面处理建议。iNEMI 锡晶须用户小组此前发布了一份文件《锡晶须验收测试要求》,该文件已被许多用户采用,并已提交给 JEDEC 和 IPC,以制定正式的标准。在 MIS 锡晶须活动中,随着电子工业向无铅组件发展,简单的制造解决方案是使用纯锡或含锡量高的合金作为引线框架的涂层;然而,众所周知,锡基镀层在某些条件下容易形成针状突起或锡晶须,如果锡晶须在使用中增长到临界长度,则可能导致电气短路、活动部件中断和(或)射频/高速性能下降。三个 iNEMI 项目目前正在解决几个与锡晶须有关的问题:锡晶须加速试验项目正致力于确定用于预测晶须形成的加速试验;锡晶须建模项目正专注于晶须的根本原因;锡晶须用户组正在制定将锡晶须在高可靠性电子应用中的故障风险降至最低的指南。

6) 固态技术协会(JEDEC)标准

JEDEC 固态技术协会的前身是联合电子器件工程委员会(JEDEC)或联合电子器件工程委员会(Joint Electronic Device Engineering Council,JEDEC),是电子工业联盟(EIA)的半导体工程标准化机构,是一个代表电子工业所有领域的行业协会。JEDEC 成立于 1958 年,是 EIA 和 NEMA 联合开发半导体器件标准的活动(NEMA 在 1979 年放弃了它的参与。)这项早期的工作开始于一个设备的零件编号系统,在 20 世纪 60 年代变得相当流行。例如,1N4001 整流二极管和 2N2222 晶体管零件号来自 JEDEC,这些零件号今天仍然很流行。JEDEC 后来开发了一种集成电路的编号系统,但这并没有得到半导体行业的认可。1999 年秋季,JEDEC 成为一个独立的行业协会,但仍在 EIA 联盟内。这个新的协会被称为 JEDEC 固态技术协会,其主要工作内容如下。

(1) 试验方法和产品标准。在这项早期工作之后,出现了许多测试方法、JESD22 和产品标准。例如，由 JEDEC 出版的 ESD 警告符号，即画有线的手在世界范围内使用，JEDEC 还有一本半导体术语词典。JEDEC 已经发布了广泛使用的设备接口标准，如 JEDEC 计算机内存标准（RAM），包括 DDR SDRAM 标准。JEDEC 拥有 300 多个成员，其中包括一些世界上最大的计算机公司。

（2）封装图纸。JEDEC 还开发了许多流行的半导体封装图纸，如 TO-3、TO-5 等，这些都在 JEP-95 下的 web 上。一个热点问题是无铅封装的开发，这种封装不会出现自最近禁止铅含量以来再次出现的锡晶须问题。JEDEC 正在与 iNemi 合作，就无铅问题成立一个联合利益小组。

（3）行业标准。JEDEC 采用开放行业标准（即允许任何和所有相关公司按照所采用标准自由制造的标准）对推进电子技术具有重要作用。首先，这种标准允许不同电气部件之间的互操作性。然而，由于 JEDEC 成员没有义务披露相关专利（包括待决专利）JEDEC 标准不保护成员不受正常专利义务的影响。JEDEC 成员公司的指定代表必须披露其个人意识到的专利和专利申请（假设该信息不被视为专有信息）。JEDEC 专利政策要求，发现含有专利的标准，它的所有者不会签署标准 JEDEC 专利函，将被撤回。因此，对未披露专利的处罚是撤销该标准。通常，不采用标准来涵盖将受到专利保护的技术。在极少情况下，可以采用专利所涵盖的标准，但前提是只有在专利所有人不执行该专利权的情况下，或者至少专利所有人将对专利技术提供合理和无歧视的许可。iNEMI 由 JEDEC 进行了标准化，并发布了两个旨在帮助制造商降低无铅产品中锡晶须风险的文件，第一个是 2005 年 4 月 5 日发布的 JEDEC 第 210 号标准"锡和锡合金表面处理剂对锡晶须的环境接受要求"，该标准为电子行业使用的锡和锡合金表面处理剂的锡晶须敏感性提供了统一的环境验收测试和报告方法；另一个标准是"用于测量锡和锡合金表面光洁度上的晶须生长的测试方法"（JEDEC 标准 22A121），以及更新的"高可靠性产品中使用的组件的无铅饰面建议"，后来于 2006 年提出了 iNEMI 释放锡晶须标准 iNEMI 释放锡晶须标准，JEDEC 标准锡晶须验收标准。JEDEC JESD201A-2008 锡和锡合金表面磨光的锡晶须磁化率环境验收要求。对于具有特殊要求的应用（例如军事或航空航天），此测试方法可能不足。后来又发布一个新文件 JEDEC/IPC 联合出版物 JP002"当前锡晶须理论和减缓实践指南"，它描述了有关锡晶须形成，锡晶须生长背后的驱动力以及用于减少晶须的缓解实践的理论，JEDEC 标准列出了一系列测试，这些测试为测量和比较不同镀层或表面处理的晶须倾向提供了行业标准方法。JESD201、JP002 和 JESD22-A121：预处理-JEDEC J-STD-020JEDEC JESD 22-A10，JEDEC JESD22A121A-2008 测量锡和锡合金表面装饰晶须生长的试验方法，JEDEC JESD22A121.01-2005 测量锡和锡合金表面晶须生长的试验方法，该标准适用于单腔、双腔和三腔温度循环，并涵盖了组件和焊料互联测试。应当指出的是，该标准并不涵盖或不适用于热冲击腔。在单腔室循环中，将负载放置在固定的腔室中，并通过将热空气或冷空气引入腔室中进行加热或冷却。在双室循环中，将负载放置在移动平台上，该平台在保持恒定温度的固定腔室之间穿梭。在三腔温度循环中，存在三个腔，并且负载在它们之间移动。

尽管无法保证在使用条件下锡晶须不会生长，但 JP002 中详述的缓解措施与 JESD201 中概述的测试和接受标准相结合，它构成了缓解实践、过程控制和验证测试三方面战略的基石，这些战略有助于降低锡晶须的风险"，阿尔卡特高级技术首席工程师兼 iNEMI 锡晶须用户组主席 Joe Smetana 说"这套标准的测试要求和相关的接受标准对于想要确保产品可靠性的用户以及供应商至关重要,他们现在可以继续使用一套标准来测试和评估其成品,而不是试图满足来自多个客户不同的需求。"

Hwang 于 2014 年对 JEDEC"锡晶须第 5 部分:试验条件的影响"的评价是 JEDEC 固态技术协会已经发表了一些涉及和(或)与锡晶须测试相关的文件,一个经过深思熟虑的测试计划,包括正确选择的参数,是从测试结果中得出可行结论的先决条件,无论是肯定的还是否定的。与测试焊点的机械性能相比,测试参数应设置为监测锡晶须的形核和生长模式或其缺乏。更重要的是,测试的目的是衡量相对易感性的胡须。涂层表面随时间的增长应与涂层能量状态(应力/应变)向降低其能量状态方向的变化有关。然而,再结晶只是锡晶须过程的一部分,无论是理论上还是实践上,在测试一个新的系统时,标准物质的加入都是合理的。

因此,需要进一步优化以验证和验证提议的 iNEMI 测试,以确定这些测试方法是否可以区分组件的表面光洁度,调查短期和长期测试之间的联系以及确定最佳检查间隔和测试持续时间。测试结果表明,热循环和高温/高湿测试可为所有无铅锡基饰面增加锡晶须,而在空调办公环境中放置 10 000 h 后,只有少数饰面会出现锡晶须。该文描述的结果通过降低高温湿度测试的湿度,将环境测试条件控制在 30℃ 和 60% 相对湿度(RH)来改变 JEDEC 锡晶须测试方法从最初的 iNEMI 提议,并增加每个样本的引线数和样本数(样本量)以进行检查。

7) 战略环境研究与开发计划(SERDP)标准

该系列标准主要如下。SERDP 锡晶须测试和建模:低应力条件(Meschter, 2012);SERDP 锡晶须测试和建模:高温/高湿度条件;SERDP 锡晶须测试和建模:简化的晶须风险模型开发;战略环境研究与开发计划(SERDP)锡晶须测试和建模:SAC305 组件上的锡晶须生长;长期低温高湿测试,简化的晶须风险模型开发(Meschter, 2015)等。Meschter(2014)研究了 SERDP 锡晶须测试与模型,结果表明晶须生长应力的来源是 SAC305 焊料氧化和腐蚀。

8) NASA 相关标准

NASA Workmanship 于 2008 年建立了电子组件聚合应用标准;在 2001 年研究电沉积无铅焊料及晶须防护措施的电沉积预防无铅焊锡和晶须基础上,美国航天局 2010 年提出关于降低锡晶须产生不利风险的建议(Products Finishing,2010 年 9 月)。2011 年,由美国国家标准学会(US‐ANSI)发布降低航空航天和高性能电子系统中锡晶须影响的标准,标准号:ANSI/GEIASTD‐0005‐2‐A‐20120;2012 年,建立了航空电子设备过程管理,含无铅锡焊的航空和防御电子系统,第 2 部分(IEC TS 62647‐2‐2012,2012.11)。

9) 针对可靠性试验的其他标准

其他标准如下:焊料加热试验 MIL‐STD‐750,温湿度偏差试验 JESD22‐A101,高加速应力测试(HAST)JESD22‐A110,温度循环(空气对空气)JESD22‐A104,热冲击(液体对液体)JESD22‐A106,功率温度循环 JESD22‐A105,高温储存寿命(HTSL)JESD22‐A103,低温储存寿命(LTSL)JESD22‐A119,高温使用寿命(HTOL)‐JESD22‐A108,低温使用寿命(LTOL)JESD22‐A119,引线完整性测试 JESD22‐B105,引线完整性试验。可焊性 JESD22-B102,晶须试验 JESD201,JESD22A121.01 锡晶须生长趋势评价等。

10) 晶须其他标准及研究

日本电子和信息技术工业协会(JEITA 标准)的 Sakamoto(2005)介绍了 JEITA 晶须生长机理的基础研究结果和试验研究成果,介绍了 JEITA 标准 ET-7410 电气和电子设备用元件的晶须试验方法,以及 JEITA 提出的一种新的测试评估锡晶须的方法,特别是对于细间距连接器;Moriuchi 于 2007 年介绍了 JEITA 应力晶须的显微结构和机械压痕试验方法。

参考文献

[1] Arra M. Study of Immersion Silver and Tin Printed-Circuit-Board Surface Finishes in Lead-Free Solder Applications [J]. Journal of electronic materials, 2004,33(9):977-990.

[2] Bai P. Interactions between Lithium Growths and Nanoporous Ceramic [J]. Separators. ,2018(2): 2434-2449.

[3] Bozack M J, Snipes S K, Flowers G N. Methods for Fast, Reliable Growth of Sn Whiskers [J]. Surface Science, 2016(652):355-366.

[4] Chen Y J, Chen C M. Mitigative Tin Whisker Growth Under Mechanically Applied Tensile Stress [J]. Journal of Electronic Materials, 2009,38(3):415-419.

[5] Ekpoh I J, Ajah E O. The Role of Gas Flaring in the Rapid Corrosion of Zinc Roofs in the Niger Delta Region of Nigeria [J]. The Environmentalist, 2010, 30(4):347-352.

[6] El-Daly A A,Hammad A E. Elastic Properties and Thermal Behavior of Sn-Zn Based Lead-Free Solder Alloys [J]. Journal Alloys and Compounds, 2010(505):793-800.

[7] Fisher R M, Darken L S,Carroll K G. Accelerated Growth of Tin Whiskers [J]. Acta Metallurgica, 1954(2):369-373.

[8] Gan K F, Ngan A H W. The Unusual Size Effect of Eutectic Sn-Pb Alloys in the Micro Regime: Experiments and Modeling [J]. Acta Materialia. 2018(201):282-292.

[9] Grossmann G, Zardini C. The ELFNET Book on Failure Mechanisms, Testing Methods, and Quality Issues of Lead-Free Solder Interconnects [M]. New York: Springer, 2011.

[10] Hang F, Perkins E, Wang S, et al. Compact Acoustic Metalens with Sinusoidal Sub-Channels for Directional Far-Field Sound Beams [J]. Applied Physics Express, 2019,12(8),087002.

[11] Hasiguti R R. A Tentative Explanation of the Accelerated Growth of Tin Whiskers [J]. Acta Metallurgica, 1995, 3(2):200-201.

[12] Hektor J, Micha J S, Hall S A, et al. Long Term Evolution of Microstructure and Stress Around Tin Whiskers Investigated Using Scanning Laue Microdiffraction [J]. Acta Materialia, 2019(168): 210-221.

[13] Hu F Q, Zhang Q K, Jiang J J, et al. Influences of Ag Addition to $Sn_{58}Bi$ Solder on SnBi-Cu Interfacial Reaction [J]. Mater Lett. 2018(214):142-145.

[14] Huang L, Lin X N, Chen R W,et al. Sn Whisker Growth in Cu (Top)-Sn (Bottom) Bilayer System upon Room Temperature Aging [J]. In Advanced Materials Research, 2013(785):918-923.

[15] Hwang J S. Tin Whiskers, Part 5: Impact of Testing Conditions [J]. Surface Mount Technology (SMT), 2014,29(5):14-15.

[16] Hyunju L, Cheolmin K,Cheolho H, et al. Effect of Solder Resist Dissolution on the Joint Reliability of ENIG Surface and Sn-Ag-Cu Solder [J]. Microelectron Reliab. 2018(87):75-80.

[17] Jiang P, Green S J, Chlipala G E, et al. Reproducible Changes in the Gut Microbiome Suggest a Shift in Microbial and Host Metabolism During Spaceflight [J]. Microbiome, 2019,7(1):1 - 18.

[18] Li L, Li S, Lu Y. Suppression of Dendritic Lithium Growth in Lithium Metal-Based Batteries [J]. Chemical Communications, 2018(54):6648 - 6661.

[19] Li L. Self-Heating-Induced Healing of Lithium Dendrites [J]. Science, 2018(359):1513 - 1516.

[20] Nick V, Martha K, Peter B. Tin Whisker Test Standardization [J]. IEEE Transactions on Electronics Packaging Manufacturing, 2005,28(1):3 - 9.

[21] Sauter L, Seekamp A, Shibata Y, et al. Whisker Mitigation Measures for Sn-Plated Cu for Different Stress Tests [J]. Microelectronics Reliability, 2010,50(9 - 11):1631 - 1635.

[22] Shin J W, Chason E. Stress Behavior of Electroplated Sn Films During Thermal Cycling [J]. Journal of Materials Research, 2009,24(4):1522 - 1528.

[23] Suganuma K, Baated A, Kim K S, et al. Sn Whisker Growth During Thermal Cycling [J]. Acta materialia, 2011,59(19):7255 - 7267.

[24] Tadahiro S, Michael O, Michael P. Standards for Tin Whisker Test Methods on Lead-Free Components [J]. IEEE Transactions on Components and Packaging Technologies, 2009, 32(1):216 - 219.

[25] Tian R, Hang C, Tian Y, et al. Brittle Fracture Induced by Phase Transformation of Ni-Cu-Sn Intermetallic Compounds in Sn-3Ag-0.5 Cu - Ni Solder Joints under Extreme Temperature Environment [J]. Journal of Alloys and Compounds, 2019(777):463 - 471.

[26] Yang F Q. A Nonlinear Viscous Model for Sn-Whisker Growth. [J]. Metallurgical and Materials Transactions, 2016,47(12): 5882 - 5889.

[27] Yin X. Insights into Morphological Evolution and Cycling Behaviour of Lithium Metal Anode under Mechanical Pressure [J]. Nano Energy, 2018(50):659 - 664.

[28] Zhang J S, Zhang J H. Mechanism of Whisker Growth on Pure Sn Coating of Cu Leads in the High Temperature/Humidity Storage Tests [J]. Applied Mechanics and Materials, 2010 (44): 2691 - 2695.

[29] Zhang Y. Investigation of Ion-Solvent Interactions in Nonaqueous Electrolytes Using in Situ Liquid SIMS [J]. Analytical Chemistry, 2018(90):3341 - 3348.

[30] Zuo Y. Electromigration and Thermomechanical Fatigue Behavior of $Sn_{0.3}Ag_{0.7}Cu$ Solder Joints [J]. Journal of Electronic Materials, 2018, 47(3):1881 - 1895.

晶须抑制和控制策略

8.1 常规抑制策略

对于晶须,学界和工程界一致认为,应将大部分注意力集中在两个因素上:一是减少发生的可能性,二是在晶须确实发生了的情况下尽可能把损害降到最低。因此,寻求能够抑制晶须生长的有效措施是理论界和工业界多年来的夙愿,但这是一个多级和漫长的过程。

如前所述,影响晶须生长的因素可以分为内部因素和外部因素,内部因素主要包括如下几方面:镀层和基底的材料性质(如热膨胀系数、原子扩散能力、反应生成 IMC 的能力等)、镀层厚度、镀层晶粒大小与取向、金属间化合物、工艺及表面状况等;外部因素则包括机械应力、温度、湿度、环境气氛、电迁移、外部气压、辐射等。通过控制在内部因素、外部因素的不同条件下晶须的产生机理和过程,就有可能达到抑制晶须生长的目的。

20 世纪 50 年代,微量铅合金技术作为一种抑制晶须的措施,逐渐开始推广普及。Ganesan 于 2006 年介绍了锡晶须的一般特性,认为锡晶须生长机制风险来自晶须风险承受能力,提出了电流对锡晶须生长的影响风险评估算法,对缓解镀锡零件使用锡提出了政策试验方法总结和建议参考;Barthelmes 于 2007 年提出了"不同的储存条件有不同的晶须生长机制光亮锡可以替代哑光锡吗?"的问题,随着测试晶须生长的三种 iNEMI 存储条件被广泛接受,IC 装配厂、连接器制造商和电镀电解液供应商已建立了广泛的数据库,以了解这种麻烦现象的原因和情况。研究发现,纯锡中的晶须可以在所有不同的条件下形成。然而,潜在的生长机制因具体情况而异,一般不存在防止晶须形成的单一解决方案,只有针对单一增长机制的一系列预防措施才能成为普遍的缓解办法。

江波于 2012 年回顾了锡晶须研究的历史和现状,综述了关于锡晶须的形貌特征、影响锡晶须生长的各种因素及目前对锡晶须生长机理的认识等问题,介绍并分析了几种工业界预防锡晶须生长的主要措施,包括合金化、去应力退火、电镀隔离层、热风整平或热熔,讨论并提出了一些需要研究的课题。

Jo 于 2013 年开展了减少铅的添加以减轻锡晶须的环境储存的研究,为了了解微量铅对锡晶须的缓蚀作用,研究了室温下无光镀锡的长期表面演变。在所有 $Sn-xPb$ 样品($1 \leqslant x \leqslant 10\%$)(质量分数)上未观察到晶须生长,但至少需要添加 3%(质量分数)的 Pb 才能将纯 Sn 镀层的柱状晶粒结构改变为等轴晶粒。这种微量铅的缓蚀机制不是由晶粒织构控制引起的,而是由于金属间复合材料(IMC)的生长较少;柱状晶界的铅偏析破坏了 IMC 的生长,并释放了锡晶界的迁移来缓解内应力。这种应力松弛和晶须生长抑制的机制表明,通过在晶界析出的类铅金属元素干扰 IMC 的生长,与锡共镀,可以实现无铅无晶须镀锡。

圣母大学的 Doudrick 等提出了一种晶须缓蚀效果的快速检测方法;Zhang 于 2019 年研究了 Cr_2GaC 上钙晶须自发生长的机理及抑制。

Li 于 2016 年研究了超声辅助钎焊 Mg-Sn 基钎料-Mg 接头中高密度锡晶须的快速形成与生长、现象、机理与预防,研究了一种普遍适用的促进高密度锡晶须在焊料上快速形成和生长的方法,即在 250℃ 下用超声波辅助焊接方法制备镁锡基焊料/镁焊点,然后在 25℃ 下进行热时效 7 天。结果表明,采用超声辅助焊接技术可以有效地促进高密度锡晶须的快速形成和生长钎焊可使镁在液态锡中过饱和溶解,凝固后在锡中存在两种形式的镁。此外,两种镁形态在固体锡中的特殊贡献促进了高密度晶须的形成和生长。特别是间隙 Mg 可以为锡晶须的生长提供持续的驱动力,而 Mg_2Sn 相可以增加锡晶须的形成概率。此外认为,少量的锌元素(≥3%)(质量分数)可以显著地限制锡晶须的形成和生长,其机理是锌原子在晶界或相界的偏析和钎料中层状富锌结构的形成。

Alerts(2020)对电子封装热浸脱层风险进行了试验研究,研究了微层析方法在金属锡晶须生长机理研究中的适用性,利用 X 射线研究这种微小结构,采用了一种基于 Timepix 读出 ASIC 的直接转换像素大面积探测器的层析成像装置。这些探测器具有非凡的对比度和高动态范围,已被证明是分析具有低射线照相精细特征样品的有力工具。初始层析结果显示了锡晶须的全三维形态信息,尽管空间分辨率比扫描电子显微镜(SEM)要低,扫描电子显微镜是研究这一现象的常用方法。然而,显微断层扫描获得的额外形态信息提供了额外的分析手段,可能有助于理解潜在的生长机制。

由于电子产品服役条件和环境千差万别,在总结诸多研究者成果的基础上,根据影响晶须生长的内部因素和外部因素,一般采取的抑制晶须生长的方法如下。

1)选择基底和其他材料

选择基底材料、结构、靶材、选择溶剂、选择造型、保险丝状态控制、控制孔隙率,集成电路封装中抑制晶须的 Ni 衬底效率研究,无铅焊料等。

Diehl 于 1976 年开展了衬底组成对纯锡薄膜中锡晶须生长影响的研究,认为在铜及铜合金表面沉积纯锡薄膜容易形成晶须,报道了基体组成对晶须形成和形貌的影响,尽管采用相同的电镀条件,长丝状晶须只在镀锡铜样品上生长,而在黄铜上没有生长,锡晶须的存在与否可以通过锡/基体界面上各种金属间化合物的热力学稳定性来解释,基体材料的选择很重要。

Matsunaga 于 1999 年发明了一种无铅锡银基焊接合金,其具有与常规合金 H 相同的低熔点而不含铅,其导致环境污染,并且具有优异的机械特性,即,与合金 H 相比,该合金具有良好的抗热疲劳性能,即使在应用温度循环的情况下,也可以吸收 IC 基板和组件之间的热膨胀差,并限制损坏产品的风险。

Robert 于 2003 年发明了一种通过在基本上与底层金属相匹配的预定晶体取向的底层金属锡沉积上电镀来减少锡沉积中锡晶须形成的方法,底层金属可以是衬底或沉积在衬底上的金属,常见的金属是铜或铜合金。在这种情况下,锡矿床的最佳晶体取向是(220),该镀层优选地含有至少 95% 的锡,任选地含有至少一种银、铋、铜或锌的合金元素。

Daly 于 2016 年发明了一种无铅焊料组合物,包括基于无铅焊料组合物总质量的约

90%(质量分数)到约99%(质量分数)的无铅锡焊料和基于无铅焊料组合物总质量的约1%(质量分数)到约10%(质量分数)的多面体低聚倍半硅氧烷。

Sauter于2010年研究了镀锡铜基材料在150℃退火1h、温度循环和室温储存后的晶须缓蚀措施的有效性。研究发现,这些措施可以防止晶须在等温储存过程中生长,但在温度循环过程中不会,因为这些缓解措施显然没有减少由于锡和铜的热膨胀系数不同而在温度循环过程中积聚的压应力。

雷神公司选择光亮镀锡黄铜基底试样,揭示了一种锡晶须生长理论,即晶须通过表面氧化物层的薄弱区域萌生晶须,结果发现基于所使用的基材金属,锡晶须存在明显差异。发现在FIB沟槽被切割后,新的锡晶须在FIB沟槽壁的水平方向上出现,该壁附近是原始锡晶须从表面垂直萌生的位置。

Ohnishi于2012年发明了一种廉价的无铅焊料,其在极低的温度下防止锡有害物的发生并且具有良好的润湿性和抗冲击性,其组合物基本上包括各组分的质量百分比为Cu 0.5%~0.8%、Bi至少0.1%且小于1%、Ni 0.02%~0.04%和其余为Sn。

Tsukasa于2012年发明了无铅焊球,用于焊球的焊料合金具有抗跌落冲击性和低熔合缺陷发生率,使便携式电子设备的跌落而产生很少的故障。如果含有在具有抗跌落冲击性的焊料合金中的铁基金属(例如镍)在焊球表面沉淀,则熔合缺陷的发生率增加,使便携式电子设备因跌落而产生大量故障。并且通过规定添加到焊料合金中的Ni的量,使熔合缺陷以及由此引起的由于便携式电子设备的跌落而引起的问题减少。

Zhao于2016年发明了一种由高延展性焊膏和助焊剂组成的无铅焊料组合物,其中,无铅焊料组合物各组分的质量分数如下:0.02%~6%的锑、0.03%~3%的铜、0.03%~8%的铋、35%~65%的铟、0.3%~8%的银、5%~11%的镁、0.3%~2.2%的钪、0.3%~1.6%的钼和10%~45%的锡以及25%~32%的松香、5%~7%的作为有机酸活化剂的戊二酸和2型氟苯的混合物,0.2%~0.5%作为烷基酚聚氧乙烯表面活性剂,0.7%~0.8%作为消泡剂1型辛烷醇,0.5%~0.7%氢醌作为稳定剂,20%~32%的单烷基丙二醇基作为溶剂。

Zeng于2006年根据中国专利的特点,介绍了世界无铅焊料的竞争和锡锌无铅焊料的应用现状,分析了锡锌无铅焊料的发展和应用以及锡锌无铅焊料申请专利的特点和应用障碍,希望能为开发具有自主知识产权的Sn-Zn无铅焊料和保护我国无铅焊料专利作出贡献。

Oberndorff于2006年研究了飞思卡尔、英飞凌、飞利浦和STmicro Electronics(E4)联手的试验设计(DoE)。结果表明,在高湿度下,无论基体材料如何,镀锡层的氧化和腐蚀都会导致晶须的生长。研究还表明,板组装通过这种机制减缓了晶须的生长,但并不能完全阻止晶须的生长;晶须的生长及其对基底类型和外加应力有依赖性。

胡安民于2016年公开了一种基于微纳米针锥结构抑制锡晶须生长的方法与流程,包括以下步骤:首先,选择导电基体,并对导电基体清洗,清洗后在导电基体上生长微纳米针锥结构层;其次,对微纳米针锥结构层进行清洗,去除表面氧化层;最后,在微纳米针锥结构层上生长锡基焊料。该发明利用微纳米针锥结构层具有较大的比表面积和独特的几何形状,来释放锡镀层内部的压应力,从而减小锡镀层晶须生长的驱动力,抑制锡晶须的形成。该方法适用于各种形式的锡层薄膜的生长,具有制备方法简单、温度低,工艺兼容性强,稳定性高,能够有效地抑制锡层晶须的生长的优点。

美国专利(20110079630)公开了一种适于用作无铅焊接组合物的抗晶须形成组合物,该组合物包括易熔材料和与该易熔材料聚合的基体材料。通常,易熔材料的熔化温度低于基体材料的熔化温度,且热膨胀系数高于基体材料的热膨胀系数。该专利还提供了一种减少桥接接合点的焊料附近晶须的形成的方法,包括熔化邻近接头的易熔材料的步骤,另一步骤是固化易熔材料,同时在易熔材料中建立静态拉伸应力趋势。

Zhou 于 2017 年公开了一种含有助焊剂的焊膏和能够容易地清洗电路板的无铅焊接组合物的发明。所述无铅焊料组合物的质量分数如下:锑 0.02%～6%,铜 0.03%～3%,铋 0.03%～8%,铟 55%～68%,银 0.3%～8%,镁 5%～11%,钪 0.4%～1.45%,钯 0.3%～1.8%,锡 10%～45%,助焊剂质量分数如下:25%～32%的松香,5%～7%的戊烷二酸和 2-氟苯甲酸的混合物作为有机酸活化剂,0.2%～0.5%的烷基酚聚氧乙烯作为表面活性剂,0.7%～0.8%的 1-辛醇作为消泡剂,0.5%～0.7%的对苯二酚和 20%～32%的单烷基丙二醇基溶剂作为稳定器。

高玉骏于 2018 年公开了一种耐高温老化、高强度的无铅焊料的发明。以无铅焊料总质量的 100%计,无铅焊料包括以下元素:银的 3%～5%,铜的 0.2%～0.8%,铋的 0.5%～20%,镍的 0.005%～0.06%,锗的 0.005%～0.02%或锌的 0.0002%～1%,其余为锡。该发明的无铅焊料是由元素以适当的添加比例形成的创新材料制成,可以提高和保持老化后的无铅焊料的材料强度、硬度和抗银针形成性,同时提高端口的强度和抗氧化性,从而可以使无铅焊料适用于晶圆级封装。

2) 控制镀层和晶粒尺寸

控制镀层和晶粒尺寸的成果如下:Ohlsson 控制镀层厚度的研究(Ohlsson,2001),镀层可以延长 Cu 在 Sn 中扩散的距离,减小表面受到的压应力,从而减缓晶须生长。2 μm 左右的锡镀层厚度最容易生长晶须,增加镀锡层厚度可以起到抑制锡晶须生长的作用,一般增加 Sn 层厚度 8～10 μm;镀层薄到 2 μm 以下,则由于铜的扩散,镀层就会在极短的时间内全部成为金属间化合物(Cu_6Sn_5),因此采用更厚些或更薄些的锡镀层是一种对策,但这又将导致湿润性劣化和接触电阻增高而受到实用上的限制。当采用厚镀层时,镀层内部应力发生变化,结晶取向性、粒子尺寸及构造等也会随之发生变化,当然镀速和杂质等也是重要的影响因素。

Xu 于 2007 年介绍了各种形状的锡晶须,并对其长度进行了详细测量,在试验的基础上,讨论了控制锡晶须在亚光锡表面生长的对策。结果表明,较厚的镀锡层(最小厚度为 7 μm)、镀亚光锡和及时的热处理都会影响镀层的耐蚀性锡的应力状态,包括各种商用缓解措施方法,镍底层不得小于 0.7 μm。此外,控制长宽比和控制掺氢和溅射晶粒尺寸,粗晶粒可以有效缓解晶须生长(众焱电子,2018 年 7 月 11 日),原因在于粗晶粒晶界较少,有效抑制了原子扩散。

Egashira 于 1988 年研究了三种不同形貌的氧化锡晶须对空气中 2%的氢气和 2%的甲烷的气敏特性。在 300～700℃的工作温度范围内,以(010)方向生长的平行四边形晶须和六边形或菱形的晶须在(110)方向生长的晶须比在(101)方向生长的矩形截面的带状晶须更敏感。然而,气敏特性与表面晶体结构之间没有明确的相关性。此外,晶须的灵敏度与晶须厚度无关,表面粗糙度似乎是决定气敏性的一个更重要的因素。

3) 表面物理和化学处理

表面物理、化学处理方法主要如下:X 射线衍射法,离子轰击,后烘烤,外照射,能量闪光,表面氧化,表面氧化电解沉积,原子层沉积,气相沉积,电脉冲沉积,热浸锡(HSD)和抛光等。其中热浸锡是将元器件终端浸入熔融焊料中,它用作最终饰面和替换饰面,热浸锡工艺可以减少晶须生长的机会。磁控溅射是物理气相沉积法的一种,一般的溅射法可被用于制备金属、半导体、绝缘体等多材料,且具有设备简单、易于控制、镀膜面积大和附着力强等优点。

彭军于 2020 年对纯铝磁控溅射小丘的改善方法进行了研究;陈宝清于 1984 年对磁控溅射离子镀技术和铝镀膜的组织形貌、相组成及新相形成物理冶金过程进行了研究。

Vicenzo 于 2002 年研究了电化学处理促进 ECD-锡涂层晶须生长的可能性。测定了不同 ECD - Sn 薄膜的结构、形貌和内应力,并与观察到的晶须生长敏感性有关;还考虑了衬底的影响。脉冲反向低电流密度处理可以加速晶须的自发生长,其方法是用硫酸锡溶液刺激金属表面的置换交换活性。研究结果表明,虽然固态现象决定了晶须的生长速率,但表面电化学处理可以缩短诱导期,加速晶须成核。通过脉冲反处理电化学活化的表面位可以成为晶须形核的优先位。

许伟于 2014 年对 NdFeB 永磁体表面磁控溅射铝防护镀层性能进行了研究。

Rowland 于 2003 年根据各种工艺因素,比较了各种基材表面光洁度的优缺点(见图 8.1)。热风焊料调平具有可预测的标准焊点,并且具有 soldermask 兼容性。有机可焊性防

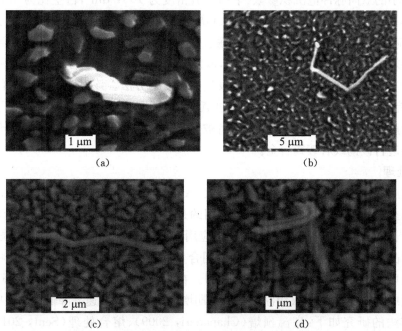

图 8.1 抛光处理对黄铜基底的各种晶须的抑制作用
(a) G75 以上　(b) G75 P　(c) G100 P　(d) G150 P
(资料来源:Rowland, 2003)

腐剂在四个加热周期内可焊,但其缺点是它有导电的接触面。化学镀镍浸金表面平坦,无锡晶须,但在四个加热周期内可焊性是其缺点。浸没银具有导电的接触表面和最小的厚度变化,但其缺点是其可焊性保质期为一年。浸锡具有环保涂层,其平坦表面有利于组装,且无锡晶须。

刘晓伟(2014)研究了磁控溅射成膜温度对纯铝薄膜小丘生长以及薄膜晶体管阵列工艺良率的影响,通过电学检测、扫描电子显微镜和应力测试等方法对不同温度下沉积的纯铝薄膜的小丘生长情况进行了研究。试验结果表明:纯铝成膜温度提高,薄膜的晶粒尺寸增大,退火后产生小丘的密度和尺寸明显降低,温度-应力曲线中屈服点温度也相应提高。量产中适当提高成膜温度,可以有效抑制小丘的发生,提高 TFT 阵列工艺的量产良好率。

托莱多大学使用电子束法减少了晶须的增长(Vasko,2015),暴露于 6 MeV 能量电子束的溅射锡样品表现出快速的晶须生长,而对照样品未生长任何晶须,同时发现电子束诱导的晶须的统计数据遵循对数正态分布,观察到的晶须加速生长归因于由于电荷滞留在绝缘基板中而产生的静电效应,这些结果为建立晶须相关的加速寿命测试协议提供了希望,名为等离子屏蔽(Plasma Shield)的技术提供了一种环境友好的方法,不会增加成本和制造复杂性,该技术避免液体与固体接触,有效地防止了由于湿度、盐度、腐蚀和晶须造成的损坏。

双向脉冲法电沉积降低应力型锡镀层晶须(张嫚,2019),以甲基磺酸锡为镀锡液,采用 Stoney 镀层应力测试方法,以及锡晶须生长趋势评价标准(JEDEC 标准 JESD22A121.01),研究了双向脉冲电沉积参数对纯锡镀层拉应力大小及其晶须生长特性影响的规律. 利用扫描电子显微镜(SEM)表征了锡镀层晶须生长前后的微观形貌,优选出了锡镀层应力低、锡晶须生长趋势小的双向脉冲电沉积参数(平均电流密度为 $10\,A/dm^2$,占空比为 0.7,逆向脉冲系数为 0.5,频率为 10 Hz)。结果表明,通过调控双向脉冲参数,可控制纯锡镀层内应力的大小,进而制备出可抑制锡晶须生长的纯锡镀层。渡边恭延(2006)发明了采用镀锡或者镀锡合金用晶须防止剂防止晶须生长的方法,该发明提供进行镀锡或者镀锡合金后,即使在室温下放置 5 000 h,也可以确实地防止晶须发生的简便的方法。该发明提供了含有(A)硫酸、链烷磺酸、烷醇磺酸和它们的衍生物,(B)过氧化物和(C)电势比铜高的金属离子的镀锡或者镀锡合金用晶须防止剂。其特征在于,将被镀材料浸渍在所述镀锡或者镀锡合金用晶须防止剂中后进行镀锡或者镀锡合金。

4) 热处理

表面镀层的热处理主要有三种方法:退火(Annealing)、熔合(Fusing)和回流(Reflow)。后两者实际上是将镀层熔化再凝固,最为常用的是退火的方法。Sabbagh 于 1975 年总结了影响晶须生长因素的大量试验结果,为工业应用中晶须生长控制方法的选择提供了依据。认为基体对晶须的生长起着重要的作用,不同合金成分的锡镀层中铅的共沉积将锡晶须的危害降至最低,高铅锡合金可有效地抑制晶须。在 191℃(375℉)和 218℃(425℉)之间的受控氮气气氛中电镀 4 h 后,退火锡涂层使潜伏期增加和晶须生长速率降低。对这些方法及其他热处理方法的研究如下:高温预焙(Chapaneri,2009)、熔合处理(Sent,2013)、氢还原(Nittono,1977)、卤化氢还原(Webb,1958)、后烘处理(Kim,2008)、退火(Wei,2007)和回流。

Osenbach 等(2005)研究了锡晶须材料、设计、加工和板后回流焊效应和整体现象学理论的发展。通常是通过将镀锡表面浸入热油浴中来完成的。通过在沉积之后立即熔合锡镀层,当形成 IMC 层时,降低了熔合的有效性,可减轻晶须的形成。熔合也是一种回流过程,熔合和回流的作用相似,因为它们在相对缓慢的冷却条件下都会熔合并重新固化镀锡。与熔断相反,作为印刷电路板组装过程的一部分进行的回流焊并不总是被证明是成功的缓解晶须的方法,因此回流是否有助于防止晶须的问题仍然是一个研究主题,并且至今仍在争论。HiRel Laboratories 的 Corbid 于 1989 年针对不同类型的镀锡层 Sn - Pb 焊接、60/40Sn - Pb 焊接后回流进行了试验,所有的样品在高温下施加机械应力,试验结果显示所有的试验样品均有晶须生长的现象,抑制晶须生长的最佳工艺为 60/40Sn - Pb 焊接后回流。此外,有报道称 Sn - Pb 合金中质量分数超过 3% 的 Pb 就可以有效抑制锡晶须。如果焊接温度控制得当,使用有铅焊料焊接 BGA 所形成的焊点中,Pb 的质量分数至少超过 10%。

业界在不断寻找锡晶须生长减缓方法,雷神公司的 Cunningham 等于 1990 年在 SAMPE 锡晶须会议上发表了一篇论文,比较了在高温下受到机械应力的 Sn 和 Sn - Pb 合金膜中晶须的生长,研究了微型电子封装中锡的使用。他声称,如先前在组装电路研究中所指出的,回流并不能防止晶须形成;所有的样品在高温下施加机械应力,试验结果显示所有的试验样品均有晶须生长的现象,抑制晶须生长的最佳工艺为 60Sn - 40Pb 焊接后回流。实际上,一些研究报告说在无助焊剂的回流过程中,晶须生长会增加。应用最成功的方法是退火,将锡在热室内的温度保持在 150℃ 2 h 或 170℃ 1 h,晶须停止生长。

高温烘烤抑制锡晶须机理如图 8.2 所示。

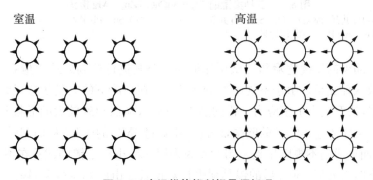

图 8.2 高温烘烤抑制锡晶须机理
(资料来源:嘉峪检测网,2020)

评估锡晶须问题中最具挑战性的任务不是确定晶须生长的焊料倾向,而是找到一种有效的方法来防止各种焊料中的自发晶须形成和生长。图 8.3 显示了五种类型的 Mg - SnCu$_{0.7}$Zn$_x$ - Mg 接头,即 Mg - SnCu$_{0.7}$Zn$_1$ - Mg,Mg - SnCu$_{0.7}$Zn$_3$ - Mg,Mg - SnCu$_{0.7}$Zn$_5$ - Mg 和在 250℃ 下进行 UAS 处理 6 s 后,再在 25℃ 下进行 0 和 7 天的热老化。镀锡后放在烘箱中烘 150℃/2 h 或 170℃/1 h,热处理 30~60 min。试验证明,在温度 90℃ 以上,锡晶须将停止生长;镀锡后回流一次,可以将镀锡熔化再凝固。究其原因,可能是由于高温能增加原子在结晶体内的摆动,消除了内应力,促进原子在结晶体内活动的能力,从而治愈晶格缺陷。对 Cu - Sn 合金来说,这种热处理工艺在界面上形成的 IMC 可以在室温下作为 Cu 的扩散阻挡层,Cu 原子在化合物层中的扩散相当缓慢,因此也有抑制锡晶须的效果。因此,150℃ 时热处理 30～60 min,或者施行再回流处理可以起到一定的抑制作用,欧美主张的 150℃ 热处理就是根据这一原理提出的。

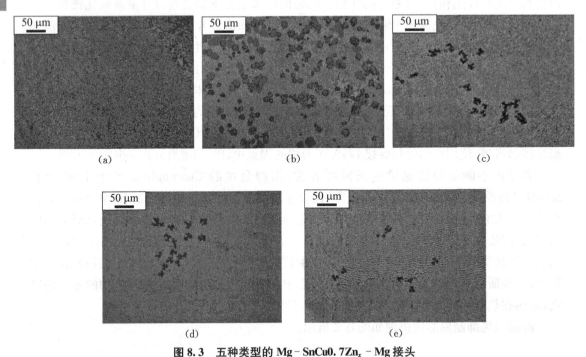

图 8.3 五种类型的 Mg‑SnCu0.7Zn$_x$‑Mg 接头
(a) Sn 63％～37％Pb 共晶(蚀刻)   (b) Sn‑Pb 共晶 ～5％Nd   (c) Sn‑Pb 共晶 ～0.5％Nd   (d) 锡/铅共晶
～0.25％Nd   (e) Sn‑Pb ～0.1％Nd

根据论文《晶须的持续危险和尝试用保形涂层对其进行控制》,退火应在镀覆后的 24 h 内进行,以有效减轻晶须。由于不规则的 IMC 生长,在高温下的大量扩散,形成了不规则不连续的 IMC 层,从而减小了压应力。锡的晶界会移动,从而导致较大的晶粒和较少的晶界。较规则的 IMC 层导致连续的扩散壁垒,以进一步促进 IMC 的生长,从而减缓了在环境条件下因晶界扩散而形成的不规则生长。图 8.4 为采用 5 A/dm^2 电镀的试片在不同温度(60℃、80℃、120℃)下时效处理 150 h 后的锡晶须生长比较。由图 8.4 可见,锡晶须的生长随时效温度的上升而减缓,尤其在 120℃,锡晶须似乎才突破氧化层而形成。推测温度变化对锡晶须成长的主要影响因素为介金属相的生成,金属相的形成依靠镀层与基材间锡原子和铜原子的相互扩散,温度越高,扩散速率越高,从而为锡晶须的成长提供驱动力。但试验中,锡晶须的成长随温度升高而减缓,此时需考虑再结晶现象。锡的再结晶温度为 50～60℃,在此温度下镀层中的应力会释放,此时锡镀层中锡原子的扩散速率增加,锡晶须较容易成长。但试验中的温度高于再结晶温度,会产生退火现象,此过程则会促进应力的消除,并抑制锡晶须生长。此外,在高温下,还应考虑氧化层的因素。锡晶须生长必须突破氧化层,使空位能够进入镀层中,使受到压缩应力的锡原子能够借由空孔扩散到达锡晶须根部的无应力晶粒中,借此缓和镀层中的压缩应力,可将氧化层看作锡晶须成长的阻障层,根据扩散理论,氧化层的厚度是时间与温度的函数,它随温度的升高呈指数增加。所以,当热处理温度较高时,除了会产生退火现象外,还会使氧化层较厚,使锡晶须要突破氧化层变得更为困难。

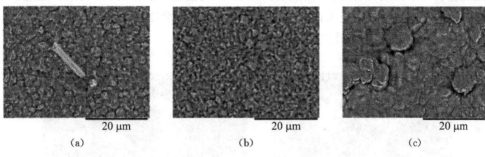

图 8.4　试片在不同温度下时效热处理 150 h 后的锡晶须生长对比
(a) 60℃　(b) 80℃　(c) 120℃

图 8.5 中，晶须水平与样品表面中心的距离为零，晶须表面上方的部分不包括在平均值中。在初始状态下，靠近晶须根的应力几乎为零。从晶须开始直到约 4 μm 处都可以看到不断增加的压应力，在应力晶须处应力梯度会改变方向，且应力的压应力变小。从 6 到 15 μm，应力再次变得越来越压缩。初始应力梯度将驱使锡原子从至少 4 μm 朝晶须根扩散，这也是 Sobiech 等人观察到的应变梯度的长度。即使所研究的晶须相对较小（大约 10 μm 长，直径为 5 μm），构成晶须的所有材料似乎也不大可能起源于根的 4 μm 以内。因此，原子向根的径向扩散可能不是锡晶须生长的唯一驱动力。取而代之的是，材料的供应可能来自特定方向的长距离梯度（如 Hektor 等观察到的）和此处找到的径向梯度的组合。

图 8.6 为 SAC305 时效后的显微组织，显示了 SAC305 的热老化和晶粒结构粗化的影响，导致机械性能下降，这种情况会因热循环而加剧，在适当的条件下，SAC 焊点可能会简单地解体。

尽管晶须颗粒中心与样品表面水平的距离为 0，但热处理后，静水压力更大。对于前几个微米，可以再次看到负梯度。之后，在应力再次变得越来越压缩之前，曲线变平了。注意的是，靠近样品边缘的应力场很可能受到样品边界的影响。靠近样品边缘看到的陡峭梯度（12～15 μm）可能是由在样品壁上再沉积的材料形成的大量 IMC 引起的。它也可能受

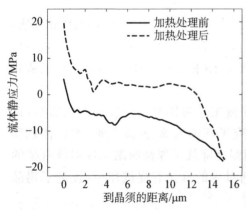

图 8.5　静应力作为与晶须距离的函数

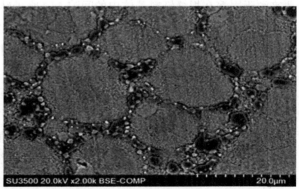

图 8.6　SAC305 时效后的显微组织

到样品制备程序的影响,例如受 Pt 沉积的影响,以防止铣削过程中刀刃变形。这些影响中有些影响可能会通过使样本更大而被最小化,但是,这可能会增加测量时间或降低空间分辨率。8.7 为 Cu_6Sn_5 化合物热处理前后的锡晶须对比。

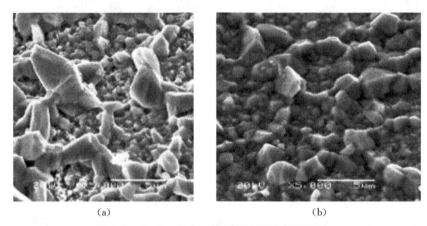

(a)　　　　　　　　　　　　　(b)

图 8.7　Cu_6Sn_5 化合物热处理前后的锡晶须对比
(a) 纯锡镀层,未经热处理　　(b) 进行纯锡电镀后进行热处理
(资料来源:厦门乐将科技,2020)

　　徐春花于 2010 年用化学镀在铜箔表面镀锡。将镀锡铜箔样品在 100℃ 和 200℃ 空气中时效 8 天,为了便于分析试验结果,将另一组镀锡铜箔样品在室温时效 30 天。用扫描电子显微镜观察样品表面形貌,用 X 射线衍射仪对试样进行晶体结构分析。结果表明样品在 100℃ 时效有小丘和晶须形成,而在 200℃ 时效 8 天和在室温时效 30 天没有晶须形成,证明了晶须生长是由镀层内部存在的压应力梯度引起的,并有一个孕育期。随时效温度的变化,原子扩散速度和镀层的应力松弛不同控制了小丘和晶须的形成。

　　杨海峰于 2017 年研究了锡基软钎料合金的晶须快速生长行为和抑制方法,深入分析了钎料晶粒尺寸和弹性模量对锡晶须生长的影响,并且提出了两种锡晶须生长的抑制方法。通过自主开发的超声辅助钎焊设备制造了 Mg-Sn-Mg 焊接接头,发现了该接头经过短时间室温等温时效之后焊缝表面有高密度的锡晶须形成,确定了锡晶须生长所需的驱动力主要来源于固溶在焊缝钎料基体内的间隙 Mg 原子转化为 Mg_2Sn 过程中所引起的体积膨胀,研究了 Sn_9Zn 钎料中 Zn 原子在 Sn 晶界的偏聚行为,发现了 Zn 原子的晶界偏聚形成的位阻效应将严重阻碍 Sn 原子的晶界扩散,同时片层状富 Zn 相结构将破坏 Sn 原子的长程扩散,最终确认了 Zn 原子对锡晶须生长的抑制作用。

　　关于回流问题,Bath 于 2016 年针对电路板回流工艺对锡晶须生长的潜在影响,讨论了回流焊后纯镀锡元件的锡晶须测试结果,研究了回流轮廓、回流气氛、焊膏体积和焊剂活性对锡晶须生长的影响。较低的焊接峰值温度降低了焊膏润湿元件引线框架的可能性,增加了锡晶须生长的可能性,不同助熔剂对锡的氧化有促进作用,促进了锡晶须的生长。

　　Fox 于 2017 年对于回流工艺是减少还是增加锡晶须的倾向的争论进行了评论,并得出结论,如果有任何疑问或有违背合同义务不使用锡的情况,那么就有理由对组件重新进行表面处理,使用符合 GEIA - STD - 0006 要求的受控焊接浸渍工艺展示了一系列元件封装样式,以及每种类型的接受测验和缓解策略,包括规定最小零件引线间距的 PCB 设计规则,他计划研究开发新的保形涂层,通过在聚合物制剂中引入专门设计用来减缓晶须生长的纳米填料。图 8.8 为回流焊对蘑菇状铟焊点的影响。

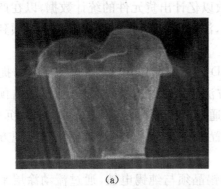

(a)　　　　　　　　　　　　(b)

图 8.8　回流焊对蘑菇状铟焊点的影响
(a) 回流焊前的蘑菇状铟焊点　(b) 回流焊后的铟焊球

5) 表面涂层

表面涂层主要如下:表面薄膜,保形涂层,脲醛共形涂层,敷形涂覆,用超薄金属薄膜控制银晶须生长。英国剑桥郡 Semblant 公司发明了一种等离子保形涂层工艺,它既能环保,又不增加材料成本和制造复杂性,这种称为 Plasma Shield 的工艺能避免固体和液体接触电子器件,防止湿气,盐雾气体等的损害,还能减轻锡晶须,离子沉积工艺能减少或消除覆盖敏感电子元件的需要并简化制造过程,形成连续均匀和无针孔的涂层。涂层连续性对获得最佳保护,防止受到潮气、盐雾、有害液体、破坏性气体、锡晶须、裂隙腐蚀和其他污染物的损坏是至关重要的。等离子沉积锡涂层简化了前处理,在修复或替代元件前不再需要进行表面清理,减少了在清理过程中损害印刷电路板的风险。消除了对货架寿命、灌封寿命、固化时间和操作安全性等,这个工艺简单、成本低廉的方法能用于具备防潮性能的电子元件的大批量制造。改变其结晶的结构,减小应力锡晶须,镀锡不加增光剂(镀暗 Sn),对抑制锡晶须生长有一定的效果。

Kadija 于 1988 年发明了将锡涂层涂覆到铜和铜基合金基板(如用于电气和电子应用的电路箔)上,此法具有特别的用途。将要形成涂层的溶液通过在另一量的基溶液中稀释饱和基溶液来制备。在稀释饱和溶液时,必须记住,最终涂层溶液中需要一定的金属盐水平,以使涂层具有所需的抗锡晶须形成能力。当使用钯盐添加剂时,最终涂层溶液中的钯浓度应在 $5 \sim 10\,000\,ppm$ 的范围内,优选在 $20 \times 10^{-6} \sim 1\,000 \times 10^{-6}$ 的范围内,涂层溶液含有浓度在 $50 \sim 1\,000\,ppm$ 之间的钯;当使用银盐添加剂时,最终涂层溶液中的银浓度应在 $50 \sim 50\,000\,ppm$ 的范围内,优选在 $500 \sim 5\,000\,ppm$ 的范围内;当使用其他前述金属盐时,盐中之特定金属应以 $10 \sim 50\,000\,ppm$、较佳 $50 \sim 5\,000\,ppm$ 的浓度存在于最终涂层溶液中。

Wu 于 2009 年将分散在水溶液中的纳米氧化锡喷涂在镀锡铜表面作为涂层,研究其对防止锡晶须形成的作用。结果表明,纳米氧化锡对锡晶须的生长有一定的抑制作用。经过

25℃、40℃、60℃退火10周后,试样表面生长出许多小丘而不是长晶须。此外,对镀锡样品进行了强腐蚀和抛光处理。XPS结果表明,通过表面处理去除表面氧化物,然后喷涂纳米颗粒。结果表明,再生长的氧化物在退火过程中的相干性降低,导致生长的不是长晶须而是小丘。这种方法似乎成功地增强了应力松弛,防止了长须的生长。

Delphi于2010年总结了在过去15年里数以亿计出货元件的统计数据,以在产品生命周期概念,在组装流程中使用保护性保形涂层,涂层可将晶须固定住,防止锡晶须到处移动并引发问题。

皮考逊公司的Pudas于2018年通过ALD进行涂覆以用于抑制金属晶须,提供了一种减少金属晶须形成、电迁移和腐蚀的沉积方法,其包括提供衬底以及通过清洁预处理衬底。也通过预加热和(或)排气预处理衬底。通过ALD(原子层沉积)在衬底上沉积叠层,还提供了一种具有用于执行该方法的控制装置的ALD反应器,以及使用该沉积方法所获得的产品。

Parsis于1999年通过研究电子产品中的锡晶须与纯锡电镀,通过流动涂层来抑制生长,镍的底层并没有阻止我们所发现的晶须的生长,尽管它是锡的良好基础,至少需要添加2%的铅才可以抑制晶须。

Mahan于2014年研究了抑制锡晶须生长的聚氨酯涂层的附着力和击穿强度,试验记录了评估聚氨酯涂层可靠性所需的两个关键材料特性黏附强度和穿刺强度。使用预先定义的泡罩区域进行改进的泡罩试验来评估黏附强度,并使用穿刺试验来评估涂层的穿刺强度。在时间零点测量性能后,对涂层进行加速试验(高温/湿度储存和温度循环),并记录涂层性能的退化。

也有研究者使用复合涂层达到了抑制晶须的效果。如Deshpande于2016年应用由纳米纤维、纳米颗粒和(或)纳米胶囊材料构成的保形涂层,该保形涂层一般应用于电气部件,特别是印刷电路板(PCB),增强了传统保形涂层在诸如机械、电气、磁性等性能方面的性能,特别是防止锡晶须生长的性能;Salaluk于2020年研究了纳米网络智能复合涂层对锡晶须的减缓作用。

6) 增加阻挡层和合金化

阻挡层也称为中间镀层,是指在镀Sn前先镀一层其他金属元素作为阻挡层,然后再镀Sn。常用的中间层材料为镍和铜。其中Ni最为常用,铜一般用于黄铜或铁基板,Cu原子在化合物层中的扩散相当缓慢,也可起到有效抑制锡晶须生长的作用。

Tu于2007年认为为了防止锡晶须的生长,应将应力产生和应力松弛解耦,应同时消除应力产生和应力松弛,NEMI解决方案是通过在铜和锡焊料表面之间电镀一层镍来阻止铜向锡的扩散,镍作为扩散阻挡层阻止铜向锡的扩散。然而,到目前为止,还没有解决应力松弛的方法,也就是说还没有关于防止蠕变过程或锡原子扩散到晶须的教导。因此,使用另一种扩散阻挡层来阻止锡原子从表面处理的每一粒锡中扩散出去,这是一个非常重要的问题。他发明了高可靠性电子器件中锡晶须生长的防止方法,通过向无光泽锡或共晶Sn-Cu焊料中添加若干百分比的铜以阻止和(或)消除锡晶须的形成,共晶Sn-Cu中铜的含量仅为0.7%(或1.3原子%),添加约5%(质量百分比),通过添加额外的铜,使得几乎每个锡晶粒都将被一层Cu_6Sn_5覆盖。因此,晶界涂层成为阻止锡原子离开晶粒的扩散屏障,当锡不扩散时,由于锡的供给被切断,因此锡晶须不生长。

Oikawa 于 2008 年的研究结果显示:金属玻璃薄膜作为扩散阻挡层在集成电路中的应用直接关系到原子的扩散。基于难熔金属的金属玻璃很容易通过溅射沉积制备,即使薄到 10 nm,也具有良好的扩散屏障,关键是玻璃薄膜没有晶界,可以像多晶薄膜那样快速扩散;金属化层和半导体之间需要有屏障,在镍和锡之间涂一层金属镍或其他金属材料,也对晶须有阻隔作用。目前日本、韩国的无铅元件焊端和引脚采用 Sn-Bi 或 Sn-Ni 镀层,将 Cu-Sn 界面上形成的 IMC 可以在室温下作为铜的扩散阻挡层。但是在 $-55 \sim +85℃$ 的温度循环条件下,即使有镍预镀层,晶须依然会加速生长。

Angela 于 2010 年研究了阻挡层对电解液电镀锡晶须形成的影响;索斯于 2015 年公开了用于生产防止锡晶须形成的电触头元件的方法及触头元件,通过该方法能够防止锡晶须的产生,特别是在压入连接件中。该发明还涉及一种相应的触头元件。用于制造该电触头元件的方法包括如下步骤:提供基材;在该基材上施加至少一个导电接触层;其中该接触层具有外表面,该外表面通过粗糙度形成隆起并且适于接收润滑剂。

蔡积庆于 2010 年通过压缩负荷试验研究了外部应力型晶须的抑制方法。这种方法是锡表面镀层和铜上的镍基底镀层之间介入薄金镀层,结果发现镀锡以后不久就形成了金属间化合物 $AuSn_4$,金镀层有效地减轻了锡晶须的数量,缩短了锡晶须的长度;电流效率控制在 90% 左右,能够很好保证可焊性和抑制锡晶须的产生。

长春工业大学高学朋于 2013 年以 HEDTA(羟乙基乙二胺三乙酸)为主的新配位剂体系,该配位剂体系以 HEDTA 为主配位剂、少量硫脲作为辅助配位剂,具有镀液稳定性好,得到的 Sn-Ag-Cu 镀层具有可焊性好、易于操作及维护等优点。

Haseeb 于 2011 年研究了 $Sn-Ag_{3.8}-Cu_{0.7}$ 中添加 Co 纳米粒子对回流焊和高温时效(150℃,1 008 h)后钎料/铜界面结构的影响。结果表明,Co 纳米粒子显著地抑制了 Cu_3Sn 的生长,但促进了 Cu_6Sn_5 的生长。钴纳米粒子降低了 Cu_3Sn 中的互扩散系数,而纳米颗粒在表面合金化过程中,至少有一部分是通过表面合金化来产生影响的。

Yen 于 2011 年研究了 NiP-Ni-Cu 和 Ni-Cu 多层体系中亚光锡层中界面反应与锡晶须形成的关系,所有试样首先在 250℃回流 10 min,然后在 150℃时效 500 h,Sn-Ni-Cu 多层试样中仅发现锡晶须。Sn-NiP-Ni-Cu 试样中 NiP 层的镍被消耗形成 Ni_3Sn_4 相。因此,磷原子在界面分离,并与镍和锡原子反应,在相与 NiP 层之间形成 Ni-P-Sn 三元相。这种 Ni-P-Sn 三元相起到了扩散阻挡的作用,降低了镍原子的扩散速率和扩散通量。镍原子通量引起的压应力是锡晶须生长的驱动力。Ni-P-Sn 三元合金可以抑制这种压应力。这就是 Sn-NiP-Ni-Cu 多层膜中没有发现锡晶须的原因。

Sn-Pb 共晶-0.1%Nd 中的 $NdSn_3$ 金属间化合物的氧化如图 8.9 所示。

Haseeb 于 2016 年根据超小规模互联的 3D IC 封装的小互联线在回流焊后可以完全转变为 Cu-Sn 基金属间化合物(IMC)。为了改善 IMC 基互联线,尝试在 Cu-Sn 基 IMC 中添加镍,分别用焦磷酸铜、甲基磺酸锡和镍瓦茨镀液依次电沉积了由 Cu-Sn-Cu-Sn-Cu 或 Cu-Ni-Sn-Ni-Sn-Cu-Ni-Sn-Ni-Cu(Ni=35 nm、70 nm 和 150 nm)组成的多层互联结构。这些多层互联在室温老化条件下进行了研究,并进行了固液反应,其中样品在

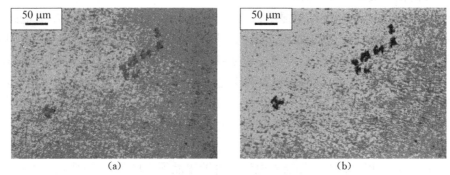

图8.9　Sn‐Pb 共晶－0.1%Nd 中的 NdSn$_3$ 金属间化合物的氧化
(a) 抛光后　(b) 在环境条件下暴露 5 天后

250℃回流 60 s,300℃回流 3 600 s。通过 X 射线衍射、扫描电子显微镜、扫描电镜和扫描电镜监测了多层互联中的反应过程,能量色散 X 射线光谱。在室温老化条件下,制备了纤维增强复合材料(FIB)铣削试样。结果表明,在铜和锡之间插入 70 nm 厚的镍层,可以避免铜和锡在室温下的过早反应。在短回流过程中,镍的加入抑制了 Cu$_3$Sn 的形成。随着镍厚度的增加,铜的消耗量减小,镍开始起到阻挡层的作用。此外,在长时间回流过程中,Cu‐Ni‐Sn 样品中发现了两种 IMC,分别为(铜,镍)$_6$Sn$_5$ 和 Cu$_3$Sn 及 Ni$_3$Sn$_4$,场发射扫描电子显微镜(FESEM)显微照片如图 8.10 所示。

Tan 于 2015 年研究了纳米颗粒对 Cu‐Sn‐Ag‐Cu‐Cu 焊点中金属间化合物形成和生长的影响,纳米复合无铅焊料作为传统无铅焊料(如 Sn‐Ag‐Cu 焊料)的替代品,在电子封装工业中越来越受到重视。它们是通过在传统的无铅焊料中加入金属和陶瓷等纳米粒子制成的。研究表明,在热老化、热循环等不同热条件下,纳米颗粒的加入可以增强焊料基体,细化形成的金属间化合物,抑制金属间化合物的生长。

刘婷于 2016 年针对锡晶须生长的两个关键影响因素分别采取了镀镍阻挡层方法和交替电沉积锡镀层制备非柱状晶结构的方法对锡晶须生长进行抑制,主要研究结论如下:

(1) 界面扩散形成 Sn‐Cu 金属间化合物和锡镀层的柱状晶粒结构是影响纯锡镀层锡晶须生长的两个关键因素。

(2) 在 55℃/85% RH 湿热存储 8 000 h,C194 合金电沉积光亮锡镀层表面倾向于生长密度较小的锡晶须,而 FeNi42 合金电沉积光亮锡表面则倾向于生长密度较大的小丘;C194 与 FeNi$_{42}$ 电沉积亚光锡镀层表面均倾向于生长锡晶须。

(3) 纯锡镀层截面微结构分析表明,衬底材料影响锡晶须/小丘生长的主要原因是界面形成的金属间化合物不同。C194 合金镀光亮锡的界面主要形成层状 Cu$_6$Sn$_5$,而 FeNi$_{42}$ 合金镀光亮锡的界面仅形成较少的片状 Ni$_3$Sn$_4$。镀镍阻挡层后,界面形成了相同的金属间化合物 Ni$_3$Sn$_4$,因而有效地抑制了小丘/锡晶须的生长。

(4) 采用氨基磺酸镍镀液电沉积镍阻挡层控制锡晶须生长的方法应用于 IC 封装时,其后道工艺流程可能引起可靠性问题。镍阻挡层厚度应控制在 0.5～1 μm 之间以保证锡镀层的机械稳定性,同时有效地抑制锡晶须生长。回流焊对锡晶须生长有明显的抑制作用。同时采用镍阻挡层和回流焊对锡晶须生长的控制效果最好。

（5）交替电沉积电流密度不同的光亮锡或者亚光锡的制备工艺不能形成多层锡结构；但是，交替电沉积光亮锡和亚光锡镀层可以形成多层锡结构。以亚光锡作为底层交替电沉积多层（三层以上）厚度均匀的光亮锡/亚光锡镀层可形成非柱状晶结构。湿热存储和冷热冲击测试的试验结果都表明非柱状晶结构有利于抑制锡晶须生长。

（6）交替电沉积层数增加有利于增加非柱状晶结构的阻断效应。层数减少（双层）时，阻断效应减弱，小丘/锡晶须生长易受顶层晶粒结构影响，顶层晶粒结构为光亮锡则易形成小丘/锡晶须，顶层晶粒结构为亚光锡则不易形成小丘/锡晶须。

作山诚树于 2010 年公开了以锡作为主成分的被膜的构件、被膜形成方法以及锡焊处理方法，该构件具有可以抑制晶须发生的被膜。在基材表面上形成有被膜，被膜含有由锡或锡合金构成的多个晶粒，在被膜的晶粒边界形成有锡与第一金属的金属间化合物。

Chaudhari 等于 1977 年的美国专利 4012756 提出了一种抑制薄膜和薄膜中土丘形成的方法及其多层结构，在金属薄膜中引入某些杂质，例如合金添加剂，以抵消导致小丘形成的驱动力或驱动力的影响。这种金属薄膜通常是在具有不同于薄膜本身的热膨胀系数的衬底上制备的，在热循环过程中，应力会引入薄膜中。这种应力可以作为原子运动的驱动力，因此也可以促成小丘的形成。薄膜中的诱导应力通过缺陷运动来影响必要的原子运动，当力是压缩力时，就会产生小丘。通过引入到薄膜中的杂质添加剂通过它们与引起必要原子运动的缺陷的相互作用来影响小丘生长。在薄膜制备过程中，系统地选择杂质添加物引入到薄膜中，其抑制由点缺陷、线缺陷和平面缺陷的迁移组成的类中的缺陷移动，其中线性缺陷是位错，而平面缺陷是晶界。通常向金属膜中添加杂质称为合金化，所得膜称为合金化膜。合金化添加剂可以是可溶的，也可以是不溶于薄膜的。这将决定可能的制造模式的选择。当合金添加剂是可溶的时，它被包含在引入它的温度下的溶解度极限之内。当合金添加物不溶于水时，在制造过程中引入，其数量可能明显优于合金添加物和薄膜处于热平衡状态时能够维持的量；通过脉冲镀膜和加入晶粒细化剂，能够改变锡的晶粒尺寸、形状和晶体结构。样品在腐蚀前和腐蚀后的切面可能说明，对于纳米晶铜上面的细晶粒锡，样品中的金属互化物体积增大。锡与铜之间界面的金属互化物（IMC）部位的初步成像表明，纳米铜衬层防止多晶锡形成晶须，多晶铜衬层则不能够，这和先前的发现相反。Diyatmika 于 2018 年认为 Cu-Sn 中薄金属玻璃衬底对锡晶须也有缓蚀作用。

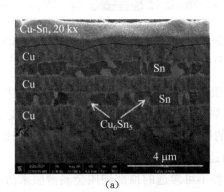

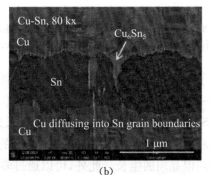

(a)　　　　　　　　　　　　　　(b)

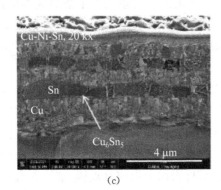
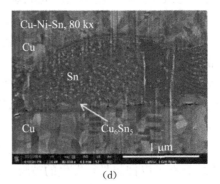

(c)   (d)

图 8.10　场发射扫描电子显微镜(FESEM)显微照片显示了在室温下分别以 2 000 倍和 8 000 倍放大了一天的 FIB 铣削横截面图像

(a,b) Cu‐Sn　　(c,d) Cu‐Ni‐Sn

Haseeb 研究的 FESEM 显微照片如图 8.11 所示。

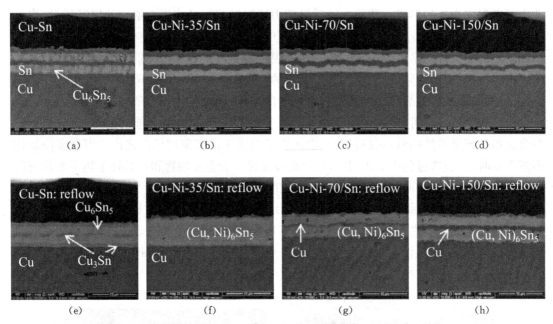

图 8.11　FESEM 显微照片显示了在 250℃ 回流 60 s 前后的截面图像,放大倍数为 10 000×

(a,e) Cu‐Sn　　(b,f) Cu‐Ni‐35/Ni　　(c,g) Cu‐Ni‐70/Ni　　(d,h) Cu‐Ni‐150/Ni

徐强于 2019 年开展了对合金化方法抑制银晶须生长研究。利用合金化的方法,通过向银中添加一定含量的钯,经充分混合、涂覆、烘干、烧银后置于低气压受热环境下,借助SEM、EDS 等方法探究添加钯对银晶须生长的影响。结果表明,通过向银中添加钯不能完全抑制银晶须的生长现象,但钯能够减缓银的迁移速率,延长晶须生长孕育期,在一定程度上能够抑制银晶须的生长。此外,可以通过多种不可渗透的顶部硬质金属薄膜来防止晶须,这些薄膜可防止锡晶须渗透穿过封盖层。特别是发现镍厚度为 700 Å 或更厚时,可以在一年以上的时间内成功阻挡所有锡晶须。铂膜(325~1 360 Å)似乎也很成功,可以防止晶须渗透超过 3 个月。相比之下,锡晶须会在几个月内渗入金膜($875\sim3\,000$ Å)和铬膜($250\sim1\,400$ Å)的顶部。在穿刺过程中,观察到穿透的晶须会携带一块破裂的金属帽层,这有助于解释为什么只有某些金属帽会阻挡晶须,而另一些却没有。具有高剪切模量的金属帽很可能会阻塞晶须,因为金属帽的渗透似乎是在金属冲压过程中发生。纯元素盖膜的剪切模量值大致遵循金属防止晶须的趋势,但 Cr 例外,Cr 在薄膜形成过程中会氧化。然而,由于金属间化合物的形成和(或)锡和盖膜层之间的扩散,实际情况比这种简单的机械图要复杂得多。

Skwarek 于 2020 年研究了 $Sn_{99.3}Cu_{0.7}$(质量分数)钎料合金的再结晶对 β 向 $\alpha-Sn$ 的同素异形转变(所谓 Tin-pest 现象)的影响。制备了大块样品,并在其表面机械地施加 InSb 孕育剂以增强转变。一半样品作为参考材料,另一半样品在 180℃ 下退火 72 h,导致合金再结晶。样品储存在 -10℃ 和 -20℃ 下,通过电阻测量监测 $\beta-Sn$ 到 $\alpha-Sn$ 的转变。用扫描电镜研究了锡晶粒在 $\beta-Sn$ 向 $\alpha-Sn$ 转变过程中的膨胀和分离。合金的再结晶大大抑制了 Tin-pest 现象,因为它减少了晶体结构中可能发生 $\beta-Sn$ 向 $\alpha-Sn$ 非均匀形核转变的缺陷数量。在 InSb 孕育的情况下,过渡层向大块的扩展速度与平行于样品表面的扩展速度一样快。

Zhang 于 2020 年研究了 Co-W 和镍两种阻挡层对高温高湿环境(55℃/85% RH)中锡晶须生长的抑制作用,采用低成本电沉积方法在铜衬底上制备了 200 nm 非晶 Co-W 阻挡层,与镍阻挡层相比,非晶态 Co-W 阻挡层能有效地减少金属间化合物的形成,抑制锡晶须的生长和氧化腐蚀,在试验结果和内应力计算的基础上,分别提出了锡晶须在两阻挡层内生长的缓蚀机理。

Parsis 于 2002 年认为镍底层在防止晶须方面有很大的作用($0.2\,\mu m$ 的镍厚度就足够了),他用同样的纯锡涂层在 125℃ 左右烘烤 30 min 做了对比试验,有镍和没有镍,差别很明显,基底材料,如含锌合金,如黄铜,也特别容易晶须生长。然而,最近生产的零件在铜上有纯锡($10\,\mu m$),不含镍,经过三个月的储存和多次加速试验(包括 55℃ 下的热循环和干热)后无须后焙处理,表面处理也非常重要,这取决于使用的锡化学类型,因此,需要综合考虑处理的方法。

7)电镀

以电镀锡方式改变晶体结构以降低应力。常规的锡涂层具有更精细的表面光洁度,这有助于晶须的引发。相对而言,粗加工的锡可以在一定程度上抑制晶须。Crandall 于 2017 年提出了在轻压力配合应用中晶须风险的新型电镀方法。

台湾科技大学颜怡文于 2011 年对电镀雾锡层锡晶须生长机制进行了研究,利用商业电镀液 ST-380 系列进行电镀,固定电镀时间 1 min,选择电流密度分别为 5 A/dm²、10 A/dm²、15 A/dm²、20 A/dm²,镀好的试片以冷水和热水交替清洗,直至完全去除残留电镀液,然后烘干。将在不同条件下电镀的试片分别置于 60℃、80℃、120℃ 进行热处理,热处理时间分别为 100 h、150 h、200 h、250 h。用扫描电子显微镜(SEM)对热处理后的试片进行表面微观结构分析,利用统计学方式统计并比较分析其锡晶须的数量分布和长度分布。结果显示镀层在凸面与凹面的不同形状区域下分别生成拉张应力和压缩应力,其两侧平面则为微拉张应力区和微压缩应力区,凹面区域因产生压缩应力较容易诱发锡晶须的生成,证明不同形状的基材确实能够影响锡晶须的生长。此外,若镀层表面产生裂纹,为释放应力提供渠道,可缓和锡晶须的生长。传统镀锡工艺为了增加镀层的光泽,一般都要添加一些增光剂(所谓的镀亮锡),亮锡容易生长锡晶须,镀锡不加增光剂(镀暗锡),对抑制锡晶须生长有一定的效果。

Lee 于 2012 年利用锡原子层化学镀银,制备了银/原子层沉积 TiN - Si 层压板,对其热可靠性进行了研究。将 TiN 原子层置于不同的等离子体中,对其表面化学性质进行了修饰,等离子体轰击降低了 TiN - Si 表面的表面张力,探讨了银膜连续体的反应机理。

朱宇春于 2007 年研究了抑制引线框架锡晶须生长的电镀工艺。

许慧于 2007 年讨论了各种锡晶须的形态以及其长度的具体测量方法,并在试验研究的基础上进一步分析抑制非光滑(哑光)纯锡镀层上锡晶须生长的对策。研究结果表明,增加锡镀层厚度(大于 $7\,\mu m$),或通过使用添加剂来产生更加粗糙的表面以适当增大晶粒尺寸,电镀完成后及时进行退火程序是进一步减轻雾锡镀层上锡晶须困扰的有效手段。如果引入镍作为中间镀层,则需要达到一定的厚度(估计大于 $0.7\,\mu m$),方可达到预期的效果。

Abdel-Aziz 于 1993 年采用了环保型镀液在铜上化学镀铅和铅锡,用铅或铅(98%)对铜样品进行化学镀-锡合金是从含有铅盐、锡盐、还原剂和稳定剂的镀液中进行的,优化了电镀时间、温度、镀液组成等工艺参数对镀层质量的影响,通过 XRD、SEM、EDS 等分析手段对镀层的化学成分和镀层形貌进行了研究,得出了化学镀铅或铅锡的最佳镀液组成和最佳镀铜条件,利用电化学阻抗谱研究了铜和镀铜样品的电化学性能。

曾续武于 2009 年用电镀方法制备了锡锰合金镀层,用扫描电镜观察了其表面自然生长的晶须,分析基体表面粗糙度、搅拌、电流密度参数等对晶须生长的影响。结果表明,增大电流密度可提高晶须密度,这与镀层结晶组织密切相关。铟镀层可以用电镀或化学镀的方法形成,电镀铟的镀液配方及工艺条件为:硫酸铟 $10\sim25\,g/L$;硫酸钠 $0\sim10\,g/L$;pH 值 $2.0\sim2.7$;在室温下,阴极电流密度 $2\sim4\,A/dm^2$。

Dimitrovska(2009)研究了复合脉冲电镀 Ni - Tin(Ni - Sn)层对抑制锡晶须生长的影响,比较了复合脉冲电镀法和其他两种电镀工艺对锡晶须生长的抑制效果。结果表明,在不同的环境条件下,经过 6 个月的时间后,复合脉冲电镀技术比其他电镀技术(如纯锡电镀和在黄铜基体上加镍底层镀锡)具有更好的抗锡晶须生长性能。主要结论是基于对薄膜微观结构特征的分析、X 射线衍射计算的薄膜在不同时间段内的平均残余应力分布、金属间化合物的形成以及每种情况下锡晶须的生长量得出的。

张建东于 2012 年公开了一种锡-铜-铋合金电镀液,该锡-铜-铋合金电镀液主要由硫酸锡、对苯酚磺酸锡、硫酸铜、硫酸铋、硫酸、甲烷磺酸、柠檬酸、对苯酚磺酸、柠檬酸、葡萄糖酸钠、硝基三乙酸、二丁基萘磺酸钠、十二烷基二甲基氨基己酸甜菜碱、抗坏血酸、去离子水等组成。该锡-铜-铋合金电镀液具有镀层无晶须,成本低、镀层抗裂性和可焊性能优良、无铅、低毒等特点。

Goradia 于 2014 年发明了一种甲烷磺酸镀锡及锡合金。主要背景是电气和电子工业在很大程度上依赖于锡和锡合金涂层的可焊性,其中大部分是通过电镀完成的,超过 95% 的锡或锡铅镀层是由酸性电解液完成的,而其他含铜、锌等的合金则是由碱性和氰化物电解液完成的。对于纯锡沉积,硫酸基镀液因其成本低而成为最常见的镀液。由于铅的溶解性,氟硼酸盐镀液已被用于锡铅合金的沉积;然而,由于环境问题,铅和氟硼酸盐必须逐步淘汰。甲磺酸电解质是氟硼酸盐的良好替代品,因其具有金属溶解度高、导电性好、腐蚀性小、亚锡氧化成亚锡速度慢等优点。

王超男于 2019 年公开了无晶须析出的锡、锡合金镀液、镀膜以及镀膜物的制作方法,包含溶剂和以下原料:甲基磺酸亚锡 10～20 g/L,甲基磺酸 30～60 g/L,复配添加剂 0.4～5 g/L,pH 值调整剂适量;所述复配添加剂由硫脲、对苯二酚、2-巯基苯并咪唑和丙二醇嵌段聚醚组成。上述镀锡液,通过对添加剂种类和用量合理的选择,解决了在甲磺酸体系中镀液不稳定和成本高的问题。使用上述镀锡液,利于获得高质量镀层。

王梅凤于 2016 年发明了一种降低锡晶须生长的纯锡电镀液及其应用,酸性镀液采用甲基磺酸与硫酸的混合溶液,锡盐采用烷基磺酸锡盐与过氧化氢的混合溶液,且添加了抗氧化剂,辅助剂,光亮剂,湿润剂,表面活性剂等成分,且在应用的过程中采用了独特的电镀液配制方法和使用注意事项,与传统电镀液的应用相比,对锡晶须的生长抑制效果明显,大大降低了锡晶须的生长速率,减少电镀件表面锡晶须的生长。且使用本发明进行电镀后镀层具有柔韧性和延展性好,对镀层裂纹的出现具有很好的缓解作用,对温度承受能力较灵活,具有很强的实用价值。

关注钎料中锡含量的变化,纯锡含量越高,形成锡晶须的可能性就越大。其中电镀雾锡,改变其结晶的结构,减小应力,以降低锡晶须发生的概率。图 8.12 是基板上各种区域对晶须发生密度和长度的统计数据。图 8.13 为相同厚度的金属对不同厚度镀层的影响。图 8.14～图 8.18 展示了电镀对晶须的影响。

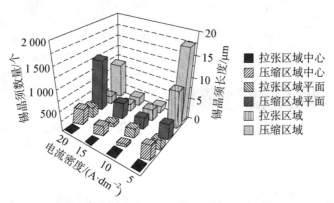

图 8.12　基板上各种区域对晶须发生密度和长度的统计数据
（资料来源:嘉峪检测网,2020）

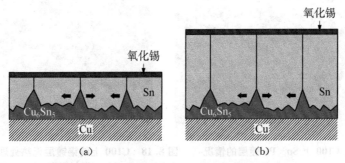

图 8.13　相同厚度的金属对不同厚度镀层的影响
（a）薄镀层　（b）厚镀层
（资料来源:嘉峪检测网,2020）

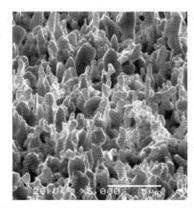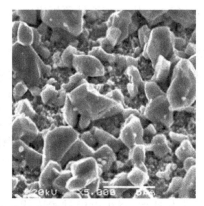

图 8.14　电镀对晶须的影响
（资料来源：嘉峪检测网，2020）

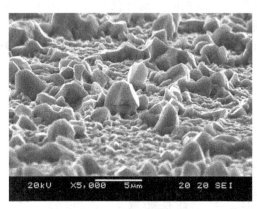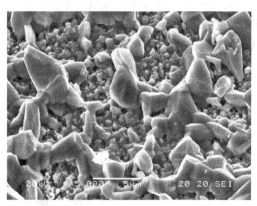

图 8.15　C100 上纯锡镀层的情况　　　　　图 8.16　C100 上 Sn‑Bi 镀层的情况
　　　　　　　　　　　　　　　　　　　　　　（资料来源：张成，2014）

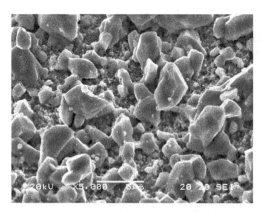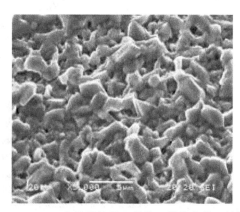

图 8.17　C100 上 Sn‑Pb 镀层的情况　　　图 8.18　C100 上纯锡镀层无热处理的化合物层的情况
　　　　　　　　　　　　　　　　　　　　　　　　　（资料来源：张成，2014）

泰科(TE Connectivity)控制锡晶须生长的解决方法包括：①闪镀薄锡($0.3\,\mu m$)，因为锡层越薄，晶须生长的风险越低，但是这对生产工艺的要求也越高；②银锡（AgenTin）；③专门用于免焊连接插针是一种理想的电镀方案。该镀层由铋取代锡（一种无害的重金属），可将晶须生长的风险至少降低为原来的1/1 600。LITESURF 电镀技术确保 TE 免焊连接技术为汽车行业提供快速、经济和可靠的制造方案，并且几乎没有产生金属晶须的风险。

美国 Lockheed Martin 航天公司先进技术中心纳米体系指挥部和先进材料科学家 2014年开发了一种铜基的电子互联材料，创建了一种快速和成本可担负的合成工艺，生产了纯铜及铜的纳米锡膏。这种材料可以在 200℃下进行加工处理，这种焊接材料形成的焊点的电导和热导性能预计比现在使用的锡基焊料要高 10 倍。虽然美国 Lockheed Martin 航天公司已经证实了它可以使用在照相机组装板上，但是它在军事商业应用仍面临很多技术挑战。

8）添加剂和促进剂

稀土元素被称为金属中的"维生素"，能够通过少量的加入极大地改变金属的性能。研究表明 $Sn_{60}-Pb_{40}$ 软钎料合金中加入微量稀土元素镧，可减少金属间化合物的厚度，进而使提高焊点的热疲劳寿命，显著地改善表面组装焊点的可靠性。由于稀土元素与锡结合的表面能低于与铜和银结合的表面能，在 Sn-Ag 系合金焊料中加入铈和镧等稀土元素能明显改善合金焊料的表面界面润湿性、蠕变特性和拉伸特性。

满华于 2005 年微连接用无铅钎料及稀土在钎料中的应用现状，综述了微连接用无铅钎料的应用研究现状，指出 SnAgCu 系合金因良好的综合性能将成为最有潜力的锡铅钎料替代品。基于对稀土在钎料中应用研究成果的分析，认为添加微量稀土有望成为改善SnAgCu 系无铅钎料蠕变性能的重要途径，充分利用我国丰富的稀土资源开发低银的SnAgCuRe 系钎料，应当成为中国今后无铅钎料研究开发的重点。

添加的金属材料、稀土材料等作为添加剂、促进剂。例如：掺钕共晶、铜上电镀锡时添加铟、镍，浸锡工艺添加少量的有机金属添加剂 Enthone FST，在硫酸盐电镀锡或锡合金电解液中加入特殊的光亮剂，添加 $1\%\sim2\%$ 的黄金；锡中添加 Pb、Ag、Bi、Cu、Ni、Fe、Zn 等金属元素可以有效抑制锡晶须生长，并限制锡铜金属互化物的生成。

最近的锡晶须生长理论确定晶界是晶须现象的关键，早期对锡晶须的研究表明，锡电沉积层中溶解的氢对锡晶须的形成有很大的影响。早期的试验表明，电镀后立即烘烤可以减轻晶须的形成，而这种效果是由于氢释放造成的，电镀后立即烘烤现在广泛用于减轻晶须，但这种效果通常归因于应力消除。

江波于 2007 年的试验表明，添加稀土元素后，在大块锡合金表面观察到晶须生长，晶须生长在锡/稀土化合物附近，并且随着稀土添加量的增加，晶须的生长趋势增大；脉冲电流通过基体时将影响晶须生长的趋势，当电流密度过高时($1.0\times10^{5}\,A/dm^{2}$)，通电 15 天后未观察到晶须生成。

Pinsky 于 2008 年研究了溶解氢和其他微量杂质对锡镀层生长晶须倾向的影响，综述了近年来有关锡晶须和氢在金属中溶解行为的试验和理论工作，以确定溶解氢是否值得重新考虑。研究表明，电镀过程中阴极效率较低，意味着氢共沉积速率较高，也会增加晶须倾向，锡电镀层的氢含量变化可以超过 20 倍，大量的试验和理论研究表明，溶解氢对许多金属的晶界有显著的影响。对钢和高温合金高温行为的研究表明，晶界中微量杂质的存在对宏观性能有显著影响。由于锡在室温下是在高温状态下工作的，所以微量杂质也应该对依赖于晶界的宏观性质（如晶须）产生重大影响，因此建议锡晶须研究者将氢含量和其他微量污染物的含量作为试验设计的一部分。

Okamoto 于 2008 年研究了作为基板的铜箔结构如何影响锡晶须的形成和沉积的锡膜的结构，特别考虑了铜箔的晶粒尺寸与老化锡沉积膜与铜箔界面形成的金属间化合物沉积量之间的关系。使用两种类型的铜箔作为基底。一种添加剂是"添加明胶"，颗粒大小为 $0.5\,\mu m$，类似于 $1\,\mu m$；另一种添加剂是"添加氯离子"，具有柱状颗粒及其结节。添加明胶的铜箔晶粒尺寸小于添加氯离子的铜箔。用 TEM 和 SEM 研究了锡晶须、锡薄膜和铜箔的结构，发现老化后薄膜上形成的晶须数量增加，明胶添加剂沉积在铜箔上的锡膜上形成的晶须数大于氯离子添加剂沉积的锡膜上形成的晶须数。用透射电镜观察了镀锡薄膜和铜箔的横截面形貌。通过对时效后试样的 TEM 衍射图分析，发现在锡沉积膜与铜箔的界面处有 Cu_6Sn_5 金属间化合物沉积。明胶添加剂形成的金属间化合物沉积量大于氯离子添加剂。金属间化合物镀层的形貌分为球状和层状。可以观察到添加明胶的样品和添加氯离子的样品在结瘤状金属间化合物沉积量上的差异。

张晓瑞于 2009 年研究了通过添加 POSS 颗粒抑制锡基无铅焊层的晶须生长，锡基合金中添加铋元素可提高合金的润湿性，添加铜元素可有效防止溶铜发生，Sn - Bi - Cu 合金的润湿性良好，熔融的 $Sn - Ag_3 - Cu_{0.5}$ 共晶合金的接触角几乎不存在滞后性。

Dudek（2009）研究了添加质量分数为 2%Ce、La 和 Y 对 $Sn - Ag_{3.9} - Cu_{0.7}$ 晶须行为的影响。水淬合金中 $RESn_3$ 颗粒较小时，颗粒周围出现丘状晶须，而炉冷合金中 RESn3 颗粒较大时，颗粒内部形成针状晶须，稀土金属间化合物氧化过程中锡和稀土氧化物发生相分离，采用聚焦离子束连续切片的方法观察了锡晶须和氧化层的结构，发现晶须生长的驱动力与稀土金属间化合物相氧化过程中在这些颗粒中产生的压应力有关。

Panashchenko 于 2009 年考察了许多研究人员提出的在铜基底材料和锡镀层之间添加镍底层可以作为晶须形成的缓解策略。为了评价这一说法，将直接在铜上镀锡的样品和在锡和铜之间有镍底层的样品置于环境中以诱导晶须生长。试验时，所有样品在办公室环境中存放 2.5 年，观察到很少或没有晶须生长。试验包括 1 000 个温度循环（$-55\sim85℃$，10 min 停留），然后两个月的高温-湿度暴露（60℃ 和 85% 相对湿度）。在试验期间，定期测量样品上的晶须长度和密度。根据 JESD201 标准测量所有晶须长度，取晶须的有效短路距离（晶须根部和最远点之间）。提出了一种简单的晶须长度测量方法，以替代 JEDEC 提出的改变晶须观察角以观察其最大长度的方法。在前 500 次温度循环后，发现所有样品都有晶须。进一步暴露于温度循环和升高的温度/湿度不会显著增加晶须密度。与锡直接镀在铜上的样品（约 1 800 晶须/mm）相比，具有镍底层的样品具有更大的平均晶须密度（约 2 900 晶须/mm^2）。在温度循环期间，两组样品的晶须长度相似，平均长度约为 12 mm。高温-湿度暴露导致晶须长度超过 $200\,\mu m$，仅在镍底层样品上。试验完成后，收集了 877 个晶须的晶须长度和直径数据。晶须直径与晶须长度无相关性。另外，计算了 588 个晶须的晶须生长角，并以 10 度为间隔对晶须进行分格，以确定是否存在择优生长取向。结果表明，没有有利的生长角；然而，很少有晶须生长在接近表面的角。利用 X 射线荧光（XRF）测量镀层厚度发现，两个试样的锡镀层厚度为 4.5 mm，而其余试样的锡镀层厚度为 6.7～9.5 mm。在具有镍底层的试样上测量镍的厚度为 1.2 mm。在 4.5 μm 的锡表面上发现明显较少的晶须(小于 200 晶须/mm²,而在较厚的电镀锡上看到的小于 2 000~4 000 晶须/mm²)。然而,在较薄的镀层上发现了较长的晶须。暴露于环境试验条件下 1 年后的观察发现,晶须长度或密度没有进一步变化。因此,认为大量晶须生长似乎是由于完全暴露在环境试验条件下。

郝虎于 2009 年对稀土相加速锡晶须生长及锡晶须生长机制进行了深入研究。结果表明,向 $Sn_{3.8}Ag_{0.7}Cu$ 钎料合金中分别添加了过量的稀土铈、镧、铼(镧铈混合稀土)会引发晶须猛增。

冼爱平于 2009 年报道了 $Sn-Cu_{0.7}-Nd(0.1\%\sim5\%Nd)$(质量分数)钎料中稀土(RE)的加入诱发晶须生长的现象。结果表明,在钎料合金的显微组织中,钕以 Sn_3Nd 的形式存在。当钕≤0.5%时,Sn_3Nd 呈雪花状。在环境条件下,含钕合金有很强的晶须生长趋势,晶须形核的孕育时间很短(只有几个小时)。所有晶须均源自 $Sn-Nd$ 化合物,其中晶须生长相对较快;五个最长晶须的平均生长速率约为 4 Å/s,并且在 480 h 内观察到长度为 190 μm 的晶须。基于这些结果,预测所有含稀土焊料的晶须生长将是不可避免的,并对产生这种现象的原因进行了探讨。最后,作者建议,任何掺杂稀土的焊料都应重新仔细考虑。

WANG 于 2009 年的研究结果表明,新的钎料合金比基钎料合金具有更好的可焊性,当铈含量在 0.03%~0.05%时,$Sn-3.8Ag0.7Cu_x-Ce$ 的可焊性得到最大的改善,而 $Sn-Cu_{0.5}-Ni_{0.05}-Ce_x$ 钎料的最佳铈含量在 0.05%~0.07%之间。随着铈添加量的增加,焊接接头的力学性能得到改善,在 $Sn-Ag_{3.8}-Cu_{0.7}-Ce_{0.03}$ 和 $Sn-Cu_{0.5}-Ni_{0.05}-Ce_{0.05}$ 处力学性能达到峰值。铈的加入细化了钎料合金的晶粒尺寸,提高了焊接接头的力学性能。

Er 等系统地研究了稀土相 $CeSn_3$、$LaSn_3$、$La_{0.4}Ce_{0.6}Sn_3$、$ErSn_3$ 及 YSn_3 表面锡晶须的生长情况,包括锡晶须开始生长的时间、生长速率、数量、形态及尺寸等。研究结果表明,在真空时效条件下,稀土相的表面不会出现锡晶须的生长现象;相反地,在大气环境中会出现锡晶须。表明稀土相的氧化是其表面锡晶须生长的首要条件,即稀土相氧化产生的压应力将为锡晶须的生长提供驱动力,稀土相氧化释放的锡原子将为锡晶须的生长提供生长源,进而提出了稀土相表面锡晶须的生长机制为:首先,在稀土相的内部形成锡晶须核;然后,锡晶须核被推出表面形成锡晶须;最后,锡晶须发生长大,稀土相 $CeSn_3$、$LaSn_3$、$(La_{0.4}Ce_{0.6})Sn$ 的氧化倾向较大。在室温时效条件下,其表面会生长出大量的线状锡晶须;150℃时效条件下,由于稀土相剧烈的氧化形成了厚厚的层状稀土氧化物,机械地阻碍了锡晶须核的推出,因此,在其表面不会出现锡晶须的生长现象。对于稀土相 $ErSn_3$ 与 YSn_3,由于它们的氧化倾向相对较小,锡晶须孕育期较长,因此,室温时效条件下在其表面会生长出大尺寸的杆状和棒状锡晶须;150℃时效条件下,在其表面会生长出针状和线状的锡晶须,且生长速度极快,最高可达 1 000 A/s。

蔡成俊于 2011 年发明了一种镀锡电解液抑制晶须添加剂,配方按质量比如下:羟基乙磺酸 20~250 g/L,过氧硫酸钾 10~50 g/L,硫酸钯 0.5~5 g/L,四唑 0.5~8 g/L,聚乙二醇 5~10 g/L,余量为水。该发明配方合理,溶液性能稳定,与镀锡电解液配合合理,含钯镀层有效抑制晶须生长,所生产的产品焊接性、导电性好。

田君于 2011 年对钎料稀土相表面锡晶须生长进行了研究。结果表明,在室温时效条件下,稀土相 $CeSn_3$ 与 $LaSn_3$ 表面易出现小尺寸的线状锡晶须,直径为 0.1~0.2 μm,而在稀

土相 $ErSn_3$ 的表面易出现大尺寸的杆状锡晶须,直径可达 $1\,\mu m$ 左右;在 $150^\circ C$ 时效条件下,稀土相 $ErSn_3$ 的表面易出现小尺寸的针状锡晶须,而在稀土相 $CeSn_3$ 与 $LaSn_3$ 的表面不会出现锡晶须。

Kim 于 2013 年针对室温下表面处理与否对锡镀层晶须生长的影响进行了研究,研究了一种在纯锡镀层上沉积金、钯、镍等薄金属层以减少锡晶须形成的方法。采用闪光镀锡工艺在亚光锡镀层上沉积了厚度为 $50\sim200\,nm$ 的金、钯和镍层,观察了纯镀锡和金属层/镀锡试样在室温下 $10\,000\,h$ 的锡晶须生长行为。与纯锡镀层相比,金属层/Sn 镀层在室温环境下对锡晶须的形成更为稳定。

叶焕于 2013 年以添加稀土镨的低熔点 Sn - Zn - Ga(SZG)钎料为研究对象,系统研究了镨含量($0\sim0.7\%$)(质量分数)对钎料及其焊点组织、性能和可靠性的影响;发现了稀土相诱发锡晶须生长问题,并探讨了锡晶须生长行为与机制。采用润湿平衡法研究了稀土镨添加对 SZG 钎料润湿性能的影响。发现适量镨的引入可以明显改善钎料的润湿性能;其中 SZG - 0.08Pr 钎料的润湿力相对于 SZG 原始钎料有大幅提升,润湿时间则明显变小,表现出了优异的润湿性能;其原因在于镨的表面活性作用降低了钎料/助焊剂相界面之间的界面张力并阻止了锌原子的氧化。组织研究发现镨的添加可以减小钎料组织中富锌相的尺寸,有效细化钎料微观组织;这主要是由于镨的吸附特性降低了钎料晶界自由能和不同晶界间的自由能差,阻止了晶粒的生长,从而得到弥散而均匀的钎料组织。当镨含量较高时,钎料组织中有块状稀土相 $PrSn_3$ 金属间化合物生成;基于纳米压痕技术连续刚度法测定 $PrSn_3$ 的弹性模量为 $58.92\,GPa$、硬度值为 $1.33\,GPa$,均远高于锡基体;分析认为钎料中少量 $PrSn_3$ 的存在会起到弥散强化和细晶强化作用,有利于钎料力学性能的提高;较多时则会由于其本身的硬脆特性和易氧化而恶化钎料性能。基于微焊点强度测试技术评估了 SZG - Pr 无铅焊点在焊后和 $100^\circ C$ 高温存储条件下的连接强度,结果表明添加稀土镨可以有效提高无铅焊点的剪切强度;经时效处理,虽然焊点强度都有恶化,但含镨的无铅焊点强度仍要高于 SZG 原始焊点;当钎料中镨含量为 0.08%(质量分数)时,在焊后和时效后所对应焊点的剪切强度均达最大值。界面组织研究表明 0.08%(质量分数)稀土镨的添加可以抑制 SZG - Pr - Cu 焊点界面上 Cu_5Zn_8 金属间化合物(IMC)的生长,减小界面层(IML)的厚度,这正是焊点强度提高的主要原因。

Sun 于 2014 年研究了具有良好的可靠性和力学性能的无铅焊料之一的 SnAgCu 焊料合金,根据许多研究人员选择在 SnAgCu 焊料中加入一系列合金元素(In、Ti、Fe、Zn、Bi、Ni、Sb、Ga、Al 和稀土)和纳米颗粒,来克服 SnAgCu 焊料也存在着熔点高、润湿性差等问题,综述了含合金元素和纳米颗粒的 SnAgCu 无铅钎料的研究进展,讨论了合金元素和纳米颗粒对 SnAgCu 无铅钎料的熔化温度、润湿性、力学性能、硬度性能、显微组织、金属间化合物和晶须的影响。

张成于 2014 年研究锡元素含量对 Sn - Bi 系焊料性能的影响,通过差示扫描量热法研究 Sn - Bi - Sb 焊料的熔化行为。采用铺展试验研究焊料在 Cu 基板上的润湿性,测试 Sn - Bi - Sb - Cu 结合界面的力学性能。结果表明:三元合金中含有包共晶反应形成的共晶组织,随着 Sb 含量的增加,共晶组织增多;在加热速率为 $5^\circ C/min$ 的条件下,三元合金显示出更高的熔点和更宽的熔程;添加少量锑对 Sb - Bi 系焊料的铺展率有影响;在焊料铺展过程中形成反应过渡层,反应过渡层中存在锑元素而无铋元素,过渡层厚度随着锑元素含量的增加而增大。Sn-Bi-Sb焊料的剪切强度随着锑元素含量的增加而升高。

Jo于2013年研究了电镀亚光锡和$Sn_xBi(x=0.5\%、1.0\%、2.0\%)$(质量分数)薄膜表面在不同试验条件下的形态发展,通过试验证明加入少量铋的加入阻止了锡晶须的形成;在室温储存或高温热处理试验期间,在$Sn-xBi$表面均未观察到晶须生长。在压痕加载和热循环试验中,偶尔会观察到短(小于$5\mu m$)表面挤压,但仅在$x=0.5\%$(质量分数)和1.0%(质量分数)的电镀样品上。在所有的测试案例中,Sn-2Bi镀层样品都表现出良好的晶须缓蚀性,而纯锡样品表面总是产生许多晶须。证实了铋的加入细化了镀层的晶粒尺寸,改变了柱状结构,形成等轴晶。储存条件允许在镀层和基体之间形成金属间化合物,而不考虑添加铋。然而,随着铋含量的增加,生长模式变得更加均匀。这些微观结构的改善加上铋有效地释放了锡镀层的内应力,从而减轻了在各种环境下表面晶须的形成。

左勇于2015年在Sn、$Sn_{30}Ag_{0.5}Cu$和$Sn_{42}-Bi_{58}$钎料中添加具有纳米结构的笼形硅氧烷齐聚物(POSS)作为增强相,研究了增强相在恒温恒湿(85℃,相对湿度85% RH)条件下对锡基无铅焊层晶须生长行为的影响,结果表明,在恒温恒湿条件下,锡基无铅焊层晶须生长的驱动力是锡的氧化物生成引起体积膨胀从而对周围焊层产生的压应力;添加POSS可以有效缓解金属锡的氧化进程,抑制锡的氧化物生成,从而减缓晶须生长;在Sn、$Sn_{30}Ag_{0.5}Cu$和$Sn_{58}Bi$焊层中,锡焊层晶须生长能力最强,$Sn_{58}Bi$焊层晶须生长能力最弱。

Kato于2016年回顾了锡基合金抛光剂的基本性能以及各种合金元素对晶须形成的影响,特别是晶须测试数据和晶须抑制或增强每个元素的潜在机制。通过对亚光Sn-Cu合金镀层中自发晶须形成或抑制机制的试验数据的仔细观察,揭示了在铜基材料(引线框架)中添加微量元素如何显著改变合金镀层的晶须形成倾向。在两种不同的铜引线框架(即铜-铁和铜-铬)上电沉积相同的亚光锡-铜镀层,发现晶须形成的趋势明显不同。这些研究结果阐明了Sn-Cu涂层生长晶须的形成和抑制机制,并通过选择铜引线框架材料建立了防止自发晶须形成的对策。

Druzhinin于2016年研究了不同杂质浓度$4.4\times10^{16}\sim7.16\times10^{17}/cm^3$的InSb晶须在$0\sim14$次的纵向磁场中,在$4.2\sim77K$的温度范围内,负磁电阻达到50%左右过渡。当锡浓度从过渡金属和电介质一侧开始时,负磁电阻降低到35%和25%。对于轻掺杂晶体,纵向磁电阻两次穿过磁场感应轴,负磁电阻的行为可以解释为经典尺寸效应的存在,特别是次表面晶须层的边界散射。

王梅凤于2016年公开了一种降低锡晶须生长的纯锡电镀液及其应用专利,酸性镀液采用甲基磺酸与硫酸的混合溶液,锡盐采用烷基磺酸锡盐与过氧化氢的混合溶液,且添加了抗氧化剂、辅助剂、光亮剂、湿润剂、表面活性剂等成分,且在应用的过程中采用了独特的电镀液配制方法和使用注意事项,与传统电镀液的应用相比,对锡晶须的生长抑制效果明显,大大降低了锡晶须的生长速率,减少电镀件表面锡晶须的生长。且使用本发明进行电镀后镀层具有柔韧性和延展性好,对镀层裂纹的出现具有很好的缓解作用,对温度承受能力较灵活。

杨海峰于2018年提出一种向锡基钎料中添加易氧化元素的方法,在惰性气体的保护下,利用冷压焊的原理将易氧化元素添加物包覆在母体金属中,然后将包覆结构的母体金属浸入到熔融的母体金属中,包覆结构外部合金溶解,内部添加物与熔融金属接触并溶解。由于浸入到母体金属中的包覆结构外层为母体金属,内只含有惰性气体与易氧化元素添加物,外部金属熔化以及易氧化元素溶解过程中均无氧气,所以易氧化元素不会发生氧化,具有更好的元素添加效果;而且该方法制备工艺简单,实现了大气环境下直接添加易氧化元素的目的,可以大幅度降低钎料生产企业的成本。

Das Mahapatra 于 2018 年研究了含 0.2%～20%铟的锡共电沉积对锡晶须生长的影响,根据其他研究者已有的"5%～10%的铟可以消除铜基电镀锡中的晶须生长"的结论,以及目前还没有已知的方法使用与当前工业中使用的类似的酸性电解液与少量锡共电沉积,研究了一种在甲基磺酸(MSA)电解液中用 0.2%～20%铟与锡共镀锡的方法,该电解液是目前应用最广泛的锡电镀液,其他添加剂用量较少。

徐强于 2019 年针对合金化方法抑制银晶须生长进行了研究,通过向银中添加一定含量的钯,经充分混合、涂覆、烘干、烧银后置于低气压受热环境下,借助 SEM、EDS 等方法探究添加钯对银晶须生长的影响。结果表明,通过向银中添加钯不能完全抑制银晶须的生长现象,但钯能够减缓银的迁移速率,延长晶须生长孕育期,在一定程度上能够抑制银晶须的生长。

添加剂改善晶须生成如图 8.19 所示。

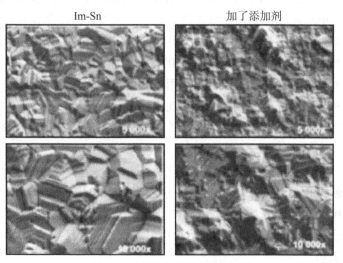

图 8.19　添加剂改善晶须生成
(资料来源:嘉峪检测网,2020)

在 PCBA 组装中,锡晶须在室温下较易生长,1.5 个月晶须长度可达 1.5 μm,从而造成电气上的短路,特别是对精细间距与长使用寿命器件影响较大。在图 8.20 中,在锡中加入一些杂质,可避免在 PCBA 组装中从元器件和接头的锡镀层上生长出晶须。

晶须塑料桥架中的晶须是与高分子工程材料共混改性后的一种新型材料填充剂,可增加材料强度和柔韧性。用该材料制造出的桥架具有高强度、耐腐蚀、使用寿命长等特点。因为不含金属成分,在应对铁、铬、镍等杂质混入的问题上具有明显的优势,特别适用于锂电池行业。

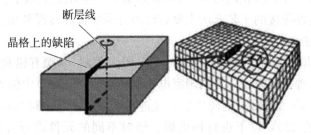

图 8.20 在 PCBA 组装中加入杂质可避免晶须的生长
(资料来源:嘉峪检测网,2020)

9) 工艺和参数选择

锡晶须的生长是一个自发的过程,而生长的快慢则可以从镀层工艺等方面进行相应的抑制,以减缓在规定时间内锡晶须的生长长度和密度。工艺选择主要如下:自上而下的MEMS工艺、氧化锡纳米颗粒包覆、光刻掩模、选择电镀工艺参数、焊料覆盖率法、主动植入式、机械诱导锡晶须取向。

Misner 于 2016 年提出了在技术上合理降低成本的缓蚀瓷介电容器锡晶须的有效焊料覆盖率方法。此外,镀速和杂质等也是重要的影响因素,必须综合考虑这些工艺参数。

李敏于 2010 年公开了一种柔性电路电镀表面抑制晶须工艺。它是在传统工艺的电镀步骤之后增加了酸洗、机械磨刷、老化处理等步骤。所采用的机械磨刷可有效机械破坏原镀层金属结构,达到破坏晶须生长的条件,杜绝晶须生长,使柔性电路产品达到对长期可靠性的要求。

王颜辉于 2010 年针对无铅纯锡电镀中镀层易变色的问题来进行研究,运用电化学、化学的方法,以无铅纯锡电镀工艺为主要研究对象,在镀层变色的机理基础上,深入分析可能造成镀层变色的各种因素,并通过试验研究证明了该工艺的有效性。

许建平于 2014 年采用超声波辅助电镀沉积工艺方法研究了工艺参数对电镀沉积金属镍镀膜的表面形貌及力学性能的影响规律。试验结果表明:超声波辅助电镀沉积镍镀层时,超声波能够细化镀层的晶粒,降低镀层的孔隙率,同时显著地改善异性工件电镀层的均匀性。当超声波作用时间 20 min 时,电镀镍镀层的孔隙率为 2 个/cm²。随着超声波作用时间的延长,电镀镍镀层的显微硬度呈现出先增加后降低的变化趋势。

Pinol 于 2014 年研究了纯锡沉积方法对锡晶须形成倾向的影响,采用的沉积方法包括哑光和光亮电镀、化学镀、溅射和蒸发(坩埚电阻和电子束)。在高真空条件下,通过电子束蒸发或直流溅射制备的薄膜可以立即形成晶须,而无光电镀和化学镀的薄膜需要 9 周才能形成晶须,电阻蒸发和光亮电镀形成的薄膜经过一年多的环境老化后没有晶须,薄膜厚度和平均晶粒尺寸对晶须倾向没有影响。

针对特殊用途且对可靠性要求较高的器件,如军用 BGA 器件,印制板组装不得不面对含铅器件和无铅器件混装的问题。对其焊接工艺选择与实现通常的解决方案是:使用有铅焊料焊接混装组件,或者对无铅的 BGA 及其他无铅封装器件进行有铅转化后,使用有铅焊料焊接;与无铅焊料相比,有铅焊料合金熔点低,焊接温度低,对电子产品的热损坏少,合金润湿角小,可焊性好,产生焊点"虚焊"的可能性极小。焊料合金的韧性好,形成的焊点抗振动性能优于无铅焊点。因此,在高可靠产品领域,通常不采用无铅焊料进行焊接。目前,解决有铅/无铅混装组件焊接的工艺方法主要有使用有铅焊料焊接混装组件,以及器件进行有铅化转化这两种方法。

有铅焊料焊接混装组件是指使用传统的 $Sn_{63}Pb_{37}$ 焊料,兼顾有铅和无铅焊料熔点的温度曲线,对组件进行焊接的方式。美国国家电子制造项目(NEMI)中的无铅特别小组,对焊球合金为 Sn-Ag-Cu 的 BGA 的向后兼容性进行了评估。其中对 $Sn_{3.8}Ag_{0.7}Cu$ 焊球合金的 BGA,在峰值温度 220℃ 以下进行回流焊。经对不同的元件进行评估,评估结果显示: Sn-Ag-Cu BGA 焊球使用 Sn-Pb 焊膏形成的焊点与典型的 Sn-Pb 焊点在性能上是等效的。国内桂林电子科技大学的蒋廷彪等人研究了不同工艺参数,认为只要工艺参数控制得当,使用共晶 Sn-Pb 焊接无铅 BGA 是可行的。

无铅元器件的有铅化处理是指利用工艺手段把无铅镀层去除并替换为有铅镀层的方法。一般来说,对于有引线无铅元器件,使用砂纸轻轻磨去引线上的无铅镀层,再对引线进行搪锡处理,通常需要进行两次以上的弓线搪锡。无引线无铅元器件的转化工艺与之类似,只是处理时需要更加注意。球形焊端元器件的转化工艺实际就是先将 BGA 器件的锡球去除,然后用丝网漏印的方法将 $Sn_{63}Pb_{37}$ 材料制成的锡球植入芯片,再将芯片进行回流,将有铅锡球焊接在芯片上。

可以看出,对器件的有铅化处理,虽然可使用比较成熟的有铅焊接工艺,获得较高的焊接可靠性。但是器件的有铅化处理工艺较复杂,对流程的控制难度较大,有铅化处理过程本身容易引入缺陷。因此,加强参数控制,使用有铅焊料焊接混装组件的方法更有优势。

Bourns 于 2009 年发表了革命性创新热浸镀锡制程,以防止锡晶须效应。

Brusse 等研究认为,保形涂层对锡晶须生长有非常好的抑制作用。通过在制品上涂抹不同厚度($0\sim50\,\mu m$)的 Uralane5750,经过 9 年常温试验,没有涂覆 Uralane5750 的制品上布满长度不同的锡晶须,而涂覆 Uralane5750 的制品表面非常光滑,几乎没有明显的锡晶须生长现象。虽然保形涂层并不能从根本上消除锡晶须的生长,但是保形涂层自身内部的弹力及与锡镀层之间的结合力阻碍锡晶须的生长,且可以有效避免锡晶须生长的长度过长。

Landman 于 2011 年公开了化学镀锡晶须不可穿透金属帽在电子组件金属上的选择性应用发明专利,该工艺中,不需要盖子的金属表面被遮蔽,在所有暴露的金属表面被清洁之后,接着将整个电路浸入化学镀液(如镍化学镀液)中足够长的时间以在所有暴露的金属表面上形成金属盖,从镀液中移除电路,漂洗并去除遮蔽覆盖表面。

渡边恭延于 2012 年提供了一种镀锡或者镀锡合金的晶须防止方法,即使在室温下放置 5000 h 的场合也可以确实地防止晶须发生的简便方法,提供的镀锡或者镀锡合金用晶须防止剂如下:①硫酸、链烷磺酸、烷醇磺酸和它们的衍生物;②过氧化物;③电势比铜高的金属离子。将被镀材料浸渍在所述镀锡或者镀锡合金用晶须防止剂中后进行镀锡或者镀锡合金。

芦野宏次于 2017 年公开了电解电容器的制造方法与工艺,其具备包含连接于阳极箔及阴极箔的铝线、在铝线的端部形成了的连接部、接合于连接部的引出线的引出引线端子,在引出引线端子的连接部,形成填充含有鳞片状填充材料的液状固化性树脂、使其固化了的树脂层。由此,在使用了未使用铅的引出引线端子的铝电解电容器中,抑制引出引线端子中的晶须的产生及生长。

由于存在有铅、无铅混装工艺,再流焊温度会提高5~25℃,某些塑封器件在高温作用下,器件内的湿气会迅速汽化,从而破坏器件内部结构,即产生所谓的"爆米花"现象,因此必须加强对湿度敏感器件的管理。工艺过程中必须将此类器件单独进行监控,设计人员在明细表中应注明元器件潮湿敏感度。要对潮湿敏感元器件在焊接前进行烘干去潮处理,规定烘干后存放条件和存放时间。

对于表面贴装印制板的电子装联,通常使用全热风回流焊炉进行加热焊接,热风只能垂直于元件进行微循环加热。普通的SMT器件引线外露于元件本体或无焊锡球需要熔化,热量完全能够满足焊接要求。而BGA封装器件的焊锡球位于元器件本体下方,回流焊炉内热风不能在平行于元件本体的方向循环到密集分布于BGA封装器件本体下方的BGA焊锡球,焊锡球熔融与焊料形成合金焊点所需的热量只能通过元件本体的热传导方式获得,这种热传导方式效率很低,导致在热风回流焊炉中BGA封装器件本体下方温度在同一时间内小于印制板上其他部位温度10℃左右。要使整个印制板达到良好的焊接效果,必须兼顾整板器件对焊接温度的要求,这就要求使用多温区(七温区以上)回流焊炉,其温度调节点多,炉体加热区长,能够对温度曲线进行更精准的调整,使印制板在焊接过程中温度分布更均匀。焊料温度曲线设置如表8.1所示。

表8.1　焊料温度曲线设置

项目	温度/℃	时间/s
升温区	25~100	60~90
预热区	100~150	60~90
回流区	>183	60~90
峰值温度	210~230	60~90

通常无铅焊接由于焊接温度较高,对于无铅焊料中应用最广泛的SAC305焊料来说,通常温度曲线设置如表8.2所示。

表8.2　SAC305焊料温度曲线设置

项目	温度/℃	时间/s
升温区	25~100	90~120
预热区	100~180	60~90
回流区	210~230	60~90
峰值温度	235~245	15~30

综合考虑其他有铅器件、有铅焊料以及BGA焊球充分熔融等因素,混合焊接温度曲线设置原则如表8.3所示。

表8.3　混合焊接温度曲线设置

项目	温度/℃	时间/s
升温区	25~100	90~120
预热区	110~180	60~90
回流区	>217	60~90
峰值温度	235~245 >225	60~70 15~30

按上述原则调试并设置温度曲线,用温度曲线测试仪测试只装有 BGA 封装器件、未装其他器件的印制板,得出实测温度曲线如表8.4所示。

表8.4　实测温度曲线

测试点	最高温度/℃	是否有铅	在熔化温度以上保持时间/s	熔化温度/℃
BGA 下方	221.5	无铅	14.0	217
QFP 封装器件裸焊盘	252.0	有铅	63.0	183
分立器件裸焊盘	254.0	有铅	59.0	183
印制板 B 面裸焊盘	241.0	有铅	53.5	183

由此可见,曲线设置基本可以满足有铅焊接温度曲线上限、无铅焊接温度曲线下限设置原则,选取此温度曲线为试验温度曲线。这种峰值温度(235~245℃,60~70 s)的设置,在桂林电子科技大学蒋廷彪等人的研究报告中也得到了印证。

从试验和现有研究成果可以看出,对于包含焊球合金为 Sn‐Ag‐Cu 的 BGA 有铅器件的混装组件,使用共晶 Sn‐Pb 焊膏焊接,回流温度曲线最高温度在 235~240℃ 之间,液相线以上时间为 60~90 s 进行焊接是可行的。使用保形涂覆技术后,可以将锡晶须的风险降低,但长期可靠性需要进一步验证。

William 于 2008 年测量了锡基无铅电镀层的压应力状态和局部蠕变响应引起的晶须生长,包括通过脉冲沉积技术消除柱状晶粒形状,将使用这些测量方法和数据来修改加工条件,以防止锡晶须的形成,以及抑制锡与基底的金属间反应。结果表明,采用脉冲电沉积的方法,可以得到晶粒细小的等轴晶结构。脉冲沉积用于选择性地开启和关闭锡沉积反应比锡更高。因此,在非循环期间,电极表面的金属锡和溶液中的 Bi 之间的置换反应选择性地溶解锡并沉积铋,有效地终止上一个循环的生长,并迫使锡在富铋表面上形成新的晶粒。通过改变脉冲条件来调节晶粒尺寸,可以得到等轴晶结构。这种通过电位调制脉冲沉积的铋表面富集与 Sn‐Pb 沉积中自然发生的富集相似,为打破纯锡固有的柱状晶粒结构提供了一条途径。等轴晶粒结构使蠕变均匀,应力迅速松弛,防止晶须和小丘的形成。

10）环境和条件控制

晶须生长的关键条件是温度在 50℃ 以上,相对湿度大于 50% RH。因此,在应用中应尽力避开上述环境条件。利用人工智能方法或传统的控制方法实现试验环境和条件控制,包括应力、温度、湿度、冷热循环、真空度、电压、电流、电场、磁场、辐射、工作环境等,可达到抑制晶须的目的。

Sabbagh 于 1975 年认为：锡晶须的生长机理被认为是应变消除现象，基体对晶须的生长起着重要的作用。他总结了影响晶须生长因素的大量试验结果，为工业应用中晶须生长控制方法的选择提供了依据，在 191℃（375℉）和 218℃（425℉）之间的受控氮气气氛中电镀 4 h 后，退火锡涂层导致潜伏期增加和晶须生长速率降低。

11）使用检测和处理工具

从航空航天、国防工业到医疗设备制造的众多行业中，锡晶须引起的过早产品故障可能会带来严重后果，锡晶须是许多制造商普遍关注的问题，必须在安装前检查所有相关组件。借助检测和处理工具，如：布鲁克锡晶须风险检测枪在晶须预防中的应用，布鲁克 S1 TITAN 手持式 XRF 分析仪，在设备制造或购买阶段筛选纯锡、镉或锌更容易，根据需要向布鲁克发送消息，以获取有关工业锡晶须预防的免费专家意见，安排演示和提供解决方案，这种重要的预防措施可以为制造商节省数百万美元的费用。已有用于坦克、火炮等提供快速和准确的结果的案例，防止了潜在的灾难性事故。

Behrendt Ernst-Georg 于 1980 年使用氙气放电灯来防止电镀零件的晶须生长，特别是镀锌零件。电镀后，零件在有限的时间内暴露在脉冲辐射下，曝光优先间歇和（或）连续，零件优先连续处理，辐射由氙气放电灯提供，氙气放电灯在光谱的 UV 和 UV - C 区域提供光线，每 10 毫米管长度的灯提供约 80 瓦的功率、波长为 240～180 nm 的光线，对于电镀有锌或锡的零件，暴露时间最好为 30 秒，零件与氙气放电管的距离最好为 150 mm，经黄色铬酸盐处理后，该处理不会损害锌涂层的耐腐蚀性。

12）针对电迁移引起的晶须的抑制方法

余春于 2006 年提出了铜对铝互联引线（100）面电迁移抑制机理的第一性原理，结果表明，铜吸附原子在铝表面的扩散能障比银高，意味着铜在铝表面扩散需要更大的能量，通过 Mulliken 电荷计算发现，铜能降低铝表面原子的有效电荷，有利于降低电场对铝原子作用力，这两点对于解释 Cu 抑制 Al 导线表面电迁移提供了一定的依据。

魏程昶等于 2007 年分别利用 Blech 结构与铜基材之引脚架来对电迁移效应与高温高湿环境下如何促使晶须成长进行了研究，研究了无铅焊料的电迁移效应及规避，电迁移失效的物理机制及从布线几何形状、热效应、晶粒大小、介质膜等方面说明电迁移的影响因素，进而从结构设计、焊接工艺和材料的选择等方面分析了抑制电迁移的措施。

吴丰顺于 2013 年对互联引线的电迁移（MTF）研究进展表明，互联引线的几何尺寸和形状、互联引线内部的晶粒结构、晶粒取向等对 MTF 对电迁移有如下重要的影响。

（1）引线长度。在铝引线中，MTF 随着长度的增长而下降，直至某一临界值，MTF 不再取决于长度的变化。其原因在于随着铝引线长度的增加，出现严重缺陷的概率也在增加。当缺陷概率为最大时，MTF 达到极小值；超过临界长度值，缺陷概率不会再增加。因此，对较长铝引线进行测试时，必须考虑临界长度的问题。美国的 ASTM 标准规定，电迁移试验中铝引线的长度为 800 mm。

（2）引线几何形状及引线厚度。在宽度和厚度一定的直铝引线中，电流密度是一定的。但是，引线的形状可以改变电流密度的分布，引起电流聚集，产生局部的空位流增量。而引线转角处的电迁移主要是由于电流密度梯度而不是电流聚集引起的。电流密度的不均匀分布,造成了 90°角处的电流密度梯度比 45°、30°角时要大,从而导致空位流增量也增大,电迁移现象更为显著;引线厚度减小,表面积增加,使得表面扩散增加,造成 MTF 下降;另外,薄引线散热能力提高,焦耳热效应降低,又有助于 MTF 的提高;对 Al - Si 合金互联引线在不同转角处的电迁移研究表明,0.99 mm 厚的合金受转角形状的影响远比 0.66 mm 厚的合金要大。厚膜引线中的电迁移失效是由动态空洞模型产生的,MTF 的减小与厚膜引线中的电流密度分布引起的空洞移动和聚集密切相关;而薄膜引线中失效是由静态空洞模型产生的,电迁移寿命取决于不能移动的空洞不断长大直至贯穿整个截面,因此与转角关系不大,但是,两个厚度的试验都证明直角对电迁移寿命有显著的影响。然而,这个理论由于没有考虑到厚度减小引起的焦耳热的减小,因而值得今后进一步研究证实。

(3) 引线宽度。目前,IC 中互联引线的宽度已经很窄,而且晶粒尺寸较大,此时引线内部缺陷较少,空位流增量(ΔJ)不大;因此,电迁移失效不容易在较窄的引线上发生,相反容易在较宽的引线上发生,互联引线的电迁移寿命与几何尺寸和微观结构密切相连,宽度的影响最为复杂。在相同的线宽下,晶粒尺寸越大,电迁移寿命越长。线宽与晶粒直径之比 W/d 对电迁移 MTF 的影响:标准偏差 s 随 W/d 的增加呈下降趋势;而 W/d 对的影响 MTF 则较为复杂:①当 $W/d<1$ 时,由于引线的微观结构为竹节结构,晶界数量少,所以 MTF 的值较高;②当 $1<W/d<3$ 时,由于引线的微观结构为大晶粒结构,随着 W/d 的增大,晶界数量也增多,MTF 迅速下降;③当 $W/d≈3$ 时,由于引线的微观结构为大小晶粒混杂,所以晶界数量很多,MTF 会达到极小值;④当 $W/d>3$ 时,由于引线的微观结构为多晶粒结构,随着 W/d 的增加,晶粒尺寸逐渐均匀,所以 MTF 缓慢增加,有所改善。

(4) 晶粒结构。如果在互联引线中,晶粒尺寸不均匀,从左到右晶粒尺寸逐渐减小,存在晶粒尺寸大小差异。左边的晶界少,右边的晶界多,右边有更多的晶界参加了原子迁移的过程。因此,当电子流从左边流向右边时,空洞在大晶粒与小晶粒交界处产生,晶界上发生原子迁移从而形成空洞的过程,可以用"三叉点"模型来描述。"三叉点"发生在三个晶粒交界处的晶界上,此时电子风推动原子从一条边界流入,从另外两条边界流出。这个过程产生了空位流增量(DJ),造成了质量的流失,形成了空洞。当电流反向流动时,就产生了质量堆积,形成小丘。因此,"三叉点"数量的减少使引线发生电迁移的可能性下降,从而提高了电迁移寿命。

(5) 晶粒取向。互联引线表面积与体积之比增大时,原子的表面扩散和晶格扩散对电迁移的影响很大。不同晶粒取向引起的各向异性表面扩散对互联引线中原子的电迁移起着非常重要的作用。原子的表面扩散主要取决于晶粒的晶面和晶向。在面心立方(FCC)晶格中,高对称的(111)晶面和最致密的(110)晶向能降低金属原子的活性,提高金属原子晶界激活能。这种取向的晶粒最有利于形成竹节结构,减少原子各向异性的表面扩散。

(6) 温度和电流密度对电迁移 MTF 的影响。温度通过影响互联引线中的原子扩散而对电迁移过程产生影响。互联引线中原子的扩散系数与温度呈指数关系,当温度升高时,原子的扩散速度加快,导致电迁移现象按指数变化规律向着失效方向发展,如果互联引线上存在温度梯度,温度梯度使得互联引线上存在扩散系数的差异,温度高的区域,原子扩散快;温度低的区域,原子扩散慢,当电流密度和指数增大时,焦耳热急剧上升,温度升高,原子的扩散速度加快,加速了电迁移失效进程。

(7) 应力梯度对 MTF 的影响。IC 电路中互联引线与钝化层黏附在一起,由于互联引线的热膨胀系数远大于钝化层的热膨胀系数,因此在热加速过程中互联引线上将产生热应力和热应变,并产生相应的热应力梯度。热应力梯度的存在会降低产生空洞的应力阈值,使得空洞的形成更加容易,因而加速了电迁移进程,降低了电迁移 MTF,机械应力梯度能使原子发生反向迁移,当电子风力与机械应力梯度产生的原子回流驱动力达到平衡时,此时的电流密度值称为电迁移的电流密度门槛值。

(8) 脉冲电流模式对电迁移 MTF 的影响。实际电路工作在脉冲电流时,电迁移 MTF 比直流条件下的 MTF 理论值有明显的提高,这种现象就是由自愈效应产生的。但是,自愈效应不能完全修复电迁移引起的缺陷,主要因为材料的某些改变是不可逆转的,当脉冲电流频率低于 106 Hz 时,MTF 是脉冲峰值模型的函数;当脉冲电流频率高于 10^6 Hz 时,MTF 是平均电流密度模型的函数。在低频 $0 < f < 10^4$ Hz 时,焦耳热是引起电迁移失效的主要原因,MTF 反比于占空比;当频率为 $10^6 < f < 10^{10}$ Hz,焦耳热效应下降,MTF 反比于占空比的平方;当频率 $10^{10} < f < 10^{12}$ Hz,MTF 主要由铜原子的表面效应产生。而这个频率远远高于目前集成电路的工作频率,所以表面效应不会影响铜互联引线的可靠性。因此,在高频 IC 中,为了防止铜互联引线的氧化和扩散,通常在铜表面覆盖一层金属阻挡层。对高频 IC 中铜引线的 MTF 与频率的关系研究表明,电流线主要集中在与金属阻挡层相邻的铜引线外层,这主要是由于金属阻挡层的电阻率比铜高。

(9) 合金元素对电迁移 MTF 的影响。在互联引线中加入合金元素的目的是增加电迁移阻力,从而提高 MTF。研究表明,在铝的引线中加入 0.5%~4%(质量分数)的铜会提高 MT,实际上 Al-Cu 合金引线中的质量迁移可分为三个过程:在电迁移孕育期内,铜溶质完全溶解;在电迁移期间,铝发生电迁移形成空洞;在电迁移期间,空洞的稳定增强。Al-Cu 合金引线的 MTF 主要取决于铜在 Al-Cu 合金引线中的扩散性,铜在铝原子晶界处的偏析和扩散造成了 Al-Cu 合金引线中的电迁移阻力的增加;铜原子与铝原子相比有较高的凝聚能,易在铝的晶界处偏析。铜在铝原子晶界处的偏析使得 Cu-Al 在晶界处的结合远比 Cu-Cu 和 Al-Al 的结合要牢固得多,这意味着铜加固了铝原子的晶界,从而抑制了铝原子的晶界扩散。另外,铜在铝中的溶解度很小(在 200℃ 时大约 0.1%)(质量分数),这也使得铜更易在晶界处偏聚,从而为质量迁移提供了充足的原子储备。最后,易分解的 Al_2Cu 沉淀也使得互联引线中电迁移消耗的铜能得到及时补充,从而延长了 MTF,进一步的研究表明,在铝引线中铜首先扩散,同时由于铜的激活能低于铝的激活能,所以铝的扩散完全被抑制,等到铜在铝引线中彻底消耗后,铝的扩散才开始。偏析在晶界处过量的铜能够补充电迁移过程中铜原子的损耗,进而提高了 MTF,其他的与铜类似的材料也可以提高 MTF。3% 的 Mg 和 2% 的铬能显著提高 MTF,这主要是由于它们的高电阻率;而 2% 的镍、2% 的银和 2% 的金却不能显著改善 MTF。三元合金 Al-Cu-Mg 和四元合金 Al-Cu-Si-Mg(4%Cu/2% Si/1.5% Mg)也可以提高 MTF,但是由于镁在高温下容易氧化,因而产生了其他问题,四元合金 Al-Si-V-Pd(0.1%V/0.1% Pd)也能够提高亚微米引线的 MTF。此外,提高 MTF 的途径是增加合金扩散阻挡层,通常采用的是难熔的金属,最常用的是 TiN 和 TiW 扩散阻挡层,计算表明,当接触电阻 $R_c → ∞$(即相当于引线断路)时,电流全部从 TiN 阻挡层中流过。因此,当存在 TiN 扩散阻挡层时,即使铝引线有空洞甚至彻底断路,电流也照样能通过,类似的现象在 TiW 扩散阻挡层中也观察到了。TiN、TiW 对 MTF 的提高原因很复杂,第一,它们与铝形成金属间化合物,细化了晶粒,减小了引线的晶粒结构差异;第二,金属间化合物提高了电迁移激活能;第三,由于它们的高熔点、高电阻率,增加了电迁移阻力。研究表明,Mo - Ti - W,W,Al - 4% Cu - Cr - Al - 4% Cu 和 Nb - Au - Nb 几种合金膜有较长的电迁移寿命。

梁华国于 2015 年提出了缓解异构 MPSoC 电迁移效应的任务调度算法,该算法结合电迁移效应下单个处理器的平均无故障时间模型分析了制约单个处理器可靠度的因素,得出性能异构 MPSoC 中处理器可靠度差异模型;基于此差异模型,提出一种交叉分配任务调度算法——cross,减小了处理器间可靠度差异,达到整体优化可靠度的目的。试验结果表明,与已有的均衡受压任务调度算法相比,cross 任务调度算法下异构 MPSoC 中处理器的平均无故障时间变异系数降低了 3.71%。

崔喜昌于 2018 年提出了电迁移测试以及处理方法,通过样品在不同的压力和温度条件下进行恒定的加速的电迁移物理测试试验,正常水平下不同应力条件下 Lognormal 的分布以及对数标准差是往往是相等的,有了不同的应力条件下不同的样品的使用年限数据,再根据 Lognormal 分布的估算方法和标准就可以得到同应力下的中位寿命,进而利用加速运动的物理模型就可以得到在正常情况下电迁移寿命分布的实际情况,然后得到不同的累积失效率情况下使用寿命的初步判断。

13) DCS 系统金属晶须处理装置

中广核的郭海宁于 2019 年发明了一种 DCS 系统金属晶须处理装置,技术方案如下:构造一种 DCS 系统金属晶须处理装置,所述 DCS 系统包括机架以及若干端子排,若干端子设置在机架外侧且与机架相互独立设置,每一端子排包括座体以及设置在座体中的第一连接端口;机架上设有与第一连接端口通过电缆连接的第二连接端口;处理装置包括吹扫单元、除静电单元以及气体供应单元,气体供应单元与吹扫单元连接,以向吹扫单元供应气体。除静电单元与吹扫单元连接,以将经过吹扫单元中气体电离成正负离子,并由吹扫单元吹出附着在所述第一连接端口和(或)第二连接端口。吹扫单元包括吹扫枪,吹扫枪包括中空的壳体,以及设置在所述壳体一端的高压喷头。该系统且较之前的处理方法,能够节约大量人力和时间成本,可以有效提高机组运行的可靠性,可以有效避免重要通道故障导致跳堆。

也有研究者提出了免焊方案,如 TE Connectivity 于 2017 年为汽车应用提供两种不同的免焊连接解决方案:ACTION PIN 插针和 Multispring 插针(见图 8.21)。在插入过程中会变形,与实心免焊连接插针相比,可显著降低 PCB 孔的应力,并在插入时保持恒定的端子正交力,在整个使用寿命内实现可靠的电气和机械连接。免焊连接插针和电镀通孔(PTH)共同组成一个免焊连接系统。这种系统的功能取决于元件的属性/特性及其相互作用。与传统的镀锡技术相比,TE Connectivity 全新镀铋的免焊连接解决方案可以将晶须生长的风险至少降低为原来的1/1 600。

图 8.21   TE Connectivity 提供的免焊连接解决方案
(资料来源:TE Connectivity,2019)

8.2   极端环境下晶须抑制和控制策略

许多学者在研究金属晶须生长机制和试验的基础上,针对航空航天、卫星等太空设备和电子设备中的晶须提出了各种抑制和控制措施。

NASA 戈达德太空飞行中心的 Triolo 于 1977 年对太空环境卫星热涂层进行了研究;Kaldis 于 1978 年研究了在气-液-固多相流条件下并提出了事件驱动分子动力学 EDMD 算法;Mitchell 于 1993 年提出了"美国国家航空航天局戈达德太空飞行中探索地球和太空的风险管理"措施;美国国家电子制造计划(NEMI)的 Barbara 等于 1999 年针对特殊环境下NASA 的晶须现象,研究了"锡晶须的持续危险性及其控制的尝试",提出了电子厂集成的路线图,以确保北美在电子领域的长期领导地位;NASA 的 Kadesch 于 2001 年研究了"锡晶须的持续危险性及其控制的尝试";McCullen 于 2001 年提出了电沉积无铅焊料及晶须防护措施;Brusse 于 2002 年研究了晶须属性和缓解方法;戈达德太空飞行中心(GSFC)的 Brusse (2002)分析了自 1998 年以来,该中心由锡晶须引起的短路引起的商业卫星故障,以及 1990 年以来的美军装备其电子元件包括电磁继电器、晶体管、混合微电路封装、接线片和最新的陶瓷片状电容器的锡晶须现象,并分析了美国国家航空航天局 GSFC 发起的试验;Eng 于 2003 年对 1998 年前后的航空航天项目锡晶须工作进行全面回顾。

Bjorndahl 于 2004 年研究后认为,在航天工业中,锡晶须熔合产生的真空等离子弧已被认为会导致在轨卫星的故障,完全防止镀锡零件在空间硬件一直是一个非常难以实现的目标,目视检查不可靠,因为镀锡零件可能被误认为是铅锡镀锡零件,供应商的禁令也不起作用。一级供应商可能在其硬件中使用由二级、三级甚至四级供应商提供的电镀零件,并且很难在所有这些级别上保持持续的意识。即使有禁令,所有提供飞行硬件的公司都有在组装的硬件中"发现"锡晶须的经验。此外,随着商业市场转向无铅焊料,纯锡进入硬件的风险也在增加。随着电子元器件和封装尺寸的缩小和电压的降低,锡晶须的生长越来越威胁到产品的安全性。

利用 X 射线元素分析技术成功地筛选和鉴定了镀锡层。它们还被用来鉴别镉和锌等其他违禁物质。过去的困难在于,X 射线探测器系统使用 EDX 附件扫描电子显微镜(SEMs),由于样品制备和真空泵关闭,这些设备缺乏便携性,需要大量的时间跨度。然而,最近,手持式便携式 X 射线荧光(XRF)分析仪已可提供准确的分析。因此,应从整个供应链开展工作,这个过程有三个不同的部分:首先,根据零件含有纯镀锡的可能性,优先选择零件商品类型;然后,使用便携式 XRF 探测器对优先库存进行评估,并且在扫描电镜系统中使用 EDX 分析评估;最后,对于我们知道已经进入飞行硬件的镀锡批次,及处置过程。

Sun Microsystems 的 Heidi 等于 2006 年使用 JEDEC 标准建立了锡晶须处理策略;Treichel 于 2006 年采用无铅表面贴装技术无铅锡实现空间飞控晶体振荡器的可靠性;Sampson 于 2007 年分析了美国国家航空航天局电子产品无铅政策的制定;美国马里兰州绿带佩罗系统公司 Brusse 和美国国家航空航天局戈达德空间飞行中心 Leidecker 等于 2007年对太空设备的故障模式和缓解策略进行了深入研究。

Nishimi 于 2007 年制订了去除航天飞机锡晶须来源的计划,对调查和提出建议而组建的 Tiger 团队的结果进行了回顾,针对飞行控制系统(FCS)航空电子设备箱在车辆测试过程中发生的故障,对被送至 NASA 航天飞机后勤仓库进行测试和拆卸,通过内部检查可见锡晶须增长。

针对晶须对数据中心的威胁,DeBeasi 提出了"如何防止金属须破坏您的数据中心"。

美国航空航天公司电子与光子学实验室的 Mason 于 2007 年探讨了在真空和大气压下控制锡等离子体持续形成的机制。通过试验证明,在真空中,当直流电源电压低至 4 V 时,可以形成持续的锡等离子体,并给出了与锡等离子体形成相关的电压和电流特征的定性模型,开发了工程估算,以帮助量化作为电源电压函数的锡晶须风险。此外,还讨论了对空间应用的影响。在高压下,发现持续的锡等离子体可以在氮气和空气中形成,这些等离子体倾向于在空间上保持局部化,因为产生的热量会降低一个小区域内的空气密度,维持该区域内的等离子体并造成有害的金属破坏。因此,与在一个大气中使用含锡晶须的组件相关的风险可能与真空中已知的高风险相当,甚至可能更糟。

Russick 等于 2008 年提出 Sandia 卫星项目保形涂层价值/风险评估;Terasaki 等于 2009 年研究了热循环应力测试中锡晶须生长的评价;Su 等于 2009 年研究了环境温度变化下,锡晶须生长风险的实用评估技术;Wilson 于 2009 年针对军用电子产品采购中的无铅RoHS 策略,研究了乌拉兰 5750(一种常见的常用的保形涂层)可以用作为有效的风险缓解剂,同时指出"使用保形涂层作为唯一的风险措施可能并不完全",晶须之间的电位差所产生的静电力会将它们相互吸引,从而大大增加了晶须短路的可能性;在 Mittemeijer 研究局部亚微米应变梯度是锡晶须生长原因的基础上(Sobiech,2009),Panashchenko 于 2009 年对镍作为锡晶须缓蚀剂进行了研究;Kurtz 于 2009 年也提出了反腐蚀解决方案,用于减少和预防腐蚀晶须方法;Leonardi 于 2010 年从管理的角度提出弥合供应链缺口实现高锡晶须下的可靠性;美国国家航空航天局提出关于降低锡晶须引发失效风险的建议,使用 Pinsky 算法进行风险评估(NASA,2010);Touw 于 2011 年建立了航空航天和高性能电子无铅组件GEIA - HB - 0005 - 4 无铅可靠性评估指南;Mason 等于 2012 年对空间系统进行晶须风险评估;加拿大的 Kostic(2011)展示了航空航天公司的无铅电子产品可靠性的最新研究进展,并提出一种新颖的能量照片闪光方法(光烧结),采用了一种相应的晶须控制策略,以缩短和消除锡晶须;Touw 于 2011 年提出了缓解锡晶须在航空航天和高性能电子系统中的影响的标准;Jiang 于 2012 年用能量闪光去除锡晶须,已经发现,光烧结对修饰和去除锡晶须非常有效,仅亚毫秒级的光烧结就能惊人地消除 90％以上的锡晶须,此外,这种光烧结方法也已被证明不会对电子设备造成损害,这表明它是改进基于锡的电子表面终止的潜在方法。

据罗克韦尔柯林斯公司网站 2012 年 8 月 21 日报道,该公司已经获得了美国国防部战略环境研究发展项目一份研究合同,以支持"锡晶须无机涂层评估(TWICE)"项目,为美国防部研究锡晶须缓解技术,这项研究能够潜在缓解由新型无铅合金或加工对高性能电子系统造成的锡晶须影响,改善航空航天和国防供应链和制造系统。

Noriega-Ortega 于 2014 年提出利用死海的淡水泉来改变极端陡峭的盐度梯度中硫酸盐还原和硫化物氧化性能的方法;日本长冈技术大学的一个研究小组最近开发成功一种新型的极其稠密的金属氧化物晶须,可以用于制造高级的电子部件,例如大容量片状电容器和新一代电子放电组合元件和固体激光器等,包括等离子体和场致发射显示器等;Hewitt 于 2014 年针对航空安全风险管理过程致力于通过消除或减轻危险来降低风险,研究了从定性方法转向基于生命数据分析的预测性定量风险评估(QRA),证明了其可靠性、有用性和有效性;Vasko 提出了电子辐照下锡晶须快速生长的根据;Snugovsky 等于 2016 年对高温、高湿和腐蚀环境下,含铋无铅合金的锡晶须进行了评估;Ma 等于 2016 年应用对原位和热工作环境下热处理过程中航空复合材料 TiB 晶须再取向对力学行为的影响进行了深入研究,得出了 TiB 晶须形态及形成机理,实现了在热加工过程中晶须的重新排列;Nicholas 等于 2016 年提出了安全航空运输用电池的评价方法。

SMART Group 指导委员会成员 Fox 于 2017 年从航空发动机控制电子产品制造商的角度讨论了缓解锡晶须的实际问题,合适的控制计划是缓解无铅组件风险的基础。他描述了如何根据 IEC/TS62647-1 制订计划,并利用 IEC/TS62647-2 附录 A 的决策图表进行系统评估。Rolls Royce 控制计划在由 GEIA-STD-0005-2 规定的 2B 和 2C 标准之间的范围内适用,他们的零件管理计划以 IEC/TS62239-1 为基础,参考经无铅零件检验过的数据库,该数据库中列出了所有使用过的组件,每个组件都经过规定的受认可的无铅表面处理。

Takahiko Kato 于 2016 年概述了高可靠性的锡晶须抑制策略;David Pinsky 提出一种更新的基于 GEIA-STD-0005-2 标准的锡晶须风险评估算法。

Huang 于 2018 年研究了核工业中锡晶须的风险,提出了与锡晶须有关的故障和在核电工业中已报告的故障,并讨论了核电厂所面临的独特的可靠性和安全挑战。具体的关注领域包括供应链和零件选择、故障报告、法规和测量技术以及无铅立法的采用。还讨论了零件的可用性和过时问题,提出了可以用来减轻和管理来自核工业锡晶须的风险一些策略和建议。

Huang(2020)回顾了生产铅基电子设备的挑战,无铅电子产品的可靠性问题,以及制造商为保持可靠的铅基产品所采取的选择,特别研究了混合焊接工艺和无铅电子零件的再球化。虽然无铅电子产品存在风险,但他得出的结论是,这些风险是可控的,并且比维持日益过时的基于铅的制造工艺所产生的风险要低。

针对航空航天中的太阳能电池和锂电池,美国莱斯大学(Rice University)材料科学与纳米工程助理教授 Tang 和武汉大学的 CHENG 把糖块与一种液体硅胶聚二甲基硅氧烷(PDMS)一起注入基底(用炭屏蔽结合碳热还原法合成 $LiFePO_4/C$ 电极材料),发现可减少锂电池晶须形成,在低速率下有很好的可逆性。经过 30 个循环后,样品的放电容量为 140.9 mAh/g,容量保持率为 94.1%,为提高锂金属电池的能量密度提出了解决方案方法(程念芳,2011)。

有科学家们揭示了晶须生长的主要原因是一种添加到电解质中以增强电池性能的必不可少的溶剂——碳酸亚乙酯;美国能源部太平洋西北国家实验室的王崇民对锂金属电池进行大量研究的基础上,认为少量某些化合物的存在,使电池成为关键化学物质;华盛顿大学的 Brandie 研究了锂电池的表面生长的枝晶和晶须,指出"由于锂离子承载电极材料的一半一直是空的""你在浪费你一半的空间"。

中山大学童叶翔教授和广州大学刘兆清于 2018 年在设计柔性锂离子电池负极材料上取得了突破。以表面刻蚀剥离处理的碳布为基底(CC‐EC),水热法生长 $NiCo_2O_4$(NCO)纳米线阵列,当其应用于锂离子电池负极时,表现出了优异的储锂性能。通过 DFT 计算发现,NCO 与 CC‐EC 具有强的相互电子作用、在锂离子传输过程中具有更低的反应能垒,进一步通过原位拉曼光谱阐明了 CC‐EC 基底对电极材料储锂性能提升的贡献因素。在此基础上,获得了具有高载量下高能量密度(314 Wh/kg)的全柔性锂离子电池(总质量为 281 mg),具有出色的柔韧性和良好的储能性能,为未来的便携能源开启了新的方向。

据加州大学-圣地亚哥分校(University of California-San Diego)2019 年 8 月 21 日提供的消息,该大学的研究人员与圣地亚哥州立大学(San Diego State University)、美国陆军研究实验室(US Army Reserach Laboratory)以及通用汽车研发中心(General Motors Research and Development Center)的研究人员通过合作研究,确定了锂金属电池故障的罪魁祸首,相关研究结果于 2019 年 8 月 21 日在《自然》(Nature)杂志网站上发表。

锂电之父、得州大学奥斯汀分校机械工程和材料科学教授 John Good Enough 和美国华盛顿州立大学的 Grant Norton 教授用可控制方式培育的锡晶须用作为电池阳极,不仅不会导致短路,而且可以容纳大量的锂离子。这种电极可以使锂离子电池的容量提高三倍,充放电超过 1 200 次。为了构建具有锂金属阳极的安全,高效、可靠的电池,通过不同的方法来控制三种生长模式。

Chem 于 2020 年用原位核磁共振波谱研究氟乙烯碳酸酯添加剂对锂金属电池锂沉积和固体电解质界面相的影响,利用锂同位素标记技术监测金属锂与电解液之间的交换过程,建立了描述该过程的数值模型,并结合电化学动力学标准模型进行了讨论。该模型允许同时提取开路电压下的交换电流密度,电流密度考虑了 SEI 的增长,并允许量化锂金属腐蚀的程度。结果表明,同位素交换率与电解质和相应的 SEI 有很大关系。数值模拟结果表明,加入 FEC 后,交换速度是不加 FEC 的两倍,这是由于 SEI 中锂离子的传输速度更快。此外,模拟结果表明,FEC 可以加快 SEI 的形成速度,比不加 FEC 的情况快 4 倍多。这些有益的 SEI 特性,即快速的锂传输和更快的 SEI 形成,有助于解释为什么氟化 FEC 添加剂导致更均匀的锂沉积。锂离子的快速传输将使电极表面的电流分布更加均匀。如果 SEI 层破裂,新暴露的锂的钝化将更快地发生,从而导致更均匀的沉积。

由于钾离子具有比锂离子更大的离子半径,钾离子电池的电极材料普遍存在容量低、倍率性能差、循环寿命短等问题,更加难以满足高倍率应用下长循环寿命的要求。同时,钾金属的活泼和不稳定性导致了其广泛应用的安全性问题。因此在开发高容量、长循环寿命以及高安全可靠性的高倍率充放电钾离子电池中还存在很多挑战。

钾元素具有资源丰富、分布均匀以及成本低的优点,钾离子电池有可能成为在大规模电化学储能领域中可以得到广泛应用的可充电的电池体系。针对此问题,澳大利亚悉尼科技大学清洁能源研究技术中心的苏大为博士后、安德鲁副教授和汪国秀教授联合澳大利亚阿德莱德大学乔世璋教授(2016)对水系钾离子电池进行了研究,开发了低成本,安全可靠,高容量以及高倍率充放电钾离子电池,该电池体系有望应用于大规模电化学储能设备。

近年来,直接甲醇燃料电池(DMFCs)因其优异的能量密度,高能量转换效率,易于储存和操作安全受到各国科研工作者的广泛关注。Lingxiayidu 于 2018 年总结了诸如石墨烯、碳纳米管、碳纳米点、碳纳米纤维、中空多孔碳等多种形态和结构先进的燃料电池碳载体的合成技术进步指出,碳纳米晶须具有相对块状材料具有更短的离子扩散路径、可调的比表面积,高导电通道和良好的化学稳定性等优势,是一种新型的一维纳米催化剂载体。

重庆科技学院张均和刘娟课题组于 2018 年在国际能源期刊 ACS Applied Energy Materials 上成功发表题目为"Template-Oriented Synthesis of Nitrogen-Enriched Porous Carbon Nanowhisker by Hollow TiO_2 Spheres Nanothorns for Methanol Electrooxidation"的论文,报道了一种利用具有内部中空结构、外部海胆状的二氧化钛球纳米刺($H-TiO_2$)为硬模板,通过定向模板合成法可控构筑富氮多孔碳纳米晶须($N-HPCN-T$,$T=700,800$ 和 900)。该方案首先通过溶胶凝胶法和定向刻蚀法制备 $H-TiO_2$,其次,以苯胺为单体,SiO_2 纳米颗粒为介孔模板,在氢键诱导下实现聚苯胺纳米晶须在 $H-TiO_2$ 球表面的原位自主装;经高温热解、SiO_2 刻蚀和微波辅助多元醇法后,构筑具有核壳结构的富氮碳纳米晶须包覆中空 $H-TiO_2$ 载铂电催化剂($Pt/H-TiO_2N-HPCN-T$)。通过系统调控反应参数,实现对富氮前驱体形貌和尺寸的有效调控。研究表明:独特的 $H-TiO_2$ 球纳米刺结构将为聚苯胺纳米晶须的生长提供成核位点,促进聚苯胺纳米晶须的一维定向生长。

锡晶须已被证明是在轨卫星故障的重要潜在故障模式。不论载人还是无人的航天器都依赖于定制的嵌入式计算系统,由于标准系统在设计时并未考虑到太空应用,因此它们并未解决空间飞行所面临的诸如除气、锡晶须、冗余和加固等关键问题。SpaceVPX 正是为解决上述问题,以空间应用为中心而建立的标准化平台,试图为卫星和载人航天器创建标准的电子架构,以降低成本并简化系统升级,标准化可以带来更低的开发成本和更高可靠性的优势。VITA78SpaceVPX 标准定义了用于空间电子设备的标准接口,数据路径,连接器和其他构件,这些历史上一直是自定义的传统设计,很难复制和升级,而且价格昂贵。传统空间系统通常采用专有和专用内部接口的解决方案,在这些解决方案中,复用、升级并不是优先考虑的问题。传统空间电子设计遗留的最大问题之一是总承包商在系统的使用寿命中起着中心作用,这种扼杀竞争和灵活性的选择导致了成本的大幅增加。

TE 工程师修改了 VITA46 连接器的接触系统,以提供四重冗余接触,而不是现有系统的两点,增加冗余点可提高高振动环境中的可靠性。除了超坚固的设计外,MULTIGIG RT 2-R 连接器还具有其他一些功能,使其在太空应用中具有吸引力。

深圳某公司根据载人还是无人的航天器定制的嵌入式计算系统设计标准、空间飞行所面临的除气、锡晶须、冗余和加固等关键问题的需求,在 Space VPX(VITA 78)的基础上,开发了下一代空间应用的领存 6USpaceVPX 标准,并设计了一款用于空间的嵌入式计算系统需要一种解决方案,该解决方案不仅要承受升空的极端振动,还要应对极端温度,空间辐射以及其他恶劣的外部条件。SpaceVPX 添加了双冗余应用程序管理模块来管理新功能。与 OpenVPX 中创建的配置文件相似,SpaceVPX 还定义了有效载荷、开关、控制器和背板模块配置文件,以满足空间应用的需求,并在实用层中增加了功能以实现容错功能。SpaceVPX 调用点对点数据路径(而不是总线路径),以帮助空间系统避开故障并避免影响整个系统模块。SpaceVPX 添加了空间应用程序模块,在应用程序平台提供双冗余备份,并定义了基于 IEEE 1355 的 SpaceWire 航天器通信网络标准。使用开放标准意味着不必反复攀升新设计的学习曲线,复用硬件、固件和软件可以缩短设计周期并降低生命周期成本。

近年来,利用人工智能方法来改善和控制晶须也有很多成果的案例,如用蒙特卡罗模拟法实现了晶须残留评估和控制(Hilty,2005);特定于应用程序的锡晶须风险评估算法;Chia-Hao 于 2011 年对自发锡晶须的生长进行位置控制和动力学分析;Mao 于 2015 年用主动控制法实现了盐酸水溶液中硫酸钙晶须的晶体形态和尺寸控制;人工神经网络和优化方法相结合的方法来改善和控制晶须(Vikranth,2015;Noriega-Ortega,2014);锡晶须生长的非线性模型的建立;抑制晶须智能算法;洛斯阿拉莫斯(Los Alamos)实验室的研究者利用两相专家计算机系统的人工智能控制法实现了在气液固一体化系统中碳化硅硅晶须过程控制,它们被合并到一个两阶段专家系统中,该系统旨在指导没有经验的用户。在第一阶段中,专家程序为用户提供了能够设置运行的信息。此信息被合并到构成第二阶段(即控制系统)的规则库中,操作员通过响应专家系统的决策而充当控制者。

8.3 金属晶须研究展望

研究和揭示晶须生长现象、规律和机理,是理论和工程界的科学家和工程师们一直在努力的方向。未来晶须研究方向和技术发展趋势主要如下:

(1) 以 3D 电子封装和电气连接件晶须为主,研究可重复的、不同环境下(包括常规的环境和严酷、特殊、极端环境,如深海、太空等)晶须的生长机理建模、仿真、数值模拟和预测推演理论模型等,特别是压应力驱动和原子扩散的锡晶须生长的微观结构应力模型及抑制效果本构模型。

(2) 加速试验的理论和方法研究。晶须可能需要长达数年甚至数十年的时间才能增长到足以引起电子系统故障的程度,有较长的潜伏期,但在某些特殊情况下,晶须会在短时间内迅猛增长,而且它们的形状、长度和高度可变且不可预测,研究晶须的潜伏期和生长时间是晶须的复杂性问题之一。因此,需研究可复制的、在合理的时间范围内(与几周和几个月相比,几小时之内晶须的生长)以受控的方式生长晶须的加速试验理论和方法,并将实验室测试条件下的晶须生长与实际现场条件相关联,将受控的短期环境测试中的晶须生长数据与长期的野外暴露进行比较,并可用于预测其他环境或更长持续时间的晶须生长。加速试验的理论和方法主要有:通过使用磁控溅射技术(而不是通过化学沉积"实验室")快速确定其机理来制造晶须,通过使用电场(或磁场)增强来加速晶须生长,醋酸盐雾、腐蚀、干湿氧化、射线辐照、高温高湿效应(85℃,相对湿度85%)环境下进行负荷加速试验等。

(3)利用人工智能方法控制试验环境和影响晶须生长的外部及内部各因素及全过程,包括常规的环境和严酷、极端的环境模拟:应力、工作环境压力、温度、湿度、冷热循环、真空度、电压、电流、电场、磁场、振动、冲击、噪声、超高真空、特高压、纯氧环境、电迁移、盐溶液、α、β和γ粒子辐射等。找出在公认的环境条件与不同的工艺、不同的网格结构等条件下,晶须各特征参数的关系(残余应力、外加应力、金属间化合物、锡扩散、划痕、CTE失配等)。并利用人工智能方法制备出形状均一、大小可控的晶须。

(4)通过控制性试验开展晶须抑制理论和试验验证。

(5)采用对比试验和正交试验相结合的试验方案。对影响晶须的内部因素,镀层和基底的材料本性(热膨胀系数、原子扩散能力、反应生成IMC的能力等)、镀层和基底材料不同的组合、镀层尺寸、长宽比、不同的工艺、样品不同的网格结构、表面状况等,将其与影响晶须的外部各因素进行试验,通过尽可能少量的试验来找到各环境条件与晶须各特征参数的关系。

(6)充分利用最新的观测仪器和分析软件建立综合试验系统开展创新性的研究工作。

(7)试验理论和标准体系研究和完善。

(8)锡晶须在储能电池和储能材料中的应用。

(9)海洋工程领域的晶须机理研究与抑制措施。

参考文献

[1] 张成,刘思栋,钱国统,等.Sb含量对Sn－Bi系焊料性能的影响[J].中国有色金属学报(英文版),2014(1):184－191.

[2] Baliga J. Can Nickel Barriers Eliminate Tin Whiskers? [J]. Semiconductor International, 2004,27(12):38.

[3] Banerjee S, Dutta I, Majumdar B S. A Molecular Dynamics Evaluation of the Effect of Dopant Addition on Grain Boundary Diffusion in Tin: Implication for Whisker Growth [J]. Materials Science and Engineering:A, 2016(666):191－198.

[4] Berman D, Krim J. Surface Science, MEMS and NEMS: Progress and Opportunities for Surface Science Research Performed on, or by, Microdevices [J]. Progress in Surface Science, 2013,88(2):171－211.

[5] Berman D, Walker M J, Nordquist C D, et al. Impact of Adsorbed Organic Monolayers on Vacuum Electron Tunneling Contributions to Electrical Resistance at an Asperity Contact [J]. Journal of Applied Physics, 2011,110(11):114307.

[6] Bhassyvasantha S, Fredj N, Mahapatra S D, et al. Whisker Mitigation Mechanisms in Indium-Doped Tin Thin Films: Role of the Surface [J]. Journal of Electronic Materials, 2018,47(10):6229－6240.

[7] Bozack M J, Snipes E K, Flowers G T. Influence of Small Weight Percentages of Bi and Systematic Coefficient of Thermal Expansion Variations on Sn Whiskering [J]. IEEE Transactions on Components, Packaging, and Manufacturing Technology, 2017,7(3):338－344.

[8] Brown C, Morris A S, Kingon A I, et al. Cryogenic Performance of RF MEMS Switch Contacts [J]. Journal of Microelectromechanical Systems, 2008,17(6):1460－1467.

[9] Buchovecky E J, Du N N, Bower A F. A Model of Sn Whisker Growth by Coupled Plastic Flow and Grain Boundary Diffusion [J]. Applied Physics Letters, 2009(19):1-3.

[10] Chen C M, Shih P Y. A Peculiar Composite Structure of Carbon Nanofibers Growing on a Microsized Tin Whisker [J]. Journal of Materials Research, 2008,23(10):2668-2673.

[11] Chuang T H, Lin H J, Chi C C. Oxidation-Induced Whisker Growth on the Surface of Sn-6.6(La, Ce) Alloy [J]. Journal of Electronic Materials, 2007,36(12):1697-1702.

[12] Chuang T H, Lin H J. Size Effect of Rare-Earth Intermetallics in Sn-9Zn-0.5Ce and Sn-3Ag-0.5Cu-0.5Ce Solders on the Growth of Tin Whiskers [J]. Metallurgical and Materials Transactions A, 2008, 39(12):2862-2866.

[13] Chuang T H, Yen S F. Abnormal Tin Whisker Growth in Rare Earth Element-Doped Sn3Ag0.5CuXCe Solder Joints [J]. Materials Science Forum, 2007,539(4):4019-4024.

[14] Dimitrovska A, Kovacevic R. Mitigation of Sn Whisker Growth by Composite Ni - Sn Plating [J]. Journal of Electronic Materials, 2009,38(12):2516-2524.

[15] Dudek M A, Chawla N. Mechanisms for Sn Whisker Growth in Rare Earth-Containing Pb-Free Solders [J]. Acta Mater, 2009(57):4588-4599.

[16] Eckold P, Sellers M S, Niewa R, et al. The Surface Energies of b-Sn-A New Concept for Corrosion and Whisker Mitigation [J]. Microelectronics Reliability, 2015,55(12):2799-2807.

[17] Elviz G, Michael P. Tin Whisker Analysis of an Automotive Engine Control Unit [J]. Microelectronics Reliability, 2014,54(1):214-219.

[18] Galyon G T, Gedney R. Avoiding Tin Whisker Reliability Problems [J]. Circuits Assembly, 2004, 15 (8):26-3.

[19] Garich H, McCrabb H, Taylor E J, et al. Controlling Whisker Formation in Tin-Based Solders Using Electrically Mediated Electrodeposition [J]. ECS Transactions, 2007,6(8):153-163.

[20] Glazunova V K. A Study of the Influence of Certain Factors on the Growth of Filamentary Tin Crystals [J]. Soviet Physics-Crystallography, 1962,7(5):616-618.

[21] Goldsmit S. Agere Confirms Mitigation of Tin Whiskers by Nickel [J]. EMU, 2004,18(11):6-8.

[22] He H W, Xu G C, Guo F. Electromigration-induced Bi-rich whisker growth in Cu - Sn_{58}Bi - Cu solder joints [J]. Journal of Materials Science, 2010,45(2):334-340.

[23] He Y, Ren X, Xu Y, et al. Origin of Lithium Whisker Formation and Growth under Stress [J]. Nature Nanotechnology, 2019(14):1042-1047.

[24] Holtzer M. Minimizing the Risk of Tin Whisker Formation in Lead-Free Assemblies [J]. Surface Mount Technology (SMT), 2015,30(2):80-82.

[25] Huang C M. Assembly Options and Challenges for Electronic Products with Lead-Free Exemption [J]. IEEE Access, 2020(99):1-1.

[26] Hundt M. Controlling Tin Whiskers in Pb-Free Assemblies[J], Electronic Products, 2006,49(2): 81-82.

[27] Ji R, Gao J C, George T F, et al. The Effect of Electrical Connector Degradation on High-Frequency Signal [J]. IEEE Transactions on Components, Packaging and Manufacturing Technology, 2017,7 (7):1163-1172.

[28] Kakeshita T, Kawanaka R, Hasegawa T. Grain Size Effect of Electro-Plated Tin Coatings on Whisker Growth [J]. Journal of Materials Science, 1982(17):2560-2566.

[29] Kawanaka R, Fujiwara K, Nango S, et al. Influence of Impurities on the Growth of Tin Whiskers [J]. Japanese Journal of Applied Physics, 1983(22):917-921.

[30] Kim K S, Kim J H, Han S W. The Effect of Postbake Treatment on Whisker Growth under High Temperature and Humidity Conditions on Tin-Plated Cu Substrates [J]. Materials Letters, 2008,62

(12 - 13):1867 - 1870.

[31] Kushner A S. Plating Clinic: Tin Whiskers Tin World [J]. Products Finishing, 2005,69(11): 24 - 28.

[32] Kuznetsov V I, Tulin V A. Synchronization of High-Frequency Vibrations of Slipping Phase Centers in a Tin Whisker under Microwave Radiations [J]. Journal of Experimental and Theoretical Physics, 1998,86(4):745 - 750.

[33] Larson K. Increasing Electronics Reliability With Conformal Coatings [J]. Design News, 2013, 68 (3):36 - 38.

[34] Pal J, Zhu Y, Dao D, et al. Study on Contact Resistance in Single-Contact and Multi-Contact MEMS Switches [J]. Microelectronic Engineering, 2015(135):13 - 16.

[35] Pennington T. Shaving the Whisker Problem [J]. Products Finishing, 2010,74(12):30 - 31.

[36] Pinsky D, Osterman M, Ganesan S. Tin Whiskering Risk Factors [J]. IEEE Transactions on Components and Packaging Technologies, 2004,27(2):427 - 431

[37] Robert D M, Augusto P P. Contact Physics of Capacitive Interconnects. IEEE Transactions on Components [J]. Packaging and Manufacturing Technology, 2013, 3(3):377 - 383.

[38] Robert L J, Lior K. Electrical Contact Resistance Theory for Anisotropic Conductive Films Considering Electron Tunneling and Particle Flattening [J]. IEEE Transactions on Components and Packaging Technologies, 2007(1):59 - 66.

[39] Sameer S, Vijaykumar K, Robert L J. An Electro-Mechanical Contact Analysis of a Three-Dimensional Sinusoidal Surface Against a Rigid flat [J]. Wear, 2011,270(11 - 12):914 - 921.

[40] Shvydka D, Warrell G, Parsai E, et al. SU-E-T-447: Growth of Metal Whiskers Under External Beam Irradiation: Experimental Evidence and Implications in Medical Electronic Devices for Radiation Therapy Treatments [J]. Medical Physics, 2015,42(6):3437.

[41] Smith G A. How to Avoid Metallic Growth on Electronic Hardware [J]. Circuits Manufacturing, 1977(1):66 - 72.

[42] Steven T P, Kalathil C E, Jeffrey S Z, et al. Lubrication of Microelectromechanical Systems Radio Frequency Switch Contacts Using Self-Assembled Monolayers [J]. Journal of Applied Physics, 2007, 102(2):024903.

[43] Tian R, Hang C, Tian Y, et al. Growth Behavior of Intermetallic Compounds and Early Formation of Cracks in Sn - 3Ag - 0.5 Cu Solder Joints under Extreme Temperature Thermal Shock [J]. Materials Science and Engineering: A, 2018(709):125 - 133.

[44] Tu K N, Liu Y. Recent Advances on Kinetic Analysis of Solder Joint Reactions in 3D IC Packaging Technology [J]. Mater Science and Engineering: R: Reports, 2019(136):1 - 12.

[45] Tu K N, Suh J O, Albert T C, et al. Mechanism and Prevention of Spontaneous Tin Whisker Growth [J]. Materials Transactions, 2005,46(11):2300 - 2308.

[46] Verdingovas V, Jellesen M S, Ambat R. Effect of Pulsed Voltage on Electrochemical migration of Tin in Electronics [J]. Journal of Materials Science: Materials in Electronics, 2015,26(10):7997 - 8007.

[47] Walker M J, Berman D. Nordquist C, et al. Electrical Contact Resistance and Device Lifetime Measurements of Au-RuO2 - Based RF MEMS Exposed to Hydrocarbons in Vacuum and Nitrogen Environments [J]. Tribology Letters, 2011,44(3):305 - 314.

[48] Woody L, Fox W. Tin Whisker Risk Management by Conformal Coating [J]. Surface Mount Technology (SMT), 2014,29(7):46 - 50.

[49] Xu G F, He G C, Zhao H W, et al. Effect of Electromigration and Isothermal Aging on the Formation of Metal Whiskers and Hillocks in Eutectic Sn-Bi Solder Joints and Reaction Films [J]. Journal of Electronic Materials, 2009,38(12):2647 - 2658.

索 引